“十二五”普通高等教育本科国家级规划教材
21世纪高等教育给排水科学与工程系列教材

高层建筑给水排水工程

第2版

主　编　李亚峰　张　胜　吴　昊
参　编　蒋白懿　朴芬淑　余亚琴
李　军　武　利　李倩倩
唐　婧　吴娜娜　马学文

机 械 工 业 出 版 社

本书是“‘十二五’普通高等教育本科国家级规划教材”。

本书依据本课程的教学要求，结合最新国家标准和规范，介绍高层建筑给水排水工程的基本知识、设计方法及设计要求，主要包括高层建筑给水系统、高层建筑消防给水系统、高层建筑其他消防系统、高层建筑排水系统、高层建筑屋面雨水排水系统、建筑中水工程、高层建筑热水供应系统等内容，主要章节后均有设计实例，最后一章为综合设计实例，方便读者综合运用所学知识。

本书供高等院校给排水科学与工程、建筑环境与能源应用工程和环境工程等专业师生使用，也可供从事给排水工程设计、施工的工程技术人员参考。

本书配有电子课件，免费提供给选用本书的授课教师，需要者请登录机械工业出版社教育服务网(www.cmpedu.com)免费注册下载，或根据书末的“信息反馈表”索取。

图书在版编目(CIP)数据

高层建筑给水排水工程/李亚峰，张胜，吴昊主编.
—2版. —北京：机械工业出版社，2015.7(2025.1重印)
“十二五”普通高等教育本科国家级规划教材
21世纪高等教育给排水科学与工程系列教材
ISBN 978-7-111-50709-3

Ⅰ.①高… Ⅱ.①李…②张…③吴… Ⅲ.①高层建筑—给水工程—高等学校—教材②高层建筑—排水工程—高等学校—教材 Ⅳ.①TU82

中国版本图书馆CIP数据核字(2015)第145248号

机械工业出版社(北京市百万庄大街22号 邮政编码100037)
策划编辑：刘 涛 责任编辑：刘 涛 郭克学
版式设计：霍永明 责任校对：刘秀芝
封面设计：陈 沛 责任印制：单爱军
北京虎彩文化传播有限公司印刷
2025年1月第2版第5次印刷
169mm×239mm · 21.25印张 · 399千字
标准书号：ISBN 978-7-111-50709-3
定价：49.00元

电话服务	网络服务
客服电话：010-88361066	机 工 官 网：www.cmpbook.com
010-88379833	机 工 官 博：weibo.com/cmp1952
010-68326294	金 书 网：www.golden-book.com
封底无防伪标均为盗版	机工教育服务网：www.cmpedu.com

前　言

《高层建筑给水排水工程》第 1 版自 2011 年 8 月出版以来，深受广大读者的欢迎。随着高层建筑的快速发展，高层建筑给水排水工程在理论与实践方面都有了很大的发展，特别是在消防方面，我国先后颁布了 GB 50974—2014《消防给水及消火栓系统技术规范》和 GB 50016—2014《建筑设计防火规范》，建筑消防方面的要求有了新的变化。为了能及时反映高层建筑给水排水工程的新技术和相关规范新的技术要求，提高“高层建筑给水排水工程”课程的教学质量，我们对第 1 版教材的结构、内容进行了调整和完善。

本书是在《高层建筑给水排水工程》第 1 版的基础上，按照“高层建筑给水排水工程”课程教学基本要求编写的。在编写过程中参考了许多相关教材，并以国家现行的规范和标准为技术基础，反映了高层建筑给水排水工程的最新技术发展与实际要求。

本书主要介绍高层建筑给水排水工程的基本知识、设计方法及设计要求。内容包括高层建筑给水系统、高层建筑消防给水系统、高层建筑排水系统、高层建筑热水供应系统、建筑中水系统等，并对近几年高层建筑给水排水工程方面的新方法、新技术、新材料等做了详细介绍。为了使读者能够尽快掌握高层建筑给水排水工程的设计计算方法，书中提供了设计计算例题和典型的工程实例。

本书可以作为给排水科学与工程、建筑环境与能源应用工程、环境工程等专业的教材，也可供从事建筑给水排水工程设计、施工的工程技术人员使用。

本书共 8 章，绪论由李亚峰编写，第 1 章由李亚峰、李军编写，第 2 章由李亚峰、张胜、马学文编写，第 3 章由张胜、李倩倩、马学文编写，第 4 章由李亚峰、蒋白懿、马学文编写，第 5 章由武利、余亚琴编写，第 6 章由余亚琴、唐婧编写，第 7 章由吴娜娜、吴昊、朴芬淑编写，第 8 章由吴昊、朴芬淑、马学文编写。全书由李亚峰统编定稿。

由于我们的编写水平有限，书中缺点和错误之处，请读者不吝指教。

编　者

目　　录

绪　论

1. 建筑分类

建筑可以按照建筑物性质和建筑高度进行分类,具体见表1。

表1　建筑分类

建筑分类			特征
按建筑高度区分	多层建筑		建筑高度不大于27m的住宅建筑和其他建筑高度不大于24m的非单层建筑
	高层建筑		建筑高度大于27m的住宅建筑和其他建筑高度大于24m的非单层建筑
按建筑性质区分	民用建筑	住宅建筑	以户为单元的居住建筑
		公共建筑	公众进行工作、学习、商业、治疗等活动和交往的建筑
	工业建筑	厂　房	加工和生产产品的建筑
		库　房	储存原料、半成品、成品、燃料、工具等物品的建筑

建筑高度的计算应符合下列规定:

1)建筑屋面为坡屋面时，建筑高度应为建筑室外设计地面至其檐口与屋脊的平均高度。

2）建筑屋面为平屋面(包括有女儿墙的平屋面)时，建筑高度应为建筑室外设计地面至其屋面面层的高度。

3）同一座建筑有多种形式的屋面时，建筑高度应按上述方法分别计算后，取其中最大值。

4）对于台阶式地坪，当位于不同高度地坪上的同一建筑之间有防火墙分隔，各自有符合规范规定的安全出口，且可沿建筑的两个长边设置贯通式或尽头式消防车道时，可分别计算各自的建筑高度。否则，应按其中建筑高度最大者确定该建筑的建筑高度。

5）局部突出屋顶的瞭望塔、冷却塔、水箱间、微波天线间和设施、电梯机房、排风和排烟机房以及楼梯口小间等辅助用房占屋面面积不大于1/4者，可不计入建筑高度。

6）对于住宅建筑，设置在底部且室内高度不大于2.2m的自行车库、储藏室、敞开空间，室内外高差、建筑的地下或半地下室的顶板面高出室外设计地面的高度不大于1.5m的部分，可不计入建筑高度。

民用建筑根据其建筑高度和层数可分为单层、多层民用建筑和高层民用建筑。

高层建筑是指建筑高度大于27m的住宅建筑和其他建筑高度大于24m的非单层建筑。高层民用建筑按其建筑高度、使用功能和楼层的建筑面积可分为一类和二类，详见表2。

表2 高层建筑分类

名称	高层民用建筑		单层、多层民用建筑
	一类	二类	
住宅建筑	建筑高度大于54m的住宅建筑（包括设置商业服务网点的住宅建筑）	建筑高度大于27m，但不大于54m的住宅建筑（包括设置商业服务网点的住宅建筑）	建筑高度不大于27m的住宅建筑（包括设置商业服务网点的住宅建筑）
公共建筑	1. 建筑高度大于50m的公共建筑 2. 任一层建筑面积大于1000m²的商店、展览、电信、邮政、财贸金融建筑和其他多种功能组合的建筑 3. 医疗建筑、重要公共建筑 4. 省级以上的广播电视和防灾指挥调度建筑、网局级和省级电力调度建筑 5. 藏书超过100万册的图书馆、书库	除一类高层公共建筑外的其他高层公共建筑	1. 建筑高度大于24m的单层公共建筑 2. 建筑高度不大于24m的其他公共建筑

注：1. 表中未列入的建筑，其类别应根据本表类比确定。
2. 除GB 50016—2014《建筑设计防火规范》另有规定外，宿舍、公寓等非住宅类建筑的防火要求，应符合该规范有关公共建筑的规定；裙房的防火要求应符合该规范有关高层民用建筑的规定。

2. 高层建筑的发展

随着经济的快速发展和科学水平的不断提高，建筑高度和层数都在不断地增加。从1885年美国在芝加哥建造世界上第一座十层的现代高层建筑以来，全世界已建造了成千上万座高层建筑和超高层建筑，尤其是进入20世纪50年代以来，超高层建筑得到迅猛发展。据统计，目前世界上至少有高度在200 m以上的摩天大楼200栋以上。如1974年建成的110层的芝加哥西尔斯大厦，高度达443m；1973年建成的110层的纽约世界贸易中心大楼，高度达412m；2009年竣工的162层的阿联酋哈利法塔，高度828m。

我国高层建筑起步较晚，在20世纪70年代以前，仅有北京、上海和广州等几个城市建有为数不多的高层建筑。但进入20世纪80年代以来，高层建筑在我国得到了快速发展，其中88层的上海金茂大厦，高度达420.5m；上海环球国际金融中心共101层，高度492m。我国目前已有高层建筑几万栋，超过80 m的超高层建筑也有几百栋。随着我国国民经济的快速发展，将有更多更高的现代化高层建筑在祖国大地上拔地而起。

3. 高层建筑给水排水工程的特点

由于高层建筑具有层数多、高度大、振动源多、用水要求高、排水量大等特点，因此对建筑给水排水工程的设计、施工、材料及管理方面都提出了较高的要求。与低层建筑给水排水工程相比，高层建筑给水排水工程具有以下特点：

1）高层建筑给水、热水、消防系统静水压力大，如果只采用一个区供水，不仅影响使用，而且管道及配件容易被破坏。因此，供水必须进行合理的竖向分区，使静水压力降低，保证供水系统的安全运行。

2）高层建筑引发火灾的因素多，火势蔓延速度快，火灾危险性大，而且扑救困难。因此，高层建筑消防系统的安全可靠性要比低层建筑的高。由于目前我国消防设备能力有限，扑救高层建筑火灾的难度较大，所以高层建筑的消防系统应立足于自救。

3）高层建筑的排水量大、管道长、管道中压力波动较大。为了提高排水系统的排水能力、稳定管道中的压力、保护水封不被破坏，高层建筑的排水系统应设置通气管系统或采用新型的单立管排水系统，如苏维脱排水系统、空气芯旋流排水系统等。另外，高层建筑的排水管道应采用机械强度较高的管道材料，并采用柔性接口。

4）高层建筑的建筑标准高，给水排水设备使用人数多，瞬时的给水量和排水量大，一旦发生停水或排水管道堵塞事故，则影响范围大。因此，高层建筑必须采取有效的技术措施，保证供水安全可靠，排水通畅。

5）高层建筑动力设备多、管线长，宜产生振动和噪声，因此高层建筑的给水排水系统必须考虑设备和管道的防振动和噪声的技术措施。

4. 高层建筑给水排水工程存在的问题

经过上百年的发展，高层建筑的给水排水技术已日趋成熟，但还存在着许多亟待解决的问题，具体有以下几个方面：

1）节水、节能的给水排水设备及附件的开发与应用。

2）新型减压、稳压设备的研制与应用。

3）安全可靠、经济实用、运行管理方便的供水技术与方式的研究和推广应用。

4）高层建筑消防技术与自动控制技术。

5）提高排水系统过水能力，稳定排水系统压力的技术措施。

6）低成本、高效能的新型管道材料开发与应用。

7）热效率高、体积小的热水加热设备的研制与应用。

高速发展的建筑业，必将对建筑给水排水技术提出更高的要求，为了适应和推动高层建筑的发展，必须不断改进和提高高层建筑给水排水技术，使高层建筑给水排水技术达到一个新的水平。

第1章

高层建筑给水系统

1.1 高层建筑给水系统的技术要求及竖向分区

1.1.1 高层建筑给水系统的分类及组成

高层建筑给水系统按供水用途可分为生活给水系统、消防给水系统、生产给水系统、中水系统、直饮水系统等。

高层建筑给水系统与普通建筑给水系统一样，也是由引入管、水表节点、管道系统、给水附件、增压和贮水设备、消防设备等组成的。

1.1.2 技术要求

高层建筑有其自己的特点，因此对建筑给水系统的设计、施工、材料及管理方面都提出了较高的要求。当建筑高度较高时，如果采用同一个给水系统供水，则垂直方向管线过长，建筑低层管道系统的静水压力会很大，因而就会产生以下弊端：

1）由于必须采用高压管材、零件及配水器材，使设备材料费用增加。

2）容易产生水锤现象，水龙头、阀门等附件易磨损，使用寿命缩短。

3）使低层水龙头的流出水头过大，不仅使水流成射流喷溅，影响使用，而且管道内流速增加，以致产生流水噪声、振动噪声，并有可能使顶层给水龙头产生负压抽吸，形成回流污染。

因此，高层建筑给水系统必须解决低层管道中静水压力过大的问题。

1.1.3 竖向分区

为了降低管道中的静水压力，消除或减轻上述弊端，当建筑高度达到一定高度时，给水系统需做竖向分区，即在建筑物的垂直方向按一定高度依次分为若干个供水区域，每个供水区域分别组成各自独立的给水系统。

高层建筑给水系统的竖向分区应根据使用设备材料性能、维护管理条件、建筑层数和室外给水管网水压等合理确定。如果分区压力过小，则分区数较多，给水设备、给水管道系统以及相应的土建投资将增加，维护管理也不方便。如果分区压力过大，就会出现水压过大、噪声大、用水设备和给水附件易损坏等的不良现象。高层建筑分区压力值，目前国内外尚无统一的规定，但通常都以各分区最低点的卫生器具的静水压力不大于其工作压力为依据进行分区。美国和日本高层建筑给水系统压力分区范围值见表1-1。

表1-1　美国和日本高层建筑给水系统压力分区范围值

国家名称	给水系统压力分区范围值/kPa	
	办公楼	公寓、旅馆
美国	500~600	400
日本	400~500	300~350

根据我国目前水暖产品所能承受的压力情况，我国GB 50015—2003《建筑给水排水设计规范》(2009年版)规定：高层建筑生活给水系统应竖向分区，各分区的最低点的卫生器具配水点处的静水压不宜大于0.45MPa，特殊情况下不宜大于0.55MPa。

竖向分区的最大水压不是卫生器具正常使用的最佳水压，最佳使用水压宜为0.20~0.30MPa。各分区顶层住宅入户管的进口水压不宜小于0.10MPa。而对水压大于0.35MPa的入户管，宜设减压或调压措施，以避免水压过高或过低给用水带来不便。

在对高层建筑给水系统进行竖向分区时，应充分利用市政管网的压力，以减少供水所需的能耗。当市政管网的压力能够满足高层建筑下面几层，如裙房、地下室以及游泳池、洗衣房、锅炉房等用水需要，在进行竖向分区时，可以将建筑下面几层作为一个独立供水分区，采用市政管网直接供水。由于游泳池、洗衣房、锅炉房等用水量比较大，因此利用市政管网压力直接供水可以节省许多能量，并且能够保证供水安全。

1.2　高层建筑给水方式

高层建筑竖向分区给水方式有串联给水方式、并联给水方式和减压给水方式。

1.2.1　串联给水方式

串联给水方式如图1-1所示，各分区均设有水泵和水箱，上区的水泵从下区的水箱中抽水供上区用水。这种方式的优点为：各区水泵的扬程和流量按本区需要设计、使用效率高、能源消耗较小，且水泵压力均衡，扬程较小，水锤影响小；另外，不需要高压泵和高压管道，设备和管道较简单，投资较省。其缺点为：①水泵分散布置，维护管理不方便；②水泵和水箱占用楼层的使用面积较大；③水泵设在楼层，振动的噪声干扰较大，需防振动、防噪声、防漏水；④工作不可靠，若下区发生事故，则其上部数区供水受影响。

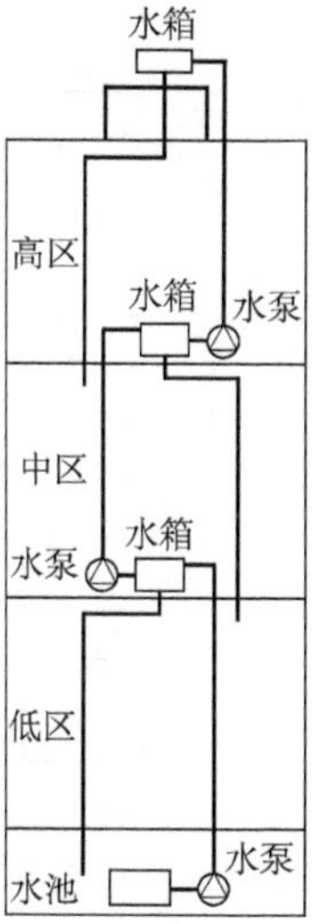

图 1-1　串联给水方式

这种方式适用于允许分区设置水泵和水箱的各类高层建筑或建筑高度超过 100m 的高层建筑，对于建筑高度超过 100m 的高层建筑，若仍采用并联供水方式，其输水管道承压过大，存在安全隐患，而串联供水可化解此矛盾。

串联供水可设中间转输水箱，也可不设中间转输水箱。在采用调速泵组供水的前提下，中间转输水箱已失去调节水量的功能，只剩下防止水压回传的功能，而此功能可用管道倒流防止器替代。不设中间转输水箱，又可减少一个水质污染的环节。

采用串联供水方式供水，水泵设计应有消声减振措施，在可能的条件下，下层应利用外网水压直接供水。

1.2.2　并联给水方式

1. 有水箱并联给水方式

如图 1-2 所示，各分区独立设置水箱和水泵，水泵集中布置在建筑底层或地下室，各区水泵独立向各区的水箱供水。这种方式的优点为：①各区独立运行，互不干扰，供水安全可靠；②水泵集中布置，便于维护管理；③水泵效率高，能源消耗较小；④水箱分散设置，各区水箱容积小，有利于结构设计。其缺点为：①管材耗用较多，且需要高压水泵和管道，设备费用增加；②水箱占用楼层的使用面积，影响经济效益。由于这种方式优点较显著，因而，在允许分区设置水箱的各类高层建筑中广泛采用。但对于超高层(高度大于 100m)建筑，由于高区水泵、管道及配件承受压力较大，水锤影响也比较严重，因此，不宜盲目采用。采用这种给水方式供水，水泵宜采用相同型号不同级数的多级水泵，并应尽可能地利用外网水压直接向下层供水。

对于分区不多的高层建筑，当电价较低时，也可以采用并联单管供水方式，如图 1-3 所示。这种方式所用的设备、管道较少，投资较节省，维护管理也较方便。但低区压力损耗过大，能源消耗较大，供水可靠性也不如前者。采用这种给水方式供水，低区水箱进水管上宜设减压阀，以防浮球阀损坏和减缓水锤作用。

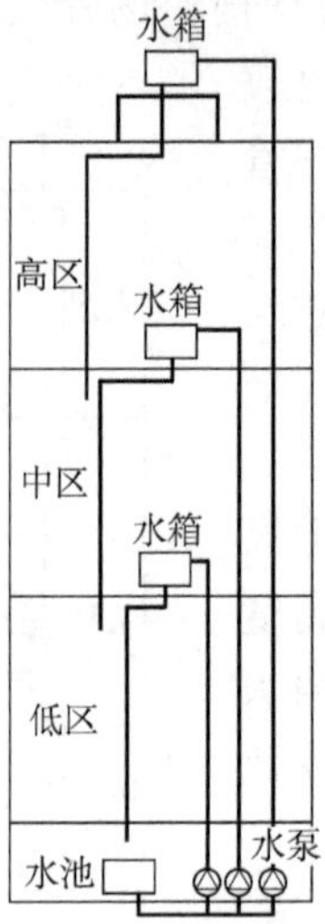

图 1-2　并联给水方式

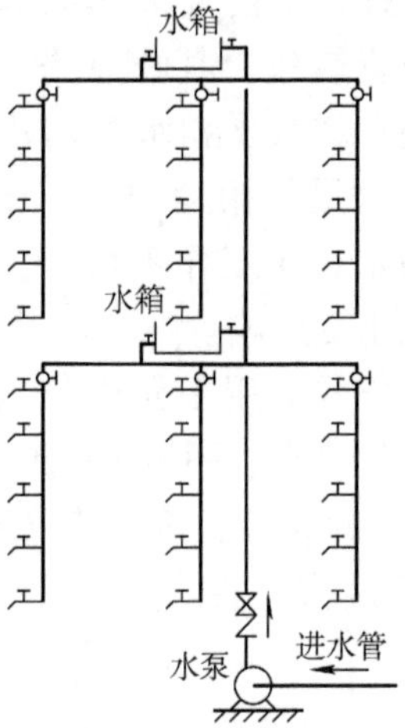

图 1-3　并联单管供水方式

2. 无水箱并联给水方式

无水箱并联给水方式是将水泵等设备集中设置在建筑物的底层或地下室中，各个分区都是独立的供水系统，如图 1-4 所示。这种方式供水安全可靠，便于管理，且建筑内不设水箱。

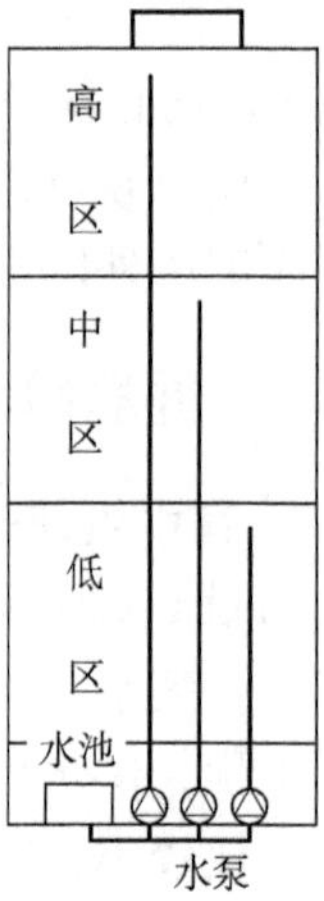

图 1-4　无水箱并联给水方式

1.2.3　减压给水方式

1. 有水箱减压给水方式

有水箱减压给水方式分为减压水箱给水方式和减压阀给水方式，如图 1-5 所示。这两种方式的共同点是建筑物的用水由设置在底层的水泵一次提升至屋顶总水箱，再由此水箱依次向下区减压供水。所不同的是前者通过各区水箱减压，而后者是用减压阀代替减压水箱。

减压水箱给水方式通过各区减压水箱实现减压供水。其优点是水泵台数少，管道简单，投资较省，设备布置集中，维护管理简单。其缺点是下区供水受上区供水限制，供水可靠性不如并联供水方式；另外，建筑内全部用水均要经水泵提升至屋顶总水箱，不仅能源消耗较大，而且水箱容积大，对建筑的结构和抗震不利。这种方式适用于允许分区设置水箱，电力供应充足，电价较低的各类高层建筑。由于存在不节能和减压阀减压值(或减压比)大，一旦减压阀失灵，对阀后用水存在隐患，以及屋顶水箱存在水质污染的威胁，且固定的屋顶水箱在地震时存在鞭梢效应，对建筑物安全不利等原因，不提倡作为主要的供水方式应用。

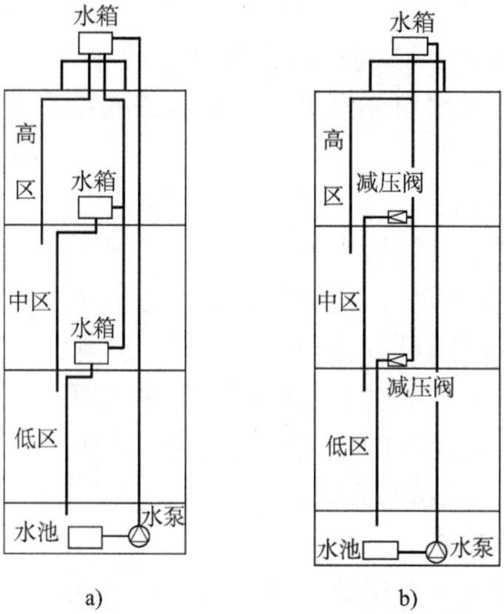

图 1-5　减压给水方式

a）减压水箱给水方式　b）减压阀给水方式

采用减压水箱给水方式供水，中间水箱进水管上最好安装减压阀，以防浮球阀损坏和减缓水锤作用。另外，对于高度不是很高的高层建筑，为了避免中间减压水箱浮球阀因启闭频繁而容易损坏，可在减压水箱内设置一个小水箱，这样可以延长浮球阀启闭的间隔时间。其装置及工作原理如图 1-6 所示。该装置是将浮球置于小水箱 B 内，在减压水箱出水的初期，小水箱 B 内的水位不随减

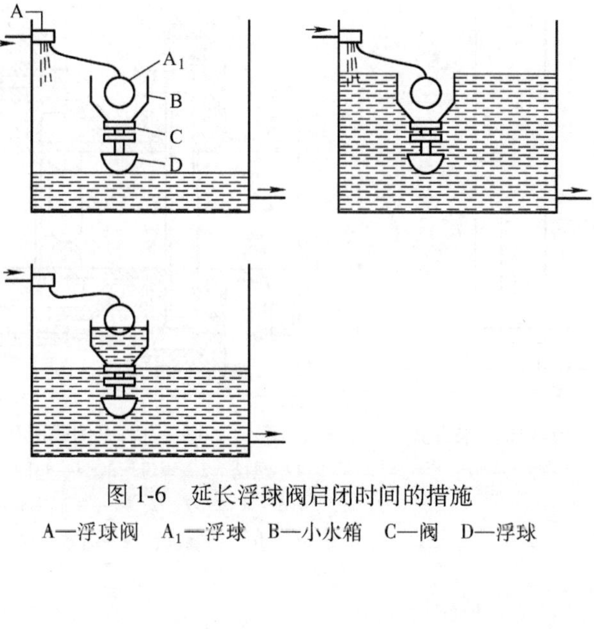

图 1-6　延长浮球阀启闭时间的措施

A—浮球阀　A_1—浮球　B—小水箱　C—阀　D—浮球

压水箱水位的降低而变化，浮球阀不开启进水；当减压水箱水位低于浮球D时，C阀开启放出B内存水，同时A阀开启进水，直至水箱充满水，并溢流进入小水箱B后A阀逐渐关闭。

减压阀给水方式是用减压阀替代减压水箱进行减压供水。这种方式与减压水箱给水方式相比，其最大优点是节省了建筑的使用面积，其余各方面均与减压水箱给水方式相同。减压阀可有各种设置方式，如输水管减压、配水立管减压、配水干管减压、配水支管减压等，设计时可以根据建筑的形式择优确定。图1-7所示为垂直立管循序减压给水方式。

图1-7　垂直立管循序减压给水方式

2. 无水箱减压给水方式

无水箱减压给水方式是采用统一的设备供水，在低区供水系统管路上设置减压阀，以保证各区所需的供水压力，如图1-8所示。这种系统无高位水箱，少了一个水质可能受污染的环节，水压稳定，是目前建筑高度小于100m的高层建筑供水方式的主流。

减压给水方式是目前应用比较广泛的一种给水方式。采用这种方式的关键是要选用质量过关、使用可靠、价格低廉的减压阀。目前常用的减压阀有比例式和弹簧式两种，图1-9所示为比例式减压阀。该阀构造简单、体积小，可垂直和水

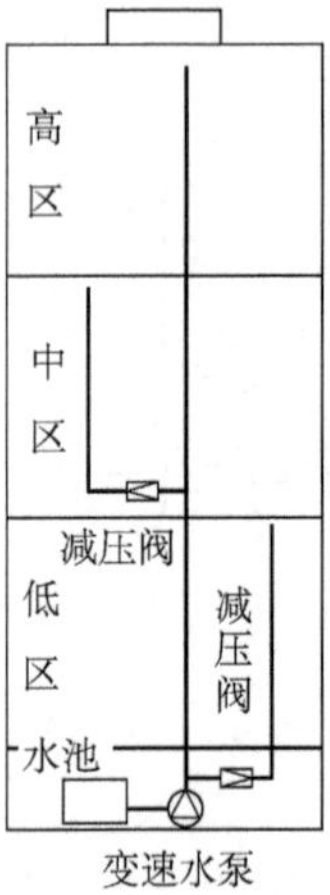

图1-8　无水箱减压给水方式

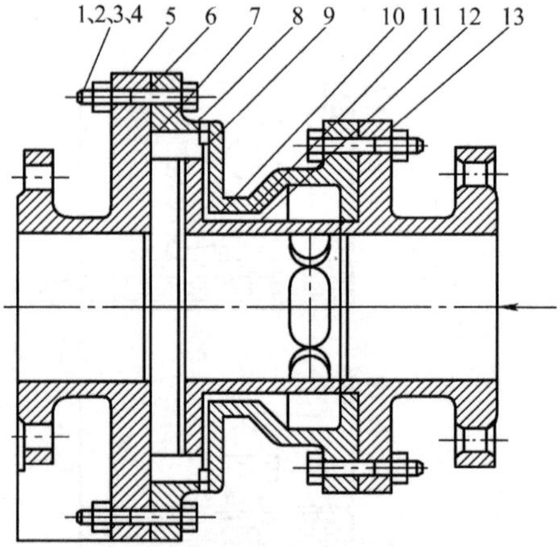

图1-9　比例式减压阀

1—螺栓　2—螺母　3、4—垫圈　5—出口法兰　6—阀体　7、9、11—O形密封圈　8—环套　10—活塞套　12—活塞　13—进口法兰

平安装。由于活塞后端受水面为前端受水面的整数倍，所以阀门关闭时，阀前后的压力比是定值，减压值不需要人工调节。当阀后用水时，管内水压作用在活塞前端推动活塞后移；减压阀开启通水，至阀后停止用水；活塞前移，阀门关闭。减压阀的选型根据设计流量和压力，查阀门的流量-压力曲线确定。

除上述三种高层建筑分区给水方式外，当建筑周围有市政高、低压给水管网时，可利用外网压力，由室外高、低压给水管网分别向建筑内高、低区给水系统供水，如图 1-10 所示。其优点是：各幢建筑不需设置升压、贮水设备，节省了设备投资和管理费用，但这种分区形式只有在室外有市政高、低压给水管网时，才有条件采用。

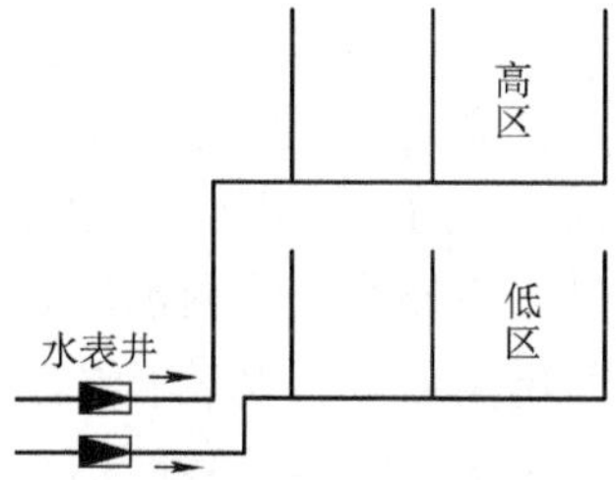

图 1-10 室外高、低压给水管网直接供水方式

1.3 高层建筑给水管道的布置与敷设

1.3.1 给水管网布置方式

给水管道的布置按供水可靠程度要求可分为枝状和环状两种形式，一般建筑内给水管网宜采用枝状布置。按水平干管的敷设位置又可分为下行上给、上行下给、中分式和环状式四种形式。

1. 下行上给式

水平配水干管敷设在底层(明装、埋设或沟敷)或地下室顶棚下，自下而上供水。利用室外给水管网水压直接供水的居住建筑、公共建筑和工业建筑多采用这种方式。

2. 上行下给式

水平配水干管敷设在顶层顶棚下或吊顶之内，自上向下供水。对于非冰冻地区，水平干管可敷设在屋顶上；对于高层建筑也可敷设在技术夹层内。一般设有高位水箱的居住、公共建筑或下行布置有困难时多采用此种方式。其缺点是配水干管可能因漏水或结露损坏吊顶和墙面，寒冷地区干管还需保温，以免结冻。

3. 中分式

中分式如图 1-11 所示，水平干管敷设在中间技术层内或某中间层吊顶内，向上下两个方向供水。一般顶层用作露天茶座、舞厅或设有中间技术层的高层建筑多采用这种方式。其缺点是需设技术层或增加某中间层的层高。

供水干管设在该分区的上部技术夹层或顶层顶棚下、吊顶内，上接自屋顶水箱或分区水箱，下连各给水立管，由上向下供水，称为上行下给式。其适用于设置高位水箱的高层住宅与公共建筑和地下管线较多的工业厂房。供水干管设在该分区的下部技术夹层、室内管沟、地下室顶棚或该分区底层下的吊顶内，由下向上供水，称为下行上给式。其适用于利用室外给水管网水压直接供水的工业与民用建筑。水平干管在中间技术层内或中间某吊层内，由中间向上、下两个方向供水的为中分式，适用于屋顶用作露天茶座、舞厅或设有中间技术层的高层建筑。

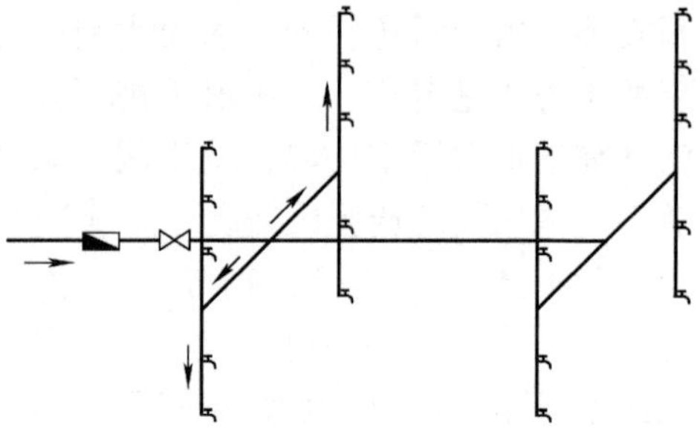

图 1-11　中分式

4. 环状式

水平供水干管或配水立管互相连接成环，称为环状式。适用供水要求严格的高层建筑和高层建筑消防管网。同一幢建筑的给水管网也可同时兼有以上两种形式。

1.3.2　给水管道的布置与敷设的相关要求

给水管道布置与敷设时应满足如下要求：

1）室内生活给水管道宜布置成枝状管网，单向供水。

2）室内给水管道不应穿越变配电房、电梯机房、通信机房、大中型计算机房、计算机网络中心、音像库房等遇水会损坏设备和引发事故的房间，并应避免在生产设备、配电柜上方通过。室内给水管道的布置，不得妨碍生产操作、交通运输和建筑物的使用。

3）室内给水管道不得布置在遇水会引起燃烧、爆炸的原料、产品和设备的上面。

4）埋地敷设的给水管道应避免布置在可能受重物压坏处。管道不得穿越生产设备基础，在特殊情况下必须穿越时，应采取有效的保护措施。

5）给水管道不得敷设在烟道、风道、电梯井内、排水沟内。给水管道不宜穿越橱窗、壁柜。给水管道不得穿过大便槽和小便槽，且立管离大、小便槽端部不得小于0.5m。

6）给水管道不宜穿越伸缩缝、沉降缝、变形缝。如必须穿越时，应设置补偿管道伸缩和剪切变形的装置。

7）塑料给水管道在室内宜暗设。明设时立管应布置在不易受撞击处，如不能避免时，应在管外加保护措施。

8）塑料给水管道不得布置在灶台上边缘；明设的塑料给水立管距灶台边缘不得小于0.4m，距燃气热水器边缘不宜小于0.2m。达不到此要求时，应有保护措施。塑料给水管道不得与水加热器或热水炉直接连接，应有不小于0.4m的金属管段过渡。

9）室内给水管道上的各种阀门，宜装设在便于检修和便于操作的位置。

10）建筑物内埋地敷设的生活给水管与排水管之间的最小净距，平行埋设时不宜小于0.50m；交叉埋设时不应小于0.15m，且给水管应在排水管的上面。

11）给水管道的伸缩补偿装置应按直线长度、管材的线胀系数、环境温度和管内水温的变化、管道节点的允许位移量等因素经计算确定。应利用管道自身的折角补偿温度变形。

12）当给水管道结露会影响环境，引起装饰、物品等受损害时，给水管道应做防结露保冷层，防结露保冷层的计算和构造可按现行国家标准GB/T 4272—2008《设备及管道绝热技术通则》执行。

13）给水管道暗设时，应符合下列要求：①不得直接敷设在建筑物结构层内；②干管和立管应敷设在吊顶、管井、管窿内，支管宜敷设在楼（地）面的垫层内或沿墙敷设在管槽内；③敷设在垫层或墙体管槽内的给水支管的外径不宜大于25mm；④敷设在垫层或墙体管槽内的给水管管材宜采用塑料、金属与塑料复合管材或耐腐蚀的金属管材；⑤敷设在垫层或墙体管槽内的管材，不得有卡套式或卡环式接口，柔性管材宜采用分水器向各卫生器具配水，中途不得有连接配件，两端接口应明露。

14）管道井的尺寸应根据管道数量、管径大小、排列方式、维修条件，结合建筑平面和结构形式等合理确定。需进人维修管道的管井，其维修人员的工作通道净宽度不宜小于0.6m。管道井应每层设外开检修门。

管道井的井壁和检修门的耐火极限和管道井的竖向防火隔断应符合消防规范的规定。

15）给水管道应避免穿越人防地下室，必须穿越时应按现行国家标准GB 50038—2005《人民防空地下室设计规范》的要求设置防护阀门等措施。

16）需要泄空的给水管道，其横管宜设有0.002～0.005的坡度坡向泄水装置。

17）给水管道穿越下列部位或接管时，应设置防水套管：①穿越地下室或地下构筑物的外墙处；②穿越屋面处（注：有可靠的防水措施时，可不设套管。）；③穿越钢筋混凝土水池（箱）的壁板或底板连接管道时。

18）明设的给水立管穿越楼板时，应采取防水措施。

19）在室外明设的给水管道，应避免受阳光直接照射，塑料给水管还应有保护措施；在结冻地区应做保温层，保温层的外壳应密封防渗。

20）敷设在有可能结冻的房间、地下室及管井、管沟等处的给水管道应有防冻措施。

21）布置管道时其周围要有一定的空间，给水管道与其他管道和建筑结构之间的最小间距见表1-2。需进人检修的管道井，其通道不宜小于0.6m。

表1-2　给水管道与其他管道和建筑结构之间的最小间距　（单位：mm）

给水管道名称		室内墙面	地沟壁和其他管道	梁、柱、设备	排水管		备　注
					水平间距	垂直净距	
引入管		—	—	—	1 000	150	在排水管上方
横干管		100	100	50 此处无焊缝	500	150	在排水管上方
立管管径	<32	25	—	—	—	—	—
	32~50	35					
	75~100	50					
	125~150	60					

22）管道穿越楼板、屋顶、墙所需留洞（或套管）的尺寸见表1-3。

表1-3　管道穿越楼板、屋顶、墙所需留洞（或套管）的尺寸

管道名称	穿楼板	穿屋面	穿（内）墙	备注
UPVC管	孔洞大于管外径50~100mm		与楼板同	
CPVC管	套管内径比管外径大50mm		与楼板同	为热水管
PP-R管			孔洞比外径大50mm	
PEX管	孔洞宜大于管外径70mm，套管内径不宜大于管外径50mm	与楼板同	与楼板同	
PAP管	孔洞或套管的内径比管外径大30~40mm	与楼板同	与楼板同	
铜管	孔洞比管外径大50~100mm		与楼板同	
薄壁不锈钢管	（可用塑料套管）	（须用金属套管）	孔洞比管外径大50~100mm	
钢塑复合管	孔洞尺寸为管道外径加40mm	与楼板同		

23）管道在空间敷设时，必须采取固定措施，以保证施工方便和安全供水。固定管道常用支架、托架和吊环，其安装间距与管材有关，表1-4所示为水平钢管支架最大间距。

表1-4 水平钢管支架最大间距 (单位:m)

公称直径/mm	15	20	25	32	40	50	70	80	100	125	150	200	250	300
保温管	2	2.5	2.5	2.5	3	3	4	4	4.5	6	7	7	8	8.5
不保温管	2.5	3	3.25	4	4.5	5	6	6	6.5	7	8	9.5	11	12

钢管立管管卡安装应符合下列规定：①楼层高度≤5m，每层必须安装1个；②楼层高度>5m，每层不得少于2个；③管卡安装高度，距地面应为1.5~1.8m，2个以上管卡应匀称安装，同一房间的管卡应安装在同一高度。

1.4 高层建筑给水管道常用的管道材料与管件

高层建筑给水系统所用的管道与管件应满足压力要求。常用的管材有钢管、塑料管、铸铁管、铜管、不锈钢管等。给水系统采用的管材、配件，应符合现行产品标准要求；生活饮用水给水系统所涉及的材料必须达到饮用水卫生标准；管道的工作压力不得大于产品标准允许的工作压力。

给水管道的管材应根据管内水质、压力、敷设场所的条件及敷设方式等因素综合考虑确定。

埋地管道的管材应具有耐腐蚀性和能承受相应地面荷载的能力。当 $DN>75$mm 时可采用有内衬的给水铸铁管、球墨铸铁管、给水塑料管和复合管；当 $DN<75$mm 时，可采用给水塑料管、复合管或经可靠防腐处理的钢管、热镀锌钢管。

室内给水管道应选用耐腐蚀和安装连接方便可靠的管材。明敷或嵌墙敷设管一般可采用塑料给水管、复合管、薄壁不锈钢管、薄壁铜管、经可靠防腐处理的钢管、热镀锌钢管。敷设在地面找平层内宜采用PP-R管、PEX管、PVC-C管、铝塑复合管、耐腐蚀的金属管材；室外明敷管道一般不宜采用铝塑复合管、给水塑料管。

1.4.1 塑料管

建筑生活给水常用的塑料管材主要有给水硬聚氯乙烯管(UPVC)、聚丙烯管(PP-R)、交联聚乙烯管(PEX)、氯化聚氯乙烯管(CPVC)、聚乙烯管(PE)等。塑料管材耐腐蚀，不受酸、碱、盐和油类等介质的侵蚀，质轻而坚，管壁光滑、水力性能好，容易切割，加工安装方便，并可制成各种颜色。但强度低，耐久和耐热性能(PP-R、PEX管除外)较差。其一般用于输送温度在45℃以下的建筑物内外的给水。

1. UPVC管

给水用硬聚氯乙烯(UPVC)管材是以硬聚氯乙烯(PVC)树脂为主要原料，加入了符合国家标准的管材所必需的添加剂组成的混合料(混合料中不允许加入增塑剂)，经挤出成型的管材，是目前国内外都在大力发展和应用的新型化学建材。它具有质量轻、耐压强度好、输送流体阻力小、安装方便、投资低等优点。硬聚氯乙烯管道的使用温度不得大于45℃，公称外径 d_n <50mm 时宜选用公称压力不小于 1.6MPa 的管材，公称外径 d_n ≥50mm 时宜选用公称压力不小于 1.0MPa 的管材。硬聚氯乙烯管道不得用于消防管道，不得在建筑物内与消防管道相连。管道连接宜采用承插粘接，也可采用橡胶密封圈连接(采用这种连接时不能采用嵌墙敷设方式)。管道与金属管件螺纹连接时，应采用注射成型的外螺纹管件。管道与金属管材管道和附件为法兰连接时，宜采用注射成型带承口法兰外套金属法兰片连接。管道与给水栓连接部位应采用塑料增强管件、镶嵌金属或耐腐金属管件。

2. PP-R 管

无规共聚聚丙烯(PP-R)管采用无规共聚聚丙烯经挤出成型，是欧洲 20 世纪 90 年代初开发应用的新型塑料管道产品。它具有较好的抗冲击性能和长期蠕变性能。其适用于系统的工作压力不大于 0.6MPa，工作温度不大于 70℃的给水及热水系统。明敷和非直埋管道宜采用热熔连接，与金属管或用水器连接，应采用螺纹或法兰连接(需采用专用的过渡管件或过渡接头)。直埋、暗敷在墙体及地坪层内的管道应采用热熔连接，不得采用螺纹、法兰连接。当管道外径大于等于 75mm 时可采用热熔、电熔、法兰连接。PP-R 管不能用于室外。

3. PEX 管

交联聚乙烯管道是采用普通聚乙烯原料加入硅烷接枝料，在聚合物大分子链间形成化学共价键以取代原有的范德华力，从而形成三维交联网状结构的交联聚乙烯，其交联度可达到 60%~90%，具有优良的耐温性能，使用温度为-70~110℃。管外径小于 25mm 时，管道与管件宜采用卡箍式连接，大于等于 32mm 时，宜采用卡套式连接。管道与其他管道附件、阀门等连接应采用专用的外螺纹卡箍或卡套式连接件。管道配水点应采用耐腐蚀金属材料制作的内螺纹配件，且应与墙体固定。交联聚乙烯(PEX)使用温度与允许工作压力请参见相关规范。

4. PE 管

建筑内聚乙烯管(PE)多为高密度聚乙烯管，是以高密度聚乙烯为主要原料，添加少量抗氧剂、抗紫外线吸收剂及色料等制成。其适用于温度不超过 40℃，一般用途的压力输水，以及饮用水的输送。建筑内 PE 管的连接方式有热熔连接、电熔连接。

5. CPVC 管

氯化聚氯乙烯管有多种系列产品，高层建筑给水可采用 S5 系列(但高层建筑主干管和泵房内不宜采用)。室外管道压力不大于 1.0MPa 时，可采用 S6.3 系列，当大于1.0MPa时，应采用S5系列。管道采用承插粘接。与其他种类的管材、金属阀门、设备装置的连接，应采用专用嵌螺纹的或带法兰的过渡连接配件。螺纹连接专用过渡件的管径不宜大于63mm；严禁在管子上套螺纹。

1.4.2　钢管

目前建筑给水系统使用的钢管有两种，一种是不镀锌钢管，一种是镀锌钢管(热浸)。不镀锌钢管主要用于消防管道和生产给水管道。镀锌钢管主要用于管径小于等于150mm的消防管道和生产给水管道。

钢管具有强度高、接口方便、承受内压力大、内表面光滑、水力条件好等优点。但抗腐蚀性差，造价较高。

不镀锌钢管的连接方法有焊接和法兰连接，镀锌钢管连接方法有螺纹连接和法兰连接。

螺纹连接是利用各种管件将管道连接在一起。常用的管件有管箍、三通、四通、弯头、活接头、补心、内接头(俗称对丝)、螺母、管堵(俗称丝堵)等，其形式及应用如图1-12所示。

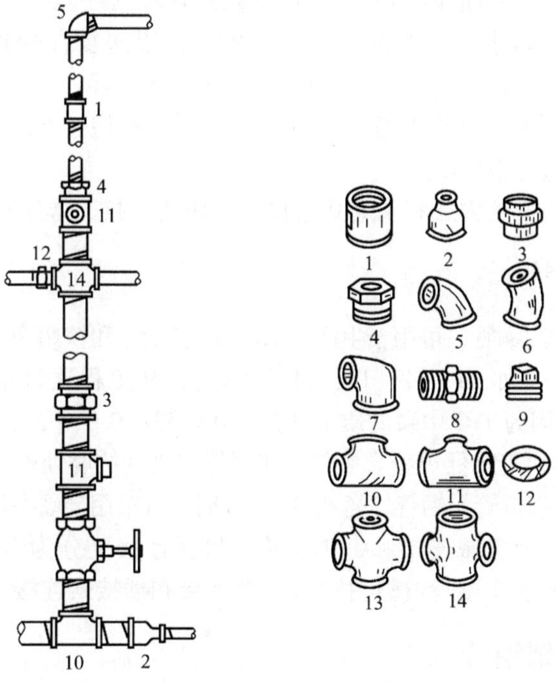

图1-12　螺纹连接配件

1—管接头　2—异径接头　3—活接头　4—补心　5—弯头　6—45°弯头　7—异径弯头　8—内接头　9—管堵　10—等径三通　11—异径三通　12—螺母　13—四通　14　异径四通

法兰连接一般用于直径较大(50mm 以上)的管道与阀门、水泵、止回阀、水表等的连接。连接前先将法兰焊接或用螺纹连接在管端，再用螺栓连接起来。

焊接的优点是接头紧密、不漏水、施工迅速、不需配件。其缺点是不能拆卸。

1.4.3　给水铸铁管

给水铸铁管有低压管、普压管和高压管三种，工作压力分别为不大于0.45MPa、0.75MPa 和 1MPa。当管内压力不超过 0.75MPa 时，宜采用普压给水铸铁管；超过 0.75MPa 时，应采用高压给水铸铁管。铸铁管具有耐腐蚀、接装方便、寿命长、价格低等优点，但性脆、质量大、长度小。铸铁管一般应做水泥砂浆衬里。管道宜采用橡胶圈柔性接口($DN \leqslant 300$mm 宜采用推入式梯唇形胶圈接口、$DN > 300$mm 宜采用推入式楔形胶圈接口)。给水铸铁管一般用于埋地管道。

1.4.4　铝塑复合管

铝塑复合管是以聚乙烯(PE)或交联聚乙烯(PEX)为内外层，中间夹一焊接铝管，在铝管的内外表面涂覆胶黏剂与塑料层粘接，通过复合工艺成型的管材。主要用于生活冷、热水管，工作温度可达 90℃。铝塑复合管具有一定的柔性，保温、耐腐蚀，不渗透、气密性好，内壁光滑、质量轻、安装方便。铝塑复合管宜采用卡套式连接。当使用塑料密封套时，水温不超过 60℃；当使用铝制密封套时，水温不超过 100℃。

铝塑复合管的连接方式有卡套式连接、卡压式连接、螺纹挤压式连接。

1.4.5　给水铜管

给水铜管又称纯铜管，可用于生活给水(含冷、热水)和饮用净水系统。纯铜给水管材质有多种牌号，如 T1、T2、T3、T4、TP2 等，从工程质量角度考虑，应采用 TP2 牌号的管材。因为 TP2 中磷的质量分数为 0.015%~0.04%，有利于钎料的流动，使焊缝牢固，还有利于降低焊缝含氧量，使钎焊连接处抗腐蚀能力增强。给水铜管宜采用硬态或半硬态铜管，铜管外径 $d_1 \leqslant 28$mm 时，宜采用半硬态铜管。

铜管的连接分为机械连接和钎焊连接。机械连接又分为卡套连接、卡压连接、螺纹连接、卡箍连接(沟槽连接)、法兰连接和插接式连接。

1.4.6　薄壁不锈钢管

薄壁不锈钢管是壁厚 0.6~2.0mm 的不锈钢带或不锈钢板，通过制管设备用自动氩弧焊等熔焊焊接制成的管材。超薄不锈钢管表面硬度高，整体刚性好，线胀系数小，可用于冷水、热水、饮用净水等工程。近几年，不锈钢管的应用程度有了大幅度的提高，一些高层建筑和居住小区中的饮用水管、热水管系统均采用薄壁不锈钢管。实践证明，薄壁不锈钢管确有着独特的优越性，是目前给水排水管材市场最有前途的管材之一。

1.5　高层建筑给水系统的升压贮水设备

1.5.1　水泵装置

水泵装置是高层建筑给水系统的主要升压设备，普遍采用离心泵。高层建筑给水系统所用的水泵装置与普通建筑给水系统所用的水泵装置没有区别。水泵的布置与安装也与普通建筑给水系统的要求一致，具体详见有关规定。

水泵装置的抽水方式分为水泵直接从室外给水管网抽水和水泵从贮水池抽水两种。一般多采用从贮水池抽水的间接方式。只有在抽水量相对较小，对城市管网水压影响不大的情况下(保证室外给水管网压力不小于0.1MPa)才可以采用这种方式，并应与供水部门协商。

1. 水泵的选择

选择水泵首先要确定水泵的流量和与此流量相对应的扬程，然后合理选用水泵型号，使水泵在高效区工作。

水泵的流量按下列原则确定：水泵后无水箱等调节装置时，应按设计秒流量确定；水泵后有水箱等调节装置时，一般按最大小时流量确定。调速泵在额定转速的工作点应位于水泵高效区的末端。

水泵的扬程应满足最不利配水点或消火栓等所需要的水压头要求。

2. 水泵调速运行

水泵运行方式有恒速运行和调速运行两种。采用高位水箱给水和气压罐给水应采用恒速运行，无水箱给水方式可以采用调速运行，也可以采用恒速运行，应视具体情况而定。在建筑给水系统中，目前普遍采用变频调速。

调速控制方式的选择，要结合供水对象、供水规模、运转费、设备费以及电气产品性能等进行综合考虑。目前常用的调速控制方式有水泵出口压力恒定控制和管网末端压力恒定控制两种。当供水规模较小，管网系统阻力损失占总扬程比例较小时，采用水泵出口压力恒定控制。这种方式虽然仍有一部分能量的浪费，但电控系统比较简单，因此应用比较广泛。当管网线路长，流量变化产生的阻力损失占总扬程比例较大时，以管网末端不利点所需压力进行恒定控制。这种方式节能效果要比前一种方式好，但电控系统比较复杂。

3. 变频调速自动供水设备

变频调速自动供水设备主要由控制器、变频器、压力变送器、水泵等组成。

图 1-13 所示为水泵出口压力恒定控制的微机供水系统示意图。其工作过程为：根据用户对水压的要求，先在控制器中设定一个水泵出口压力值 p。随着建筑内用水量的变化，水泵出口的压力值 p_x 也随之改变。压力变送器将水泵出口压力值 p_x 传送给控制器，控制器根据 p_x 与 p 的相互关系，通过变频器调节频率，改变电动机及水泵的转速，使供水量与用水量达到平衡，维持水泵出口压力基本恒定。当建筑内用水量增加时，水泵出口压力 p_x 下降，$p_x<p$，这时控制器通过变频器提高频率，致使水泵电动机转速提高，水泵出水量增加，p_x 值上升，直至 $p_x=p$；当建筑内用水量减少时，水泵出口的压力 p_x 上升，$p_x>p$，这时控制器通过变频器降低频率，致使水泵转速下降，出水量减少，p_x 值下降，直至 $p_x=p$。

水泵转速变化幅度一般为 $100\%n_N \sim 80\%n_N$（额定转速），因为这个范围内，机组和电控设备的总效率比较高。

采用变速泵供水的系统，当日夜用水量相差悬殊时，应设置小容积的高位水箱或气压罐与变速泵配合使用，或设置小型恒速泵与变速泵配合使用，解决小流量和零流量时变速泵的运行问题，因为在这种情况下，水泵工作效率低，轴功率将大量产生机械热能，使水温升高，导致水泵故障。

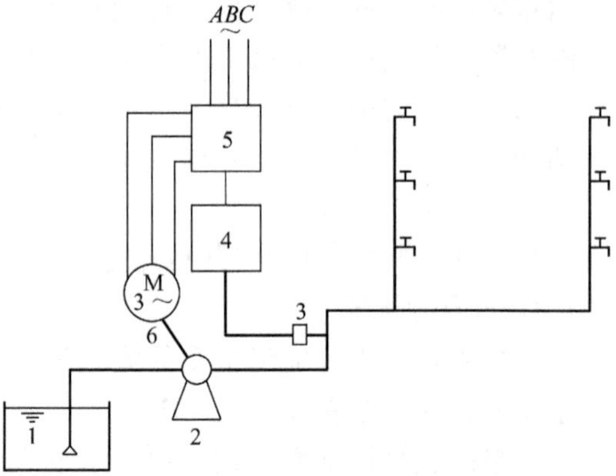

图 1-13　水泵出口压力恒定控制的微机供水系统示意图

1—贮水池　2—水泵　3—压力变送器　4—控制器　5—变频器　6—电动机

1.5.2　贮水池

在城市给水管网不能满足流量要求时，应在室内地下室或室外泵房附近设置贮水池，以补充供水量不足。

贮水池一般用钢筋混凝土制成，也有采用各种钢板或玻璃钢制作。贮水池所用材料不得对其贮水水质造成任何污染。池壁内常有喷涂无毒瓷釉涂料、饮水用油漆或食品级玻璃钢和贴瓷砖等。

贮水池有效容积由生活用水调节容积、消防贮水容积和生产事故贮水容积三部分组成。设计规范中对水箱生活用水调节容积的确定有明确规定：建筑物内低位贮水池的生活用水调节容积可以按建筑最高日用水量的 20%~25%确定；居住小区加压泵站的贮水池的生活用水调节容积可以按最高日用水量的 15%~20%确定。

消防贮备水量应根据消防要求，以火灾延续时间内所需消防用水总量计。

生产事故备用水量应根据用户安全供水要求、中断供水后果和城市给水管网可能停水等因素确定。

建筑物内的生活贮水池(箱)应与其他用水的水池(箱)分开设置。

消防用水与生活或生产用水合用一个贮水池时，应采取措施，确保消防贮备水量不被动用。

贮水池与化粪池、污水处理构筑物的净距不宜小于10m。

高层建筑的贮水池与普通建筑的贮水池没有区别，具体可参照设计规范的有关规定。

1.5.3 高位水箱

高位水箱具有储备水量、增压、稳压、减压和调节水泵工作的作用。

水箱一般用各种钢板、玻璃钢、塑料或钢筋混凝土制作。钢板水箱内表面必须进行防腐处理，防腐材料不得污染水质。水箱的形状有圆形、方形、矩阵形和球形。水箱一般应设进水管、出水管、溢流管、排水管、通气管、液位计、人孔等。

高层建筑内高位水箱的设置与要求和普通建筑内高位水箱的要求是一样的，具体可参照设计规范的有关规定。

高位水箱有效容积由水箱的生活用水调节容积、水箱的消防贮水容积和水箱的生产事故贮水容积三部分组成，具体应根据高位水箱的功能确定。

设计规范中对水箱生活用水调节容积的确定有明确规定：由室外给水管网夜间直接进水的水箱的生活用水调节容积，宜按供水的用水人数和最高日用水定额确定；由水泵联动提升进水的水箱的生活用水调节容积不宜小于水箱服务区域内的最大小时用水量的50%。

生产事故贮水容积按工艺要求确定。消防贮水容积按照消防要求确定。

采用垂直串联供水时，如果设置中途转输水箱来调节初级泵与次级泵的流量差，则中途转输水箱的容积宜取次级泵的5~10min流量。

水箱的设置高度应使其最低水位的标高满足最不利配水点或消火栓或自动喷水喷头的最小工作压力的要求。

1.6 高层建筑给水系统的设计计算

1.6.1 给水系统所需压力

高层建筑给水系统各个分区的供水压力必须能使需要的水量输送到建筑物内最不利点的用水设备，并保证有足够的流出水头。

各分区给水系统需要的供水压力可以按式(1-1)计算，如图1-14所示。

$$p = p_1 + p_2 + p_3 + p_4 \tag{1-1}$$

式中　p——建筑内部给水系统所需的压力，自室外引入管起点轴线算起(kPa)；

p_1——最不利点与室外引入管起点的静压差(kPa)；

p_2——计算管路的压力损失(kPa)；

p_3——水表的压力损失(kPa)；

p_4——最不利点的最小工作压力(kPa)。

最小工作压力是指各种配水龙头或用水设备，为获得规定的出水量(额定流量)而必需的最小压力。它是在供水时克服配水龙头内的摩擦、冲击、流速变化等阻力所需的静水压力。最小工作压力的大小与配水龙头及用水设备的种类有关，其规定见表1-8。

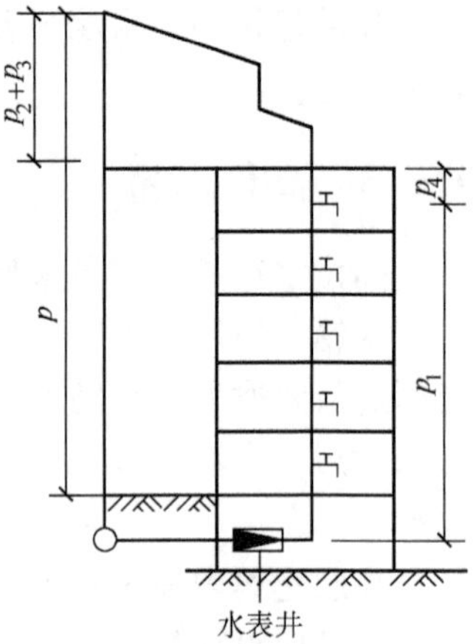

图1-14　建筑内部给水系统所需的压力

1.6.2　给水系统所需水量

1. 用水定额

(1) 住宅生活用水定额　住宅生活用水定额与建筑层数并无多大关系。因此，只要条件相同，高层建筑与低层建筑、多层建筑生活用水定额基本一致，可按表1-5的规定采用。

表1-5　住宅最高日生活用水定额及小时变化系数

住宅类别		卫生器具设置标准	生活用水定额/[L/(人·d)]	小时变化系数
普通住宅	Ⅰ	有大便器、洗涤盆	85~150	3.0~2.5
	Ⅱ	有大便器、洗脸盆、洗涤盆、洗衣机、热水器和沐浴设备	130~300	2.8~2.3
	Ⅲ	有大便器、洗脸盆、洗涤盆、洗衣机、集中热水供应(或家用热水机组)和沐浴设备	180~320	2.5~2.0
别墅		有大便器、洗脸盆、洗涤盆、洗衣机、洒水栓，家用热水机组和沐浴设备	200~500	2.3~1.8

注：1. 当地对住宅生活用水定额有具体规定时，可按当地规定执行。
2. 别墅用水定额中含庭院绿化用水和汽车抹车用水。

(2)集体宿舍、旅馆和公共建筑生活用水定额　集体宿舍、旅馆和其他公共建筑的生活用水定额及小时变化系数，根据卫生器具完善程度和区域条件，可按表1-6的规定采用。

表1-6　集体宿舍、旅馆和公共建筑最高日生活用水定额及小时变化系数

序号	建筑物名称	单位	生活用水定额/L	使用小时数/h	小时变化系数
1	宿舍				
	Ⅰ类、Ⅱ类	每人每日	50~100	24	3.0~2.5
	Ⅲ类、Ⅳ类	每人每日	80~130	24	3.5~3.0
2	招待所、培训中心、普通旅馆			24	3.0~2.5
	设公用盥洗室	每人每日	50~100		
	设公用盥洗室、淋浴室	每人每日	80~130		
	设公用盥洗室、淋浴室、洗衣室	每人每日	100~150		
	设单独卫生间、公用洗衣室	每人每日	120~200		
3	酒店式公寓	每人每日	200~300	24	2.5~2.0
4	宾馆客房			24	2.5~2.0
	旅客	每床位每日	250~400		
	员工	每人每日	80~100		
5	医院住院部				
	设公用盥洗室	每床位每日	100~200	24	2.5~2.0
	设公用盥洗室、淋浴室	每床位每日	150~250	24	2.5~2.0
	设单独卫生间	每床位每日	250~400	24	2.5~2.0
	医务人员	每人每班	150~250	8	2.0~1.5
	门诊部、诊疗所	每病人每次	10~15	8~12	1.5~1.2
	疗养院、休养所住房部	每床位每日	200~300	24	2.0~1.5
6	养老院、托老所				
	全托	每人每日	100~150	24	2.5~2.0
	日托	每人每日	50~80	10	2.0
7	幼儿园、托儿所				
	有住宿	每儿童每日	50~100	24	3.0~2.5
	无住宿	每儿童每日	30~50	10	2.0
8	公共浴室				2.0~1.5
	淋浴	每顾客每次	100	12	
	浴盆、淋浴	每顾客每次	120~150	12	
	桑拿浴（淋浴、按摩池）	每顾客每次	150~200	12	

（续）

序号	建筑物名称	单位	生活用水定额/L	使用小时数/h	小时变化系数
9	理发室、美容院	每顾客每次	40~100	12	2.0~1.5
10	洗衣房	每kg干衣	40~80	8	1.5~1.2
11	餐饮业 中餐酒楼 快餐店、职工及学生食堂 酒吧、咖啡馆、茶座、卡拉OK房	 每顾客每次 每顾客每次 每顾客每次	 40~60 20~25 5~15	 10~12 12~16 18	 1.5~1.2 1.5~1.2 1.5~1.2
12	商场 员工及顾客	每 m^2 营业厅面积每日	5~8	12	1.5~1.2
13	图书馆	每人每次	5~10	8~10	1.5~1.2
14	书店	每 m^2 营业厅面积每日	3~6	8~10	1.5~1.2
15	办公楼	每人每班	30~50	8~10	1.5~1.2
16	教学、实验楼 中小学校 高等院校	 每学生每日 每学生每日	 20~40 40~50	 8~9 8~9	 1.5~1.2 1.5~1.2
17	电影院、剧院	每观众每场	3~5	3	1.5~1.2
18	会展中心（博物馆、展览馆）	每 m^2 营业厅面积每日	3~6	8~16	1.5~1.2
19	健身中心	每人每次	30~50	8~12	1.5~1.2
20	体育场（馆） 运动员淋浴 观众	 每人每次 每人每场	 30~40 3	 — 4	 3.0~2.0 1.2
21	会议厅	每座位每次	6~8	4	1.5~1.2
22	客运站旅客、展览中心观众	每人次	3~6	8~16	1.5~1.2
23	菜市场地面冲洗及保鲜用水	每 m^2 每日	10~20	8~10	2.5~2.0
24	停车库地面冲洗水	每 m^2 每次	2~3	6~8	1.0

注：1. 除养老院、托儿所、幼儿园的用水定额中含食堂用水外，其他均不含食堂用水。
2. 除注明外，均不含员工生活用水，员工用水定额为每人每班40~60L。
3. 医疗建筑用水中已含医疗用水。
4. 空调用水应另计。

（3）汽车冲洗用水定额　汽车冲洗用水定额，与冲洗方法和车辆类型有关，具体见表1-7。

表 1-7　汽车冲洗用水定额　[单位:L/(辆·次)]

冲洗方式	软管冲洗	高压水枪冲洗	循环用水冲洗	抹车
轿车	200~300	40~60	20~30	10~15
公共汽车 载重汽车	400~500	80~120	40~60	15~30

(4) 工业企业建筑生活用水定额　工业企业建筑管理人员的生活用水定额可取 30~50L/(人·班)；车间工人的生活用水定额应根据车间性质确定，宜采用 30~50L/(人·班)；用水时间宜取 8h，小时变化系数宜取 2.5~1.5。工业企业建筑淋浴用水定额应根据现行国家标准 GBZ1—2010《工业企业设计卫生标准》中车间的卫生特征分级确定，可采用 40~60L/(人·次)，延续供水时间宜取 1h。

2. 最高日用水量和最大小时用水量

人们的生活用水在每日的用水过程中，均匀性较小，变化较大。其用水量是按用水定额及用水单位数来确定的。

最高日生活用水量按式(1-2)计算

$$Q_d = \frac{mq_d}{1000} \tag{1-2}$$

式中　Q_d——最高日生活用水量(m^3/d)；

m——设计单位数(人或床或 m^2)；

q_d——单位用水定额[L/(人·d)或 L/(床·d)或 L/(m^2·d)]。住宅生活用水定额见表 1-5，集体宿舍、旅馆和其他公共建筑的生活用水定额见表 1-6。

最大小时生活用水量应根据最高日(或最大班)生活用水量、使用时间和小时变化系数按式(1-3)计算

$$Q_h = K_h \frac{Q_d}{T} \tag{1-3}$$

式中　Q_h——最大小时生活用水量(m^3/h)；

Q_d——最高日(或最大班)生活用水量(m^3/d)；

T——每日(或最大班)使用时间(h)；

K_h——小时变化系数，按表 1-5 和表 1-6 采用。

1.6.3　给水设计流量

小区内给水管道设计流量的确定与普通建筑一样，详见 GB 50015—2003《建筑给水排水设计规范》(2009 年版)的有关规定。

1. 建筑物给水引入管的设计流量要求

建筑物给水引入管的设计流量应符合下列要求：①当建筑物内的生活用水全

部由室外管网直接供水时，应取建筑物内的生活用水设计秒流量；②当建筑物内的生活用水全部自行加压供给时，引入管的设计流量应为贮水调节池的设计补水量；设计补水量不宜大于建筑物最高日最大时用水量，且不得小于建筑物最高日平均时用水量；③当建筑物内的生活用水既有室外管网直接供水，又有自行加压供水时，应按①、②计算设计流量后，将两者叠加作为引入管的设计流量。

下面重点介绍高层建筑给水管道设计秒流量的计算方法。

目前我国尚无高层建筑专用的设计秒流量计算公式，所以各类高层建筑给水管道的设计秒流量仍按建筑类别选用 GB 50015—2003《建筑给水排水设计规范》(2009 年版)中的给水设计秒流量计算公式计算。

2. 住宅生活给水管道设计秒流量计算公式

住宅生活给水管道设计秒流量按式(1-4)计算

$$q_g = 0.2UN_g \tag{1-4}$$

式中 q_g——计算管段的设计秒流量(L/s)；

U——计算管段的卫生器具给水当量同时出流概率(%)；

N_g——计算管段的卫生器具给水当量总数，见表 1-8；

0.2——1 个卫生器具给水当量的额定流量(L/s)。

表 1-8 卫生器具给水额定流量、当量、支管管径和流出压力

序号	给水配件名称	额定流量/(L/s)	当量	公称管径/mm	最小工作压力/MPa
1	洗涤盆、拖布盆、盥洗槽 单阀水嘴 单阀水嘴 混合水嘴	 0.15~0.20 0.30~0.40 0.15~0.20(0.14)	 0.75~1.00 1.5~2.00 0.75~1.00(0.70)	 15 20 15	0.050
2	洗脸盆 单阀水嘴 混合水嘴	 0.15 0.15(0.10)	 0.75 0.75(0.5)	 15 15	0.050
3	洗手盆 单阀水嘴 混合水嘴	 0.10 0.15(0.10)	 0.5 0.75(0.5)	 15 15	0.050
4	浴盆 单阀水嘴 混合水嘴(含带淋浴转换器)	 0.20 0.24(0.20)	 1.0 1.2(1.0)	 15 15	 0.050 0.050~0.070

（续）

序号	给水配件名称	额定流量/(L/s)	当量	公称管径/mm	最小工作压力/MPa
5	淋浴器 混合阀	 0. 15(0. 10)	 0. 75(0. 5)	 15	 0. 050~0. 100
6	大便器 冲洗水箱浮球阀 延时自闭式冲洗阀	 0. 10 1. 20	 0. 50 0. 60	 15 25	 0. 020 0. 100~0. 150
7	小便器 手动或自动自闭式冲洗阀 自动冲洗水箱进水阀	 0. 10 0. 10	 0. 50 0. 50	 15 15	 0. 050 0. 020
8	小便槽穿孔冲洗管(每米长)	0. 05	0. 25	15~20	0. 015
9	净身盆冲洗水嘴	0. 10(0. 07)	0. 50(0. 35)	15	0. 050
10	医院倒便器	0. 20	1. 00	15	0. 050
11	实验室化验水嘴(鹅颈) 单联 双联 三联	 0. 07 0. 15 0. 20	 0. 35 0. 75 1. 00	 15 15 15	 0. 020 0. 020 0. 020
12	饮水器喷嘴	0. 05	0. 25	15	0. 050
13	洒水栓	0. 40 0. 70	2. 00 3. 50	20 25	0. 050~0. 100 0. 050~0. 100
14	室内地面冲洗水嘴	0. 20	1. 00	15	0. 050
15	家用洗衣机水嘴	0. 20	1. 00	15	0. 050

注：1. 表中括弧内的数值是在有热水供应时，单独计算冷水或热水时使用。

2. 当浴盆上附设淋浴器时，或混合水嘴有淋浴器转换开关时，其额定流量和当量只计水嘴，不计淋浴器，但水压应按淋浴器计。

3. 家用燃气热水器，所需水压按产品要求和热水供应系统最不利配水点所需的工作压力确定。

4. 绿地的自动喷灌应按产品要求设计。

5. 如为充气龙头，其额定流量为表中同类配件额定流量的 0.7 倍。

6. 卫生器具给水配件所需流出压力，如有特殊要求时，其数值按产品要求确定。

设计秒流量根据建筑物配置的卫生器具给水当量和管段的卫生器具给水当量同时出流概率确定。而管段的卫生器具给水当量同时出流概率与卫生器具的给水当量数和其平均出流概率(U_0)有关。根据数理统计结果，卫生器具给水当

量的同时出流概率计算公式为

$$U = 100 \times \frac{1 + \alpha_c (N_g - 1)^{0.49}}{\sqrt{N_g}} (\%) \tag{1-5}$$

式中　U——计算管段卫生器具给水当量同时出流概率(%)；

α_c——对应于不同卫生器具的给水当量平均出流概率(U_0)的系数，见表1-9。

表1-9　α_c 与 U_0 的对应关系

U_0(%)	$\alpha_c \times 10^2$	U_0(%)	$\alpha_c \times 10^2$
1.0	0.323	4.0	2.816
1.5	0.697	4.5	3.263
2.0	1.097	5.0	3.715
2.5	1.512	6.0	4.629
3.0	1.939	7.0	5.555
3.5	2.374	8.0	6.489

计算管段最大用水时卫生器具的给水当量平均出流概率按式(1-6)计算

$$U_0 = \frac{100 \times q_L \times m \times K_h}{0.2 \times N_g \times T \times 3600} (\%) \tag{1-6}$$

式中　U_0——生活给水配水管道的最大用水时卫生器具给水当量平均出流概率(%)；

q_L——最高日的用水定额[L/(人·d)]，见表1-5；

m——用水人数(人)；

K_h——小时变化系数，见表1-5；

N_g——每户设置的卫生器具给水当量总数；

0.2——1个卫生器具给水当量的额定流量(L/s)；

T——每天用水小时数(h)。

建筑物的卫生器具给水当量最大用水时的平均出流概率参考值见表1-10。

表1-10　最大用水时的平均出流概率参考值

建筑物性质	U_0 参考值(%)	建筑物性质	U_0 参考值(%)
普通住宅Ⅰ型	3.4~4.5	普通住宅Ⅲ型	1.5~2.5
普通住宅Ⅱ型	2.0~3.5	别墅	1.5~2.0

从上面的介绍可以看出，住宅生活给水管道设计秒流量的计算步骤是先确定最大用水时卫生器具给水当量平均出流概率 U_0，并根据表1-10判断是否在参考值的范围内。然后，根据 U_0 查出 α_c，并根据式(1-5)计算出卫生器具给水当量的同时出流概率 U；最后根据式(1-4)计算出住宅生活给水管道设计秒流量。

为了计算快捷、方便，在计算出 U_0 后，可以根据计算管段的 N_g 从 GB 50015—2003《建筑给水排水设计规范》(2009 年版)附录 E 中直接查得设计秒流量 q_g。

计算住宅生活给水管道设计秒流量时应注意的问题：①当计算管段上的卫生器具给水当量总数超过 GB 50015—2003《建筑给水排水设计规范》(2009 年版)附录 E 中的最大值时，其设计流量应取最大时用水量。②有两条或两条以上具有不同最大用水时卫生器具给水当量平均出流概率的给水支管的给水干管，该管段的最大时卫生器具给水当量平均出流概率应取加权平均值，即

$$\overline{U}_0 = \frac{\sum U_{0i} N_{gi}}{\sum N_{gi}} \tag{1-7}$$

式中　$\overline{U}_0$——给水干管的最大时卫生器具给水当量平均出流概率；

U_{0i}——给水支管的最大时卫生器具给水当量平均出流概率；

N_{gi}——相应支管的卫生器具给水当量总数。

3. 宿舍(Ⅲ、Ⅳ类)、工业企业的生活间等建筑生活给水管道设计秒流量计算公式

Ⅲ、Ⅳ类宿舍(Ⅲ类——高等院校的本、专科学生,每居室 3~4 人,有相对集中卫生间;Ⅳ类——中等院校的学生和工厂企业的职工,每居室 6~8 人,集中盥洗卫生间)、工业企业的生活间、公共浴室、职工食堂或营业餐馆的厨房、体育场馆、剧院、普通理化实验室等建筑的生活给水管道的设计秒流量按式(1-8)计算

$$q_g = \sum \frac{q_0 n_0 b}{100} \tag{1-8}$$

式中　q_g——计算管段的给水设计秒流量(L/s)；

q_0——同类型的一个卫生器具给水额定流量(L/s)，见表 1-8；

n_0——同类型卫生器具数；

b——卫生器具同时给水百分数(%)，应按表 1-11~表 1-13 采用。

表 1-11　宿舍(Ⅲ、Ⅳ类)、工业企业的生活间、公共浴室、职工食堂或营业餐馆的厨房、体育场馆运动员休息室等卫生器具同时给水百分数(%)

卫生器具名称	同时给水百分数				
	宿舍(Ⅲ、Ⅳ类)	工业企业生活间	公共浴室	影剧院	体育场馆
洗涤盆(池)		33	15	15	15
洗手盆		50	50	50	70(50)
洗脸盆、盥洗槽水嘴	5~100	60~100	60~100	50	80
浴盆			50		

（续）

卫生器具名称	同时给水百分数				
	宿舍（Ⅲ、Ⅳ类）	工业企业生活间	公共浴室	影剧院	体育场馆
无间隔淋浴器	20～100	100	100		100
有间隔淋浴器	5～80	80	60～80	60～80	60～80
大便器冲洗水箱	5～70	30	20	50（20）	70（20）
大便槽自动冲洗水箱	100	100		100	100
大便器自闭式冲洗阀	1～2	2	2	10（2）	15（2）
小便器自闭式冲洗阀	2～10	10	10	50（10）	10
小便器（槽）自动冲洗水箱		100	100	100	100
净身盆		33			
饮水器		30～60	30	30	30
小卖部洗涤盆			50	50	50

注：1. 健身中心的卫生间，可采用本体育场馆运动员休息室的同时给水百分数。
2. “（）”内数值是电影院、剧院的化妆间，体育场馆的运动员休息室使用。

表1-12　职工食堂、营业餐馆厨房同时给水百分数

厨房设备名称	同时给水百分数（%）
洗涤盆（池）	70
煮锅	60
生产性洗涤机	40
器皿洗涤机	90
开水器	50
蒸汽发生器	100
灶台水嘴	30

表1-13　实验室卫生器具同时给水百分数

卫生器具名称	同时给水百分数（%）	
	科研教学实验室	生产实验室
单联化验龙头	20	30
双联或三联化验龙头	30	50

应用式（1-8）时应注意：①如计算值小于该管段上一个最大卫生器具给水额定流量时，应采用一个最大的卫生器具给水额定流量作为设计秒流量。②大便器自闭式冲洗阀应单列计算，当单列计算值小于1.2L/s时，以1.2L/s计；大于1.2L/s时，以计算值计。

4. 宿舍(Ⅰ、Ⅱ类)、宾馆、办公楼等建筑生活给水管道设计秒流量计算公式

Ⅰ、Ⅱ类宿舍(Ⅰ类——博士研究生、教师和企业科技人员,每居室1人,有单独卫生间;Ⅱ类——高等院校的硕士研究生,每居室2人,有单独卫生间)、旅馆、宾馆、酒店式公寓、医院、疗养院、幼儿园、养老院、办公楼、商场、图书馆、书店、客运站、航站楼、会展中心、中小学教学楼、公共厕所等建筑的生活给水设计秒流量按式(1-9)计算

$$q_g = 0.2\alpha\sqrt{N_g} \tag{1-9}$$

式中 0.2——1个卫生器具给水当量的额定流量(L/s);

α——根据建筑物用途确定的系数值，见表1-14。

表1-14 根据建筑物用途而定的系数值

建筑物名称	α值
幼儿园、托儿所、养老院	1.2
门诊部、诊疗所	1.4
办公楼、市场	1.5
图书馆	1.6
书店	1.7
学校	1.8
医院、疗养院、休养所	2.0
酒店式公寓	2.2
宿舍(Ⅰ、Ⅱ类)、旅馆、招待所、宾馆	2.5
客运站、航站楼、会展中心、公共厕所	3.0

使用式(1-9)时应注意下列几点:

1）如计算值小于该管段上一个最大卫生器具给水额定流量时，应采用一个最大的卫生器具给水额定流量作为设计秒流量。

2）如计算值大于该管段上按卫生器具给水额定流量累加所得流量值时，应按卫生器具给水额定流量累加所得流量值采用。

3）有大便器延时自闭冲洗阀的给水管段，大便器延时自闭冲洗阀的给水当量均以0.5计，计算得到的q_g附加1.10L/s的流量后，为该管段的给水设计秒流量。

4）综合性建筑α值应按式(1-10)计算，即

$$\alpha = \frac{a_1 N_{g1} + a_2 N_{g2} + \cdots + a_n N_{gn}}{N_g} \tag{1-10}$$

式中 α——综合性建筑经加权平均法确定的总流量系数α值;

N_g——计算管段的卫生器具给水当量总数;

N_{g1}、N_{g2}、…、N_{gn}——综合性建筑各部门的卫生器具给水当量总数;

a_1、a_2、…、a_n——相应于N_{g1}、N_{g2}、…、N_n的设计秒流量系数a值。

1.6.4　建筑给水管道的设计计算

建筑给水管道的水力计算内容包括：确定给水管道各管段的管径；计算压力损失，复核水压是否满足最不利配水点的水压要求；选定加压装置及设置高度。

1. 管径的确定

各管段的管径是根据所通过的设计秒流量确定的，其计算公式为

$$d_j = \sqrt{\frac{4q_g}{\pi v}} \tag{1-11}$$

式中　q_g——计算管段的设计秒流量(m^3/s)；

d_j——管道计算内径(m)；

v——管段中的流速(m/s)。

从式(1-11)可知，在管段流量确定的条件下，管段流速的大小决定着管径的大小，设计时应综合技术和经济两方面因素恰当选用管内流速。管内流速过大，易产生噪声，因水锤现象损坏管道和附件，并增加管道压力损失，加大供水所需压力；管内流速过小，将造成管材浪费。根据以上分析，生活给水管道的水流速度宜按表1-15采用。与消防合用的给水管网，消防时其管内流速应满足消防要求。

表1-15　生活给水管道的水流速度

公称直径/mm	15~20	25~40	50~70	≥80
水流速度/mm	≤1.0	≤1.2	≤1.5	≤1.8

2. 压力损失计算

(1)沿程压力损失计算　给水管道沿程压力损失按式(1-12)计算

$$p_y = iL \tag{1-12}$$

式中　p_y——管段的沿程压力损失(kPa)；

L——计算管段的长度(m)；

i——管道单位长度的压力损失(kPa/m)，可按式(1-13)计算。

$$i = 105C_h^{-1.85}d_j^{-4.87}q_g^{1.85} \tag{1-13}$$

式中　q_g——管段的设计计算流量(m^3/s)；

d_j——管道计算内径(m)。

C_h——海澄·威廉系数。各种塑料管、内衬(涂)塑管 $C_h=140$；铜管、不锈钢管 $C_h=130$；衬水泥、树脂的铸铁管 $C_h=130$；普通钢管、铸铁管 $C_h=100$。

设计计算时，可直接使用由上列公式编制的水力计算表，由管段的设计秒流量 q_g，控制流速 v 在正常范围内，查得管径和单位长度的压力损失 i。钢管、

聚氯乙烯塑料管水力计算表分别见本章附录中的附表1和附表2，其他管材的水力计算表详见《给水排水设计手册》第1册。

（2）局部压力损失计算　给水管道局部压力损失计算公式如下

$$p_j = \sum \zeta \frac{\rho v^2}{2} \tag{1-14}$$

式中　p_j——管段的局部压力损失（kPa）；

v——管道内平均水流速度（m/s）；

ζ——局部阻力系数；

ρ——水的密度。

由于给水管道中配件较多，局部阻力系数ζ值也不尽相同，因此，采用式(1-14)计算较为繁琐。在实际工程中，生活给水管道的配水管的局部压力损失宜按管道的连接方式，采用管（配）件当量长度法计算。螺纹接口的阀门及管件的摩阻损失当量长度见表1-16。

表1-16　螺纹接口的阀门及管件的摩阻损失当量长度

管件内径/mm	各种管件的折算管道长度/m						
	90°标准弯头	45°标准弯头	标准三通90°转角流	三通直向流	闸板阀	球阀	角阀
9.5	0.3	0.2	0.5	0.1	0.1	2.4	1.2
12.7	0.6	0.4	0.9	0.2	0.1	4.6	2.4
19.1	0.8	0.5	1.2	0.2	0.2	6.1	3.6
25.4	0.9	0.5	1.5	0.3	0.2	7.6	4.6
31.8	1.2	0.7	1.8	0.4	0.2	10.6	5.5
38.1	1.5	0.9	2.1	0.5	0.3	13.7	6.7
50.8	2.1	1.2	3.0	0.6	0.4	16.7	8.5
63.5	2.4	1.5	3.6	0.8	0.5	19.8	10.3
76.2	3.0	1.8	4.6	0.9	0.6	24.3	12.2
101.6	4.3	2.4	6.4	1.2	0.8	38.0	16.7
127.0	5.2	3	7.6	1.5	1.0	42.6	21.3
152.4	6.1	3.6	9.1	1.8	1.2	50.2	24.3

注：本表的螺纹接口是指管件与管道在连接点内径有突变，管件内径大于管道内径。当管件为凹口螺纹或管件与管道为等径焊接时，其折算补偿长度取本表值的二分之一。

当管道的管（配）件当量长度资料不足时，可按下列管件的连接状况，按管网的沿程压力损失的百分数取值：

1）管（配）件内径与管道内径一致，采用三通分水时，取25%～30%；采用分水器分水时，取15%～20%。

2）管（配）件内径略大于管道内径，采用三通分水时，取50%～60%；采用分水器分水时，取30%～35%。

3）管(配)件内径略小于管道内径，管(配)件的插口插入管口内连接，采用三通分水时，取70%~80%；采用分水器分水时，取35%~40%。

3. 建筑给水系统水力计算步骤

高层建筑给水系统的水力计算与普通建筑给水系统的水力计算基本相同，但首先要进行竖向分区，并确定给水方式，然后根据建筑平面图和初定的给水方式，绘制给水管道平面布置图及轴测图，并确定各分区的计算管路进行水力计算。对设计成环状的给水管网进行水力计算时，可以按最不利情况进行考虑，断开某管段，以单向供水的支状管网计算。

计算步骤如下：

1）根据轴测图选择各区的最不利配水点，确定计算管路。

2）以流量变化处为节点，进行节点编号，划分计算管段，并将设计管段长度列于水力计算表中。

3）根据建筑物的类别选择设计秒流量公式，并正确计算管段的设计秒流量。

4）根据管段的设计秒流量，查相应水力计算表，确定管道管径和水力坡度。

5）确定给水管网沿程压力损失和局部压力损失，选择水表，计算水表压力损失。

6）确定给水管道所需压力 p，并校核初定给水方式。

7）确定非计算管段的管径。

8）水泵、水池、水箱等升压、贮水设备的确定。

1.7 高层建筑给水系统设计计算实例

某综合楼，总建筑面积约为24950m^2，建筑总高度为56m，地上14层，地下1层为车库及设备用房。1~4层为商场、商务中心、办公、餐饮等服务用房，层高5m，每层卫生间内设自闭式冲洗阀大便器、洗手盆、污水盆、自闭式冲洗阀小便器等，厨房设有洗涤池。5~14层为宾馆用房，层高3.2m，每间客房专用卫生间内设有浴盆1个，洗脸盆1个、低水箱坐式大便器1个。室外给水管网所能提供的最小压力为0.35MPa。

1. 给水系统设置

该建筑为14层综合楼，室外给水管网所能提供的最小压力为0.35MPa，不能满足建筑内部高区用水要求，另外考虑所选卫生器具给水配件的最大静水压力为0.35MPa，因此，将该建筑供水分两区，−1~4层为低区，5~14层为高区。低区由室外给水管网直接供水，给水管网采用下行上给式。高区采用由设在地下室的贮水池、生活加压水泵与屋顶水箱组成的联合供水系统供水，供水引至屋顶水箱，给水管网采用上行下给式。

2. 生活给水用水定额与小时变化系数的确定

根据建筑设计资料、建筑性质和卫生设备完善程度，查表 1-6，确定相应的生活用水定额与小时变化系数。

1）宾馆客房旅客用水定额选用 400L/(床位·d)，小时变化系数 2.0，使用时间为 24h。宾馆客房的员工用水定额选用 100L/(人·d)，小时变化系数 2.0，使用时间 24h。

2）办公室工作人员生活用水定额选用 50L/(人·d)，小时变化系数 1.2，使用时间 10h。

3）中餐厅的生活用水定额选用 50L/(顾客·次)，用餐次数 3 次，小时变化系数 1.5，使用时间 12h，餐饮业服务人员按 20%席位计。

4）商场(营业厅)员工及顾客的生活用水定额选用 5L/(m^2·d)，小时变化系数 1.4，每日使用时间 12h。

3. 用水量计算

按 $Q_d=\sum\frac{mq_d}{1000}$计算该建筑最高日用水量；按 $Q_h=\frac{Q_d}{T}K_h$ 计算最大小时生活用水量。计算结果见表 1-17。

表 1-17　生活用水量计算表

项目	用水类别	水量标准	用水单位	最高日用水量 Q_d/(m^3/d)	小时变化系数 K_h	最大时用水量 Q_h/(m^3/h)	供水时间/h
高区生活用水	客房	400L/(床·d)	350 床	140	2	11.67	24
	客房员工	100L/(人·d)	20 人	2	2	0.17	24
低区生活用水	商场员工及顾客	5L/(m^2·d)	3000m^2	15	1.5	1.88	12
	办公室工作人员	50L/(d·人)	220 人	11	1.2	1.32	10
	餐厅	50L/(顾客·次)	200 顾客，3 次，餐饮业服务人员 40 人	32	1.4	3.73	12
未预见水量	按上述各项之和的 10%			20		1.88	
用水总量				220		20.65	

4. 设计秒流量公式确定

根据建筑性质，设计秒流量按下式计算

宾馆客房 $q_g=0.2\alpha\sqrt{N_g}=0.5\sqrt{N_g}$　　　　$(\alpha=2.5)$

商场、写字间 $q_g=0.2\alpha\sqrt{N_g}=0.3\sqrt{N_g}$　　　$(\alpha=1.5)$

餐厅厨房 $q_g=\sum\frac{nbq_0}{100}$

5. 屋顶生活水箱容积计算

屋顶生活水箱供高区用水，其调节容积按经验取值，按水箱服务区内最大时用水量 Q_h 的50%(水泵自动起动)计。

由表1-17得最大时用水量 $Q_h=(11.67+0.17)\times1.1m^3/h=13.02m^3/h$

水箱调节容积 $V_s=13.02m^3\times50\%=6.51m^3$

屋顶生活水箱钢制，尺寸为3000mm×1600mm×1600mm，有效水深1.4m，有效容积 $6.72m^3$。

6. 生活贮水池有效容积计算

由表1-17得该建筑日用水量为 $220m^3/d$，生活贮水池的有效容积按该建筑日用水量的20%估算，即

$$V_s=220m^3\times20\%=44m^3$$

生活贮水池钢制，尺寸为5000mm×4000mm×2500mm，有效水深2.3m，有效容积 $46m^3$。

7. 给水管网水力计算

(1) 低区给水管网水力计算　采用氯化聚氯乙烯给水管，海澄-威廉系数 $C_h=140$。-1~4层给水管道计算草图与计算节点编号如图1-15所示。以1号卫生间DGL-1管道水力计算为例。按下列方法与步骤分别进行给水支管、立管与干管水力计算，计算结果见表1-18~表1-23。

1）查表1-8得卫生洁具当量数，计算管段总当量。

如管段0~1，$N_{g0\sim1}=0.5$。

2）计算管段设计流量，该建筑-1~4层为商务办公用房，α取1.5。

如管段0~1，$q_{g0\sim1}=0.2\alpha\sqrt{N_g}=0.2\times1.5\sqrt{0.5}L/s=0.21L/s>0.1L/s$(自闭式冲洗阀小便器额定流量)，按卫生器具给水额定流量累加所得流量值采用，$q_{g0\sim1}=0.1L/s$。

计算中，如有自闭式冲洗阀式大便器的管段设计流量按公式 $q_g=0.2\alpha\sqrt{N_g}+1.1$ 计算。

如DGL-2上管段1~2，$q_{g1\sim2}=0.2\alpha\sqrt{N_g}+1.1=(0.2\times1.5\sqrt{1}+1.1)L/s=1.4L/s$。

3）根据管段设计流量查氯化聚氯乙烯给水管水力计算表得管段流速与每米

管长沿程压力损失。

如管段 0~1，$v_{0\sim1}=0.50\text{m/s}$；$i_{0\sim1}=0.249\text{kPa/m}$

4）计算管段沿程压力损失。

如管段 0~1，$p_{y0\sim1}=iL=0.75\times0.249\text{kPa}=0.19\text{kPa}$

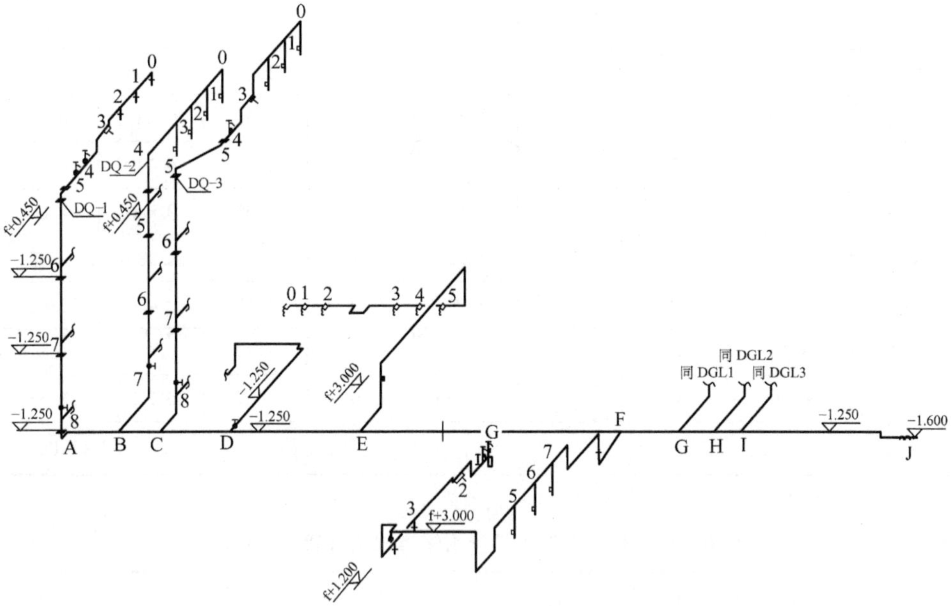

图 1-15　低区-1~4 层给水管道计算草图

表 1-18　1~4 层 1 号卫生间给水管道（DGL-1）水力计算表

管段编号	管段长度 /(L/m)	卫生洁具个数			当量总数 N_g	设计秒流量 q_g /(L/s)	公称管径 /mm	流速 v /(m/s)	每米管长沿程压力损失 i/(kPa/m)	管段沿程压力损失/kPa $p_y=iL$
		小便器 $N=0.5$	洗涤盆 $N=1.0$	洗脸盆 $N=0.75$						
0~1	0.75	1			0.5	0.10	15	0.50	0.249	0.19
1~2	0.75	2			1.0	0.20	15	1.00	0.899	0.67
2~3	1.45	3			1.5	0.30	20	0.87	0.506	0.73
3~4	1.54	3	1		2.5	0.47	25	0.82	0.335	0.52
4~5	0.75	3	1	1	3.25	0.54	25	0.93	0.427	0.32
5~6	5.60	3	1	2	4.0	0.60	25	1.03	0.518	2.90
6~7	5.0	6	2	4	8.0	0.85	32	0.94	0.332	1.66
7~8	5.0	9	3	6	12.0	1.04	32	1.14	0.482	2.41
8~A	6.5	12	4	8	16.0	1.20	40	0.84	0.210	1.37
										$\sum p_y=10.77\text{kPa}$

表1-19　1~4层1号卫生间给水管道(DGL-2)水力计算表

管段编号	管段长度/m	自闭式冲洗阀式大便器个数 $N=0.5$	计算当量总数 N_g	设计秒流量 q_g/(L/s)	公称管径/mm	流速 v/(m/s)	每米管长沿程压力损失 i/(kPa/m)	管段沿程压力损失/kPa $p_y=iL$
0~1	0.90	1	0.5	1.20	25	2.07	1.866	1.68
1~2	0.90	2	1.0	1.40	32	1.54	0.837	0.75
2~3	0.90	3	1.5	1.47	32	1.62	0.140	0.13
3~4	2.04	4	2.0	1.52	32	1.68	0.980	2.00
4~5	5.00	4	2.0	1.52	32	1.68	0.980	4.90
5~6	5.00	8	4.0	1.70	40	1.19	0.400	2.00
6~7	5.00	12	6	1.83	40	1.29	0.461	2.31
7~B	6.50	16	8	1.95	40	1.37	0.515	3.35
								$\sum p_y=17.12$kPa

表1-20　1~4层2号卫生间给水管道水力计算表(DGL-3)

管段编号	管段长度 L/m	卫生洁具个数			当量总数 N_g	设计秒流量 q_g/(L/s)	公称管径/mm	流速 v/(m/s)	每米管长沿程压力损失 i/(kPa/m)	管段沿程压力损失/kPa $p_y=iL$
		自闭式冲洗阀式大便器 $N=0.5$	洗涤盆 $N=1.0$	洗脸盆 $N=0.75$						
0~1	0.90	1			0.5	1.20	25	2.07	1.866	1.68
1~2	0.90	2			1.0	1.40	32	1.54	0.837	0.75
2~3	1.95	3			1.5	1.47	32	1.62	0.14	0.27
3~4	1.54	3	1		2.5	1.57	40	1.11	0.347	0.53
4~5	0.95	3	1	1	3.25	1.64	40	1.15	0.375	0.36
5~6	5.00	3	1	1	3.25	1.64	40	1.15	0.375	1.88
6~7	5.00	6	2	2	6.5	1.87	40	1.31	0.475	2.38
7~8	5.00	9	3	3	9.75	2.04	40	1.43	0.559	2.80
8~C	6.50	12	4	4	13	2.19	40	1.53	0.634	4.12
										$\sum p_y=14.767$kPa

表1-21　1层厨房给水管道水力计算

管段编号	洗涤盆 n/q_0 /(L/s)	同时给水百分数 b (%)	设计秒流量 q_g/(L/s)	公称管径 /mm	流速 v/(m/s)
0~1	1/0.14	70	0.14	15	0.49
1~2	2/0.14	70	0.20	15	0.57
2~3	3/0.14	70	0.29	20	0.85
3~4	4/0.14	70	0.39	20	1.13
4~5	5/0.14	70	0.49	25	0.84
5~E	6/0.14	70	0.59	25	1.01

表1-22　1层3号卫生间给水管道水力计算

管段编号	管段长度 /m	卫生洁具总数个数				当量总数 N_g	设计秒流量 q_g /(L/s)	公称管径 /mm	流速 v /(m/s)	每米管长沿程压力损失 i/(kPa/m)
		洗脸盆 $N=0.75$	污水盆 $N=1.0$	小便器 $N=0.5$	大便器 $N=0.5$					
0~1	1.00	1				0.75	0.15	15	0.75	0.528
1~2	1.55	2				1.5	0.30	20	0.87	0.506
2~3	2.10	2	1			2.5	0.47	25	0.82	0.335
3~4	0.70	2	1	1		3.0	0.52	25	0.89	0.397
4~5	9.25	2	1	2		3.5	0.56	25	0.97	0.457
5~6	0.90	2	1	2	1	4.0	1.70	40	1.19	0.400
6~7	0.90	2	1	2	2	4.5	1.74	40	1.22	0.416
7~F	3.90	2	1	2	3	5.0	1.77	40	1.24	0.431

表1-23　-1~4层给水干管水力计算表

管段编号	管段长度 L/m	卫生洁具个数					当量总数 N_g	设计秒流量 q_g /(L/s)	公称管径 /mm	流速 v /(m/s)	每米管长沿程压力损失 i/(kPa/m)	管段沿程压力损失 /kPa $p_y=iL$
		小便器 $N=0.5$	洗涤盆 $N=1.0$	洗脸盆 $N=0.75$	自闭式冲洗阀式大便器 $N=0.5$	洗涤盆混合水嘴 $N=0.7$						
A~B	3.30	12	4	8			16.0	1.20	40	0.84	0.210	0.69
B~C	0.60	12	4	8	16		24.0	2.57	50	1.14	0.281	0.17
C~D	10.90	12	8	12	28		37.0	2.92	50	1.30	0.357	3.89
D~E	13.30	12	9	12	28		38.0	2.95	50	1.31	0.362	4.81
E~F	3.50	12	9	12	28	6	42.2	3.05	50	1.35	0.385	1.35
F~G	22.50	14	10	14	31	6	47.2	3.16	50	1.40	0.412	9.27

（续）

管段编号	管段长度 L/m	卫生洁具个数					当量总数 N_g	设计秒流量 q_g /(L/s)	公称管径 /mm	流速 v /(m/s)	每米管长沿程压力损失 i/(kPa/m)	管段沿程压力损失 /kPa $p_y=iL$
		小便器 $N=0.5$	洗涤盆 $N=1.0$	洗脸盆 $N=0.75$	自闭式冲洗阀式大便器 $N=0.5$	洗涤盆混合水嘴 $N=0.7$						
G~H	3.30	26	14	22	31	6	63.2	3.49	70	1.09	0.211	0.70
H~I	0.60	26	14	22	47	6	71.2	3.63	70	1.14	0.228	0.14
I~J	33.50	26	18	26	59	6	84.2	3.85	70	1.21	0.254	8.51
												$\sum p_{y,A\sim J}=29.53$kPa

5）计算低区给水系统所需的压力。

低区最不利用水点为立管DGL-2的0点，其给水配件安装高度为0.6m，与室外引入管起点的静压差：$p_1=(15+0.6+1.6)\text{mH}_2\text{O}=17.2\text{mH}_2\text{O}=168.56\text{kPa}$

最不利计算管路(0~B~J)的压力损失

$$p_2=1.3\times\sum iL=1.3\times(\sum p_{y,0\sim B}+\sum p_{y,A\sim J}-p_{y,A\sim B})$$
$$=1.3\times(17.12+29.53-0.69)\text{kPa}=59.75\text{kPa}$$

选LXL-100水表，得$K_b=144$，水表压力损失$p_3=\dfrac{q_g^2}{K_b}=\dfrac{(3.85\times3.6)^2}{144}\text{kPa}=1.33\text{kPa}$

查表1-8得，自闭式冲洗阀大便器的最小工作压力$p_4=100\text{kPa}$

低区室内供水所需水压

$p=p_1+p_2+p_3+p_4=(168.56+59.75+100+1.33)\text{kPa}=329.64\text{kPa}<350\text{kPa}$满足−1~4层供水要求，低区供水管网不再进行调整计算。

（2）高区5~14层给水管网水力计算　高区给水系统共设13根给水立管，其中GHL1~GHL11的卫生洁具相同，GHL12与GHL13的卫生洁具相同，因此只需计算GHL1和GHL12两根立管即可，计算节点编号如图1-16所示，计算方法与过程同低区，计算结果见表1-24~表1-26。

8. 生活水泵的选择

生活水泵出水量按高区最大时用水量计，$q_b=13.02\text{m}^3/\text{h}=3.62\text{L/s}$

贮水池最低水位与水箱最高水位差：$H_1=61.40-(-5.20)=66.60\text{m}$，相应的压力差$p_1=652.68\text{kPa}$

水泵压力上水管管长$L=(26.9+66.60)\text{m}=93.29\text{m}$，选用$DN65$钢管，查相应水力计算表得$v=1.03\text{m/s}$，$i=0.333\text{kPa/m}$

总压力损失(局部选取30%)$p_2=0.333\times93.29\times1.3\text{kPa}=40.38\text{kPa}$

取水箱进水浮球阀的流出压力$p_3=20\text{kPa}$

水泵扬程相应的压力 $p_b \geqslant p_1+p_2+p_3=(652.68+40.38+20)\text{kPa} \approx 713\text{kPa}$

选用 50DL15-12×7 型分段多级离心泵 2 台，一备一用，流量 $Q=10\sim22\text{m}^3/\text{h}$，扬程 $H_b=91\sim63\text{m}$，转速 $n=1450\text{r/min}$，功率为 7.5kW，效率 $\eta=55\%$。

9. 校核水箱安装高度

水箱最低生活水位标高 60.00m，高区最不利用水点几何高度 $H_z=(52.00+0.67)\text{m}=52.67\text{m}$，则 $h=(60.00-52.67)\text{m}=7.33\text{m}$，相应的压力 $p=71.83\text{kPa}$

水箱出水口 19 点至最不利用水点压力损失

$$p_2=1.3\sum p_{y,19\sim最不利用水点}=1.3\times(\sum p_{y,1\sim4}+p_{y,13\sim14}+\sum p_{y,14\sim18}+p_{y,18\sim19})$$

$$=1.3\times(2.63+1.83+6.39+3.11)\text{kPa}=1.3\times13.96\text{kPa}=18.15\text{kPa}$$

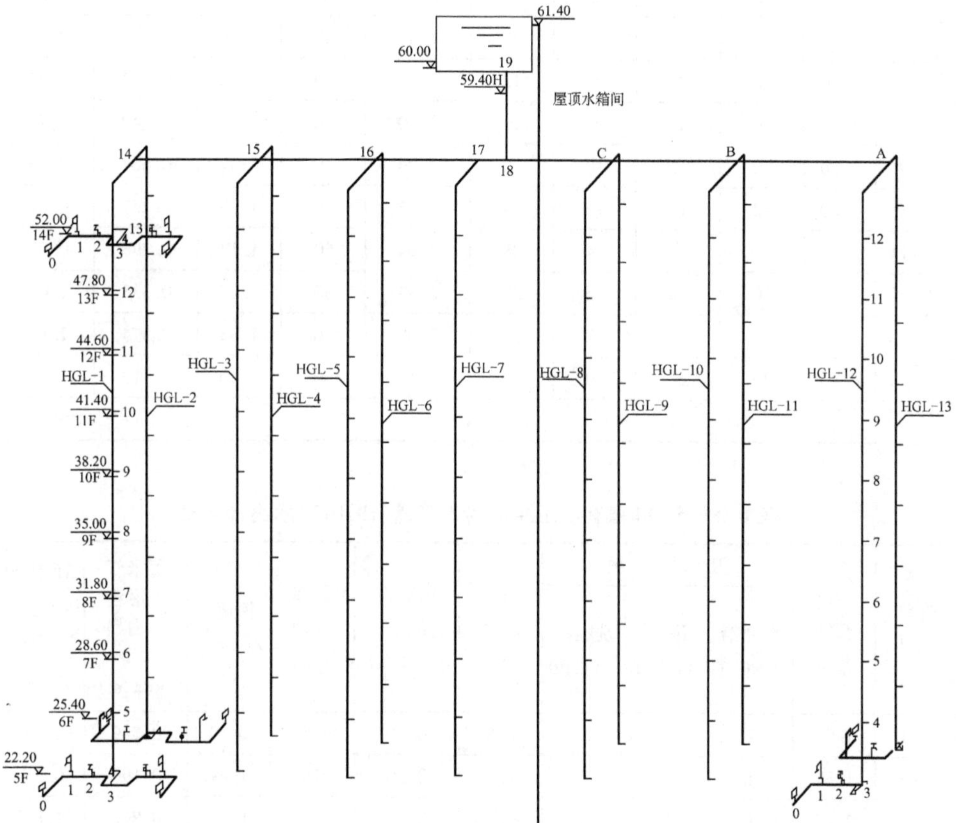

图 1-16　高区 5~14 层给水管道计算草图

表1-24　5~14层客房卫生间给水管道(HGL1)水力计算表

管段编号	管段长度 L/m	卫生洁具个数			当量总数 N_g	设计秒流量 q_g/(L/s)	公称管径/mm	流速 v/(m/s)	每米管长沿程压力损失 i/(kPa/m)	管段沿程压力损失/kPa $p_y=iL$
		大便器 $N=0.5$	浴盆 $N=1.0$	洗脸盆 $N=0.50$						
0~1	1.91	1			0.5	0.10	15	0.50	0.249	0.48
1~2	1.30	1	1		1.5	0.30	15	1.49	0.190	0.25
2~3	2.15	1	1	1	2	0.40	20	1.16	0.862	1.85
3~4	0.60	2	2	2	4	0.80	25	1.38	0.881	0.53
4~5	3.20	2	2	2	4	0.80	25	1.38	0.881	2.82
5~6	3.20	4	4	4	8	1.41	40	0.99	0.284	0.91
6~7	3.20	6	6	6	12	1.73	40	1.22	0.414	1.32
7~8	3.20	8	8	8	16	2.00	40	1.40	0.540	1.73
8~9	3.20	10	10	10	20	2.24	40	1.57	0.664	2.12
9~10	3.20	12	12	12	24	2.45	50	1.09	0.257	0.82
10~11	3.20	14	14	14	28	2.65	50	1.17	0.296	0.95
11~12	3.20	16	16	16	32	2.83	50	1.25	0.335	1.07
12~13	3.20	18	18	18	36	3.00	50	1.33	0.574	1.84
13~14	4.45	20	20	20	40	3.16	50	1.40	0.412	1.83
										$\sum p_{y,0\sim4}=3.11$kPa

表1-25　5~14层客房卫生间给水管道(HGL12)水力计算表

管段编号	管段长度 L/m	卫生洁具个数			当量总数 N_g	设计秒流量 q_g/(L/s)	公称管径/mm	流速 v/(m/s)	每米管长沿程压力损失 i/(kPa/m)	管段沿程压力损失/kPa $p_y=iL$
		大便器 $N=0.5$	浴盆 $N=1.0$	洗脸盆 $N=0.50$						
0~1	1.91	1			0.5	0.10	15	0.50	0.249	0.48
1~2	1.30	1	1		1.5	0.30	15	1.49	0.190	0.25
2~3	2.15	1	1	1	2	0.40	20	1.16	0.862	1.85
3~4	3.20	1	1	1	2	0.40	20	1.16	0.862	2.76
4~5	3.20	2	2	2	4	0.80	25	1.38	0.881	2.82
5~6	3.20	3	3	3	6	1.20	32	1.32	0.630	2.02
6~7	3.20	4	4	4	8	1.41	40	0.99	0.284	0.91
7~8	3.20	5	5	5	10	1.58	40	1.11	0.350	1.12

（续）

管段编号	管段长度 L/m	卫生洁具个数			当量总数 N_g	设计秒流量 q_g/(L/s)	公称管径 /mm	流速 v /(m/s)	每米管长沿程压力损失 i/(kPa/m)	管段沿程压力损失 /kPa $p_y=iL$
		大便器 $N=0.5$	浴盆 $N=1.0$	洗脸盆 $N=0.50$						
8~9	3.20	6	6	6	12	1.73	40	1.22	0.414	1.32
9~10	3.20	7	7	7	14	1.87	40	1.31	0.477	1.53
10~11	3.20	8	8	8	16	2.00	40	1.40	0.540	1.73
11~12	3.20	9	9	9	18	2.12	40	1.49	0.602	1.93
12~A	4.45	10	10	10	20	2.24	40	1.57	0.664	2.95

表 1-26 5~14 层给水干管水力计算表

管段编号	管段长度 L/m	当量总数 N_g	设计秒流量 q_g/(L/s)	公称管径 /mm	流速 v/(m/s)	每米管长沿程压力损失 i /(kPa/m)	管段沿程压力损失/kPa $p_y=iL$
14~15	8	80	4.47	70	1.40	0.335	2.68
15~16	8	160	6.32	80	1.37	0.261	2.09
16~17	8	240	7.75	100	1.12	0.142	1.14
17~18	3	280	8.37	100	1.21	0.163	0.49
							$\sum p_{y,14\sim18}=6.39$kPa
A~B	12.9	40	3.16	70	0.99	0.176	2.27
B~C	8	120	5.48	80	1.19	0.2	1.60
C~18	5	200	7.07	100	1.02	0.12	0.60
							$\sum p_{y,A\sim18}=4.47$kPa
18~19	11.55	480	10.95	100	1.59	0.269	3.11

最不利用水点最低工作压力：$p_3=50$kPa

$$p_2+p_3=(18.15+50)\text{kPa}=68.15\text{kPa}<71.83\text{kPa}$$

水箱安装高度满足最不利用水点的水压要求。

本章附录

附表1　给水钢管（水煤气管）水力计算表

（流量 q_g 单位为 L/s、管径（DN）单位为 mm、流速 v 单位为 m/s、单位管长的压力损失 i 单位为 kPa/m）

q_g	DN 15		DN 20		DN 25		DN 32		DN 40		DN 50		DN 60		DN 80		DN 100	
	v	i	v	i	v	i	v	i	v	i	v	i	v	i	v	i	v	i
0. 05	0. 29	0.284																
0. 07	0. 41	0.518	0.22	0.111														
0. 10	0. 58	0.985	0.31	0.208														
0.12	0.70	1.37	0.37	0.288	0.23	0.086												
0.14	0.82	1.82	0.43	0.38	0.26	0.113												
0.16	0.94	2.34	0.50	0.485	0.30	0.143												
0.18	1.05	2.91	0.56	0.601	0.34	0.176												
0.20	1.17	3.54	0.62	0.72	0.38	0.213	0.21	0.05										
0.25	1.46	5.51	0.78	1.09	0.47	0.318	0.26	0.07	0.20	0.03								
0.30	1.76	7.93	0.93	1.53	0.56	0.442	0.32	0.10	0.24	0.05								
0.35			1.09	2.04	0.66	0.586	0.37	0.141	0.28	0.08								
0.40			1.24	2.63	0.75	0.748	0.42	0.17	0.32	0.08								
0.45			1.40	3.33	0.85	0.932	0.47	0.22	0.36	0.11	0.21	0.031						
0.50			1.55	4.11	0.94	1.13	0.53	0.26	0.40	0.13	0.23	0.037						
0.55			1.71	4.97	1.04	1.35	0.58	0.31	0.44	0.15	0.26	0.044						
0.60			1.86	5.91	1.13	1.59	0.63	0.37	0.48	0.18	0.28	0.051						
0 65			2.02	6.94	1.22	1.85	0.68	0.43	0.52	0.21	0.31	0.059						
0.70					1.32	2.14	0.74	0.49	0.56	0.24	0.33	0.068	0.20	0.020				
0.75					1.41	2.46	0.79	0.56	0.60	0.28	0.35	0.077	0.21	0.023				

（续）

q_g	DN 15		DN 20		DN 25		DN 32		DN 40		DN 50		DN 60		DN 80		DN 100	
	v	i	v	i	v	i	v	i	v	i	v	i	v	i	v	i	v	i
0.80					1.51	2.79	0.84	0.63	0.64	0.31	0.38	0.085	0.23	0.025				
0.85					1.60	3.16	0, ∞	0.70	0.68	0.35	0.40	0.096	0.24	0.028				
0. 90					1.69	3.54	0.95	0.78	0.72	0.39	0.42	0.107	0.25	0.0311				
0.95					1.79	3.94	1.00	0.86	0.76	0.43	0.45	0.118	0.27	0.0342				
1.00					1.88	4.37	1.05	0.95	0.80	0.47	0.47	0.129	0.28	0.0376	0.20	0.016		
1.10					2.07	5.28	1.16	1.14	0.87	0.56	0.52	0.153	0.31	0.0444	0.22	0.019		
1.20							1.27	1.35	0.95	0.66	0.56	0.18	0.34	0.0518	0.24	0.022		
1.30							1.37	1.59	1.03	0.76	0.61	0.208	0.37	0.0599	0.26	0.026		
1.40							1.48	1.84	1.11	0.88	0.66	0.237	0.40	0.0683	0.28	0.029		
1.50							1.58	2.11	1.19	1.01	0.71	0.27	0.42	0.0772	0.30	0.033		
1.60							1.69	2.40	1.27	1.14	0.75	0.304	0.45	0.0870	0.32	0.037		
1.70							1.79	2.71	1.35	1.29	0.80	0.340	0.48	0.0969	0.34	0.041		
1.80							1.90	3.04	1.43	1.44	0.85	0.378	0.51	0.107	0.36	0.046		
1.90							2.00	3.39	1.51	1.61	0.89	0.418	0.54	0.119	0.38	0.051		
2.0									1.59	1.78	0.94	0.460	0.57	0.13	0.40	0.056	0.23	0.014
2.2									1.75	2.16	1.04	0.549	0.62	0.155	0.44	0.066	0.25	0.017
2.4									1.91	2.56	1.13	0.645	0.68	0.182	0.48	0.077	0.28	0.020
2.6									2.07	3.01	1.22	0.749	0.74	0.21	0.52	0.090	0.30	0.023
2.8											1.32	0.869	0.79	0.241	0.56	0.103	0.32	0.026
3.0											1.41	0.998	0.85	0.274	0.60	0.117	0.35	0.029
3.5											1.65	1.36	0.99	0.365	0.70	0.155	0.40	0.039
4.0											1.88	1.77	1.13	0.468	0.81	0.198	0.46	0.050

（续）

q_g	DN 15		DN 20		DN 25		DN 32		DN 40		DN 50		DN 60		DN 80		DN 100	
	v	i	v	i	v	i	v	i	v	i	v	i	v	i	v	i	v	i
4.5											2.12	2.24	1.28	0.586	0.91	0.246	0.52	0.062
5.0											2.35	2.77	1.42	0.723	1.01	0.30	0.58	0.074
5.5											2.59	3.35	1.56	0.875	1.11	0.358	0.63	0.089
6.0													1.70	1.04	1.21	0.421	0.69	0.105
6.5													1.84	1.22	1.31	0.494	0.75	0.121
7.0													1.99	1.42	1.41	0.573	0.81	0.139
7.5													2.13	1.63	1.51	0.657	0.87	0.158
8.0													2.27	1.85	1.61	0.748	0.92	0.178
8.5													2.41	2.09	1.71	0.844	0.98	0.199
9.0													2.55	2.34	1.81	0.946	1.04	0.221
9.5															1.91	1.05	1.10	0.245
10.0															2.01	1.17	1.15	0.269
10.5															2.11	1.29	1.21	0.295
11.0															2.21	1.41	1.27	0.324
11.5															2.32	1.55	1.33	0.354
12.0															2.42	1.68	1.39	0.385
12.5															2.52	1.83	1.44	0.418
13.0																	1.50	0.452
14.0																	1.62	0.524
15.0																	1.73	0.602
16.0																	1.85	0.685
17.0																	1.96	0.773
20. 0																	2.31	1.07

附表 2　给水塑料管水力计算表

（流量 q_g 单位为 L/s、管径（*DN*）单位为 mm、流速 v 单位为 m/s、单位管长的压力损失 i 单位为 kPa/m）

q_g	*DN* 15		*DN* 20		*DN* 25		*DN* 32		*DN* 40		*DN* 50		*DN* 60		*DN* 80		*DN* 100	
	v	i	v	i	v	i	v	i	v	i	v	i	v	i	v	i	v	i
0.10	0.50	0.275	0.26	0.060														
0.15	0.75	0.564	0.39	0.123	0.23	0.033												
0.20	0.99	0.940	0.53	0.206	0.30	0.055	0.20	0.02										
0.30	1.49	0.193	0.79	0.422	0.45	0.113	0.29	0.040										
0.40	1.99	0.321	1.05	0.703	0.61	0.188	0.39	0.067	0.24	0.021								
0.50	2.49	4.77	1.32	1.04	0.76	0.279	0.49	0.099	0.30	0.031								
0.60	2.98	6.60	1.58	1.44	0.91	0.386	0.59	0.137	0.36	0.043	0.23	0.014						
0.70			1.84	1.90	1.06	0.507	0.69	0.181	0.42	0.056	0.27	0.019						
0.80			2.10	2.40	1.21	0.643	0.79	0.229	0.48	0.071	0.30	0.023						
0.90			2.37	2.96	1.36	0.792	0.88	0.282	0.54	0.088	0.34	0.029	0.23	0.018				
1.00					1.51	0.955	0.98	0.340	0.60	0.106	0.38	0.035	0.25	0.014				
1.50					2.27	1.960	1.47	0.698	0.90	0.217	0.57	0.072	0.39	0.029	0.27	0.010		
2.00							1.96	1.160	1.20	0.361	0.76	0.119	0.52	0.049	0.36	0.020	0.24	0.000
2.50							2.46	1.730	1.50	0.536	0.95	0.517	0.65	0.072	0.45	0.030	0.30	0.011
3.00									1.81	0.741	1.14	0.245	0.78	0.099	0.54	0.042	0.36	0.016
3.50									2.11	0.974	1.33	0.322	0.91	0.131	0.63	0.055	0.42	0.021
4.00									2.41	0.123	1.51	0.408	1.04	0.166	0.72	0.069	0.48	0.026

（续）

q_g	DN 15		DN 20		DN 25		DN 32		DN 40		DN 50		DN 60		DN 80		DN 100	
	v	i	v	i	v	i	v	i	v	i	v	i	v	i	v	i	v	i
4. 50									2. 71	0. 152	1. 70	0. 503	1. 17	0. 205	0. 81	0. 086	0. 54	0. 032
5. 00											1. 89	0. 606	1. 30	0. 247	0. 90	0. 104	0. 60	0. 039
5. 50											2. 08	0. 718	1. 43	0. 293	0. 99	0. 123	0. 66	0. 046
6. 00											2. 27	0. 838	1. 56	0. 342	1. 08	0. 143	0. 72	0. 052
6. 50													1. 69	0. 394	1. 17	0. 165	0. 78	0. 062
7. 00													1. 82	0. 445	1. 26	0. 188	0. 84	0. 071
7. 50													1. 95	0. 507	1. 35	0. 213	0. 90	0. 080
8. 00													2. 08	0. 569	1. 44	0. 238	0. 96	0. 090
8. 50													2. 21	0. 632	1. 53	0. 265	1. 02	0. 102
9. 00													2. 34	0. 701	1. 62	0. 294	1. 08	0. 111
9. 50													2. 47	0. 772	1. 71	0. 323	1. 14	0. 121
10. 00															1. 80	0. 354	1. 20	0. 134

思考题与习题

1. 高层建筑给水为什么要竖向分开？如何分区？
2. 画图说明高层建筑并联给水方式及优缺点？
3. 画图说明高层建筑串联给水方式及优缺点？
4. 画图说明高层建筑减压给水方式及优缺点？
5. 简要说明各种高层建筑供水方式的适用条件？
6. 画图说明变频调速供水的工作原理。
7. 高层建筑给水管道常用的管材有哪几种？

第 2 章

高层建筑消防给水系统

2.1 概述

2.1.1 高层建筑消防的特点

1. 高层建筑的火灾特点

(1) 起火因素多　高层建筑的功能比较复杂，使用人数多，人员流动频繁，建筑装饰要求高，室内易燃物品多，如家具、窗帘、地毯、装饰材料等。引起火灾的火源多，如厨房用火、施工中的电气焊、抽烟扔掉的烟头、电器设备的短路等。

(2) 火势猛、蔓延迅速　高层建筑楼高风大，建筑内竖向井道和通道多，如电梯井、通风竖井、管道井、电缆井、垃圾道、楼梯井、烟道等，都是火灾蔓延的通道，再加上这些竖井的拔风作用，即“烟囱效应”，一旦发生火灾，火势猛、蔓延迅速。

(3) 火灾扑救困难　高层建筑发生火灾时热辐射强，烟雾浓，蔓延速度快，途径多，使得扑救火灾的难度加大。

(4) 人员疏散困难　一般情况下，人在浓烟中 2~3min，即会窒息晕倒。首先，烟气中的含氧量往往低于人们生理正常所需要的数值。其次，烟气中含有各种有害气体，当这些气体的含量超过了人们正常生理所允许的最低浓度时，就会造成中毒死亡。高层建筑的使用人数多，人员的组织疏散工作量大，而对于公共建筑或宾馆性质的建筑，因不熟悉环境使疏散更为困难。

(5) 经济损失大　高层建筑大都是钢筋混凝土或者钢结构，虽然不会燃烧，但当达到一定温度时，钢筋混凝土就会出现裂缝，使强度降低一半左右。同时由于楼高，人员疏散和火灾扑救十分困难，高层建筑一旦发生火灾，如不能及时扑灭，往往会造成群死群伤的严重后果，并造成巨大的经济损失。

2. 高层建筑的消防特点

对于高层建筑而言，完善的室内消防设施是保证建筑正常使用的前提。高层建筑火灾扑救不同于一般的低层建筑，很难靠外部力量进行扑救，因此，高层建筑的防火设计应立足于自防自救。高层建筑的消防立足于自救有两层含义，一是在发生火灾时要满足消防所需的压力，二是要保证在消防期间有足够的消防水量。

2.1.2　高层建筑消防给水系统的分类

1. 按消防给水压力分类

（1）常高压系统　指管网内经常保持灭火所需的水量、水压，不需启动升压设备，可直接使用灭火设备救火。例如室外设有高压管网，或设有高位水池，存贮有火灾延续时间所需的消防水量。

（2）临时高压系统　指最不利点周围平时水压和水量不满足灭火要求，火灾时需起动消防水泵，使管网压力和流量达到灭火要求的系统。或由稳压泵或气压给水设备等增压设施保证管网内能有足够的压力，但发生火灾时仍需起动消防主泵来满足消防要求的系统。

2. 按给水系统供水范围分类

（1）区域集中消防给水系统　用于集中建设的高层建筑，贮水池、水泵集中在一起设置，再由室外消防管网分配到各个建筑内的消防系统。这种给水系统设备集中设置、数量少，便于维护管理，有利于节约投资。缺点是供水安全性差，一旦加压泵站出故障，将会影响所有建筑。

（2）独立消防给水系统　每个建筑都设有加压贮水设施和消防管网，这种给水系统的安全性高，但是设备数量多、分散，不便于维护管理，相应的投资也较高。

3. 按灭火方式不同分类

（1）消火栓给水系统　是把室内或室外给水系统提供的水量，经过加压输送到用于扑灭建筑物内的火灾而设置的固定灭火设备。

（2）自动喷水灭火系统　是一种在发生火灾时，能自动打开喷头喷水灭火并同时发出火警信号的消防灭火设施。

当高层建筑内需同时设置消火栓给水系统和自动喷水灭火系统时，应优先选用两种系统独立设置方式。若有困难，两个系统可合用消防水泵，但应在自动喷水灭火系统报警阀进水口前将两类系统的管网分开设置。

2.1.3　建筑消防的一般规定

GB 50974—2014《消防给水及消火栓系统技术规范》关于建筑消防的一般规定如下：

1）工厂、仓库、堆场、储罐区或民用建筑的室外消防给水用水量，应按同一时间内的火灾起数和一起火灾灭火室外消防给水用水量确定。同一时间内的火灾起数应符合下列规定：

a. 工厂、堆场和储罐区等，当占地面积小于等于 $100hm^2$，且附有居住区人数小于等于1.5万人时，同一时间内的火灾起数应按1起确定；当占地面积小于等于 $100hm^2$，且附有居住区人数大于1.5万人时，同一时间内的火灾起数应按2起确定，居住区应计1起，工厂、堆场或储罐区应计1起。

b. 工厂、堆场和储罐区等，当占地面积大于 $100hm^2$，同一时间内的火灾起数应按2起确定，工厂、堆场或储罐区应计1起，工厂、堆场或储罐区的附属建构筑应计1起。

c. 仓库和民用建筑同一时间内的火灾起数应按1起确定。

2）一起火灾灭火所需消防用水的设计流量应由建筑的室外消火栓系统、室内消火栓系统、自动喷水灭火系统、泡沫灭火系统、水喷雾灭火系统、固定消防炮灭火系统、固定冷却水系统等需要同时作用的各种水灭火系统的设计流量组成，并应符合下列规定：

a. 应按需要同时作用的水灭火系统最大设计流量之和确定。

b. 两座及以上建筑合用消防给水系统时，应按其中一座设计流量最大者确定。

c. 当消防给水与生活、生产给水合用时，合用系统的给水设计流量应为消防给水设计流量与生活、生产用水最大时小时流量之和。计算生活最大小时流量时，淋浴用水量按15%计，浇洒及洗刷等火灾时能停用的用水量可不计。

3）自动喷水灭火系统、泡沫灭火系统、水喷雾灭火系统、固定消防炮灭火系统等水灭火系统的设计流量，应分别按现行国家标准GB 50084—2001《自动喷水灭火系统设计规范》(2005年版)、GB 50151—2010《泡沫灭火系统设计规范》、GB 50219—2014《水喷雾灭火系统技术规范》和GB 50338—2003《固定消防炮灭火系统设计规范》等的有关规定执行。

2.1.4　室外消火栓的设置及设计流量

1. 室外消火栓的设置

GB 50974—2014《消防给水及消火栓系统技术规范》规定室外消火栓的布置应符合下列要求：

1）建筑室外消火栓的数量应根据室外消火栓设计流量和保护半径经计算确定，保护半径不应大于150m，每个室外消火栓的出流量宜按10~15L/s计算。

2）室外消火栓宜沿建筑周围均匀布置，且不宜集中布置在建筑一侧；建筑消防扑救面一侧的室外消火栓数量不宜少于2个。

3）人防工程、地下工程等建筑应在出入口附近设置室外消火栓，且距出入口的距离不宜小于 5m，并不宜大于 40m。

4）停车场的室外消火栓宜沿停车场周边设置，且与最近一排汽车的距离不宜小于 7m，距加油站或油库不宜小于 15m。

5）甲、乙、丙类液体储罐区和液化烃罐罐区等构筑物的室外消火栓，应设在防火堤或防护墙外，数量应根据每个罐的设计流量经计算确定，但距罐壁 15m 范围内的消火栓，不应计算在该罐可使用的数量内。

6）工艺装置区等采用高压或临时高压消防给水系统的场所，其周围应设置室外消火栓，数量应根据设计流量经计算确定，且间距不应大于 60. 0m。当工艺装置区宽度大于 120. 0m 时，宜在该装置区内的路边设置室外消火栓。

7）当工艺装置区、罐区、堆场、可燃气体和液体码头等构筑物的面积较大或高度较高，室外消火栓的充实水柱无法完全覆盖时，宜在适当部位设置室外固定消防炮。

8）当工艺装置区、储罐区、堆场等构筑物采用高压或临时高压消防给水系统时，消火栓的设置应符合下列规定：

a. 室外消火栓处宜配置消防水带和消防水枪。

b. 工艺装置休息平台等处需要设置的消火栓的场所应采用室内消火栓，并应符合该规范第 7. 4 节的有关规定。

9）室外消防给水引入管当设有倒流防止器，且火灾时因其水头损失导致室外消火栓不能满足本规范（第 7. 2. 8 条）所规定的压力时，应在该倒流防止器前设置一个室外消火栓。

2. 建筑物室外消火栓设计流量

建筑物室外消火栓设计流量，应根据建筑物的用途功能、体积、耐火等级、火灾危险性等因素综合分析确定。建筑物室外消火栓设计流量不应小于表 2-1 的规定。

表 2-1　建筑物室外消火栓设计流量　　（单位：L/s）

<table>
<tr><th rowspan="2">耐火等级</th><th rowspan="2" colspan="3">建筑物名称及类别</th><th colspan="6">建筑体积 V/m^3</th></tr>
<tr><th>$V\leq1500$</th><th>$1500<V\leq3000$</th><th>$3000<V\leq5000$</th><th>$5000<V\leq20000$</th><th>$20000<V\leq50000$</th><th>$V>50000$</th></tr>
<tr><td rowspan="6">一、二级</td><td rowspan="6">工业建筑</td><td rowspan="3">厂房</td><td>甲、乙</td><td colspan="2">15</td><td>20</td><td>25</td><td>30</td><td>35</td></tr>
<tr><td>丙</td><td colspan="2">15</td><td>20</td><td>25</td><td>30</td><td>40</td></tr>
<tr><td>丁、戊</td><td colspan="5">15</td><td>20</td></tr>
<tr><td rowspan="3">仓库</td><td>甲、乙</td><td colspan="2">15</td><td colspan="2">25</td><td colspan="2">—</td></tr>
<tr><td>丙</td><td colspan="2">15</td><td colspan="2">25</td><td>35</td><td>45</td></tr>
<tr><td>丁、戊</td><td colspan="5">15</td><td>20</td></tr>
</table>

（续）

<table>
<tr><th rowspan="2">耐火等级</th><th rowspan="2" colspan="3">建筑物名称及类别</th><th colspan="6">建筑体积 V/m^3</th></tr>
<tr><th>$V\leqslant$ 1500</th><th>$1500<V$ $\leqslant3000$</th><th>$3000<V$ $\leqslant5000$</th><th>$5000<V$ $\leqslant20000$</th><th>$20000<V$ $\leqslant50000$</th><th>$V>50000$</th></tr>
<tr><td rowspan="4">一、二级</td><td rowspan="3">民用建筑</td><td colspan="2">住宅</td><td colspan="6">15</td></tr>
<tr><td rowspan="2">公共建筑</td><td>单层及多层</td><td colspan="3">15</td><td>25</td><td>30</td><td>40</td></tr>
<tr><td>高层</td><td colspan="3">—</td><td>25</td><td>30</td><td>40</td></tr>
<tr><td colspan="3">地下建筑（包括地铁）、平战结合的人防工程</td><td colspan="3">15</td><td>20</td><td>25</td><td>30</td></tr>
<tr><td rowspan="3">三级</td><td rowspan="2" colspan="2">工业建筑</td><td>乙、丙</td><td>15</td><td>20</td><td>30</td><td>40</td><td>45</td><td>—</td></tr>
<tr><td>丁、戊</td><td colspan="3">15</td><td>20</td><td>25</td><td>35</td></tr>
<tr><td colspan="3">单层及多层民用建筑</td><td colspan="2">15</td><td>20</td><td>25</td><td>30</td><td>—</td></tr>
<tr><td rowspan="2">四级</td><td colspan="3">丁、戊类工业建筑</td><td colspan="2">15</td><td>20</td><td>25</td><td colspan="2">—</td></tr>
<tr><td colspan="3">单层及多层民用建筑</td><td colspan="2">15</td><td>20</td><td>25</td><td colspan="2">—</td></tr>
</table>

注：1. 成组布置的建筑物应按消火栓设计流量较大的相邻两座建筑物的体积之和确定。

2. 火车站、码头和机场的中转库房，其室外消火栓设计流量应按相应耐火等级的丙类物品库房确定。

3. 国家级文物保护单位的重点砖木、木结构的建筑物室外消火栓设计流量，按三级耐火等级民用建筑物消火栓设计流量确定。

4. 当单座建筑总建筑面积大于 $500000m^3$ 时，建筑物室外消火栓设计流量应按本表规定的最大值增加一倍。

3. 建筑物室外消火栓给水系统所需水压

GB 50974—2014《消防给水及消火栓系统技术规范》规定：

设有市政消火栓的给水管网，平时运行工作压力不应小于 0.14MPa，消防时水力最不利消火栓的出流量不应小于 15L/s，且供水压力从地面算起不应小于 0.10MPa。

严寒地区在城市主要干道上设置消防水鹤的布置间距宜为 1000m，连接消防水鹤的市政给水管的管径不宜小于 *DN*200。消防时消防水鹤的出流量不宜低于 30L/s，且供水压力从地面算起不应小于 0.10MPa。

2.2 高层建筑室内消火栓给水系统

GB 50016—2014《建筑设计防火规范》将原有的《建筑设计防火规范》和《高

层民用建筑设计防火规范》合并在一起，不再刻意地将高层建筑消防和多层建筑消防割裂开，只是在具体设计原则上有区分。GB 50974—2014《消防给水及消火栓系统技术规范》也没有将高层和多层的内容进行区分。因此，为了与国家现行规范保持一致，本教材也不做具体区分。

2.2.1　建筑室内消火栓给水系统设置的原则

我国 GB 50016—2014《建筑设计防火规范》规定下列建筑或场所应设置室内消火栓系统：

1）建筑占地面积大于 300m^2的厂房和仓库。

2）高层公共建筑和建筑高度大于 21m 的住宅建筑。对于建筑高度不大于 27m 的住宅建筑，设置室内消火栓系统确有困难时，可设置干式消防竖管和不带消火栓箱的 *DN*65 的室内消火栓。

3）体积大于 5000m^3的车站、码头、机场的候车（船、机）建筑、展览建筑、商店建筑、旅馆建筑、医疗建筑和图书馆建筑等单、多层建筑。

4）特等、甲等剧场，超过 800 个座位的其他等级的剧场和电影院等，超过 1200 个座位的礼堂、体育馆等单、多层建筑。

5）建筑高度大于 15m 或体积大于 10000m^3 的办公建筑、教学建筑和其他单、多层民用建筑。

国家级文物保护单位的重点砖木或木结构的古建筑，宜设置室内消火栓系统。

同时，GB 50016—2014《建筑设计防火规范》规定有些建筑或场所可不设置室内消火栓系统，但宜设置消防软管卷盘或轻便消防水龙，具体见消防软管卷盘部分的内容。

一般建筑物或厂房内，消防给水常常与生活或生产给水共用一个给水系统，只在建筑物防火要求高，不宜采用共用系统，或共用系统不经济时，才采用独立的消防给水系统。

2.2.2　室内消火栓给水系统类型

1. 按消防给水系统的服务范围分类

（1）独立高压（或临时高压）消防给水系统　是指每幢高层建筑设置独立的消防给水系统。这种系统适用于区域内独立的或分散的高层建筑。其特点是每幢建筑中都独立设置水池、水泵和水箱，因此，供水的安全可靠性高，但管理分散，投资较大。一般在地震区人防要求较高的建筑物以及重要的建筑物宜采用这种系统。

（2）区域或集中高压（或临时高压）消防给水系统　是指两幢或两幢以上高层建筑共用一个泵房的消防给水系统。这种系统适用于集中的高层建筑群。其特点是数幢或数十幢高层建筑物共用一个水池和泵房。这种系统便于集中管理，在某些情况下，可节省投资，但在地震区安全性较低。

2. 按压力和流量是否满足系统要求分类

按压力和流量是否满足系统要求，室内消火栓给水系统分为以下几种：

（1）常高压消火栓给水系统（图2-1）　是指水压和流量在任何时间和地点都能满足灭火时所需要的压力和流量，系统中不需要设消防泵的消防给水系统。由两路不同城市给水干管供水。常高压消防给水系统，管道的压力应保证用水总量达到最大且水枪在任何建筑物的最高处时，水枪的充实水柱仍不小于10m。

（2）临时高压消火栓给水系统（图2-2）　是指水压和流量平时不完全满足灭火时的需要，在灭火时起动消防泵。当为稳压泵稳压时，可满足压力，但不满足水量；当为屋顶消防水箱稳压时，建筑物的下部可满足压力和流量，建筑物的上部不满足压力和流量。临时高压消防给水系统，多层建筑管道的压力应保证用水总量达到最大且水枪在任何建筑物的最高处时，水枪的充实水柱仍不小于10m；高层建筑应满足室内最不利点灭火设施的水量和水压要求。

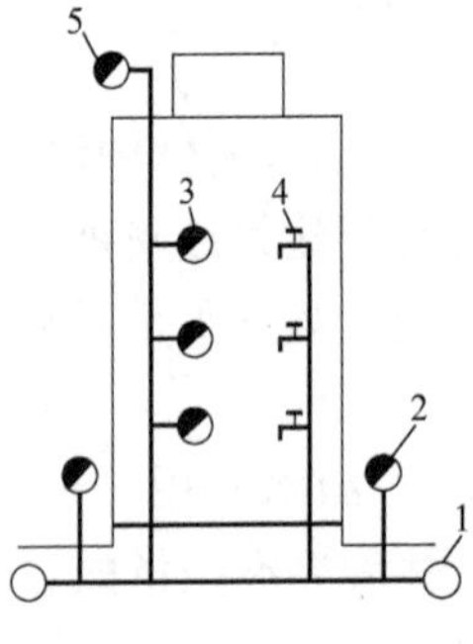

图2-1　常高压消火栓给水系统

1—室外环网　2—室外消火栓　3—室内消火栓　4—生活用水点　5—屋顶试验用消火栓

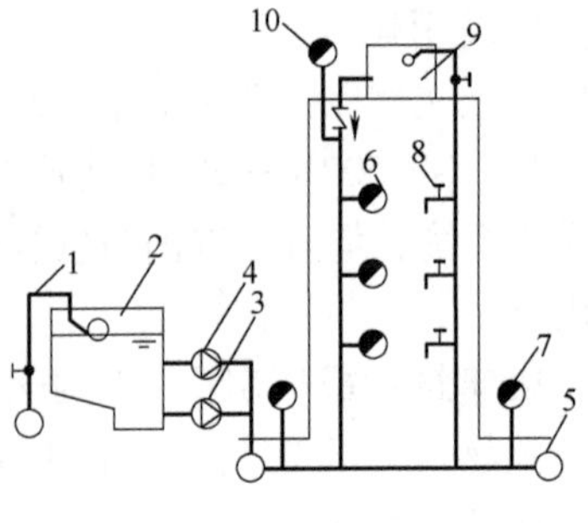

图2-2　临时高压消火栓给水系统

1—市政管网　2—水池　3—消防水泵组　4—生活水泵组　5—室外环网　6—室内消火栓　7—室外消火栓　8—生活用水点　9—高位水箱和补水管　10—屋顶试验用消火栓

（3）低压消火栓给水系统（图2-3）　低压消火栓给水系统管道的压力应保证灭火时最不利点消火栓的水压不小于0.10MPa（从地面算起），满足或部分满足消防水压和水量要求，消防时可由消防车或消防水泵提升压力，或作为消防水池的水源水，由消防水泵提升压力。

3. 按管网中平时是否充水分类

（1）湿式室内消火栓系统　是指平时管网内充满水的消火栓系统。室内环境温度不低于 4℃，且不高于 70℃的场所，应采用湿式室内消火栓系统；室内环境温度低于 4℃或高于 70℃的场所，宜采用湿式室内消火栓系统。

（2）干式室内消火栓系统　平时配水管网内不充水，火灾时向管网充水的消火栓系统称为干式消火栓系统。建筑高度不大于 27m 的多层住宅建筑设置湿式室内消火栓系统确有困难时，可设置干式消防竖管。严寒、寒冷等冬季结冰地区城市隧道及其他建筑物的消火栓系统，应采取防冻措施，并采用干式消火栓系统和干式室外消火栓。

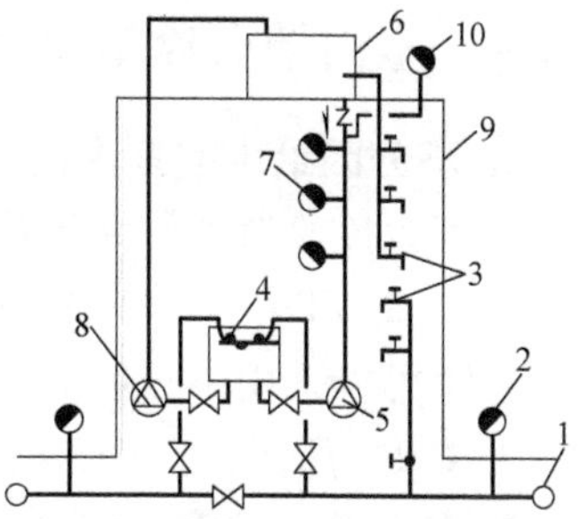

图 2-3　低压消火栓给水系统
1—市政管网　2—室外消火栓
3—室内生活用水点　4—室内水池
5—消防水泵　6—水箱
7—室内消火栓　8—生活水泵
9—建筑物　10—屋顶试验用消火栓

干式消火栓系统的充水时间不应大于 5min，并应符合下列规定：

1）在干管上宜设干式报警阀、雨淋阀或电磁阀、电动阀等快速启闭装置；当采用电动阀时，开启时间不应超过 30s。。

2）当采用雨淋阀或电磁阀、电动阀时，在消火栓箱处应设置直接开启快速启闭装置的手动按钮。

3）在系统管道的最高处应设置快速排气阀。

2.2.3　室内消火栓给水系统的组成

室内消火栓给水系统一般由水枪、水带、消火栓、消防卷盘、消防管道、消防水池、消防水箱、水泵接合器、增压水泵及远距离启动消防水泵的设备等组成，图 2-4 所示为建筑室内消火栓给水系统组成示意图。

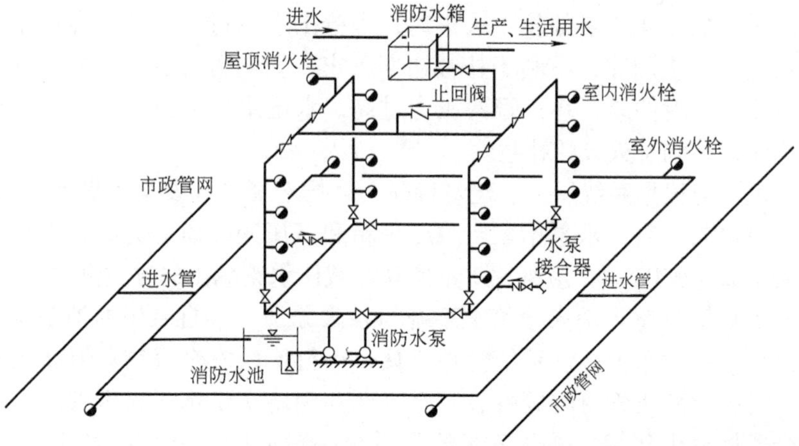

图 2-4　建筑室内消火栓给水系统组成示意图

2.2.4　室内消火栓给水系统的供水方式

1. 不分区给水的室内消火栓给水系统

当消火栓栓口处最大工作压力不大于1.20MPa时，室内消火栓给水系统可以采用不分区的方式供水，如图2-5所示。

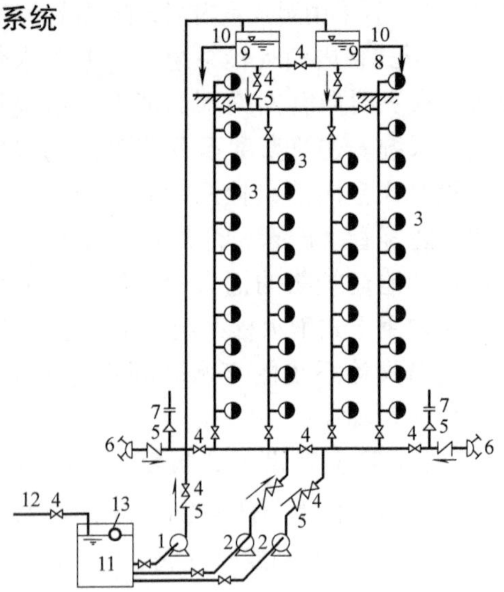

图2-5　不分区消火栓给水系统

1—生活、生产水泵　2—消防水泵

3—消火栓和水泵远距离启动按钮　4—阀门

5—止回阀　6—水泵接合器　7—安全阀

8—屋顶消火栓　9—高位水箱　10—至生活、生产管网

11—储水池　12—来自城市管网　13—浮球阀

2. 分区给水的室内消火栓给水系统

GB 50974—2014《消防给水及消火栓系统技术规范》规定，符合下列条件时，消防给水系统应分区供水：

1）消火栓栓口处最大工作压力大于1.20MPa时。

2）自动水灭火系统报警阀处的工作压力大于1.60MPa或喷头处的工作压力大于1.20MPa时。

3）系统最高压力大于2.40MPa时。

当高层建筑最低消火栓处静水压力超过1.20MPa时，需考虑分区给水方式。若不进行分区供水，会造成建筑下部的管网压力过高，从而带来很多的危害。如当建筑下部发生火灾时，水枪出水量过大，使得高位水箱中的消防贮水量会很快用完，不利于扑救初期火灾；管网压力过高，消防管道易漏水，消防设备、附件易损坏；管网压力过高，水枪水压力过大，救火人员不易把握和操作，不利于火灾的扑救。

分区供水应根据系统压力、建筑特征，经技术经济和安全可靠性比较确定，可采用消防水泵并行、水泵串联、减压水箱和减压阀减压等方式；当系统的工作压力大于2.40MPa时，应采用水泵串联、减压水箱减压的方式供水。

（1）并联分区室内消火栓给水系统　各区分别有各自专用的消防水泵，独立运行，水泵集中布置。该系统管理方便，运行比较安全可靠。但高区水泵扬程较高，需用耐高压管材与管件，一旦高区在消防车供水压力不够时，高区的水泵接合器将失去作用。并联分区给水系统一般适用于分区不多的高层建筑，如建筑高度不超过100m的高层建筑，如图2-6所示。

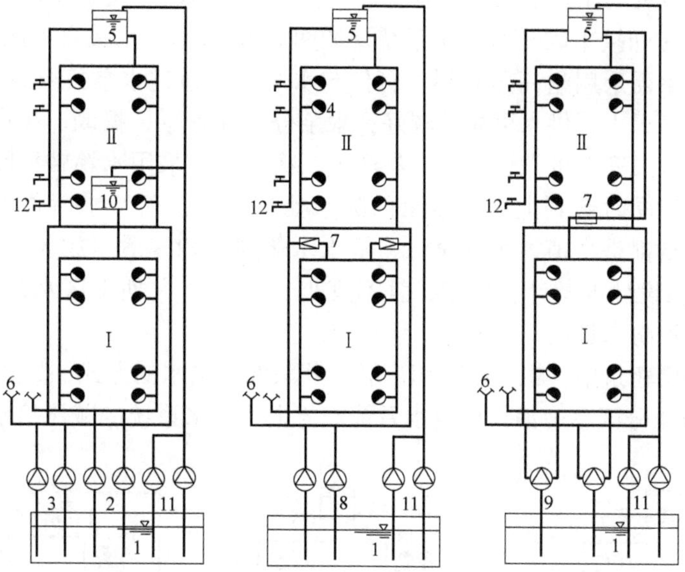

图2-6 并联分区室内消火栓给水系统

a）采用不同扬程水泵分区 b）采用减压阀分区 c）采用多级多出口水泵分区

1—消防水池 2—低区水泵 3—高区水泵 4—室内消火栓 5—屋顶水箱消防水泵 6—水泵接合器 7—减压阀 8—消防水泵 9—多级多出口水泵 10—中间水箱 11—生活给水泵 12—生活用水点

（2）串联分区室内消火栓给水系统 消防给水管网竖向各区由消防水泵或串联消防水泵分级向上供水，串联消防水泵设置在设备层或避难层。

串联消防水泵分区又可分为水泵直接串联和水箱转输间接串联两种。规范建议采用串联消防水泵分区供水时，宜采用消防水泵转输水箱串联供水方式，并应符合下列规定：

1）当采用消防水泵水箱转输串联时，转输水箱的有效储水容积不应小于$60m^3$，转输水箱可作为高位消防水箱。

2）串联转输水箱的溢流管宜连接到消防水池。

3）当采用消防水泵直接串联时，应采取确保供水可靠性的措施，且消防水泵从低区到高区应能依次顺序起动。

4）当采用消防水泵直接串联时，应校核系统供水压力，并应在串联消防水泵出水管上设置减压型倒流防止器。

消防水泵直接串联分区给水系统，如图2-7a所示。消防水泵直接从消防水池(箱)或消防管网直接吸水，从下到上依次起动。但低区水泵作为高区的转输泵，同转输串联给水方式相比，节省投资与占地面积，但供水安全性不如转输串联，控制较为复杂。采用水泵直接串联时，应注意管网供水压力因接力水泵在小流量高扬程时出现的最大扬程叠加。管道系统的设计强度应满足此要求。

水箱转输间接串联分区给水系统，如图 2-7b 所示。水泵自下区水箱抽水供上区用水，不需采用耐高压管材、管件与水泵，可通过水泵接合器并经各转输泵向高区送水灭火，供水可靠性较好；水泵分散在各层，振动、噪声干扰较大，管理不便，水泵安全可靠性较差；易产生二次污染。采用水箱转输间接串联时，中间转输水箱同时起到上区输水泵的吸水池与本区消防给水屋顶水箱的作用，该两部分水量都是变值，为安全计，输水水箱的容积宜适当放大，建议按 30~60min 的消防设计水量计算确定，且不宜小于 $36m^3$。并使下区水泵输水流量适当大于上区消防水量。

在超高层建筑中，也可以采用串联、并联混合给水的方式，如图 2-7c 所示。

（3）减压分区室内消火栓给水系统　与生活给水系统的减压给水方式一样，

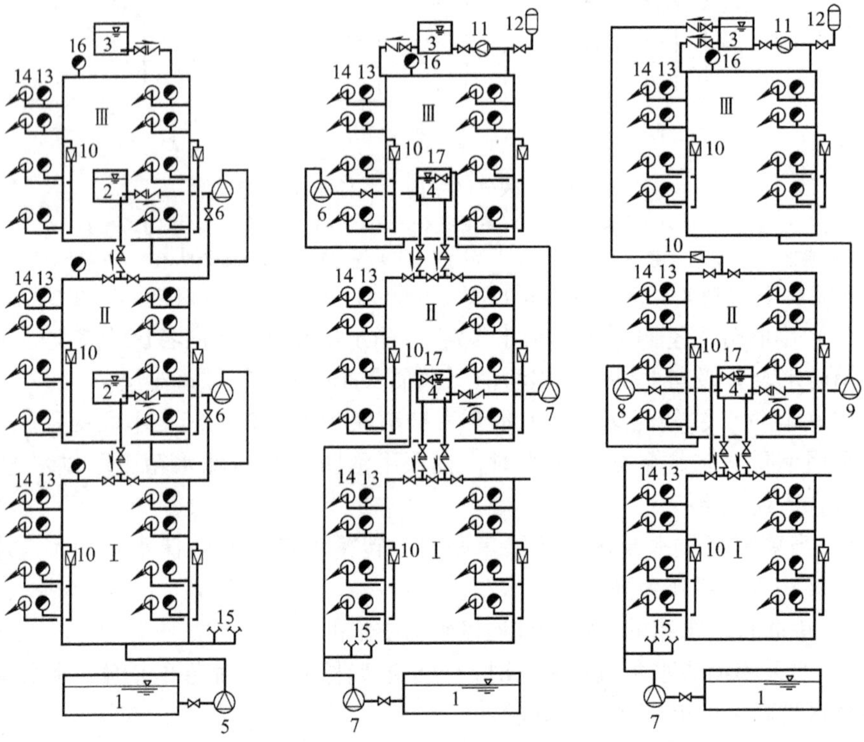

图 2-7　串联分区室内消火栓给水系统

a）消防水泵直接串联给水　b）水箱转输间接串联给水　c）串联、并联混合给水

1—消防水池　2—中间水箱　3—屋顶水箱　4—中间转输水箱　5—消防水泵　6—中、高区消防水泵　7—低、中区消防水泵兼转输　8—中区消防水泵　9—高区消防水泵　10—减压阀　11—增压水泵　12—气压罐　13—室内消火栓　14—消防卷盘　15—水泵接合器　16—屋顶消火栓　17—浮球阀

分为减压阀减压分区供水和减压水箱减压分区供水。

1）采用减压阀减压分区供水时应符合下列规定：

a. 消防给水所采用的减压阀性能应安全可靠，并应满足消防给水的要求。

b. 减压阀应根据消防给水设计流量和压力选择，且设计流量应在减压阀流量压力特性曲线的有效段内，并校核在150%设计流量时，减压阀的出口动压不应小于设计值的70%。

c. 每一供水分区应设不少于两个减压阀组。

d. 减压阀仅应设置在单向流动的供水管上，不应设置在有双向流动的输水干管上。

e. 减压阀宜采用比例式减压阀，当超过1.20MPa时宜采用先导式减压阀。

f. 减压阀的阀前阀后压力比值不宜大于3∶1，当一级减压阀减压不能满足要求时，可采用减压阀串联减压，但串联减压不应大于两级，第二级减压阀宜采用先导式减压阀，阀前后压力差不宜超过0.40MPa。

g. 减压阀后应设置安全阀，安全阀的开启压力应能满足系统安全，且不应影响系统的供水安全性。

2）采用减压水箱减压分区供水时应符合下列规定：

a. 减压水箱有效容积、出水、排水和水位、设置场所应符合GB 50974—2014《消防给水及消火栓系统技术规范》第4.3.8条、第4.3.9条和第5.2.5条、第5.2.6条第2款的有关规定。

b. 减压水箱布置和通气管、呼吸管等应符合GB 50974—2014《消防给水及消火栓系统技术规范》第5.2.6条第3款~第11款的有关规定。

c. 减压水箱的有效容积不应小于$18m^3$，且宜分为两格。

d. 减压水箱应有两条进、出水管，且每条进、出水管应满足消防给水系统所需消防用水量的要求。

e. 减压水箱进水管的水位控制应可靠，宜采用水位控制阀。

f. 减压水箱进水管应设置防冲击和溢水的技术措施，并宜在进水管上设置紧急关闭阀门，溢流水宜回流到消防水池。

2.2.5　室内消火栓给水系统主要设施的设置要求

1. 水枪、水带和消火栓

室内一般采用直流式水枪，喷嘴口径主要有11mm、13mm、16mm、19mm几种规格。喷嘴口径11mm、13mm的水枪配50mm水带，16mm的水枪配50mm或65mm水带，19mm的水枪配65mm水带。

室内消防水带口径有50mm、65mm两种，水带长度一般为15mm、20mm、25mm、30mm四种；水带材质有麻织和化纤两种，有衬胶与不衬胶之分，其中衬胶水流阻力小。水带长度应根据水力计算确定。

消火栓均为内扣式接口的球形阀式龙头，进水口端与消防立管相连接，出水口端与水带连接。消火栓按其出口形式分为单出口和双出口两大类。双出口消火栓直径为65mm，单出口消火栓直径有50mm和65mm两种。当消防水枪最小射流量小于5L/s时，应采用50mm消火栓；当消防水枪最小射流量大于等于5L/s时，应采用65mm消火栓。消火栓按阀和栓口数量可分为单阀单口消火栓、双阀双口消火栓和单阀双口消火栓。一般情况下采用单阀单口消火栓。双阀双口消火栓，除塔式楼住宅外，一般不宜采用。单阀双口消火栓在高层建筑中不得采用。

为了便于维护管理与窜用，同一建筑物内应选用同一型号规格的消火栓水枪和水带。

水枪、水带和消火栓以及消防卷盘平时置于有玻璃门的消火栓箱内，图2-8所示为单阀单口消火栓箱，图2-9所示为双阀双口消火栓箱，图2-10所示为普通消火栓和消防卷盘共用消火栓箱。

关于消火栓的布置将在后面的2.2.6中做详细介绍。

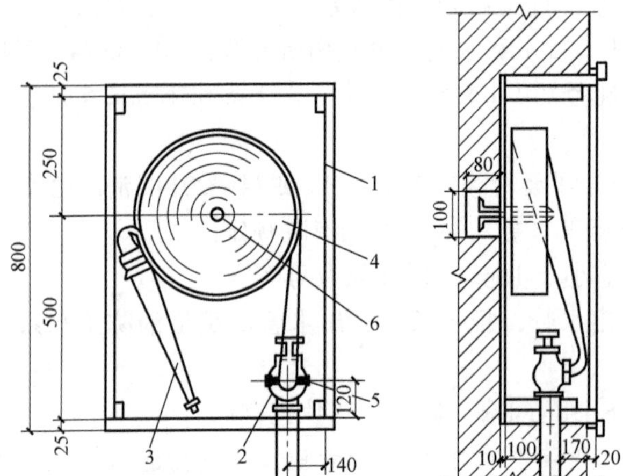

图2-8　单阀单口消火栓箱

1—消火栓箱　2—消火栓　3—水枪

4—水带　5—水带接口　6—轴

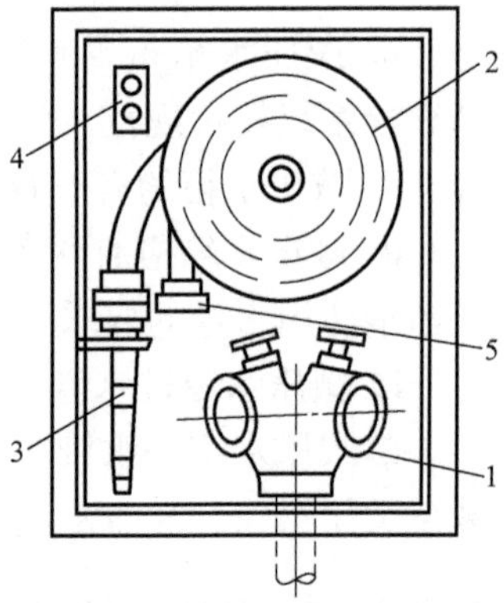

图2-9　双阀双口消火栓箱

1—双阀双口消火栓

2—卷盘和水带　3—水枪

4—按钮　5—接头

2. 消防软管卷盘

室内消火栓给水系统中，有时因喷水压力和消防流量较大，对没有经过消防训练的普通人员来说，难以操纵，影响扑灭初期火灾效果。因此，GB 50016—2014《建筑设计防火规范》规定下列建筑或场所可不设置室内消火栓

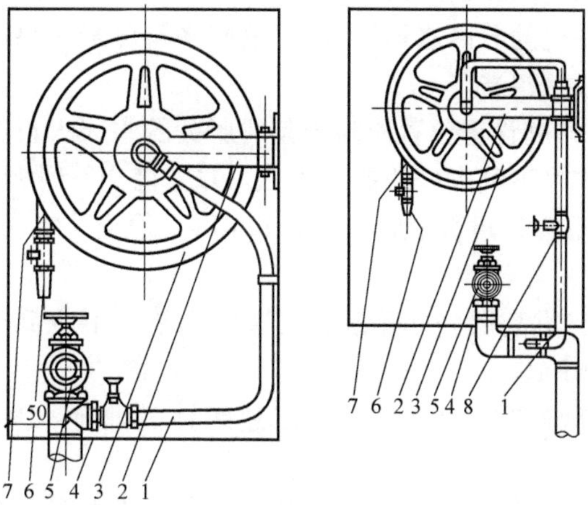

图 2-10　普通消火栓和消防卷盘共用消火栓箱
1—消防卷盘接管　2—消防卷盘接管支架　3—消防卷盘　4—消火栓箱
5—消火栓　6—消防卷盘水枪　7—胶带　8—阀门

系统，但宜设置消防软管卷盘或轻便消防水龙：

1）耐火等级为一、二级且可燃物较少的单、多层丁、戊类厂房(仓库)。

2）耐火等级为三、四级且建筑体积不大于 3000m^3 的丁类厂房；耐火等级为三、四级且建筑体积不大于 5000m^3 的戊类厂房(仓库)。

3）粮食仓库、金库、远离城镇并无人值班的独立建筑。

4）存有与水接触能引起燃烧爆炸的物品的建筑。

5）室内没有生产、生活给水管道，室外消防用水取自储水池且建筑体积不大于 5000m^3 的其他建筑。

人员密集的公共建筑，建筑高度大于 100m 的建筑和建筑面积大于 200m^2的商业服务网点内应设置消防软管卷盘或轻便消防水龙。高层住宅建筑的户内宜配置轻便消防水龙。

消防软管卷盘由 25mm 或 32mm 小口径室内消火栓、内径不小于 19mm 的输水胶管、喷嘴口径为 6mm 的小口径开关和转盘配套组成，胶管长度一般为 30m。整套消防软管卷盘与普通消火栓可设在一个消防箱内(图 2-10)，也可从消防立管接出独立设置在专用消防箱内。

消防软管卷盘一般设置在走道、楼梯附近明显易于取用地点，其间距应保证室内地面的任何部位有一股水柱能够到达。

GB 50974—2014《消防给水及消火栓系统技术规范》规定，住宅户内宜在生活给水管道上预留一个接 *DN*15 消防软管或轻便水龙的接口。

3. 消防水箱

消防水箱的主要作用是供给建筑扑灭初期火灾的消防用水量，并保证相应的水压要求。设置临时高压消防给水系统的建筑物应设置消防水箱(包括气压水罐、水塔、分区给水系统的分区水箱)。高位消防水箱可采用热浸锌镀锌钢板、钢筋混凝土、不锈钢板等建造。

1）高位消防水箱的设置位置应高于其所服务的水灭火设施，且最低有效水位应满足水灭火设施最不利点处的静水压力，并应符合下列规定：

a. 一类高层民用公共建筑不应低于0.10MPa，但当建筑高度超过100m时不应低于0.15MPa。

b. 高层住宅、二类高层公共建筑、多层民用建筑不应低于0.07MPa，多层住宅不宜低于0.07MPa。

c. 工业建筑不应低于0.10MPa，当建筑体积小于20000m^3时，不宜低于0.07MPa。

d. 自动喷水灭火系统等自动水灭火系统应根据喷头灭火需求压力确定，但最小不应小于0.10MPa。

e. 当高位消防水箱不能满足上述1)~4）的静压要求时，应设稳压泵。

2）高位消防水箱的设置还应符合下列规定：

a. 当高位消防水箱在屋顶露天设置时，水箱的人孔以及进出水管的阀门等应采取锁具或阀门箱等保护措施。

b. 严寒、寒冷等冬季冰冻地区的消防水箱应设置在消防水箱间内，其他地区宜设置在室内，当必须在屋顶露天设置时，应采取防冻隔热等安全措施。

c. 高位消防水箱与基础应牢固连接。

高位消防水箱间应通风良好，不应结冰，当必须设置在严寒、寒冷等冬季结冰地区的非采暖房间时，应采取防冻措施，环境温度或水温不应低于5℃。

3）GB 50974—2014《消防给水及消火栓系统技术规范》要求高位消防水箱应符合下列规定：

a. 高位消防水箱的有效容积、出水、排水和水位等应符合该规范第4.3.8条和第4.3.9条的有关规定。

b. 高位消防水箱的最低有效水位应根据出水管喇叭口和旋流防止器的淹没深度确定，当采用出水管喇叭口时应符合该规范第5.1.13条第4款的规定；但当采用旋流防止器时应根据产品确定，不应小于150mm的保护高度。

c. 消防水箱的通气管、呼吸管等应符合该规范第4.3.10条的有关规定。

d. 消防水箱外壁与建筑本体结构墙面或其他池壁之间的净距，应满足施工或装配的需要，无管道的侧面，净距不宜小于0.7m；安装有管道的侧面，净距不宜小于1.0m，且管道外壁与建筑本体墙面之间的通道宽度不宜小于0.6m，设有人孔的水箱顶，其顶面与其上面的建筑物本体板底的净空不应小于0.8m。

e. 进水管的管径应满足消防水箱8h充满水的要求，但管径不应小于*DN*32，进水管宜设置液位阀或浮球阀。

f. 进水管应在溢流水位以上接入，进水管口的最低点高出溢流边缘的高度应等于进水管管径，但最小不应小于 25mm，最大可不大于 150mm。

g. 当进水管为淹没出流时，应在进水管上设置防止倒流的措施或在管道上设置虹吸破坏孔和真空破坏器，虹吸破坏孔的孔径不宜小于管径的 1/5，且不应小于 25mm。但当采用生活给水系统补水时，进水管不应淹没出流。

h. 溢流管的直径不应小于进水管直径的 2 倍，且不应小于 *DN*100，溢流管的喇叭口直径不应小于溢流管直径的 1.5~2.5 倍。

i. 高位消防水箱出水管管径应满足消防给水设计流量的出水要求，且不应小于 *DN*100。

j. 高位消防水箱出水管应位于高位消防水箱最低水位以下，并应设置防止消防用水进入高位消防水箱的止回阀。

k. 高位消防水箱的进、出水管应设置带有指示启闭装置的阀门。

消防水箱宜与生活或生产高位水箱合用，以保持箱内储水经常流动、防止水箱水质变坏。但水箱应有防止消防储水长期不用而水质变坏和确保消防水量不被挪用的技术措施(图 2-11)。

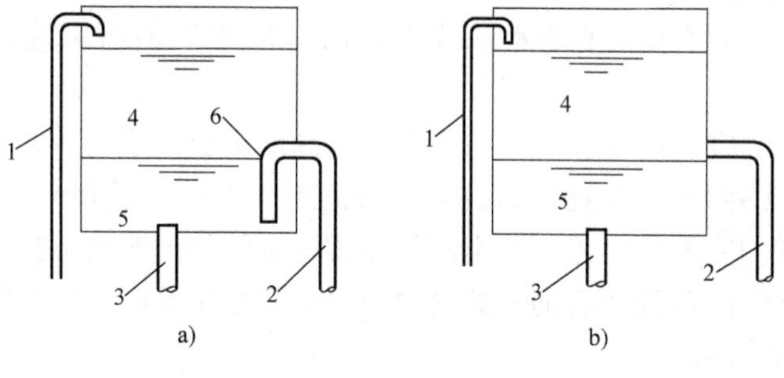

图 2-11 确保消防用水量的技术措施

1—进水管 2—生活供水管 3—消防供水管 4—生活调节水量 5—消防储水量 6—ϕ10mm 小孔

对于重要的高层建筑，消防水箱最好采用两个，当一个水箱检修时，仍可保存必要的消防应急用水。两个消防水箱底部用连通管进行连接，并在连通管上设阀门，此阀门处于常开状态(图 2-12)。发生火灾时，由消防水泵供给的消防用水不应进入消防水箱，因此在水箱的消防供水管上设置止回阀。

4. 消防水池

GB 50974—2014《消防给水及消火栓系统技术规范》规定，符合下列规定之一时，应设置消防水池：

1）当生产、生活用水量达到最大，市政给水管网或引入管不能满足室内、外消防用水量时。

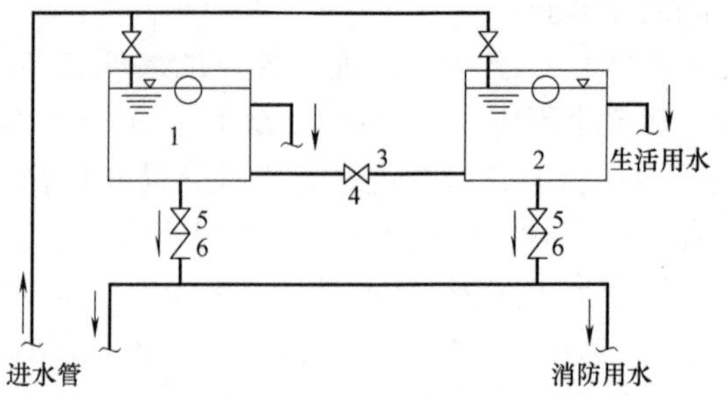

图 2-12　两个水箱贮存消防用水的阀门布置

1、2—水箱　3—连通管　4、5—常开阀门　6—止回阀

2）当采用一路消防供水或只有一条引入管，且室外消火栓设计流量大于20L/s或建筑高度大于50m时。

3）市政消防给水设计流量小于建筑的消防给水设计流量时。

消防水池的总蓄水有效容积大于500m^3时，宜设两个能独立使用的消防水池，并应设置满足最低有效水位的连通管；但当大于1000m^3时，应设置能独立使用的两座消防水池，每座消防水池应设置独立的出水管，并应设置满足最低有效水位的连通管。

储存室外消防用水的消防水池或供消防车取水的消防水池，应符合下列规定：

1）消防水池应设置取水口(井)，且吸水高度不应大于6.0m。

2）取水口(井)与建筑物(水泵房除外)的距离不宜小于15m。

3）取水口(井)与甲、乙、丙类液体储罐等构筑物的距离不宜小于40m。

4）取水口(井)与液化石油气储罐的距离不宜小于60m，当采取防止辐射热保护措施时，可为40m。

消防用水与其他用水共用的水池，应采取确保消防用水量不作他用的技术措施(图2-13)。在气候条件允许并利用游泳池、喷水池、冷却水池等作消防水池时：必须具备消防水池的功能，并设置必要的过滤装置；各种用作储存消防用水的水池，当清洗放空时，必须另有保证消防用水的水池。

消防水池的出水、排水和水位应符合下列要求：

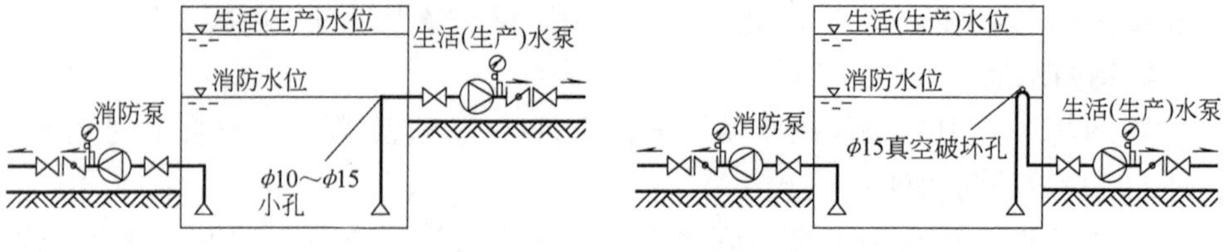

图 2-13　确保消防用水量不作他用的技术措施

1）消防水池的出水管应保证消防水池的有效容积能被全部利用。

消防水池出水管的安装位置与最低水位的关系如图 2-14 所示。

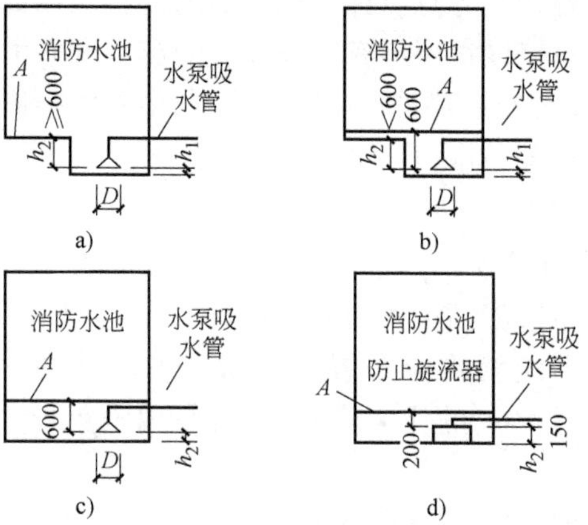

图 2-14　消防水池出水管的安装位置与最低水位的关系

A—消防水池最低水位线　D—吸水管喇叭口直径

h_1—喇叭口底到吸水井底的距离　h_2—喇叭口底到池底的距离

2）消防水池应设置就地水位显示装置，并应在消防控制中心或值班室等地点设置显示消防水池水位的装置，同时应有最高和最低报警水位。

对各种水位进行监控的目的是保证消防水池不因放空或各种因素漏水而造成有效灭火水源不足。

3）消防水池应设置溢流水管和排水设施，并应采用间接排水。

采用间接排水的目的是防止污水倒灌污染消防水池内的水。

消防水池应设置通气管；消防水池通气管、呼吸管和溢流水管等应采取防止虫鼠等进入消防水池的技术措施。

有些建筑需要将消防水池设置在高处，直接向水灭火设施重力供水，也就是高位消防水池。GB 50974—2014《消防给水及消火栓系统技术规范》明确规定高位消防水池的最低有效水位应能满足其所服务的水灭火设施所需的压力和流量，且其有效容积应满足火灾延续时间内所需消防用水量，并应符合下列规定：

1）高位消防水池有效容积、出水、排水和水位应符合该规范第 4. 3. 8 条和第 4. 3. 9 条的有关规定。

2）高位消防水池应符合该规范第 4. 3. 10 条的有关规定。

3）除可一路消防供水的建筑物外，向高位消防水池供水的给水管应至少有两条独立的给水管道。

4）当高层民用建筑采用高位消防水池供水的高压消防给水系统时，高位消防水池储存室内消防给水一起火灾灭火用水量确有困难，且火灾时补水可靠时，其总有效容积不应小于室内消防给水一起火灾灭火用水量的50%。

5）高层民用建筑高压消防给水系统的高位消防水池总有效容积大于200m^{3}时，宜设置蓄水有效容积相等且可独立使用的两格；但当建筑高度大于100m时应设置独立的两座，每格或每座应有一条独立的出水管向消防给水系统供水。

6）高位消防水池设置在建筑物内时，应采用耐火极限不低于2.00h的隔墙和1.50h的楼板与其他部位隔开，并应设甲级防火门；且消防水池及其支承框架与建筑构件应连接牢固。

5. 消防管道及其阀门

消火栓给水管道布置应满足下列要求：

1）室内消火栓系统管网应布置成环状，当室外消火栓设计流量不大于20L/s(但建筑高度超过50m的住宅除外)，且室内消火栓不超过10个时，可布置成枝状。

2）当由室外生产生活消防合用系统直接供水时，合用系统除应满足室外消防给水设计流量以及生产和生活最大小时设计流量的要求外，还应满足室内消防给水系统的设计流量和压力要求。

3）室内消防管道管径应根据系统设计流量、流速和压力要求经计算确定；室内消火栓竖管管径应根据竖管最低流量经计算确定，但不应小于*DN*100。

室内消火栓环状给水管道检修时应符合下列规定：

1）室内消火栓竖管应保证检修管道时关闭停用的竖管不超过1根，当竖管超过4根时，可关闭不相邻的两根。

2）每根立管上下两端与供水干管相接处应设置阀门。

室内消火栓给水管网宜与自动喷水等其他水灭火系统的管网分开设置；当合用消防泵时，供水管路沿水流方向应在报警阀前分开设置。

消防给水管道的设计流速不宜大于2.5m/s，自动水灭火系统管道设计流速应符合现行国家标准GB 50084《自动喷水灭火系统设计规范》GB 50151《泡沫灭火系统设计规范》、GB 50219《水喷雾灭火系统设计规范》和GB 50338《固定消防炮灭火系统设计规范》的有关规定，但任何消防管道的给水流速不应大于7m/s。

消防给水系统中采用的设备、器材、管材管件、阀门和配件等系统组件的产品工作压力等级，应大于消防给水系统的工作压力，且应保证系统在可能最大运行压力时安全可靠。

低压消防给水系统的系统工作压力应根据市政给水管网和其他给水管网等的系统工作压力确定，且不应小于0.60MPa。

高压和临时高压消防给水系统的系统工作压力应根据系统可能最大运行供水压力确定，并应符合下列规定：

1）高位消防水池、水塔供水的高压消防给水系统的工作压力，应为高位消防水池、水塔最大静压。

2）市政给水管网直接供水的高压消防给水系统的工作压力，应根据市政给水管网的工作压力确定。

3）采用高位消防水箱稳压的临时高压消防给水系统的工作压力，应为消防水泵零流量时的压力与水泵吸水口最大静水压力之和。

4）采用稳压泵稳压的临时高压消防给水系统的工作压力，应取消防水泵零流量时的压力、消防水泵吸水口最大静压力，两者之和与稳压泵维持系统压力时两者中的较大值。消防用水与其他用水合用的室内管道，当其他用水达到最大小时流量时，应仍能保证供应全部消防用水量；

架空管道当系统工作压力小于等于 1.20MPa 时，可采用热浸锌镀锌钢管；当系统工作压力大于 1.20MPa 时，应采用热浸镀锌加厚钢管或热浸镀锌无缝钢管；当系统工作压力大于 1.60MPa 时，应采用热浸镀锌无缝钢管。

架空管道的连接宜采用沟槽连接件(卡箍)、螺纹、法兰、卡压等方式，不宜采用焊接连接。当管径小于等于 *DN*50 时，应采用螺纹和卡压连接；当管径大于 *DN*50 时，应采用沟槽连接件连接、法兰连接；当安装空间较小时应采用沟槽连接件连接。

架空充水管道应设置在环境温度不低于 5℃的区域，当环境温度低于 5℃时，应采取防冻措施；室外架空管道当温差变化较大时应校核管道系统的膨胀和收缩，并应采取相应的技术措施。

埋地管道的地基、基础、垫层、回填土压实密度等要求，应根据刚性管或柔性管管材的性质，结合管道埋设处的具体情况，按现行国家标准 GB 50268《给水排水管道工程施工验收标准》和 GB 50332《给水排水工程管道结构设计规范》的有关规定执行。当埋地管直径不小于 *DN*100 时，应在管道弯头、三通和堵头等位置设置钢筋混凝土支墩。

消防给水管道不宜穿越建筑基础，当必须穿越时，应采取防护套管等保护措施。

埋地钢管和铸铁管，应根据土壤和地下水腐蚀性等因素确定管外壁防腐措施；海边、空气潮湿等空气中含有腐蚀性介质的场所的架空管道外壁应采取相应的防腐措施。

在建筑室内消防管网上要设一定数量的阀门以满足检修要求，阀门的个数按管道检修时被关闭的立管不超过 1 条，当立管为 4 条及 4 条以上时，可关闭不相邻的 2 条。与高层主体建筑相连的附属建筑（裙房）内，因阀门关闭而停止使用的消火栓在同层中不超过 5 个。消防管网上的阀门设置可参照图 2-15。

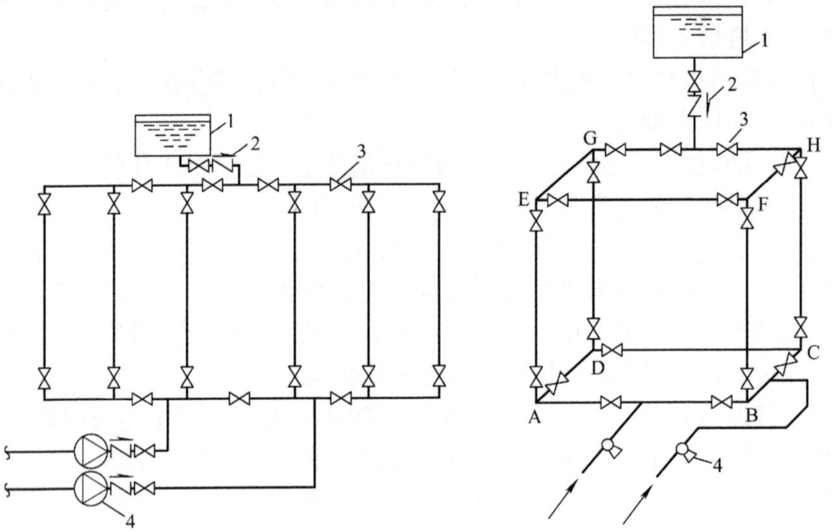

图 2-15　室内消防管网阀门设置示意图

1—消防水箱　2—止回阀　3—阀门　4—消防水泵

室内消防管道上的阀门，应处于常开状态。要求阀门设有明显的启闭标志，常用的有明杆闸阀、蝶阀、带关闭指示的信号阀等，以便检修后及时开启阀门，保证管网水流畅通。

6. 水泵接合器

水泵接合器是连接消防车向室内消防给水系统加压供水的装置。当室内消防水泵发生故障或室内消防用水量不足时，消防车从室外消火栓、消防水池或天然水源取水，通过水泵接合器将水送至室内消防管网，保证室内消防用水。

下列场所的室内消火栓给水系统应设置消防水泵接合器：

1）高层民用建筑。

2）设有消防给水的住宅、超过 5 层的其他多层民用建筑。

3）超过 2 层或建筑面积大于 10000m^2的地下或半地下建筑(室)、室内消火栓设计流量大于 10L/s 平战结合的人防工程。

4）高层工业建筑和超过 4 层的多层建筑。

5）城市市政隧道。

自动喷水灭火系统、水喷雾灭火系统、泡沫灭火系统和固定消防炮灭火系统等水灭火系统，均应设置消防水泵接合器。

消防水泵接合器的给水流量宜按每个 10~15L/s 计算。消防水泵接合器设置的数量应按系统设计流量经计算确定，但当计算数量超过 3 个时，可根据供水可靠性适当减少。

临时高压消防给水系统向多栋建筑供水时，消防水泵接合器宜在每栋单体附件就近设置。

消防水泵接合器的供水压力范围，应根据当地消防车的供水流量和压力确定。

消防给水为竖向分区供水时，在消防车供水压力范围内的分区，应分别设置水泵接合器；当建筑高度超过消防车供水高度时，消防给水应在设备层等方便操作的地点设置手抬泵或移动泵接力供水的吸水和加压接口。

水泵接合器应设在室外便于消防车使用的地点，且距室外消火栓或消防水池的距离不宜小于15m，并不宜大于40m。

墙壁消防水泵接合器的安装高度距地面宜为0.7m；与墙面上的门、窗、孔、洞的净距离不应小于2.0m，且不应安装在玻璃幕墙下方；地下消防水泵接合器的安装，应使进水口与井盖底面的距离不大于0.4m，且不应小于井盖的半径。

水泵接合器处应设置永久性标志铭牌，并应标明供水系统、供水范围和额定压力。

水泵接合器有地上、地下和墙壁式3种，如图2-16所示。其设计参数和尺寸分别见表2-2和表2-3。水泵接合器宜采用地上式，当采用地下式水泵接合器时，应有明显的标志。

表2-2 水泵接合器型号及其基本参数

型号规格	形式	公称直径 DN/mm	公称压力 PN/MPa	进水口	
				形式	直径/mm
SQ100 SQX100 SQB100	地上 地下 墙壁	100	1.6	内扣式	65×65
SQ150 SQX150 SQB150	地上 地下 墙壁	150			80×80

表2-3 水泵接合器的基本尺寸 （单位:mm）

公称直径 DN	结构尺寸								法兰					消防接口
	B_1	B_2	B_3	H_1	H_2	H_3	H_4	L	D	D	D	d	n	
100	300	350	220	700	800	210	318	130	220	180	158	17.5	8	KWS65
150	350	480	310	700	800	325	465	160	285	240	212	22	8	KWS80

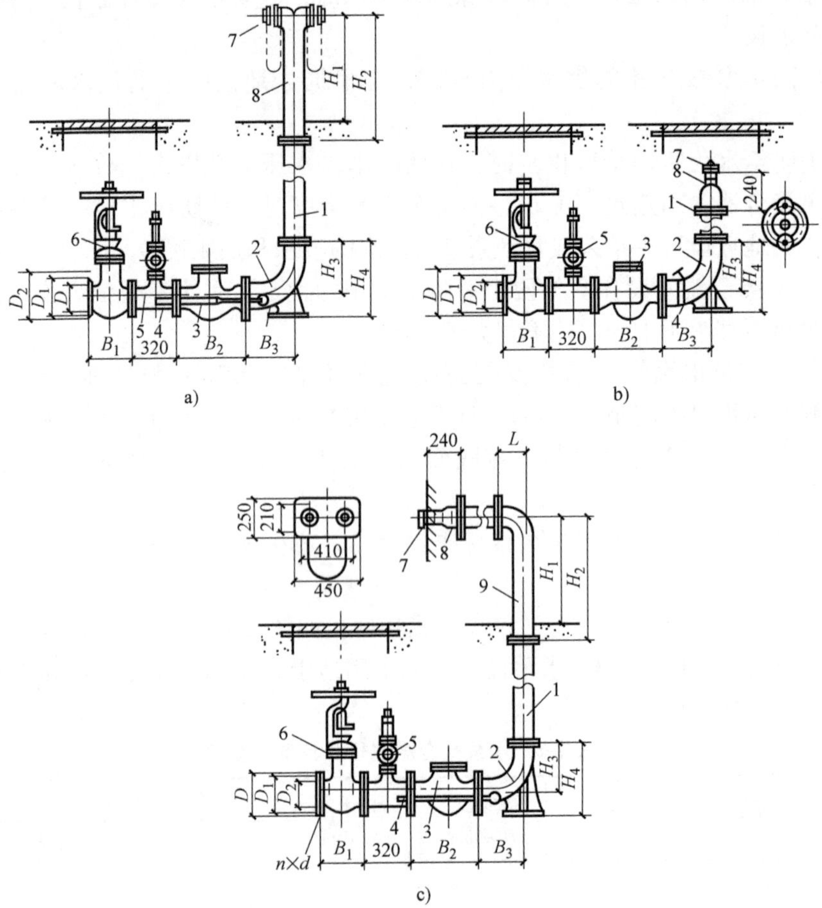

图2-16　水泵接合器外形图

a）SQ型地上式　b）SQ型地下式　c）SQ型墙壁式

1—法兰接管　2—弯管　3—升降式单向阀　4—放水阀　5—安全阀

6—楔式闸阀　7—进水用消防接口　8—本体　9—法兰弯管

7. 消防水泵

消防水泵宜根据可靠性、安装场所、消防水源、消防给水设计流量和扬程等综合因素确定水泵的型式，水泵驱动器宜采用电动机或柴油机直接传动，消防水泵不应采用双电动机或基于柴油机等组成的双动力驱动水泵。

消防水泵机组应由水泵、驱动器和专用控制柜等组成；一组消防水泵可由同一消防给水系统的工作泵和备用泵组成。

单台消防水泵的最小额定流量不应小于10L/s，最大额定流量不宜大于320L/s。

消防水泵的选择和应用应符合下列规定：

1）消防水泵的性能应满足消防给水系统所需流量和压力的要求。

2）消防水泵所配驱动器的功率应满足所选水泵流量扬程性能曲线上任何一点运行所需功率的要求。

3）当采用电动机驱动的消防水泵时，应选择电动机干式安装的消防水泵。

4）流量扬程性能曲线应为无驼峰、无拐点的光滑曲线，零流量时的压力不应超过设计压力的140%，且不宜小于设计额定压力的120%。

5）当出流量为设计流量的150%时，其出口压力不应低于设计压力的65%。

6）泵轴的密封方式和材料应满足消防水泵在低流量时运转的要求。

7）消防给水同一泵组的消防水泵型号宜一致，且工作泵不宜超过3台。

8）多台消防水泵并联时，应校核流量叠加对消防水泵出口压力的影响。

当采用柴油机消防水泵时应符合下列规定：

1）柴油机消防水泵应采用压缩式点火型柴油机。

2）柴油机的额定功率应校核海拔高度和环境温度对柴油机功率的影响。

3）柴油机消防水泵应具备连续工作的性能，试验运行时间不应小于24h。

4）柴油机消防水泵的蓄电池应保证消防水泵随时自动起动的要求。

5）柴油机消防水泵的供油箱应根据火灾延续时间确定，且油箱最小有效容积应按1.5L/kW配置，柴油机消防水泵油箱内储存的燃料不应小于50%的储量。

轴流深井泵宜安装于水井、消防水池和其他消防水源上，并应符合下列规定：

1）轴流深井泵安装于水井时，其淹没深度应满足其可靠运行的要求，在水泵出流量为150%额定流量时，其最低淹没深度应是第一个水泵叶轮底部水位线以上不少于3.2m，且海拔高度每增加300m，深井泵的最低淹没深度应至少增加0.3m。

2）轴流深井泵安装在消防水池等消防水源上时，其第一个水泵叶轮底部应低于消防水池的最低有效水位线，且淹没深度应根据水力条件经计算确定，并应满足消防水池等消防水源有效储水量或有效水位能全部被利用的要求；当水泵额定流量大于125L/s时，应根据水泵性能确定淹没深度，并应满足水泵汽蚀余量的要求。

3）轴流深井泵的出水管与消防给水管网连接应符合GB 50974—2014《消防给水及消火栓系统技术规范》第5.1.13条第3款的有关规定。

4）轴流深井泵出水管的阀门设置应符合GB 50974—2014《消防给水及消火栓系统技术规范》第5.1.13条第5、6款的有关规定。

5）当消防水池最低水位低于离心水泵出水管中心线或水源水位不能保证离

心水泵吸水时，可采用轴流深井泵，并应采用湿式深坑的安装方式安装于消防水池等消防水源上。

6）当轴流深井泵的电动机露天设置时，应有防雨功能。

7）其他应符合现行国家标准 GB 50013《室外给水设计规范》的有关规定。

消防水泵应设置备用泵，其性能应与工作泵性能一致，但下列情况除外：

1）建筑高度小于 50m 的住宅和室外消防给水设计流量小于等于 25L/s 的建筑。

2）室内消防给水设计流量小于等于 10L/s 的建筑。

一组消防水泵应在消防水泵房内设置流量和压力测试装置，并应符合下列规定：

1）单台消防给水泵的流量不大于 20L/s、压力不大于 0.50MPa 时，泵组应预留流量计和压力计接口，其他泵组宜设置泵组流量和压力测试装置。

2）消防水泵流量检测装置的计量精度应为 0.4 级，最大量程的 75%不应低于最大一台消防给水泵额定流量的 175%。

3）消防水泵压力检测装置的计量精度应为 0.5 级，最大量程的 75%不应低于最大一台消防给水泵额定压力的 165%。

4）每台消防水泵出水管上应设置 *DN*65 的试水管，并应安装 *DN*65 的消火栓。

消防水泵吸水应符合下列规定：

1）消防水泵应采取自灌式吸水。

2）消防水泵从市政管网直接抽水时，应在消防水泵出水管上设置减压型倒流防止器。

3）当吸水口处无吸水井时，吸水口处应设置旋流防止器。

离心式消防水泵吸水管、出水管和阀门等，应符合下列规定：

1）每台消防水泵最好具有独立的吸水管，一组消防水泵，吸水管不应少于两条，当其中一条损坏或检修时，其余吸水管应仍能通过全部消防给水设计流量。几种消防泵吸水管的布置如图 2-17 所示。

2）消防水泵吸水管布置应避免形成气囊。

3）一组消防水泵应设不少于两条的输水干管与消防给水环状管网连接，当其中一条输水管检修时，其余输水管应仍能供应全部消防给水设计流量。消防水泵为两台时，其出水管的布置如图 2-18 所示。

4）消防水泵吸水口的淹没深度应满足消防水泵在最低水位运行安全的要求，吸水管喇叭口在消防水池最低有效水位下的淹没深度应根据吸水管喇叭口

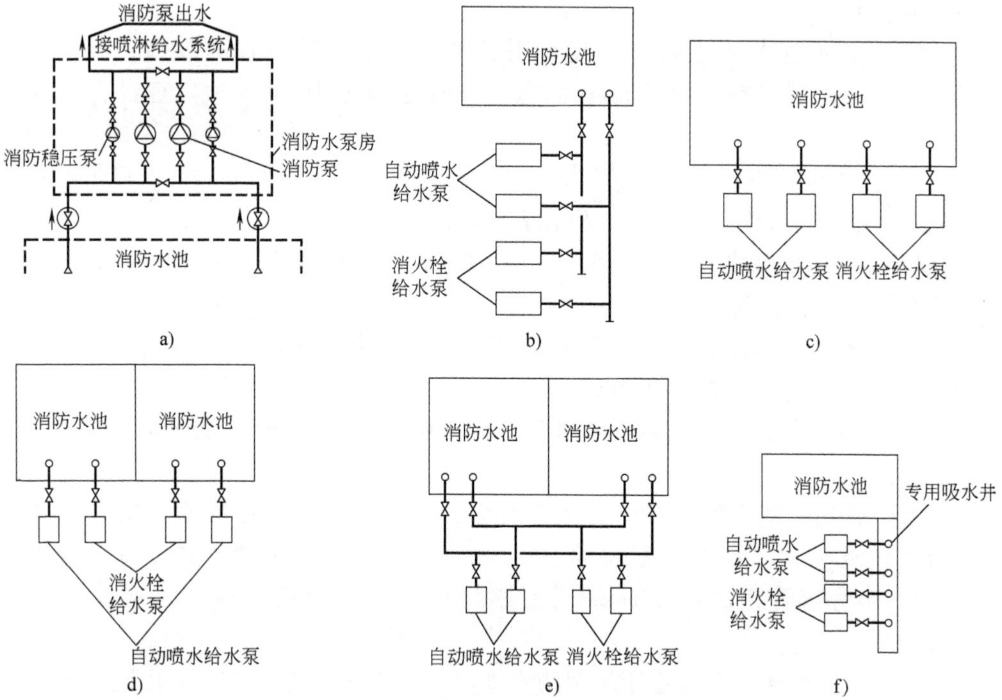

图 2-17 消防泵吸水管的布置

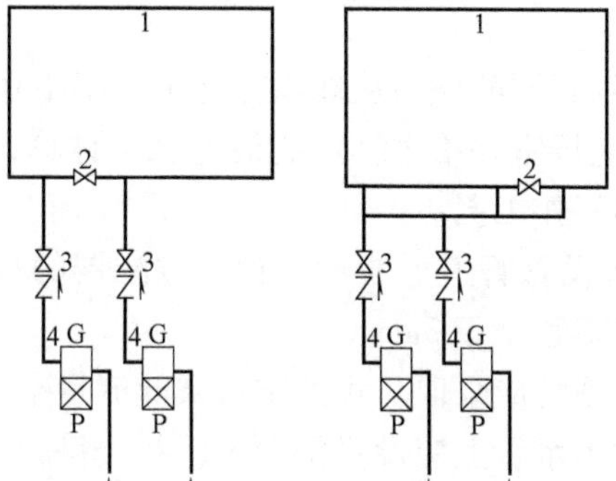

图 2-18 消防水泵与室内消防环状管网连接方法

a）正确的布置方法 b）不正确的布置方法

1—室内消防环状管网 2—阀门 3—止回阀 4—消防水泵 5—消防用水

的水流速度和水力条件确定，但不应小于600mm，当采用旋流防止器时，淹没深度不应小于200mm。

5）消防水泵的吸水管上应设置明杆闸阀或带自锁装置的蝶阀，但当设置暗杆阀门时应设有开启刻度和标志；当管径超过 *DN*300 时，宜设置电动阀门。

6）消防水泵的出水管上应设止回阀、明杆闸阀；当采用蝶阀时，应带有自锁装置；当管径大于 *DN*300 时，宜设置电动阀门。

7）消防水泵吸水管的直径小于 *DN*250 时，其流速宜为1.0～1.2m/s；直径大于 *DN*250 时，宜为1.2～1.6m/s。

8）消防水泵出水管的直径小于 *DN*250 时，其流速宜为1.5～2.0m/s；直径大于 *DN*250 时，宜为2.0～2.5m/s。

9）吸水井的布置应满足井内水流顺畅、流速均匀、不产生涡漩的要求，并应便于安装施工。

10）消防水泵的吸水管、出水管道穿越外墙时，应采用防水套管；当穿越墙体和楼板时，防水套管长度不应小于墙体厚度，或应高出楼面或地面50mm；套管与管道的间隙应采用不燃材料填塞，管道的接口不应位于套管内。

11）消防水泵的吸水管穿越消防水池时，应采用柔性套管；采用刚性防水套管时应在水泵吸水管上设置柔性接头，且管径不应大于 *DN*150。

当有两路消防供水且允许消防水泵直接吸水时，应符合下列规定：

1）每一条市政给水应满足消防给水设计流量和消防时必须保证的其他用水。

2）消防时室外给水管网的压力从地面算起不应小于0.10MPa。

3）消防水泵扬程应按室外给水管网的最低水压计算，并应以室外给水的最高水压校核消防水泵的工作工况。

消防水泵吸水管可设置管道过滤器，管道过滤器的过水面积应大于管道过水面积的4倍，且孔径不宜小于3mm。

临时高压消防给水系统应采取防止消防水泵低流量空转过热的技术措施。

消防水泵吸水管和出水管上应设置压力表，并应符合下列规定：

1）消防水泵出水管压力表的最大量程不应低于水泵额定工作压力的2倍，且不应低于1.60MPa。

2）消防水泵吸水管宜设置真空表、压力表或真空压力表，压力表的最大量程应根据工程具体情况确定，但不应低于0.70MPa，真空表的最大量程宜为-0.10MPa。

3）压力表的直径不应小于100mm，应采用直径不小于6mm的管道与消防水泵进出口管相接，并应设置关断阀门。

8. 消防泵房

消防水泵不宜设在有防振或有安静要求房间的上一层、下一层和毗邻位置，当必须时，应采取下列降噪减振措施：

1）消防水泵应采用低噪声水泵。

2）消防水泵机组应设隔振装置。

3）消防水泵吸水管和出水管上应设隔振装置。

4）消防水泵房内管道支架、管道穿墙和穿楼板处，应采取防止固体传声的措施。

5）在消防水泵房内墙应采取隔声吸音的技术措施。

当采用柴油机消防水泵时，宜设置独立消防水泵房，并应设置满足柴油机运行的通风、排烟和阻火设施。

消防水泵房应采取不被水淹没的技术措施。

消防水泵机组的布置应符合下列规定：

1）相邻两个机组及机组至墙壁间的净距，当电动机容量小于22kW时，不宜小于0.60m；当电动机容量不小于22kW，且不大于55kW时，不宜小于0.8m；当电动机容量大于55kW且小于255kW时，不宜小于1.2m；当电动机容量大于255kW时，不宜小于1.5m。

2）当消防水泵就地检修时，应至少在每个机组一侧设消防水泵机组宽度加0.5m的通道，并应保证消防水泵轴和电动机转子在检修时能拆卸。

3）消防水泵房的主要通道宽度不应小于1.2m。

当采用柴油机消防水泵时，机组间的净距宜按上述规定值增加0.2m，但不应小于1.2m。

当消防水泵房内设有集中检修场地时，其面积应根据水泵或电动机外形尺寸确定，并应在周围留有宽度不小于0.7m的通道。地下式泵房宜利用空间设集中检修场地。对于装有深井水泵的湿式竖井泵房，还应设堆放泵管的场地。

消防水泵房内的架空水管道，不应阻碍通道和跨越电气设备，当必须跨越时，应采取保证通道畅通和保护电气设备的措施。

独立的消防水泵房地面层的地坪至屋盖或顶棚等的突出构件底部间的净高，除应按通风采光等条件要求外，还应符合下列规定：

1）当采用固定吊钩或移动吊架时，其值不应小于3.0m。

2）当采用单轨起重机时，应保持吊起物底部与吊运所越过物体顶部之间有0.50m以上的净距。

3）当采用桁架式起重机时，除应符合本条第2款的规定外，还应另外增加起重机安装和检修空间的高度。

当采用轴流深井水泵时，水泵房净高应按消防水泵吊装和维修的要求确定，当高度过高时，应根据水泵传动轴长度产品规格选择较短规格的产品。

消防水泵房应至少有一个可以搬运最大设备的门。

消防水泵房内起重设备应符合下列规定：

1）消防水泵的质量小于0.5t时，宜设置固定吊钩或移动吊架。

2）消防水泵的质量为0.5~3t时，宜设置手动起重设备。

3）消防水泵的质量大于3t时，应设置电动起重设备。

消防水泵房的设计应根据具体情况设计相应的供暖、通风和排水设施，并应符合下列规定：

1）严寒、寒冷等冬季结冰地区采暖温度不应低于10℃，但当无人值守时不应低于5℃。

2）消防水泵房的通风宜按6次/h设计。

3）消防水泵房应设置排水设施。

消防水泵出水管应进行停泵水锤压力计算，并宜按下列公式计算，当计算所得的水锤压力值超过管道试验压力值时，应采取消除停泵水锤的技术措施。停泵水锤消除装置应装设在消防水泵出水总管上，以及消防给水系统管网其他适当的位置。

$$\Delta p = \rho c v \tag{2-1}$$

$$c = \frac{c_0}{\sqrt{1+\frac{K}{E}\frac{d_i}{\delta}}} \tag{2-2}$$

式中　Δp——水锤最大压力(Pa)；

ρ——水的密度(kg/m^3)；

c——水击波的传播速度(m/s)；

v——管道中水流速度(m/s)；

c_0——水中声波的传播速度，宜取 c_0 = 1435m/s(压强0.1~2.50MPa，水温10℃)；

K——水的体积弹性模量，宜取 $K=2.1\times10^9$Pa；

E——管道的材料弹性模量，钢管 $E=20.6\times10^{10}$Pa，铸铁管 $E=9.8\times10^{10}$Pa，钢丝网骨架塑料(PE)复合管 $E=6.5\times10^{10}$Pa；

d_i——管道的公称直径(mm)；

δ——管道壁厚(mm)。

9. 室内消火栓系统增压与稳压设施

设置高位水箱的室内消火栓系统，屋顶消防水箱安装高度一般很难保证高区最不利点消防设备的水压要求。当水箱安装高度不能保证室内最不利点消防设备的水压要求时，应采用增压设备。增压设备有管道泵、稳压泵和气压罐。

（1）管道泵　系统中除设有消防主泵外，还在屋顶水箱间设置管道泵，如图2-19所示。火灾发生后，管道泵由远距离按钮及时起动，从水箱吸水加压后送至管网进行灭火。管道泵的流量应满足一个消火栓用水量或一个自动喷头的用水量，对消火栓系统不应大于5L/s，对自动喷水灭火系统不应大于1L/s。管道泵的扬程按照保证本区消防管网最不利消火栓所需要的压力，通过计算确定。

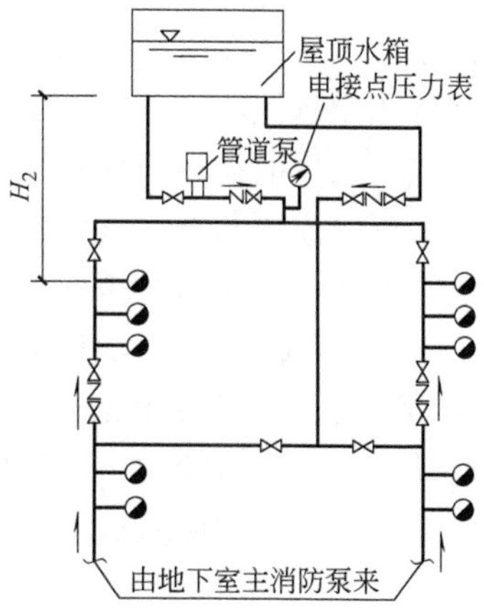

图2-19　管道泵加压

（2）稳压泵　稳压泵是一种小流量高扬程的水泵，设在屋顶水箱间，其作用是补充系统渗漏的水量，保持系统所需的压力。

稳压泵宜采用单吸单级或单吸多级离心泵，泵外壳和叶轮等主要部件的材质宜采用不锈钢。

稳压泵的设计流量应符合下列规定：

1）稳压泵的设计流量不应小于消防给水系统管网的正常泄漏量和系统自动启动流量。

2）消防给水系统管网的正常泄漏量应根据管道材质、接口形式等确定，当没有管网泄漏量数据时，稳压泵的设计流量宜按消防给水设计流量的1%~3%计，且不宜小于1L/s。

3）消防给水系统所采用报警阀压力开关等自动启动流量应根据产品确定。

稳压泵的设计压力应符合下列要求：

1）稳压泵的设计压力应满足系统自动启动和管网充满水的要求。

2）稳压泵的设计压力应保持系统自动起泵压力设置点处的压力在准工作状态时大于系统设置自动起泵压力值，且增加值宜为0.07~0.10MPa。

3）稳压泵的设计压力应保持系统最不利点处水灭火设施在准工作状态时的压力大于该处的静水压力，且增加值不应小于0.15MPa。

设置稳压泵的临时高压消防给水系统应设置防止稳压泵频繁起停的技术措施，目前多采用稳压泵和小型气压罐联合使用，将其设置在高层建筑顶部水箱间内。这种增压设施具有占地面积小、能耗低、投资省、运行可靠等优点，如图2-20所示。当采用气压水罐时，其调节容积应根据稳压泵起泵次数不大于15次/h计算确定，但有效储水容积不宜小于150L。

稳压泵吸水管应设置明杆闸阀，稳压泵出水管应设置消声止回阀和明杆闸阀。

稳压泵应设置备用泵。

（3）气压罐　设置气压罐与高位水箱配合，可以达到增压的目的。图2-21所示为一采用气压给水设备增压的消防系统。

气压稳压系统工作过程如图2-22所示，根据最不利点所需的消防压力 p_1，作为气压水罐的初始充气压力。通过计算确定 p_2、p_{S1}、p_{S2}。平时消防管道系统如有渗漏等泄压情况，气压罐内的压力由 p_{S2}逐渐下降到 p_{S1}，此时稳压泵开启向气压罐内补水，压力升至 p_{S2}时，稳压泵关闭。如此稳压泵在 p_{S1}(起动)、p_{S2}(停止)压力下反复运行。当建筑内发生火灾时，管道系统大量缺水，罐内压力下降至 p_2时，控制系统发出信号，立即起动消防泵。气压罐内压力降至 p_1时稳压系统自动关闭。一般情况下，消防泵从开始起动到正常运转大约需30s左右，这也是气压罐内存有30s消防水量的原因。

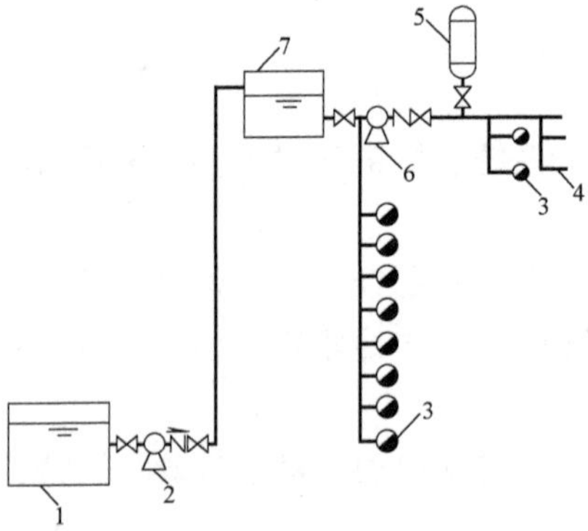

图2-20　屋顶水箱供水的局部增压

1—地面储水池或水箱　2—水泵　3—消火栓　4—水龙头　5—隔膜式气压罐　6—增压泵　7—屋顶水箱

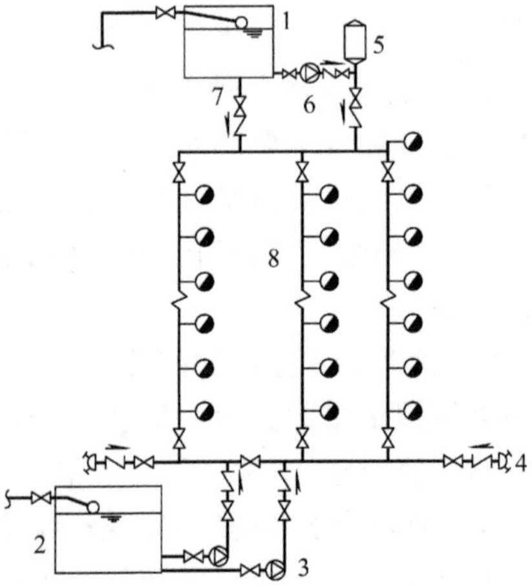

图2-21　采用气压给水设备增压的消防系统

1—消防水箱　2—消防水池　3—消防水泵　4—水泵接合器　5—气压罐　6—稳压泵　7—消防出水管　8—室内消防管网

10. 消防给水系统的减压装置

室内消火栓一般采用的是直流水枪，水枪反作用力如果超过200N，一名消防队员难以掌握进行扑救。因此，为使消防水量合理分配均衡供水、利于消防人员把握水枪安全操作，GB 50974—2014《消防给水及消火栓系统技术规范》规定室内消火栓栓口的动压力不应大于0.50MPa；当大于0.70MPa时，必须设减压装置进行减压。一般的减压措施有以下几种。

（1）减压阀减压　消防给水系统中的减压阀常以分区形式设置，一般由两个减压阀并联安装组成减压阀组，如图 2-23 所示，两个减压阀应交换使用，互为备用。减压阀前后应装设检修阀、压力表，宜装设软接头或伸缩节，便于检修安装。减压阀前应装设过滤器，并应便于排污，过滤器宜采用 40 目滤网。减压阀组后（沿水流方向），应设泄水阀。

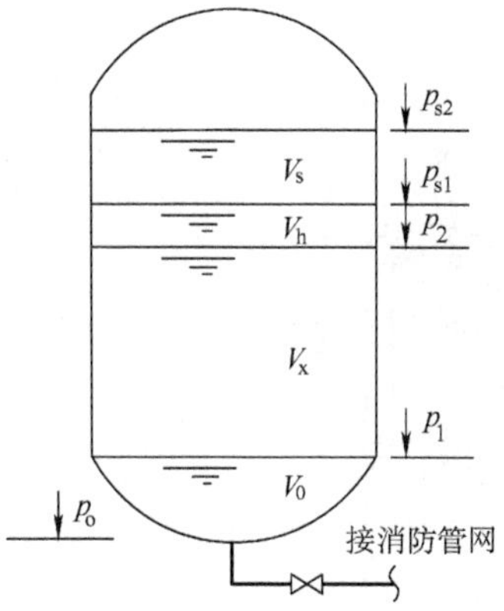

图 2-22　稳压罐内压力情况

p_1—最不利点消火栓所需的消防压力　p_2—消防泵起动压力　p_{S1}—稳压泵开泵压力　p_{S2}—稳压泵停泵压力　p_0—气压罐起始压力　V_s—稳压水容积　V_h—缓冲水容积　V_x—消防储水容积　V_0—不动水容积

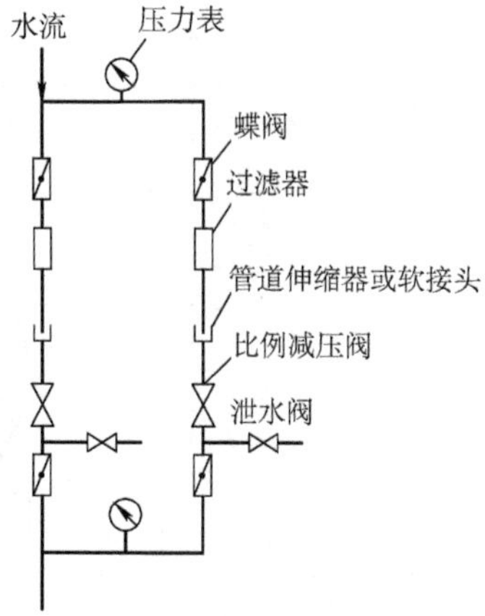

图 2-23　减压阀组示意图

（2）减压孔板　在消火栓处可设置减压孔板以消除剩余水头，保证消防给水系统均衡供水。减压孔板一般用不锈钢或黄铜等材料制作。减压孔板可用法兰或活接与管道连接在一起，也可直接与消火栓口组合在一起。图 2-24 所示为

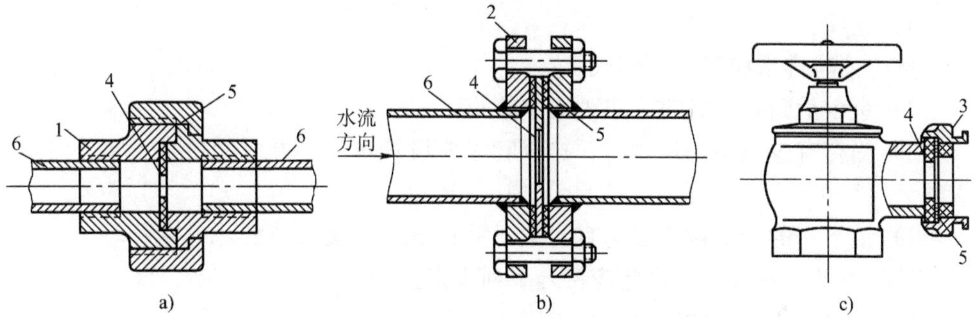

图 2-24　减压孔板的安装方式

a）孔板安装在活接头中　b）法兰连接减压孔板安装　c）消火栓后固定接口内安装

1—活接头　2—法兰　3—消火栓固定接口　4—减压孔板　5—密封垫　6—消火栓支管

减压孔板的几种安装方式。

（3）减压稳压消火栓　室内减压稳压消火栓是集消火栓与减压阀于一身，不需人工调试，只需消火栓的栓前压力保持在0.4~0.8MPa的范围内，其栓口出口压力就会保持在(0.3±0.05)MPa的范围内，且*DN*65消火栓的流量不小于5L/s。图2-25所示为SNJ65-H型减压稳压消火栓示意图。

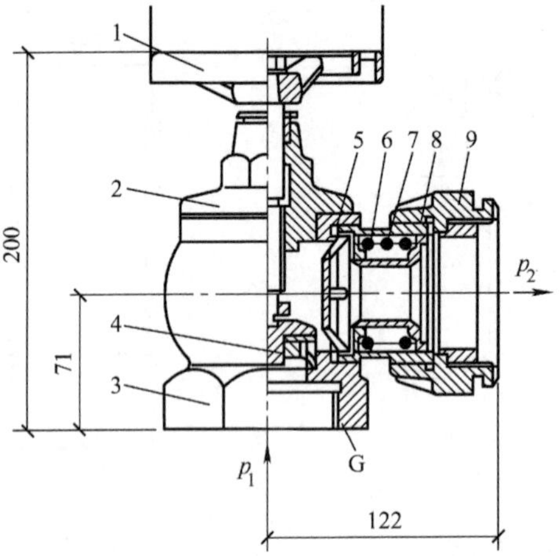

图2-25　SNJ65-H型减压稳压消火栓示意图

1—手轮　2—阀盖　3—阀体　4—阀座　5—挡板　6—活塞　7—弹簧　8—活塞套　9—固定接口

11. 消防排水

下列建筑物内应采取消防排水措施，并应按排水最大流量校核：

1）消防水泵房。

2）设有消防给水系统的地下室。

3）消防电梯的井底。

4）仓库。

室内消防排水应符合下列规定：

1）室内消防排水宜排入室外雨水管道。

2）当存有少量可燃液体时，排水管道应设置水封，并宜间接排入室外污水管道。

3）地下室的消防排水设施宜与地下室其他地面废水排水设施共用。

消防电梯的井底排水设施应符合下列规定：

1）排水泵集水井的有效容量不应小于2.00m³。

2）排水泵的排水量不应小于10L/s。

室内消防排水设施应采取防止倒灌的技术措施。

消防给水系统试验装置处应设置专用排水设施，排水管径应符合下列规定：

1）自动喷水灭火系统等自动水灭火系统末端试水装置的排水立管管径，应根据末端试水装置的泄流量确定，并不宜小于 DN75。

2）报警阀处的排水立管宜为 DN100。

3）减压阀处的压力试验排水管道直径应根据减压阀流量确定，但不应小于 DN100。

试验排水可回收部分宜排入专用消防水池循环再利用。

有毒有害危险场所的消防排水应避免造成环境污染，排放总管宜采用密闭形式，没有条件采用密闭形式时应采取安全防范措施。生产、储存或使用有毒有害等危害土壤和水体生态环境的场所，必要时可以考虑设置消防事故水池。

2.2.6 消火栓的布置

1. 充实水柱长度

充实水柱长度是指水枪射流中对灭火起作用的那段消防射流。也就是包含全部射流水量 75%~90%的那段密实水柱。根据消防实践证明，当水枪的充实水柱长度小于 7m 时，由于火场烟雾大，辐射热高，扑救火灾有一定困难，当充实水柱长度增大时，水枪的反作用力也随之加大，充实水柱长度超过 15m 时，因射流的反作用力而使消防队员无法把握水枪灭火。因此，火场常用的充实水柱长度一般为 10~15m。

GB 50974—2014《消防给水及消火栓系统技术规范》要求室内消火栓栓口压力和消防水枪充实水柱应符合下列规定：

1）消火栓栓口动压力不应大于 0.50MPa，但当大于 0.70MPa 时，应设置减压装置。

2）高层建筑、厂房、库房和室内净空高度超过 8m 的民用建筑等场所的消火栓栓口动压力，不应小于 0.35MPa，且消防水枪充实水柱应按 13m 计算。其他场所的消火栓栓口动压力不应小于 0.25MPa，且消防水枪充实水柱应按 10m 计算。

水枪的充实水柱也不宜过大，否则水枪的反作用力会增大，从而影响消防人员的操作，不利于灭火。如图 2-26 所示，水枪充实水柱可按下式计算

$$H_m=\frac{H_1-H_2}{\sin\alpha} \tag{2-3}$$

式中 H_m——水枪充实水柱长度(m)；

H_1——被保护建筑物的层高(m)；

H_2——灭火时消防水枪枪口距地面的高度(m)；一般取 $H_2=1.0$m；

α——水枪充实水柱与水平面的夹角，一般为45°，若有特殊困难，可适当加大，但水枪的最大倾角不应大于60°，以保证消防人员的安全和扑救效果。

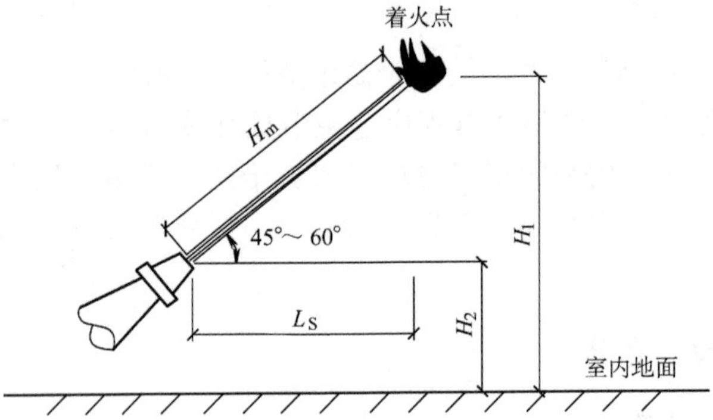

图2-26　充实水柱与层高的关系

2. 消火栓布置原则

室内消火栓的布置应符合下列规定：

1）设置室内消火栓的建筑物，包括设备层在内的各层均应设置消火栓。

2）屋顶设有直升机停机坪的建筑，应在停机坪出入口处或非电器设备机房处设置消火栓，并距停机坪机位边缘的距离不应小于5.0m。

3）消防电梯间前室内应设置消火栓，并应计入消火栓使用数量。

室内消火栓应设在明显易于取用的地点。栓口离地面高度为1.1m，其出水方向应向下或与设置消火栓的墙面成90°。冷库的室内消火栓应设在常温穿堂内或楼梯间内。

设有室内消火栓的建筑，如为平屋顶时宜在平屋顶上设置试验和检查用的消火栓。

高位水箱设置高度不能保证最不利点消火栓的水压要求时，应在每个室内消火栓处设置直接起动消防水泵的按钮，并应有保护措施。

室内消火栓的布置应满足同一平面有2支消防水枪的2股充实水柱同时到达任何部位的要求，但建筑高度小于或等于24m且体积小于或等于5000m^3的多层仓库、建筑高度小于或等于54m且每单元设置一部疏散楼梯的住宅，以及表2-4中规定可采用1支消防水枪的场所，可采用1支消防水枪的1股充实水柱到达室内任何部位。

表 2-4　室内消火栓设计流量

建筑物名称		高度 h/m、层数、体积 V/m^3、座位数 n/个、火灾危险性			消火栓用水量/(L/s)	同时使用水枪支数/支	每根竖管最小流量/(L/s)
厂房		$h\leqslant24$	甲、乙、丁、戊		10	2	10
			丙	$V\leqslant5000$	10	2	10
				$V>5000$	20	4	15
		$24<h\leqslant50$	乙、丁、戊		25	5	15
			丙		30	6	15
		$h>50$	乙、丁、戊		30	6	15
			丙		40	8	15
仓库		$h\leqslant24$	甲、乙、丁、戊		10	2	10
			丙	$V\leqslant5000$	15	3	15
		$h>24$		$V>5000$	25	5	15
			丁、戊		30	6	15
			丙		40	8	15
单层及多层	科研楼、试验楼	$V\leqslant10000$			10	2	10
		$V>10000$			15	3	10
	车站、码头、机场候车(船、机)楼和展览馆(包括博物馆)等	$5000<V\leqslant25000$			10	2	10
		$25000<V\leqslant50000$			15	3	10
		$V>50000$			20	4	15
		$800<n\leqslant1200$			10	2	10
	剧院、电影院、会堂、礼堂、体育馆等	$1200<n\leqslant5000$			15	3	10
		$5000<n\leqslant10000$			20	4	15
		$n>10000$			30	6	15
		$5000<V\leqslant25000$			10	2	10
	旅馆	$25000<V\leqslant50000$			15	3	10
		$V>50000$			20	4	15
		$5000<V\leqslant25000$			15	3	10
	商店、图书馆、档案馆等	$25000<V\leqslant50000$			25	5	15
		$V>50000$			40	8	15
	病房楼、门诊楼等	$5000<V\leqslant25000$			10	2	10
		$V>25000$			15	3	15
	办公楼、教学楼、公寓、宿舍等其他建筑	$h\geqslant15$ 或 $V\geqslant10000$			15	3	10

（续）

建筑物名称		高度 h/m、层数、体积 V/m^3、座位数 n/个、火灾危险性	消火栓用水量/(L/s)	同时使用水枪支数/支	每根竖管最小流量/(L/s)
高层	住宅	$21<h\leqslant 27$	5	2	5
		$27<h\leqslant 54$	10	2	10
		$h>54$	20	4	10
	一类公共建筑	$h\leqslant 50$	20	4	10
	二类公共建筑	$h\leqslant 50$	30	6	15
		$h>50$	40	8	15
国家级文物保护单位的重点砖木、木结构的古建筑		$V\leqslant 10000$	20	4	10
		$V>10000$	25	5	15
地下建筑		$V\leqslant 5000$	10	2	10
		$5000<V\leqslant 10000$	20	4	15
		$10000<V\leqslant 25000$	30	6	15
		$L>25000$	40	8	20
人防工程	展览馆、影院、剧场、礼堂、健身体育场所等	$V\leqslant 1000$	5	1	5
		$1000<V\leqslant 2500$	10	2	10
		$L>2500$	15	3	10
	商场、餐厅、旅馆、医院等	$V\leqslant 5000$	5	1	5
		$5000<V\leqslant 10000$	10	2	10
		$10000<V\leqslant 25000$	15	3	10
		$L>25000$	20	4	10
	丙、丁、戊类生产车间、自行车库	$V\leqslant 2500$	5	1	5
		$L>2500$	10	2	10
	丙、丁、戊类物品库房、图书资料档案库	$V\leqslant 3000$	5	1	5
		$L>3000$	10	2	10

注：1. 丁、戊类高层厂房（仓库）室内消火栓的设计流量应按本表减少10L/s，同时使用消防水枪数可按本表减少2支。

2. 消防软管卷盘、轻便消防水龙及多层住宅楼梯间中的干式消防竖管，其消火栓设计流量可不计入室内消防给水设计流量。

3. 当一座多层建筑有多种使用功能时，室内消火栓设计流量应分别按本表中不同功能计算，且应取最大值。

3. 消火栓布置间距

（1）消火栓保护半径按下式计算

$$R=K_3L_d+L_s \tag{2-4}$$

式中　R——消火栓保护半径(m)；

L_d——水龙带实际使用长度(m)，一般为配备水龙带长度的90%；

L_s——水枪充实水柱在平面上的投影长度(m)。

(2)消火栓布置间距

1）消火栓单排布置，且要求保证1支水枪灭火时的消火栓间距按下式计算(图2-27)

$$S\leqslant 2\sqrt{R^2-b^2} \tag{2-5}$$

式中　S——消火栓间距(m)；

R——消火栓保护半径(m)；

b——消火栓最大保护宽度(m)。

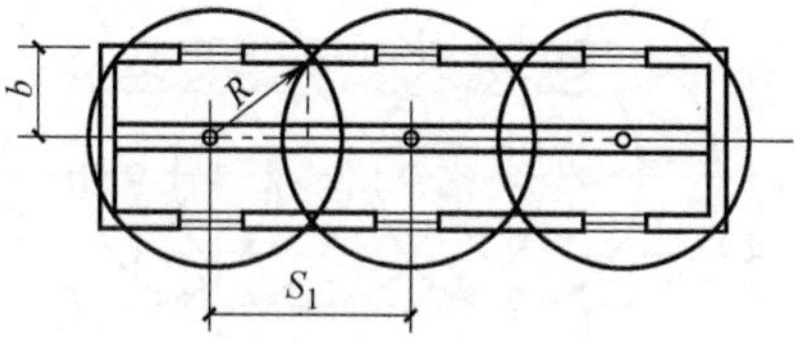

图2-27　单排布置、1支水枪灭火时的消火栓布置间距

2）消火栓单排布置，且要求保证2支水枪灭火时的消火栓间距按下式计算(图2-28)

$$S\leqslant \sqrt{R^2-b^2} \tag{2-6}$$

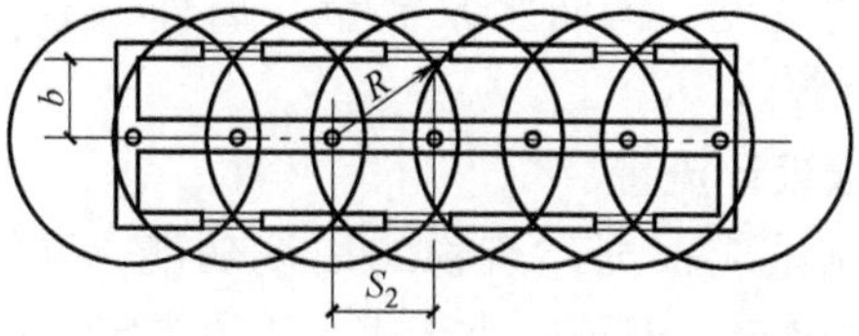

图2-28　单排布置、2支水枪灭火时的消火栓布置间距

式中，S、R、b符号意义同前。

3）消火栓多排布置，且要求保证1支水枪灭火时的消火栓间距按下式计算(图2-29)

$$S\leqslant 1.4R \tag{2-7}$$

式中，S、R符号意义同前。

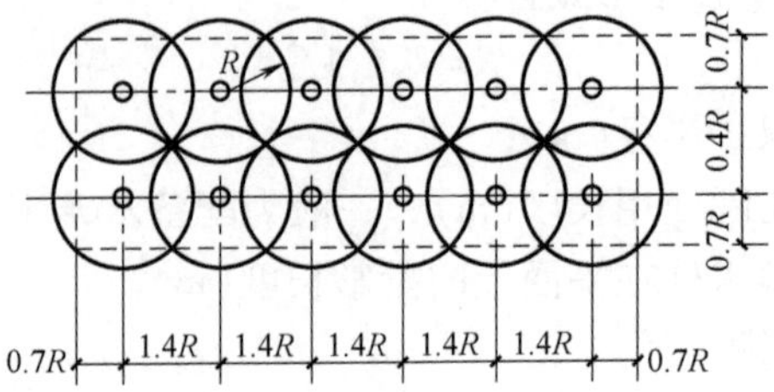

图 2-29　多排布置、1 支水枪灭火时的消火栓布置间距

4）消火栓多排布置，且要求保证多支水枪灭火时的消火栓间距按图 2-30 所示布置。

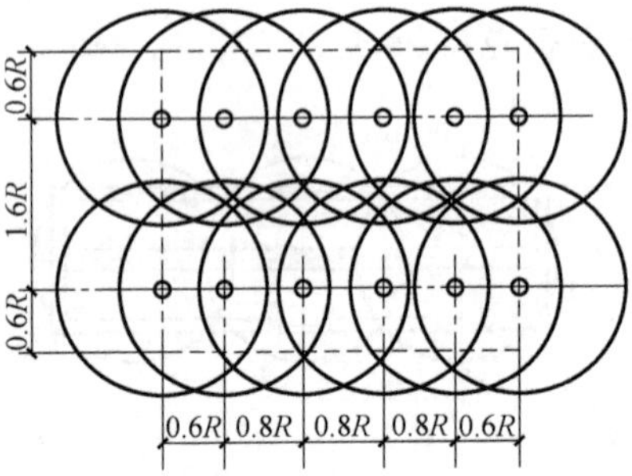

图 2-30　多排布置、多支水枪灭火时的消火栓布置间距

2.2.7　室内消火栓给水系统消防用水量及贮水量计算

高层建筑消火栓给水系统的设计计算主要内容有：消防用水量，消防给水管网管径，消防水箱的高度，消防水泵流量、扬程，增压设备的计算和选用，室内消火栓的减压计算等。

1. 建筑室内消火栓设计流量

室内消火栓设计流量应根据建筑物的用途功能、高度、体积、耐火等级、火灾危险性等因素综合确定，但不应小于表 2-4 的规定。

当建筑物室内设有自动喷水灭火系统、水喷雾灭火系统、泡沫灭火系统或固定消防炮灭火系统等一种或两种以上自动水灭火系统全保护时，室内消火栓系统设计流量可减少 50%，但不应小于 10L/s。

宿舍、公寓等非住宅类居住建筑的室内消火栓设计流量应按表 2-5 中的公共建筑确定。

表 2-5 不同场所的火灾延续时间

<table>
<tr><th colspan="3">建筑</th><th>场所与火灾危险性</th><th>火灾延续时间/h</th></tr>
<tr><td rowspan="10">建筑物</td><td rowspan="4">工业建筑</td><td rowspan="2">仓库</td><td>甲、乙、丙类仓库</td><td>3.0</td></tr>
<tr><td>丁、戊类仓库</td><td>2.0</td></tr>
<tr><td rowspan="2">厂房</td><td>甲、乙、丙类厂房</td><td>3.0</td></tr>
<tr><td>丁、戊类厂房</td><td>2.0</td></tr>
<tr><td rowspan="3">民用建筑</td><td rowspan="2">公共建筑</td><td>高层建筑中的商业楼、展览楼、综合楼，建筑高度大于 50m 的财贸金融楼、图书馆、书库、重要的档案楼、科研楼和高级宾馆等</td><td>3.0</td></tr>
<tr><td>其他公共建筑</td><td rowspan="2">2.0</td></tr>
<tr><td colspan="2">住宅</td></tr>
<tr><td colspan="2" rowspan="2">人防工程</td><td>建筑面积小于 3000m²</td><td>1.0</td></tr>
<tr><td>建筑面积大于等于 3000m²</td><td rowspan="2">2.0</td></tr>
<tr><td colspan="3">地下建筑、地铁车站</td></tr>
<tr><td colspan="2" rowspan="9">构筑物</td><td>煤、天然气、石油及其产品的工艺装置</td><td>—</td><td>3.0</td></tr>
<tr><td rowspan="3">甲、乙、丙类可燃液体储罐</td><td>直径大于 20m 的固定顶罐和直径大于 20m 浮盘用易熔材料制作的内浮顶罐</td><td>6.0</td></tr>
<tr><td>其他储罐</td><td rowspan="2">4.0</td></tr>
<tr><td>覆土油罐</td></tr>
<tr><td colspan="2">液化烃储罐、沸点低于 45℃ 甲类液体、液氨储罐</td><td>6.0</td></tr>
<tr><td colspan="2">空分站，可燃液体、液化烃的火车和汽车装卸栈台</td><td>3.0</td></tr>
<tr><td colspan="2">变电站</td><td>2.0</td></tr>
<tr><td rowspan="2">装卸油品码头</td><td>甲、乙类可燃液体乙、油品一级码头</td><td>6.0</td></tr>
<tr><td>甲、乙类可燃液体乙、油品二、三级码头</td><td>4.0</td></tr>
</table>

（续）

建筑		场所与火灾危险性	火灾延续时间/h
构筑物	装卸油品码头	丙类可燃液体油品码头	4.0
		海港油品码头	6.0
		河港油品码头	4.0
		码头装卸区	2.0
	装卸液化石油气船码头		6.0
	液化石油气加气站	地上储气罐加气站	3.0
		埋地储气罐加气站	1.0
		加油和液化石油气加合建站	
	易燃、可燃材料露天、半露天堆场，可燃气体罐区	粮食土圆囤、席穴囤	6.0
		棉、麻、毛、化纤百货	
		稻草、麦秸、芦苇等	
		木材等	
		露天或半露天堆放煤和焦炭	3.0
		可燃气体储罐	

2. 高位消防水箱的消防贮水量

临时高压消防给水系统的高位消防水箱的有效容积应满足初期火灾消防用水量的要求，并应符合下列规定：

1）一类高层公共建筑，不应小于36m^3，当建筑高度大于100m时，不应小于50m^3；当建筑高度大于150m时，不应小于100m^3。

2）多层公共建筑、二类高层公共建筑和一类高层住宅，不应小于18m^3；当一类高层住宅建筑高度超过100m时，不应小于36m^3。

3）二类高层住宅，不应小于12m^3。

4）建筑高度大于21m的多层住宅，不应小于6m^3。

5）工业建筑室内消防给水设计流量小于或等于25L/s时，不应小于12m^3；大于25L/s时，不应小于18m^3。

6）总建筑面积大于10000m^2且小于30000m^2的商店建筑，不应小于36m^3；总建筑面积大于30000m^2的商店建筑，不应小于50m^3。当与1）的规定不一致时应取其较大值。

3. 消防水池的消防贮水量

消防水池有效容积的计算应符合下列规定：

1）当市政给水管网能保证室外消防给水设计流量时，消防水池的有效容积应满足在火灾延续时间内室内消防用水量的要求。

2）当市政给水管网不能保证室外消防给水设计流量时，消防水池的有效容积应满足火灾延续时间内室内消防用水量和室外消防用水量不足部分之和的要求。

由于各种消防流量都能够确定，因此消防水池的有效容积计算的关键是确定火灾延续时间。不同场所消火栓系统和固定冷却水系统的火灾延续时间不应小于表2-5的规定。

消防水池的给水管应根据其有效容积和补水时间确定，补水时间不宜大于48h，但当消防水池有效总容积大于2000m^3时，补水时间不应大于96h。消防水池给水管管径应经计算确定，且不应小于*DN*50。

当消防水池采用两路供水且在火灾情况下连续补水能满足消防要求时，消防水池的有效容积应根据计算确定，但不应小于100m^3，当仅设有消火栓系统时不应小于50m^3。

火灾时消防水池连续补水应符合下列规定：

1）消防水池应采用两路消防给水。

2）火灾延续时间内的连续补水流量应按消防水池最不利给水管供水量计算并可按下式计算

$$q_f = 3600Av \tag{2-8}$$

式中 q_f——火灾时消防水池的补水流量（m^3/h）；

A——消防水池给水管断面面积（m^2）；

v——管道内水的平均流速（m/s）。

消防水池给水管管径和流量应根据市政给水管网或其他给水管网的压力、入户管管径、消防水池给水管管径，以及消防时其他用水量等经水力计算确定，当不具备计算条件时，给水管的平均流速不宜大于1.5m/s。

2.2.8 室内消火栓给水系统水力计算

1. 消火栓口所需压力 p_{xh}

最不利消火栓口所需压力可按下式计算

$$p_{xh} = p_q + p_d + p_k \tag{2-9}$$

式中 p_{xh}——消火栓口所需的水压（MPa）

p_q——水枪枪口出流某长度的充实水柱所需水压（MPa）；

p_d——水龙带的压力损失（MPa）；

p_k——消火栓栓口的压力损失（MPa），可按0.20MPa计。

（1）枪口压头的计算 水枪枪口压头 H_q 根据充实水柱 H_m 来确定，可按下式计算

$$H_q = \frac{H_f}{1-\varphi H_f} = \frac{\alpha_f H_m}{1-\varphi \alpha_f H_m} \tag{2-10}$$

式中　H_f——水枪垂直射流高度(m)；

H_m——水枪充实水柱高度(m)；

φ——与水枪喷嘴直径有关的系数，由试验得：$\varphi=\dfrac{0.25}{d_f+(0.1d_f)^2}$可查表2-6。

d_f——水枪喷嘴口径(m)；

α_f——试验系数，$\alpha_f=1.19+80\ (0.01H_m)^4$，可查表 2-7。

表 2-6　系数 φ 值

d_f/mm	13	16	19
φ	0.0165	0.0124	0.0097

表 2-7　系数 α_f 值

H_m/m	6	8	10	12	16
α_f	1.19	1.19	1.20	1.21	1.24

（2）水枪出流量的计算　水枪的实际出流量与枪口压头之间的关系可用下式表示

$$q_{xh}=\sqrt{BH_q} \tag{2-11}$$

式中　q_{xh}——水枪的射流量(L/s)；

B——水枪水流特性系数，与水枪喷嘴口径有关，可查表 2-8；

H_q——水枪枪口压头(m)

表 2-8　水枪水流特性系数 B

水枪喷嘴直径/mm	13	16	19	22
B	0.346	0.793	1.577	2.836

（3）水带水头损失计算　水带水头损失可按下式计算

$$H_d=A_zL_dq_{xh}^2 \tag{2-12}$$

式中　H_d——水带水头损失(m)；

L_d——水带长度(m)；

A_z——水带阻力系数，见表 2-9。

表 2-9　水带阻力系数 A_z

水带材料 \ 水带直径	50mm	65mm	80mm
麻织	0.01501	0.00430	0.00150
衬胶	0.00677	0.00172	0.00075

2. 消防管网管径计算

（1）消防流量分配　根据管网布置情况，确定最不利点消火栓，并按照规定的消防用水量确定通过各管段的流量，即进行消防流量分配。最不利消防立管和消火栓流量分配见表 2-10。

表 2-10　最不利消防流量分配

室内消防设计流量/(L/s)	最不利消防立管出水枪数/支	相邻消防立管出水枪数/支	次相邻消防立管出水枪数/支
10	2		
20	2	2	
25	3	2	
30	3	3	
40	3	3	2

（2）计算各管段流量　在计算消防流量时，消防管网可按枝状网计算。根据建筑性质确定消防流量并进行流量分配后，只需按分配的水枪数进行计算，其他消火栓流量不再计算。最不利点水枪射流量按式(2-11)确定后，以下各层水枪的实际出流量应根据消火口处的实际压力计算。

（3）管径确定　在计算出消防管网中各管段流量后，即可按流量公式 $Q=\frac{1}{4}\pi D^2 v$ 计算出各管段管径，消火栓给水管道中的流速不应超过 2.5m/s，一般控制在 1.4~1.8m/s。通常可查相应的水力计算表确定管径及单位管长沿程水头损失 i 值。局部损失可按沿程损失的 10%计算。

3. 消防水箱高度的确定

如图 2-31 所示，消防水箱的最低水位到最不利消火栓的垂直高度应满足下列要求

$$H \geqslant H_{xh} + \sum h_g \tag{2-13}$$

式中　H——水箱最低水位与最不利消火栓间的垂直高度(m)；

H_{xh}——消火栓口所需的水压相应的水头(m)；

$\sum h_g$——从水箱到最不利消火栓管路总的压头损失(m)。

4. 消防水泵扬程的计算

消防水泵扬程相应的压力可按下式计算

$$p_b \geqslant p_{xh} + p_z + \sum p \tag{2-14}$$

式中　p_b——消防水泵扬程相应的压力(MPa)；

p_z——消防贮水池最低水位标高与最不利消火栓处标高差(MPa)；

$\sum p$——总压力损失，包括水泵吸水管、压水管、计算管路压力损失(MPa)；

p_{xh}——消火栓口所需的水压(MPa)。

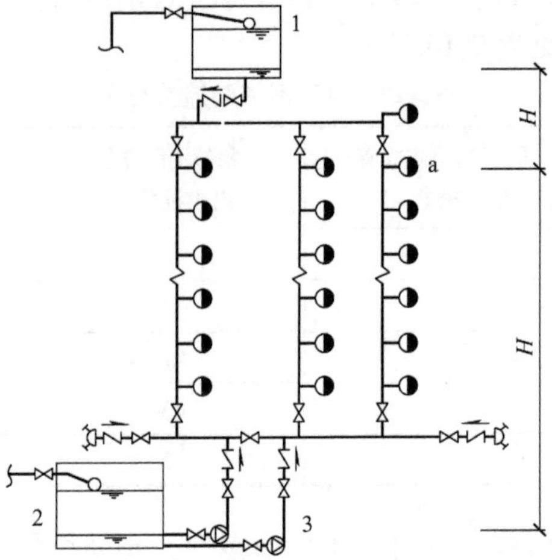

图 2-31　水箱高度、水泵扬程示意图

1—消防水箱　2—消防池水　3—消防水泵　a—最不利消火栓

5. 增压设备的计算

当水箱设置高度不能满足要求时，应设置气压罐稳压或增压泵。

（1）增压泵的流量　对增压水泵，其出水量应满足一个消火栓用水量或一个自动喷水灭火系统喷头的用水量。消火栓系统专用时，增压泵流量可取5L/s；自动喷水灭火系统专用时，增压泵流量可取 1L/s。

（2）增压泵的扬程　增压泵的扬程应按气压罐最小压力仍能保证消火栓口处充实水柱所需压力计算。首先确定系统的最低工作压力 p_1，当增压系统设在高位水箱间从水箱自灌吸水，且最不利点消火栓低于增压系统时，系统的最低工作压力 p_1 按下计算

$$p_1 = p_{xh} + \sum p_g - p + p_a \tag{2-15}$$

式中　p_1——增压系统的最低工作压力(绝对压力)(MPa)；

p_{xh}——消火栓口所需压力(MPa)；

$\sum p_g$——从水箱出水管到最不利点消火栓管路总的压力损失(MPa)；

p——水箱最低水位与最不利消火栓间的垂直高度相应的压力(MPa)；

p_a——当地大气压力(MPa)。

当增压系统设在底层从消防水池自灌吸水时，系统的最低工作压力 p_1 按下式计算

$$p_1 = p_{xh} + p_z + \sum p_g + p_a \tag{2-16}$$

式中　$\sum p_g$——从水池出水管到最不利点消火栓管路总的压力损失(MPa)；

p_z——水池最低水位与最不利消火栓之间的垂直高度所对应的压力(MPa)。

消防泵起动压力 p_2 可按下式计算

$$p_2=\frac{p_1}{\alpha_b} \tag{2-17}$$

式中 p_2——消防泵起动压力(MPa);

α_b——工作压力之比(绝对压力),宜为 0.60~0.85。

气压罐缓冲水的容积压差为 0.02~0.03MPa,稳压水容积压差为 0.05~0.06MPa,则

$$p_{s1}=p_2+(0.02\sim0.03)$$

$$p_{s2}=p_{s1}+(0.05\sim0.06)$$

式中 p_{s1}——稳压泵开泵压力(MPa);

p_{s2}——稳压泵停泵压力(MPa)。

稳压泵扬程相应的压力可按 p_{s1} 和 p_{s2} 的平均值确定,即 $p_b=(p_{s1}+p_{s2})/2$。

(3) 气压罐的容积 消防贮水容积 V_x 的确定:

火灾初起按两支水枪(5L/s)、5 个喷头(1L/s)工作考虑,消防泵起动时间按 30s 计,即(2×5×30+5×1×30)L=450L。若两个消防给水系统分别设置气压罐,其容积按以上原则分别确定,即消火栓系统为 300L,自动喷水灭火系统为 150L。

气压罐总容积 V_z 的确定

$$V_z=\frac{\beta V_{xf}}{1-\alpha_b} \tag{2-18}$$

$$V_{xf}=V_x+V_s+V_h \tag{2-19}$$

式中 V_s——稳压水容积(m^3),初始计算时可取 0.05;

V_h——缓冲水容积(m^3),初始计算时可取 0.03;

β——容积附加系数,补气式卧式气压水罐为 1.25,立式为 1.10,隔膜式气压水罐为 1.05。

(4) 增压系统的选型 通过计算水泵流量、扬程及消防稳压水容积,可在标准图集 98S205 中选择合适设备。

6. 减压节流(减压阀、减压孔板、节流管)

(1) 消火栓剩余压力 消火栓处的剩余压力可由下式计算

$$p_s=p_b-(p_z+\sum p+p_{xh}) \tag{2-20}$$

式中 p_s——计算楼层消火栓处的剩余水压(MPa);

p_b——消防水泵扬程相应的压力(MPa);

p_z——消防水池最低水位或消防水泵与室外给水管网连接点至消火栓口垂直高度所要求的静水压(MPa);

$\sum p$——消防水泵自水池或室外管网吸水送至计算层消火栓的消防管道沿程

和局部压力损失之和(MPa)；

p_{xh}——消火栓口所需压力(MPa)。

(2) 减压孔板 在消火栓前消防管道内安装的减压孔板，水流通过减压孔板的压力损失可按下式计算

$$p_k = \xi \frac{v_k^2}{2g} \times 10^{-2} \tag{2-21}$$

$$v_k = \frac{4q_x}{\pi D^2} \times 10^3 \tag{2-22}$$

$$\xi = \left[1.75 \frac{D^2}{d^2} \cdot \frac{(1.1 - d^2/D^2)}{(1.175 - d^2/D^2)} - 1\right]^2 \tag{2-23}$$

式中 p_k——水流通过减压孔板时的压力损失(MPa)；

ξ——孔板局部阻力系数；

v_k——水流通过孔板后的流速(m/s)；

q_x——水流通过孔板后的流量(L/s)；

g——重力加速度(9.8m/s^2)；

D——消防给水管管径(mm)；

d——减压孔板孔径(mm)。

为简化计算，将各种不同管径及孔板孔径代入公式中，求得相应的损失值，据此绘制成表格，见表2-11。使用时，只要已知剩余压力及给水管管径，就可在表中查出所需孔板孔径。

表2-11 栓前安装孔板压力损失值 (单位:×10^{-2}MPa)

管道公称直径/mm	流量 q_x/(L/s)	孔板孔径 d/mm															
		16	18	20	22	24	26	28	30	32	34	36	38	40	42	44	46
DN50	2.5	18.4	11.0	6.9	4.5	3.0											
	5.0	73.5	44.1	27.6	17.9	11.9	8.1	5.6	3.9								
DN70	2.5	19.7	12.1	7.8	5.2	3.5											
	5.0	78.9	48.3	31.0	20.7	14.2	10.0	7.2	5.3	3.9							
DN80	2.5	80.3	49.4	31.9	21.4	14.8	10.5	7.6	5.6	4.2	3.2						
	5.0			127.5	85.5	59.1	42.0	30.4	22.5	16.8	12.8	9.8	7.6	6.0	4.7	3.7	3.0

在消火栓后安装的减压孔板，消火栓与孔板组合压力损失可按下式计算

$$p_k = 1.06\xi \frac{v_k^2}{2g} \times 10^{-2} \tag{2-24}$$

式中符号同前。同样，组合压力损失也可制成表格以便使用，见表2-12。

表 2-12 栓后安装孔板组合压力损失值 （单位：$\times 10^{-2}$MPa）

消火栓型号	消防流量/(L/s)	孔板孔径 d/mm								
		16	18	20	22	24	26	28	30	32
SN50	2.5	19.78	11.92	7.51	4.90	3.28				
SN65	5.0	83.36	50.96	32.67	21.73	14.91	10.45	7.51	5.47	4.05

理论上讲，应在存在剩余压力的各层消火栓处设置不同孔径的孔板，以消耗其过剩压力，使各层消火栓基本保持 5L/s 的消防设计流量。但在实际工程中，一般在消火栓处的动水压力超过 0.50MPa 时才做减压措施。另外，设计减压孔板时，不必每层采用不同尺寸的孔板，而是每 3~5 层采用一个格的孔板。

2.2.9 消火栓系统计算举例

某 16 层综合服务性大楼，室内消火栓用水量为 40L/s，室外消火栓用水量为 30L/s。建筑的火灾延续时间按 3h 计算。系统计算图如图 2-32 所示。

1. 消火栓的保护半径

消火栓配备水带直径为 65mm 的麻织水带，长度为 25m。水带展开时的弯曲折减系数取 0.8，由于受楼层高度限制，在计算 L_s 时，应以建筑层高 3.6m 计算所得充实水柱长度为依据，则消火栓保护半径为

$$R=CL_d+L_s=[0.8\times25+(3.6-1)\cos45°/\sin45°]\text{m}=22.6\text{m}$$

消火栓布置间距

$$S\leqslant\sqrt{R^2-b^2}=\sqrt{22.6^2-(8+2.2)^2}\text{m}=20.2\text{m}$$

2. 水枪枪口所需压力及出流量

水枪喷嘴直径为 19mm，水枪水流特性系数 B 取 1.577。根据 GB 50974—2014《消防给水及消火栓系统技术规范》要求，该建筑水枪的充实水柱不应小于 10m。当充实水柱为 10m 时，水枪喷嘴所需压力为

$$H_q=\frac{\alpha_f H_m}{1-\varphi\alpha_f H_m}=\frac{1.20\times10}{1-0.0097\times1.20\times10}\text{m}=13.58\text{m},\ p_q=135.8\text{kPa}$$

水枪喷嘴的出流量

$$q_{xh}=\sqrt{BH_q}=\sqrt{1.577\times13.58}\text{L/s}=4.63\text{L/s}<5\text{L/s}$$

每支水枪的出流量不满足 GB 50974—2014《消防给水及消火栓系统技术规范》规定的每支水枪最小流量为 5L/s 的要求。因此，需提高水枪枪口压力，使流量增至 5L/s。当每支水枪的出流量为 5L/s 时，枪口所需的压力为

$$H_q=\frac{q_x^2}{B}=\frac{5^2}{1.577}\text{m}=15.85\text{m},\ p_q=158.5\text{kPa}$$

实际的充实水柱长度为

$$H_m=\frac{H_q}{\alpha_f(1+\varphi H_q)}=\frac{15.85}{1.2\times(1+0.0097\times15.85)}m=11.45m$$

3. 水带阻力

水龙带选用65mm麻质水带，阻力系数 $A=0.0043$，则水龙带的水头损失

$$h_d=A_zL_dq_{xh}^2=0.0043\times25\times5.0^2m=2.69m,\ p_d=26.9kPa$$

4. 消火栓口所需压力

最不利点消火栓口所需压力为

$$H_{xh}=H_q+h_d+H_k=(15.85+2.69+2.0)m=20.5m,\ p_{xh}=205kPa$$

其中，H_k 为消火栓栓口水头损失，按2.0m（0.02MPa）计算。

5. 消防管网水力计算

绘制管网系统图，确定最不利点，并进行编号。根据《建筑设计防火规范》要求，该建筑发生火灾时需8支水枪同时工作。如图2-32所示，立管Ⅰ上的16、15、14层消火栓距消防水泵最远，处于最不利位置。按照最不利消防竖管和消

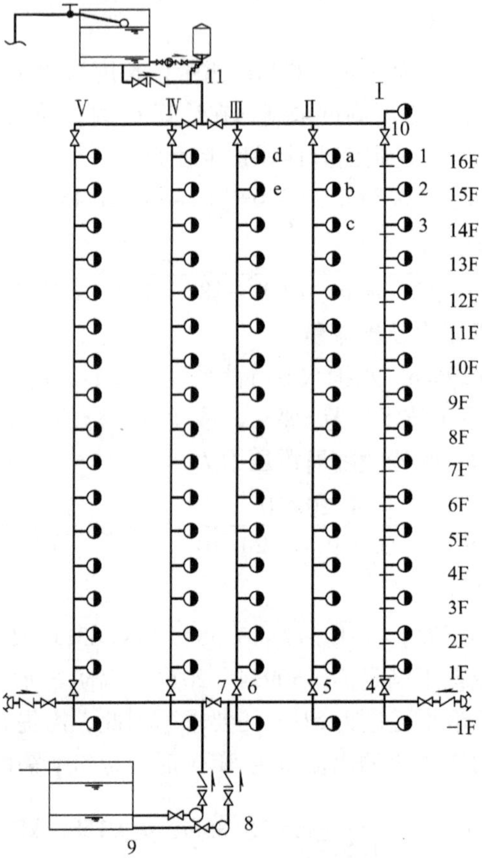

图2-32　消火栓系统计算用图

火栓的流量要求，Ⅰ为最不利消防竖管，出水枪数为三支，编号 1、2、3，Ⅱ为相临消防竖管，出水枪数为三支，编号 a、b、c，Ⅲ为次相临消防竖管，出水枪数为两支，编号 d、e。

由上面计算知 16 层消火栓口压头 $H_{xh1}=20.54\text{m}$，流量为 5L/s。

对于 15 层的消火栓而言，其栓口压头应为 $H_{xh2}=H_{xh1}+$(层高)+(15~16 层消防立管的水头损失)，则 $H_{xh2}=(20.54+3.6+0.00749\times3.6)\text{m}=24.17\text{m}$

$$又因\ H_{xh2}=H_{q2}+h_d+2.0=\frac{q_{xh2}^{\ 2}}{B}+AL_d q_{xh2}^{\ 2}+2.0=q_{xh2}^{\ 2}\left(\frac{1}{B}+AL_d\right)+2.0$$

$$故\quad q_{xh2}=\sqrt{\frac{H_{xh1}-2}{\frac{1}{B}+AL_d}}=\sqrt{\frac{24.17-2}{\frac{1}{1.577}+0.0043\times25}}\text{L/s}=5.47\text{L/s}$$

同理，14 层消火栓口压头 $H_{xh3}=H_{xh2}+$(层高)+(14~15 层消防立管的水头损失)则 $H_{xh3}=(24.17+3.6+0.029)\times3.6\text{m}=27.87\text{m}$

$$q_{xh3}=\sqrt{\frac{H_{xh3}-2}{\frac{1}{B}+AL_d}}=\sqrt{\frac{27.87-2}{\frac{1}{1.577}+0.0043\times25}}\text{L/s}=5.90\text{L/s}$$

根据消防流量分配原则，Ⅰ消防立管 13 层以下消火栓流量不再计算，则Ⅰ消防立管的总流量为

$$q_{xh1}+q_{xh2}+q_{xh3}=(5+5.47+5.90)\text{L/s}=16.37\text{L/s}$$

立管采用 $DN100$ 管径，流速 $v=1.89\text{m/s}$。

从理论上讲，Ⅱ号消防立管上 a、b、c 消火栓流量应比Ⅰ立管流量稍大，但相差较小，为简化计算，常采用与Ⅰ立管相同的流量，即认为 $q_{xha}+q_{xhb}+q_{xhc}=q_{xh1}+q_{xh2}+q_{xh3}$。同理，Ⅲ立管上的 d、e 消火栓流量近似同Ⅰ立管上 1、2 消火栓流量。则同时使用 8 支水枪的消防总流量为

$$Q_{xh}=(2\times16.37+5.0+5.47)\text{L/s}=43.21\text{L/s}$$

横干管采用 $DN200$ 管径，流速 $v=1.41\text{m/s}$。具体水力计算结果见表 2-13。

表 2-13　管道水力计算表

计算管段	设计流量 /(L/s)	管径 DN /mm	流速 v /(m/s)	每米水压损失 i /($\times10^{-3}$MPa/m)	管长 L /m	沿程压力损失 $p_y=iL$ /($\times10^{-3}$MPa)
1-2	5.0	100	0.61	0.078	3.6	0.2808
2-3	5.0+5.47=10.47	100	1.20	0.290	3.6	1.044
3-4	10.47+5.90=16.37	100	1.89	0.718	50.9	36.55
4-5	16.37	200	0.53	0.0285	18.2	0.5187
5-6	2×16.37=32.74	200	1.06	0.101	18.6	1.879

（续）

计算管段	设计流量 /(L/s)	管径 DN /mm	流速 v /(m/s)	每米水压损失 i /($\times10^{-3}$MPa/m)	管长 L /m	沿程压力损失 $p_y=iL$ /($\times10^{-3}$MPa)
6-7	32.74+10.47=43.21	200	1.41	0.173	15.0	2.595
7-8	43.21	200	1.41	0.173	3.5	0.6055
8-9	43.21	200	1.41	0.173	2.0	0.346
$\sum p_y=0.0438$MPa						

计算管路总的沿程压力损失为$\sum p_y=0.0438$MPa

管网局部阻力损失按沿程压力损失的10%计算，则计算管路的总压力损失为

$$p_z=1.1\sum p_y=1.1\times0.0438\text{MPa}=0.0482\text{MPa}$$

6. 消防水泵

消防水泵扬程，即消火栓给水系统所需总水压(p_x)应为

$$p_b=p_1+p_{xh}+p_z=(0.622+0.2054+0.04482)\text{MPa}=0.876\text{MPa}$$

消防泵流量，按消火栓灭火总用水量 $Q_b=Q_x=43.21$L/s

选消防泵 XBD50－90－HY 型水泵两台，一用一备（$Q=0\sim50$L/s，$p=0.90$MPa，$N=75$kW）。

7. 消火栓减压装置计算

GB 50974—2014《消防给水及消火栓系统技术规范》规定室内消火栓栓口的动压力不应大于0.50MPa；当大于0.70MPa时，必须设减压装置进行减压。本例题各层消火栓处剩余压力按式(2-20)计算的结果见表2-14。

表2-14　消火栓减压孔板的计算表

楼　层	动水压力 /MPa	剩余水压 p_0 /MPa	孔板孔径 /m
16F	0.2	0	—
15F	0.24	0.04	—
14F	0.27	0.07	—
13F	0.31	0.11	—
12F	0.35	0.15	—
11F	0.39	0.19	—
10F	0.42	0.22	—
9F	0.46	0.26	—
8F	0.50	0.30	21

（续）

楼　层	动水压力 /MPa	剩余水压 p_0 /MPa	孔板孔径 /m
7F	0.54	0.34	20
6F	0.58	0.37	20
5F	0.61	0.41	19
4F	0.65	0.45	19
3F	0.69	0.49	18
2F	0.73	0.53	18
1F	0.76	0.56	18
-1F	0.81	0.61	17

从表 2-14 的计算结果可以看出，8 层楼消火栓栓口的动压力为 0.5MPa，8 层以下楼层的消火栓栓口的动压力均超过了 0.5MPa，因此，8 层以下楼层的消火栓均应设置减压孔板，8 层楼消火栓设不设均可。减压孔板的孔径可以通过式(2-22)、式(2-21)和式(2-23)计算，计算结果见表 2-14。

8. 增压设备

消防水箱最低水位标高为 63.7m，最不利消火栓处标高为 58.1m，两者差为 5.6m。消防水箱设置高度不能满足最不利消火栓静水压力 0.07MPa 的要求，故在水箱间设增压泵和气压罐，以满足最不利点消火栓的出水压力。增压系统按开启 2 只水枪设计。

1）气压罐容积。气压罐的有效容积按 30s 的消防水量计算，$V_x=2\times5\times30\text{L}=300\text{L}$。

2）气压罐最低工作压力按式(2-15)计算，$p_1=\sum p_g+p_{xh}-p_1+p_a$

由 1 点开始进行计算，计算方法如前述，但只计算两只水枪的流量，以后管段流量不再变化，一直到水箱出水管处。计算结果见表 2-15。

$\sum h_g=1.1\times0.0014\text{MPa}=0.00154\text{MPa}$，$H_{xh}=0.205\text{MPa}$，$H_1=0.056\text{MPa}$

则 $p_1=(0.00154+0.205-0.056+0.098)\text{MPa}=0.25\text{MPa}$(绝对压力)

相对压力(表压)为$(0.248-0.098)\text{MPa}=0.150\text{MPa}$。

3）最大工作压力。取气压罐最低工作压力与气压罐最高工作压力比 $\alpha_b=0.6$，则气压罐最高工作压力(绝对压力)$p_2=p_1/\alpha_b=0.25/0.6\text{MPa}=0.42\text{MPa}$。

相对压力(表压)为$(0.42\text{-}0.098)\text{MPa}=0.32\text{MPa}$

4）增压泵起动压力 $p_{s1}=p_2+0.03=(0.32+0.03)\text{MPa}=0.35\text{MPa}$。

5）增压泵停泵压力 $p_{s2}=p_{s1}+0.05=(0.35+0.05)\text{MPa}=0.40\text{MPa}$。

依据计算容积与压力(表压)，查标准图集 98S205，选择增压稳压设备 ZW(L) I-X-10-0.16，配立式隔膜气压罐，型号为 SQL800×0.6，标定容积为 300L。配套水泵为 25LGW3-10×5。

表 2-15 稳压系统管道计算表

计算管段	设计流量/(L/s)	管径 DN/mm	流速 v/(m/s)	每米压力损失 i/($\times10^{-3}$MPa/m)	管长 L/m	沿程压力损失 $h_y=iL$/($\times10^{-3}$MPa)
1-2	10.47	100	1.20	0.290	3.5	1.02
2-3	10.47	200	0.38	0.0081	46.5	0.38
$\sum p_y=0.0014$MPa						

总沿程损失 $\sum p_y=0.0014$MPa

9. 消防水箱容积

本建筑的建筑高度大于50m，属于一类高层公共建筑。GB 50974—2014《消防给水及消火栓系统技术规范》规定，临时高压消防给水系统的高位消防水箱的有效容积应满足初期火灾消防用水量的要求，一类高层公共建筑不应小于36m^3，所以消防水箱的容积取 $V=36\text{m}^3$。

10. 消防水池

消防贮水量按满足火灾延续时间内的室内消防用水量计算，根据建筑的性质，查表2-5得该建筑的火灾延续时间为3h。所以消防水池有效容积为(未考虑室外消防用水量)

$$V_f=Q_x\times3\times3600/1000=43.21\times3\times3600/1000\text{m}^3=466.9\text{m}^3$$

由于在火灾延续时间内市政管网可保证连续进水，水池进水管设为两条，管径为 $DN80$，计算补水量时按一条工作，管内流速取 $v=1.0$m/s，其补水量为

$$V=1.0\times3.14\times0.08^2/4\times3\times3600\text{m}^3=54.3\ \text{m}^3$$

则消防水池有效容积为$(466.9-54.3)\text{m}^3=412.6\text{m}^3$

本例题未涉及自动喷水灭火系统，如果有自动喷水灭火系统，消防贮水容积应单独计算。

2.3 高层建筑自动喷水灭火系统

自动喷水灭火系统是一种固定形式的自动灭火装置。当建筑物内发生火灾时，安装于建筑物内部的喷头会自动开启灭火，同时发出火警信号，起动消防水泵从水源抽水，按设定的喷水强度喷水灭火。

自动喷水灭火系统按喷头的开闭形式可分为闭式系统和开式系统。闭式系统包括湿式系统、干式系统、干湿式系统、预作用系统、重复启闭预作用系统等。开式系统包括雨淋系统、水幕系统和水喷雾系统等。目前我国普遍使用湿式系统、干式系统、预作用系统以及雨淋系统和水幕系统。

自动喷水灭火系统是由洒水喷头、报警阀组、水流指示器、压力开关、末

端试水装置等组件以及管道、增压供水设施等组成。

2.3.1 自动喷水灭火系统设置原则

1. 自动喷水灭火系统设置原则

我国现行的 GB 50084—2001《自动喷水灭火系统设计规范》(2005 年版) 规定：自动喷水灭火系统应在人员密集、不宜疏散、外部增援灭火与救生较困难的性质重要或火灾危险性较大的场所中设置。规范同时又规定自动喷水灭火系统不适用于存在：①遇水发生爆炸或加速燃烧的物品；②遇水发生剧烈化学反应或产生有毒有害物质的物品；③洒水将导致喷溅或沸溢的液体的场所。

GB 50016—2014《建筑设计防火规范》也对生产建筑，仓储建筑，单、多层民用建筑，高层民用建筑是否设置自动喷水灭火系统做了具体的规定。

GB 50016—2014《建筑设计防火规范》规定下列高层民用建筑或场所应设置自动灭火系统，除该规范另有规定和不宜用水保护或灭火者外，宜采用自动喷水灭火系统：

1）一类高层公共建筑(除游泳池、溜冰场外)。

2）二类高层公共建筑的公共活动用房、走道、办公室和旅馆的客房、可燃物品库房、自动扶梯底部和垃圾道顶部。

3）高层建筑中的歌舞娱乐放映游艺场所。

4）高层公共建筑中经常有人停留或可燃物较多的地下、半地下室房间。

5）建筑高度大于 27m 但小于等于 100m 的住宅建筑的公共部位，建筑高度大于 100m 的住宅建筑。

2. 雨淋自动喷水灭火系统、水幕系统、水喷雾灭火系统的设置原则

雨淋自动喷水灭火系统适用于燃烧猛烈、蔓延迅速的某些严重危险级场所。GB 50016—2014《建筑设计防火规范》规定下列场所应设置雨淋自动喷水灭火系统：

1）火柴厂的氯酸钾压碾厂房，建筑面积大于 $100m^2$ 生产、使用硝化棉、喷漆棉、火胶棉、赛璐珞胶片、硝化纤维的厂房。

2）建筑面积大于 $60m^2$ 或储存量大于 2t 的硝化棉、喷漆棉、火胶棉、赛璐珞胶片、硝化纤维的仓库。

3）日装瓶数量大于 3000 瓶的液化石油气储配站的灌瓶间、实瓶库。

4）特等、甲等剧场的舞台葡萄架下部，超过 1500 个座位的其他等级剧场和超过 2000 个座位的会堂或礼堂的舞台葡萄架下部。

5）建筑面积不小于 $400m^2$ 的演播室，建筑面积不小于 $500m^2$ 的电影摄影棚。

6）乒乓球厂的轧坯、切片、磨球、分球检验部位。

水幕系统主要用于隔火，不能直接扑灭火灾。GB 50016—2014《建筑设计防火规范》规定下列部位宜设置水幕系统：

1）特等、甲等剧场、超过1500个座位的其他等级的剧场、超过2000个座位的会堂或礼堂和高层民用建筑中超过800个座位的剧场、礼堂的舞台口及上述场所中与舞台相连的侧台、后台的门窗洞口。

2）应设防火墙等防火分隔物而无法设置的局部开口部位。

3）需要冷却保护的防火卷帘或防火幕的上部（注：舞台口也可采用防火幕进行分隔）。

水喷雾灭火系统是将水雾化，一般用于变压器等火灾的扑救。GB 50016—2014《建筑设计防火规范》规定下列场所应设置自动灭火系统，且宜采用水喷雾灭火系统：

1）单台容量在40MV·A及以上的厂矿企业油浸变压器，单台容量在90MV·A及以上的电厂油浸变压器，单台容量在125MV·A及以上的独立变电站油浸变压器。

2）飞机发动机试验台的试车部位。

3）设置在高层民用建筑内充可燃油的高压电容器和多油开关室。

设置在室内的油浸变压器、充可燃油的高压电容器和多油开关室，可采用细水雾灭火系统。

2.3.2　火灾危险等级划分

GB 50084—2001《自动喷水灭火系统设计规范》（2005年版）将自动喷水灭火系统设置场所火灾危险等级划分为轻危险级、中危险级（Ⅰ级、Ⅱ级）、严重危险级（Ⅰ级、Ⅱ级）与仓库危险级（Ⅰ级、Ⅱ级、Ⅲ级）。仓库火灾危险等级简化为Ⅰ、Ⅱ、Ⅲ级仓库。设置自动喷水灭火系统的建筑，应根据室内空间条件、人员密集程度，采用自动喷水灭火系统扑救初期火灾的难易程度以及疏散及外部增援条件等因素，并参照本章附录2-1确定其火灾危险等级，其中A组、B组塑料、橡胶举例见GB 50084—2001《自动喷水灭火系统设计规范》（2005年版）附录B。

2.3.3　自动喷水灭火系统的供水、管网及稳压装置

1. 自动喷水灭火系统供水

（1）水源　自动喷水灭火系统给水水源的基本要求是确保系统所需水量和水压。水源可以来自市政供水，也可采用天然水源。当采用天然水源时，应考虑水中的悬浮物、杂质不致堵塞喷头出口。被油污染或含有其他易燃、可燃液体的天然水源不得用作给水水源。

（2）水泵及供水管网　自动喷水灭火系统应设独立的供水泵，并设有备用泵。系统供水泵应采取自灌式吸水方式。水泵的出水管上应设控制阀、止回阀、压力表及直径不小于 65mm 的试水阀。

当报警阀组为两个或两个以上时，水源侧管网宜设环状供水管道，并在环网上设分隔阀，喷淋泵组的出水管应与环网的不同管段相接。环网上阀门的布置应保证在系统供水管道的任一段发生故障进行检修时，停用的报警阀组不应多于 1 个；水泵及高位水箱向环网供水的供水点不应少于 2 个，而且应设在环网的不同管段上；环网上的控制阀必须采用有明显启闭标志的，且能满足水流双向流动的需要。如图 2-33 所示为多组报警阀的环状供水管网示意图。

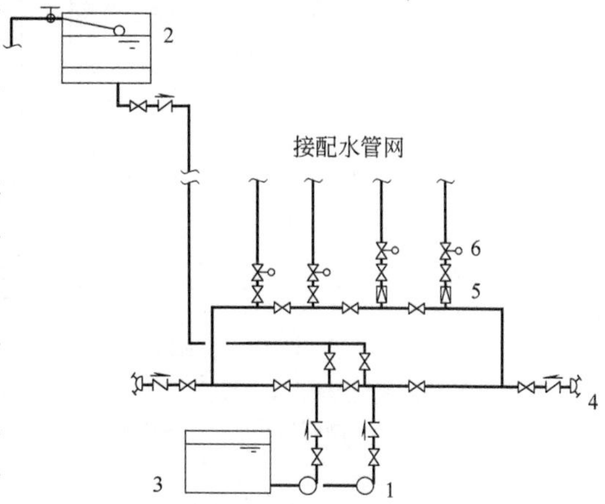

图 2-33　多组报警阀的环状供水管网示意图
1—消防水泵　2—消防水箱　3—消防水池
4—水泵接合器　5—减压阀　6—报警阀组信号阀

（3）消防水箱　设置临时高压给水系统的自动喷水灭火系统，应设高位水箱，容积按 10min 室内消防用水量计。消防水箱的出水管应设止回阀，并应与报警阀入口前管道连接。对于轻危险级、中危险级场所的系统，水箱出水管径不应小于 80mm，严重危险级和仓库危险级不应小于 100mm。

（4）消防水池　消防水池的有效贮水容积根据自动喷水火系统设计流量，按火灾延续时间为 1h 计算。其他要求详见前述。

（5）消防水泵按合器　自动喷水灭火系统应设水泵接合器，其数量应按系统的设计流量确定，每个水泵接合器的流量宜按 10～15L/s 计算。当水泵接合器的供水能力不能满足最不利点处作用面积的流量和压力要求时，应采取增压措施。如图 2-34 所示为接力供水设施。

2. 自动喷水灭火系统管网

自动喷水灭火系统管网的布置，在发生火灾时应保证供水安全，确保有足够的水量和水压，以满足火场对喷水强度的要求。报警阀后管网不应与生活、生产用水合用，也不应接出其他用水设施。

1）配水管道的工作压力不应大于 1. 20MPa，否则应进行竖向分区。分区方式有并联分区和串联分区。图 2-35 和图 2-36 所示为分区供水系统示意图。

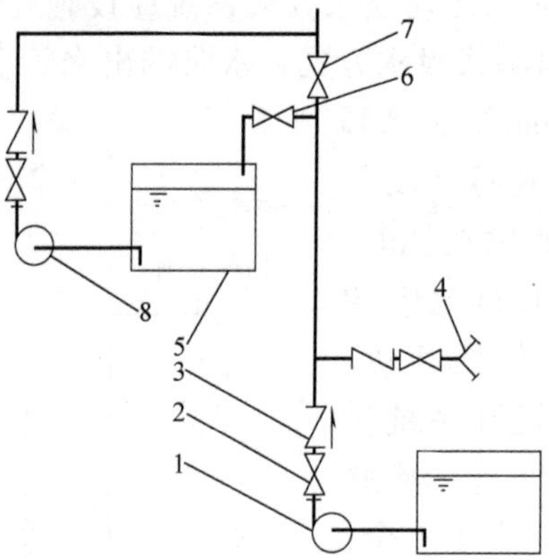

图2-34　接力供水设施

1—水泵　2—阀门　3—止回阀　4—水泵接合器　5—接力水箱

6—闸阀(常闭)　7—闸阀(常开)　8—接力水泵(固定或移动)

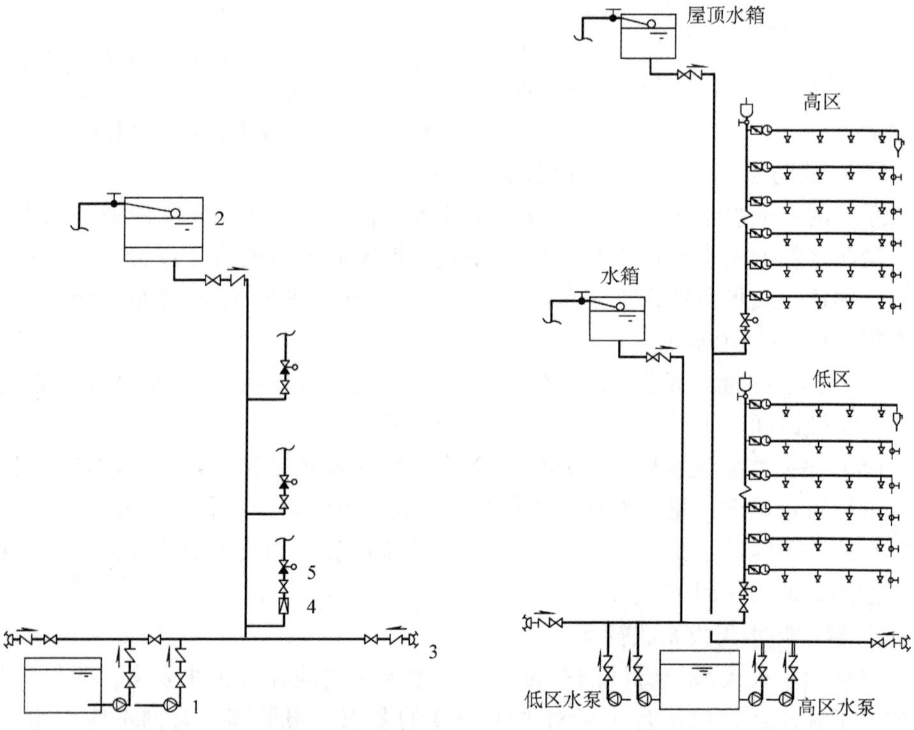

图2-35　并联分区供水系统示意图

1—消防水泵　2—消防水箱　3—水泵接合器　4—减压阀　5—报警阀组

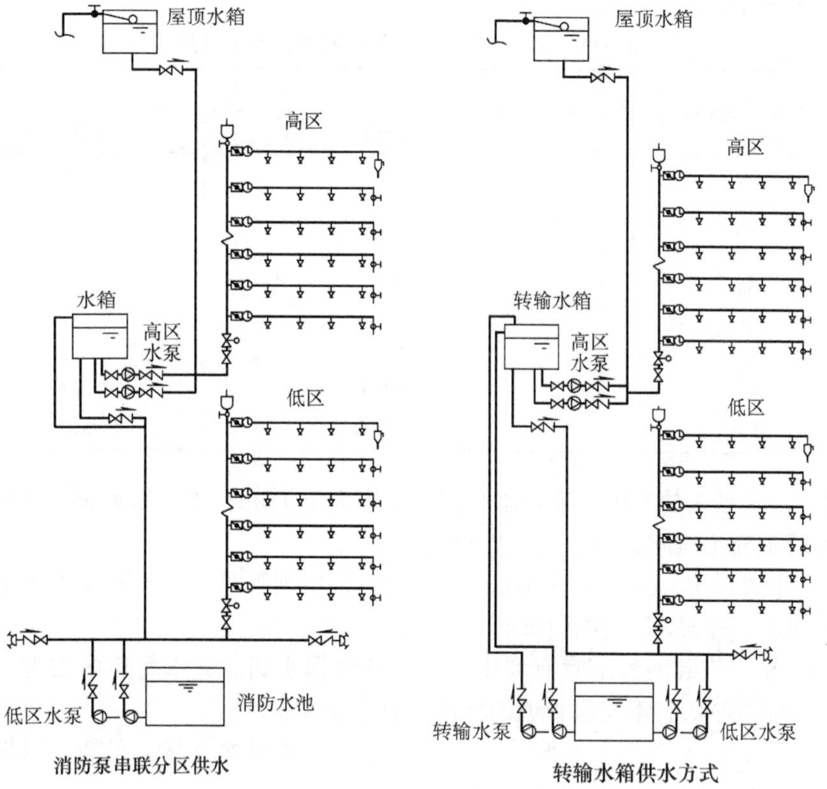

图 2-36　串联分区供水系统示意图

2）报警阀以后的配水管道应采用内外壁热镀锌钢管或涂覆其他防腐材料的钢管，或铜管、不锈钢管。当报警阀入口前管道采用不防腐的钢管时，应在该段管道的末端设过滤器。

3）镀锌钢管应采用沟槽式连接件(卡箍)、螺钉或法兰连接。报警阀前采用内壁不防腐钢管时，可焊接连接。系统中直径等于或大于 100mm 的管道，应分段采用法兰或沟槽式连接件(卡箍)连接。

4）不同直径的管道连接时应避免采用补心，而应采用异径管。

5）管道的直径应经水力计算确定。配水管道的布置，应使配水管入口的压力均衡。轻危险级、中危险级场所中各配水管入口的压力均不宜大于 0.40MPa。

6）配水管两侧每根配水支管控制的标准喷头数，轻危险级、中危险级场所不应超过 8 只，同时在吊顶上下安装喷头的配水支管，上下侧均不应超过 8 只。严重危险级及仓库危险级场所均不应超过 6 只。

7）轻危险级、中危险级场所中配水支管、配水管控制的标准喷头数，不应超过表2-16所示的规定。

表2-16　配水支管、配水管控制的标准喷头数

公称管径/mm	危险等级	
	轻危险级	中危险级
25	1	1
32	3	3
40	5	4
50	10	8
65	18	12
80	48	32
100	按水力计算	64
150	按水力计算	按水力计算

8）干式系统的配水管道充水时间，不宜大于1min；预作用系统与雨淋系统的配水管道充水时间，不宜大于2min。

9）干式系统、预作用系统的供气管道，采用钢管时，管径不宜小于15mm；采用铜管时，管径不宜小于10mm。

10）水平安装的管道宜有坡度，并应坡向泄水阀。充水管道的坡度不宜小于2‰，准工作状态不充水管道的坡度不宜小于4‰。

11）自动喷水灭火系统配水管道上应设一定数量的支架、吊架，以保证系统正常工作。吊架距喷头的距离应大于0.3m，距末端喷头的间距应小于0.75m。为防止喷头喷水时管道产生大幅度的晃动，在配水立管、配水干管与配水支管上应再附加防晃支架。

3. 自动喷水灭火系统的增压、稳压设施

当自动喷水灭火系统所设的高位水箱不能满足最不利点喷头水压要求时，系统应设置稳压设施，如图2-37所示为一在水箱间设置增压稳压设备的自动喷水灭火系统。有关增压稳压设备的设计要求详见消火栓系统。

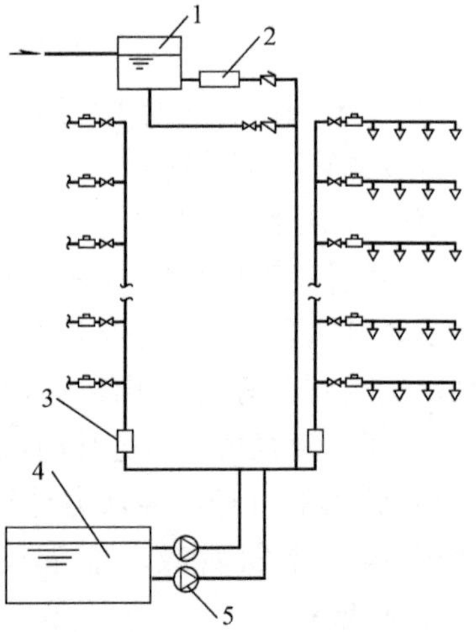

图2-37　稳压设备设在水箱间的自动喷水灭火系统

1—消防水箱　2—增压稳压设备　3—报警阀组　4—消防水池　5—消防水泵

4. 自动喷水灭火系统的减压节流装置

高层建筑设置自动喷水灭火系统时，较低的楼层配水管应有减压节流措施。减压节流措施有：

1）在报警阀组入口前设置减压阀。

2）在管道上设置减压孔板。要求应设在直径不小于 50mm 的水平直管段上，前后管段的长度均不宜小于该管段直径的 5 倍；孔口直径不应小于设置管段直径的 30%，且不应小于 20mm。孔板损失计算见消火栓系统。

3）设置节流管进行减压，如图 2-38 所示。要求节流管的直径宜按上游管段直径的 1/2 确定；节流管的长度不宜小于 1m；节流管内水的平均流速不应大于 20m/s。节流管的压力损失可按下式计算

$$p_g = \xi \frac{V_g^2}{2g} + 0.00107L\frac{V_g^2}{d_g^{1.3}} \tag{2-25}$$

式中　p_g——节流管的压力损失(10^{-2}MPa)；

ξ——节流管中渐缩管与渐扩管的局部阻力系数之和，取值 0 7；

V_g——节流管内水的平均流速(m/s)；

d_g——节流管的计算内径(m)，取值应按节流管内径减 1mm 确定；

L——节流管的长度(m)。

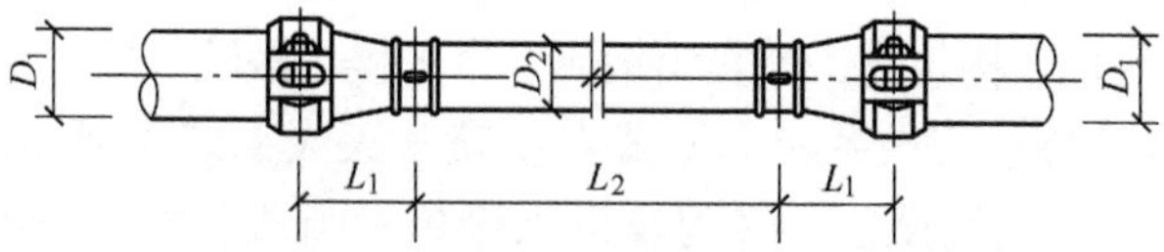

卡箍、螺纹式连接

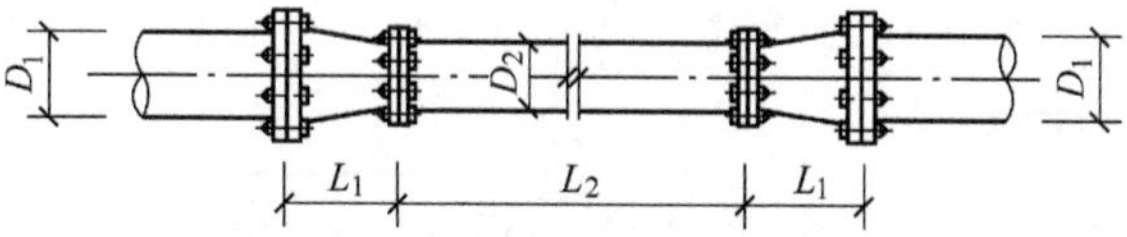

法兰式连接

图 2-38　节流管结构示意图

2.3.4　闭式自动喷水灭火系统

1. 闭式自动喷水灭火系统类型

闭式自动喷水灭火系统的特点是洒水喷头为闭式洒水喷头。

（1）湿式自动喷水灭火系统　湿式自动喷水灭火系统主要由闭式喷头、湿式报警阀、报警装置(水流指示器、水力警铃、压力开关)、管网及供水设施等组成，如图 2-39 所示。湿式喷水灭火系统管网内充满有压水，发生火灾后，当温度升高到喷头开启温度时，喷头的感温元件爆裂或闭锁熔化脱落，水即从喷头喷出灭火，同时发出火警信号。

湿式自动喷水灭火系统具有灭火速度快、控火效率高的特点，但当管道出现渗漏时会损坏建筑的装饰。湿式自动喷水灭火系统适用于常年温度在 4~70℃之间，且

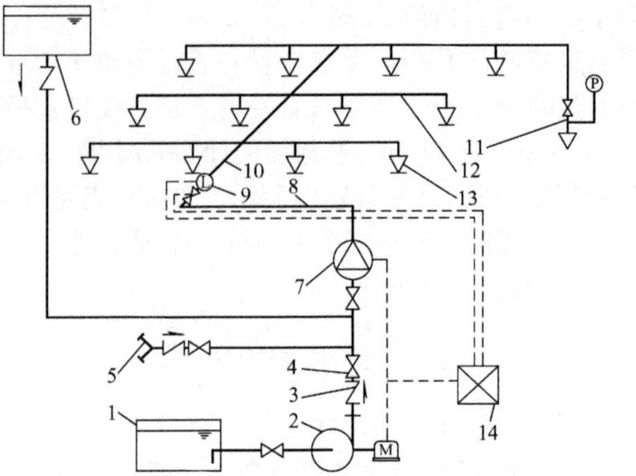

图2-39　湿式自动喷水灭火系统示意图

1—水池　2—水泵　3—止回阀　4—闸阀　5—水泵接合器　6—消防水箱　7—湿式报警阀组
8—配水干管　9—水流指示器　10—配水管　11—末端试水装置　12—配水支管
13—闭式喷头　14—报警控制器　P—压力表　M—驱动电动机　L—水流指示器

能用水灭火的建筑物、构筑物，如宾馆饭店、办公楼、医院、厂房、仓库等场所。

（2）干式自动喷水灭火系统　干式自动喷水灭火系统主要由闭式喷头、干式报警阀、报警装置、充气设备、管网及供水设施等组成，如图2-40所示。干式系统平时管网内不充水而是充满压缩空气，当发生火灾火点温度上升到一定值时，喷头开启，气体喷出，管网压力降低，使压力水打开控制阀进入配水管网灭火。

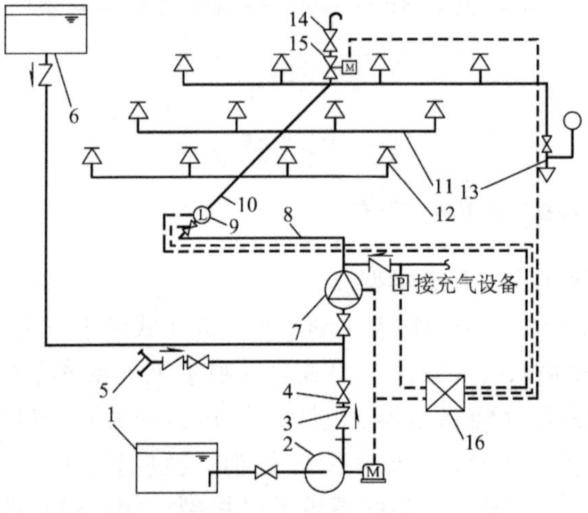

图2-40　干式自动喷水灭火系统示意图

1—水池　2—水泵　3—止回阀　4—闸阀　5—水泵接合器　6—消防水箱　7—干式报警阀组
8—配水干管　9—水流指示器　10—配水管　11—配水支管　12—闭式喷头
13—末端试水装置　14—快速排气阀　15—电动阀　16—报警控制器

干式自动喷水灭火系统的特点是在干式报警阀前的管道内充有压力水，在干式报警阀后的管道内充有压缩空气或氮气，不会影响建筑装饰，对环境温度无特殊要求。但干式系统的喷头较湿式系统出水慢。干式自动喷水灭火系统适用于不宜设置湿式系统的场所，如环境温度小于 4℃或大于 70℃的场所。

（3）预作用自动喷水灭火系统　预作用自动喷水灭火系统主要由闭式喷头、预作用阀(或雨淋阀)、火灾探测装置、报警装置、充气设备、管网及供水设施等组成，如图 2-41 所示。预作用自动喷水灭火系统又可分为普通预作用系统和重复启闭预作用系统。当发生火灾时，探测器启动发出报警信号，启动预作用阀，使整个系统充满水而变成湿式系统，以后动作程序与湿式喷水灭火系统完全相同。重复启闭预作用系统能在扑灭火灾后自动关闭报警阀，发生复燃时又能再次开启报警阀恢复喷水，适用于灭火后必须及时停止喷水，要求减少不必要水渍损失的场所。

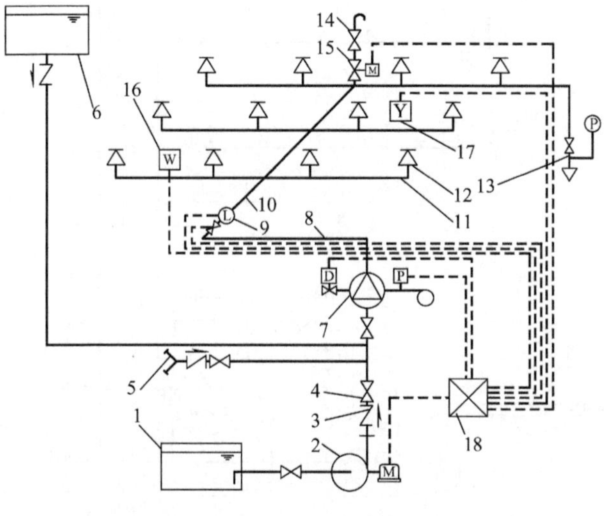

图 2-41　预作用自动喷水灭火系统示意图

1—水池　2—水泵　3—止回阀　4—闸阀　5—水泵接合器　6—消防水箱　7—预作用报警阀组　8—配水干管　9—水流指示器　10—配水管　11—配水支管　12—闭式喷头　13—末端试水装置　14—快速排气阀　15—电动阀　16—感湿探测器　17—感烟探测器　18—报警控制器

预作用喷水灭火系统将湿式喷水灭火系统与电子技术、自动化技术紧密结合起来，集湿式和干式喷水灭火系统的长处，既可广泛采用，又提高了安全可靠性。预作用式自动喷水灭火系统适用于建筑装饰要求高、不允许有水渍损失，或者是冬季结冻不能供暖，而又要求灭火及时的建筑物。具有下列要求之一的场所应采用预作用系统：系统处于准工作状态时，严禁管道漏水，如贵重物品用房和计算机房等；严禁系统误喷，如棉花和烟草库房等；替代干式系统。

在同一区域内设置相应的火灾探测器和闭式喷头，火灾探测器的动作必须先于喷头的动作。为保证系统在火灾探测器发生故障时仍能正常工作，系统应设置手动操作装置。当采用不充气的空管预作用喷水灭火系统时，可采用雨淋阀。当采用充气的预作用喷水灭火系统时，为了防止系统的气体渗漏，应采用隔膜式雨淋阀。

（4）重复启闭预作用系统　系统组成如图2-42所示。发生火灾时专用探测器可以控制系统排气充水，必要时喷头破裂及时灭火。当火灾扑灭环境温度下降后专用探测器可以自动控制系统关闭，停止喷水，以减少火灾损失。当火灾死灰复燃时，系统可以再次启动灭火。当非火灾时喷头意外破裂，系统不会喷水。适用于必须在灭火后及时停止喷水的场所。

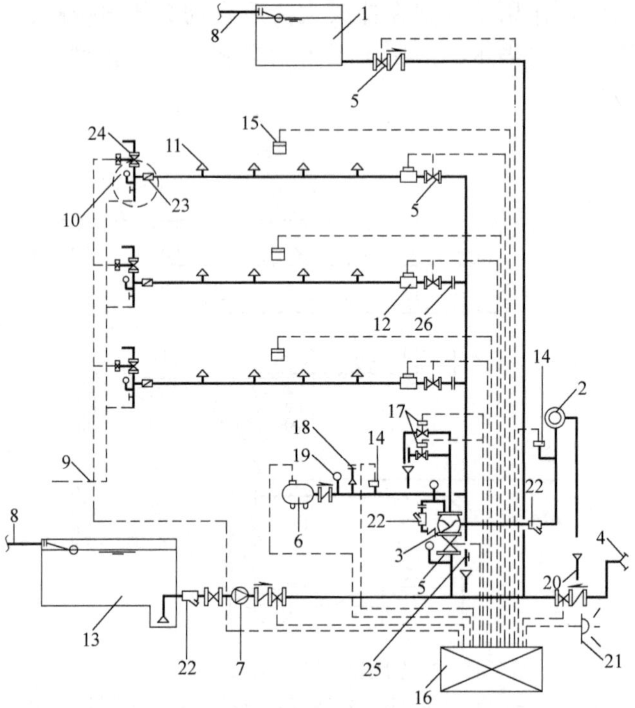

图2-42　重复启闭预作用系统

1—高位水箱　2—水力警铃　3—水流控制阀　4—水泵接合器　5—消防安全指示阀　6—空压机　7—消防水泵　8—进水管　9—排水管　10—末端试水装置　11—闭式喷头　12—水流指示器　13—水池　14—压力开关　15—火灾探测器　16—控制箱　17—电磁阀　18—安全阀　19—压力表　20—排水漏斗　21—电铃　22—过滤器　23—水表　24—排气阀　25—排水阀　26—节流孔板

2. 闭式自动喷水灭火系统的主要组件

（1）闭式喷头　闭式喷头的喷口用热敏感元件、密封件等零件所组成的释放机构封闭住，灭火时释放机构自动脱落，喷头开启喷水。闭式喷头按感温元件分为玻璃球喷头（图2-43）和易熔合金锁片喷头（图2-44）。

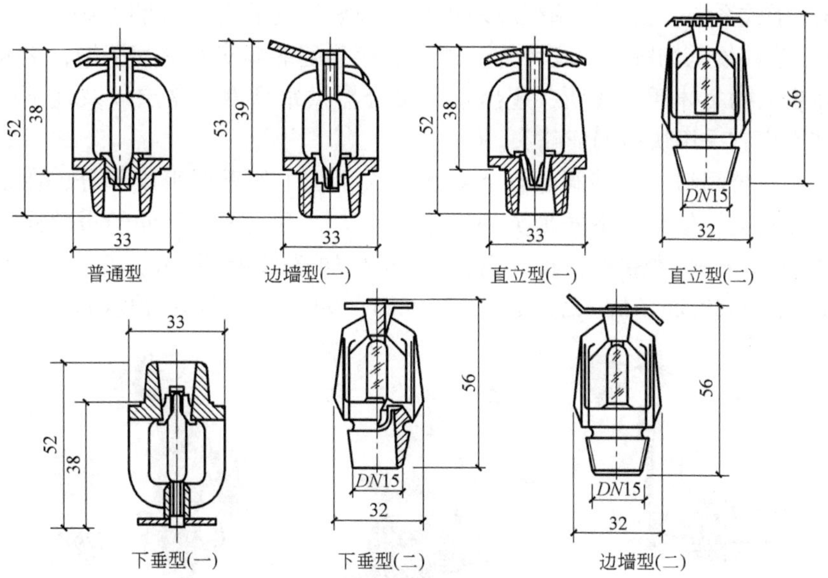

图 2-43　玻璃球喷头构造示意图

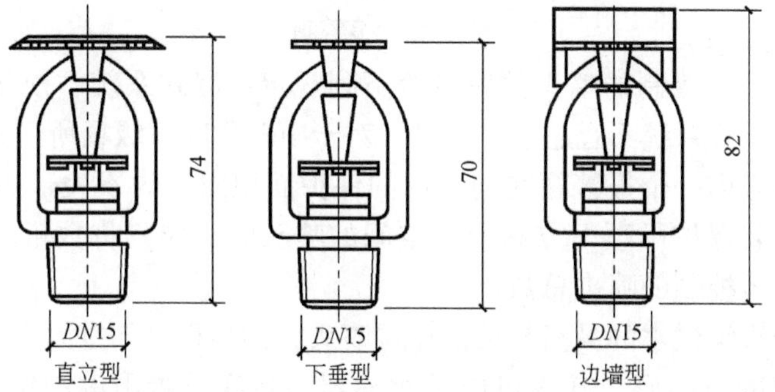

图 2-44　易熔合金锁片喷头构造示意图

喷头选型原则：

1）严格按环境温度来选用喷头的温级。闭式系统的喷头，其公称动作温度宜高于环境最高温度30℃。

2）对有腐蚀介质的场所，应对喷头进行防腐处理或选用耐腐蚀喷头。

3）同一隔间内应采用相同热敏性能的喷头。

4）有特殊要求的场所可选用特殊喷头。

5）对于湿式系统，不做吊顶的场所，当配水支管布置在梁下时，应采用直立型喷头；吊顶下布置的喷头，应采用下垂型喷头或吊顶型喷头；顶板为水平面的轻危险级、中危险级Ⅰ级居室、办公室、走道、标准客房等狭长场所，可采用边墙型喷头；易受碰撞的部位，应采用带保护罩的喷头或吊顶型喷头。

6）干式系统、预作用系统应采用直立型喷头或干式下垂型喷头。

7）公共娱乐场所、中庭环廊，医院、疗养院的病房及治疗区域，老年、少儿、残疾人的集体活动场所，超出水泵接合器供水高度的楼层以及地下的商业及仓储用房宜采用快速响应喷头。

（2）报警阀组　报警阀是自动喷水灭火系统中的重要组成部分，在发生火灾时能发出火警信号。不同种类的自动喷水灭火系统采用不同的报警阀，如湿式报警阀、干式报警阀、预作用报警阀，如图 2-45 所示。共有 *DN*50mm、*DN*65mm、*DN*80mm、*DN*125mm、*DN*150mm、*DN*200mm 等 6 种规格。

ZSFZ湿式报警阀　　干式报警阀　　ZSFU型预作用阀

图 2-45　报警阀

一个报警阀组控制的喷头数应符合下列规定：湿式系统、预作用系统不宜超过 800 只；干式系统不宜超过 500 只。对于中轻危险等级场所，为了提高系统的可靠性，可考虑一个报警阀在同一层的保护面积限制为不大于 $5000m^2$。当配水支管同时安装保护吊顶下方和上方空间的喷头时，应只将数量较多一侧的喷头计入报警阀组控制的喷头总数。

每个报警阀组供水的最高与最低位置喷头，其高程差不宜大于 50m。

雨淋阀组的电磁阀，其入口应设过滤器。并联设置雨淋阀组的雨淋系统，其雨淋阀控制腔的入口应设止回阀。

报警阀组宜设在没有冰冻危险、安全及易于操作的地点，报警阀距地面的高度宜为 1. 2m。安装报警阀的部位应设有排水设施。

连接报警阀进出口的控制阀应采用信号阀。当不采用信号阀时，控制阀应设锁定阀位的锁具。

水力警铃与报警阀配套使用，由水流冲击叶轮报警，设在有人值班的地点附近。水力警铃的工作压力不应小于 0. 05MPa，与报警阀连接的管道应是镀锌钢管，其管径应为 20mm，总长不宜大于 20m。水力警铃与报警阀间的高度不大于 5m。警铃宜一个系统安装一只，共用时最多不宜超过三个系统共用一个警铃。

（3）水流报警装置　水流报警装置主要有水力警铃、水流指示器和压力开关。

水力警铃(图 2-46a)。水力警铃是一种水力驱动的机械装置，由壳体、叶轮、铃锤和铃盖等组成。当阀瓣被打开，水流通过座圈上的沟槽和小孔进入延迟器，充满后，继续流向水力警铃的进水口，在一定的水流压力下，推动叶轮带动铃锤转臂旋转，使铃锤连续击打铝铃而发出报警铃声。

水流指示器(图 2-46b)。用于湿式自动喷水灭火系统中。通常安装在各楼层配水干管或支管上，其功能是当喷头开启喷水时，水流指示器中浆片摆动接通电信号送至报警控制器报警，并指示火灾楼层。

压力开关(图 2-46c)。压力开关是自动喷水灭火系统中的一个重要部件，一般垂直安装于延迟器和水力警铃之间的管道上，其作用是将系统的压力信号转换为电信号输出。

a)　　b)　　c)

图 2-46　水流报警装置

a）ZSJL 型水力警铃　b）水流指示器　c）ZSJY 型压力开关

（4）延迟器　延迟器是一个有进水口和出水口的圆筒形储水容器，如图 2-47所示。下端有进水口，与报警阀的报警口连接相通，上端有出水口，连接水力警铃，用于防止由于水源水压波动原因引起报警阀开启而导致的误报。报警阀开启后，水流需经 30 s 左右充满延迟器后方可冲入水力警铃。

图 2-47　延迟器

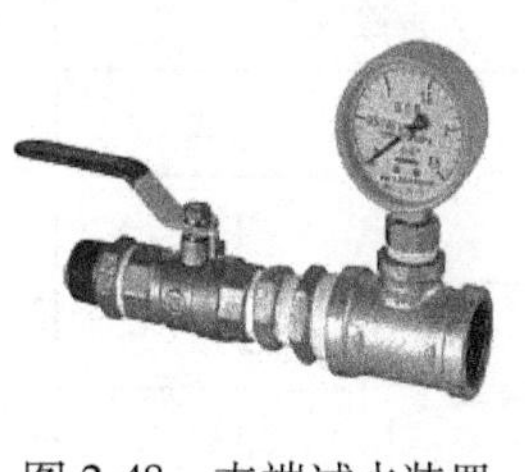

图 2-48　末端试水装置

（5）末端试水装置　末端试水装置由球阀、三通、喷头体(试水接头)与压力表头组成，如图 2-48 所示。每个报警阀组控制的最不利点喷头处，应设末端试水装置，以供检验系统工作情况。其他防火分区、楼层均应设直径为 25mm 的试水阀。末端试水装置应由试水阀、压力表以及试水接头组成，如图 2-49 所示。

试水接头出水口的流量系数，应等同于同楼层或防火分区内的最小流量系数喷头。末端试水装置的出水，应采取孔口出流的方式排入排水管道。

（6）火灾探测器　火灾探测器是自动喷水灭火系统的重要组成部分。目前常用的有感烟、感温探测器，如图2-50所示。感烟探测器利用火灾发生地点的烟雾浓度进行探测，感温探测器通过火灾引起的温升进行探测。火灾探测器布置在房间或走廊的顶棚下面。

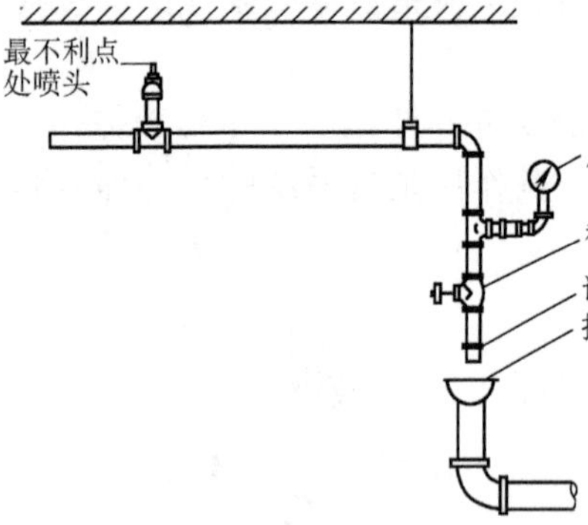

图2-49　末端试水装置组成

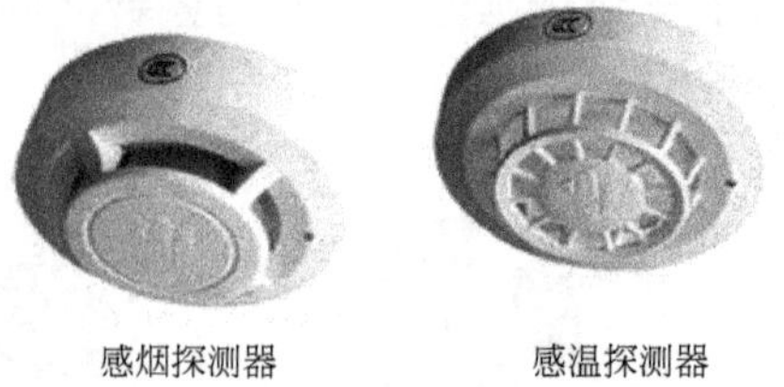

图2-50　火灾探测器

3. 闭式自动喷水灭火系统设计计算

（1）设计基本参数　闭式自动喷水灭火系统的设计应保证建筑物的最不利点喷头有足够的喷水强度。各危险等级的设计喷水强度、作用面积、喷头设计压力，不应低于规范的规定。民用建筑和工业厂房的系统设计基本参数见表2-17；仓库的系统设计基本参数见GB 50084—2001《自动喷水灭火系统设计规范》(2005年版)。

表2-17　民用建筑和工业厂房的系统设计基本参数

火灾危险等级		净空高度/m	喷水强度/[L/(min·m^2)]	作用面积/m^2
轻危险级		≤8	4	160
中危险级	Ⅰ级		6	
	Ⅱ级		8	
严重危险级	Ⅰ级		12	260
	Ⅱ级		16	

注：1. 装设网格、栅板类通透性吊顶的场所，系统的喷水强度按表中值的1.3倍取值。
2. 干式系统的作用面积按表中值的1.3倍取值。
3. 雨淋系统中每个雨淋阀控制的喷水面积不宜大于表中的数值。
4. 系统最不利点处喷头最低工作压力不应小于0.05MPa。
5. 仅在走道设置单排喷头的闭式系统，其作用面积应按最大疏散距离所对应的走道面积确定。

（2）喷头布置 合理的布置喷头是自动喷水灭火系统设计安全与经济的关键。喷头布置间距和位置原则上应满足在所保护的区域内任何部位发生火灾时均能得到一定强度的水。根据顶棚、吊顶的装修要求一般可布置成正方形、长方形或菱形三种形式，其间距可根据喷水强度、喷头流量系数和工作压力确定，不大于表2-18所示的规定，并且不小于2.4m。

表2-18 喷头布置间距

喷水强度/[L/(min·m^2)]	正方形布置边长/m	矩形或平行四边形布置的长边/m	1支喷头最大保护面积/m^2	喷头与墙柱最大间距/m
4.0	4.4	4.5	20.0	2.2
6.0	3.6	4.0	12.5	1.8
8.0	3.4	3.6	11.5	1.7
≥12.0	3.0	3.6	9.0	1.5

注：1. 仅在走道设置单排喷头的闭式系统，其喷头间距应按走道地面不留漏喷空白点确定。
2. 货架内喷头的间距不应小于2m，并不应大于3m。

喷头安装在屋内顶板、吊顶或斜屋顶易于接触到火灾热气流并有利于均匀布水的位置，喷头与障碍物的距离应满足以下要求：

1）直立、下垂型喷头与梁、通风管道的距离应符合表2-19所示的规定，如图2-51所示。

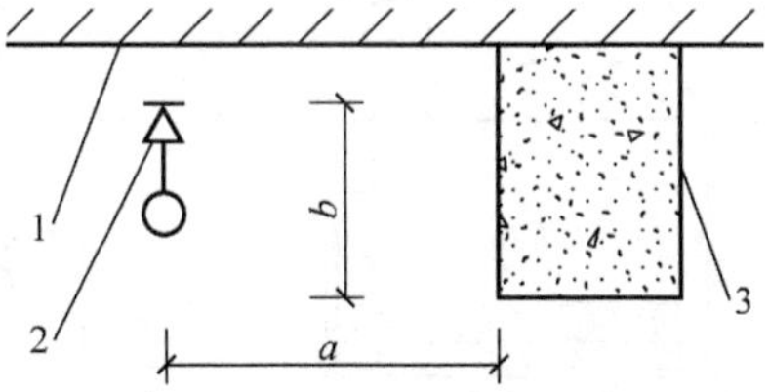

图2-51 直立、下垂型喷头与梁的距离
1—顶板 2—直立型喷头 3—梁（或通风管道）

表2-19 直立、下垂型喷头与梁、通风管道的距离

直立型、下垂型喷头与梁、通风管道侧面的水平距离 a/m	直立型、下垂型喷头与梁、通风管道底面与其上方喷溅水盘的最大垂直距离 b/mm	
	标准喷头	非标准喷头
$a<0.3$	0	0
$0.3\leqslant a<0.6$	60	38
$0.6\leqslant a<0.9$	140	140
$0.9\leqslant a<1.2$	240	250
$1.2\leqslant a<1.5$	350	375
$1.5\leqslant a<1.8$	450	550
$a=1.8$	>450	>550

2）直立、下垂型标准喷头的溅水盘以下0.45m范围内、其他喷头的溅水盘以下0.9m范围内，如有屋架等间断障碍物或管道时，喷头与邻近障碍物的最小水平距离宜符合表2-20所示的规定，如图2-52所示。

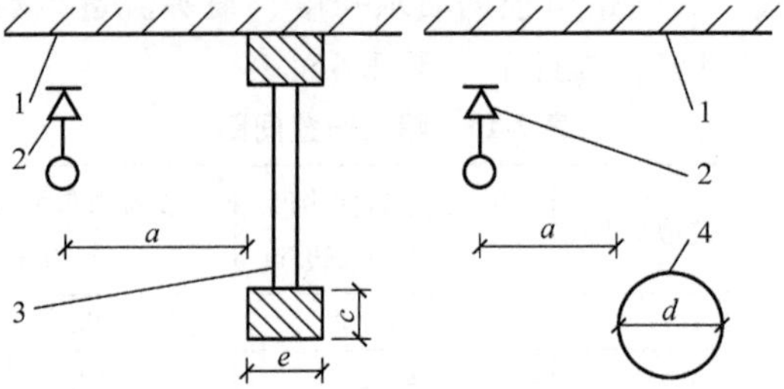

图2-52　喷头与邻近障碍物的最小水平距离

1—顶板　2—喷头　3—屋架　4—管道

表2-20　喷头与屋架等间断障碍物的距离　（单位：m）

c、e 或 $d\leqslant0.2$	c、e 或 $d>0.2$
$3c$ 或 $3e$（c 与 e 取大值）或 $3d$	0.6

3）当梁、通风管道、成排布置的管道、桥架等障碍物的宽度大于1.2m时，应在障碍物下方增设喷头，如图2-53所示。

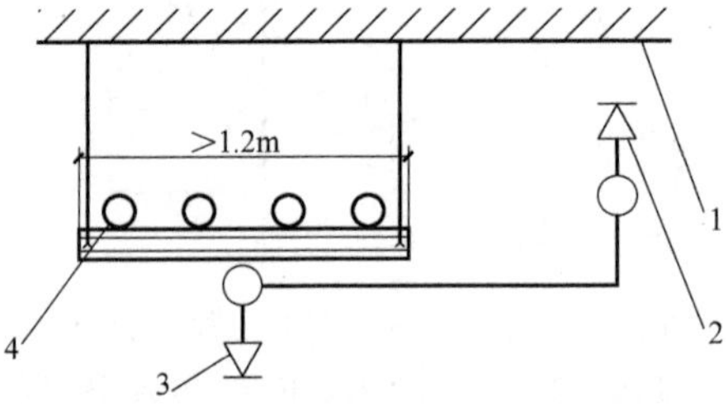

图2-53　障碍物宽度大于1.2m时，在下方增设喷头

1—顶板　2—直立型喷头　3—下垂型喷头　4—成排布置的管道（或梁、通风管道、桥架等）

4）直立型、下垂型喷头与不到顶隔墙的水平距离，不得大于喷头溅水盘与不到顶隔墙顶面垂直净距的2倍，如图2-54所示。

5）直立型、下垂型喷头与靠墙障碍物的距离应符合下列规定，如图2-55所示。

a. 当横截面边长小于750mm时，喷头与靠墙障碍物的距离，应按下式计算

$$a\geqslant(e-200)+b \tag{2-26}$$

式中　a——喷头与障碍物侧面的水平间距（mm）；

b——喷头溅水盘与障碍物底面的垂直间距（mm）；

e——障碍物横截面的边长（mm），$e<750$mm。

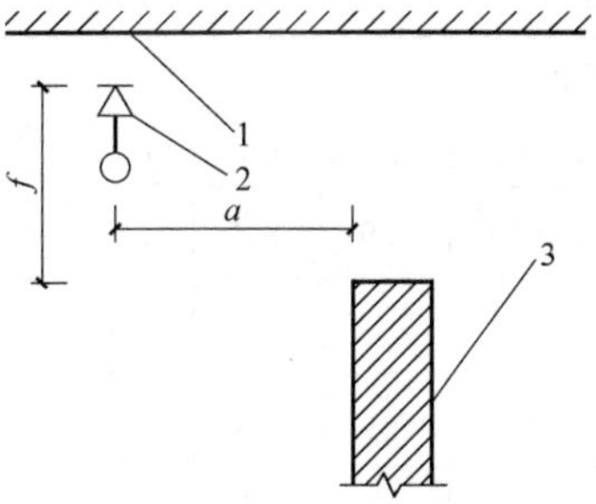

图 2-54　喷头与不到顶隔墙的距离
1—顶板　2—直立型喷头　3—不到顶隔墙

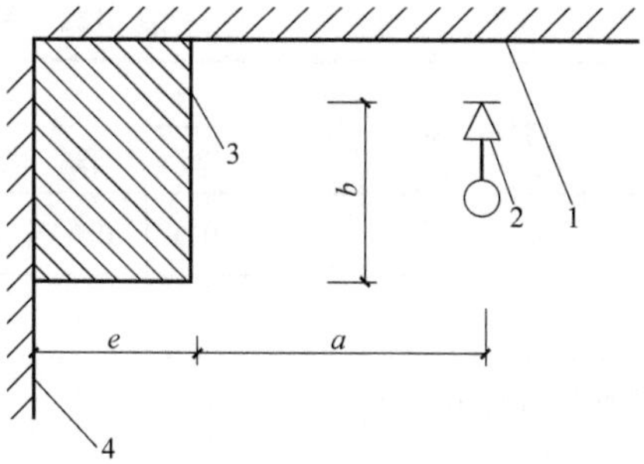

图 2-55　直立型、下垂型喷头与靠墙障碍物的距离
1—顶板　2—直立型喷头　3—靠墙障碍物　4—墙面

b. 当横截面边长大于或等于 750mm 或 a 的计算值大于表 2-19 中喷头与墙面距离的规定时，应在靠墙障碍物下增设喷头。

6）边墙型喷头的两侧 1m 与正前方 2m 范围内，顶板或吊顶下不应有阻挡喷水的障碍物。

（3）水力计算　自动喷水灭火系统的水力计算主要是为了确定喷头出水量和管段的流量；确定管段的管径；计算高位水箱设置高度；计算管网所需的供水压力，选择消防水泵；确定管道节流措施等。计算方法有特性系数法和作用面积法。下面以闭式系统为例说明计算过程。

1）喷头的流量按下式计算

$$q=K\sqrt{10p}/60 \tag{2-27}$$

式中　q——喷头流量（L/s）；

p——喷头处的水压（MPa）；

K——喷头的流量系数。

2）管段的压力损失按下式计算

$$p=A_zLQ^2 \tag{2-28}$$

$$L=L_1+L_2 \tag{2-29}$$

式中　p——计算管段的压力损失（MPa）；

A_z——管道比阻，镀锌钢管的比阻见表 2-21；

L——管段计算长度（m）；

L_1——管段长度（m）；

L_2——管件的当量长度（m），管件的当量长度见表 2-22、表 2-23；

Q——管段流量（L/s）。

表 2-21　镀锌钢管的比阻

公称直径/mm	25	32	40	50	70	80	100	125	150
比阻×10^{-7} /[$MPa\cdot s^2/(m\cdot L^2)$]	43680	9388	4454	1108	289.4	116.9	26.75	8.625	3.395

表 2-22　管件当量长度　（单位:m）

管件名称	管件直径/mm								
	25	32	40	50	70	80	100	125	150
45°弯头	0.3	0.3	0.6	0.6	0.9	0.9	1.2	1.5	2.1
90°弯头	0.6	0.9	1.2	1.5	1.8	2.1	3.1	3.7	4.3
三通或四通(90°转角流)	1.5	1.8	2.4	3.1	3.7	4.6	6.1	7.6	9.2
三通或四通(直向流)	0.3	0.4	0.5	0.6	0.8	0.9	1.2	1.5	1.8
蝶阀				1.8	2.1	3.1	3.7	2.7	3.1
闸阀				0.3	0.3	0.3	0.6	0.6	0.9
止回阀	1.5	2.1	2.7	3.4	4.3	4.9	6.7	8.3	9.8
过滤器	由生产厂家提供								

表 2-23　异径接头当量长度

出口直径/mm	25			32			40			50		
入口直径/mm	32	40	50	40	50	70	50	70	80	70	80	100
当量长度/m	0.2	0.3	0.4	0.3	0.45	0.6	0.3	0.45	0.6	0.5	0.75	1.0
出口直径/mm	70			80			100			125		150
入口直径/mm	80	100	125	100	125	150	125	150	200	150	200	200
当量长度/m	0.6	0.9	1.2	0.8	1.2	1.6	1.1	1.65	2.2	1.3	1.95	1.6

（4）特性系数法原理

1）在一个管道系统中，某节点的流量 Q 与该点管内的压力 p 和管段的流量系数(特性系数) B 关系满足：$Q^2=Bp$。

2）如图 2-56 所示，对于与配水管连接的 a、b 两根支管而言，有

$$\frac{Q_a^2}{Q_b^2}=\frac{B_a p_a}{B_b p_b} \tag{2-30}$$

式中　Q_a——配水管流向 a 支管的流量(L/s)；

Q_b——配水管流向 b 支管的流量(L/s)；

p_a——支管 a 与配水管连接处的管内压力(MPa)；

p_b——支管 b 与配水管连接处的管内压力(MPa)；

B_a——支管 a 的流量系数；

B_b——支管 b 的流量系数。

3）如果两根支管的水力条件相同（喷头类型、喷头个数、管径、管长、管材），则可近似认为两根支管的流量系数相同，即 $B_a=B_b$，可由下式计算支管 b 的流量

$$\frac{Q_a}{Q_b}=\frac{\sqrt{p_a}}{\sqrt{p_b}} \tag{2-31}$$

4）如果两根支管的水力条件不相同，则可先假定支管 b 上末端喷头的压力，由此假定压力计算出该支管的流量 Q'_b 和支管 b 与配水管连接处的管内压力 p'_b，再由支管 b 与配水管连接处的管内实际压力 p_b 计算支管的流量

$$Q_b=Q'_b\sqrt{\frac{p_b}{p'_b}} \tag{2-32}$$

（5）特性系数法计算步骤　从系统的最不利点喷头开始，沿程计算各喷头的压力、喷水量和管段累积流量、水头损失，直到某管段累计流量达到设计流量为止。其计算步骤如下：

1）按建筑物的危险级，选定喷头，布置喷淋系统，找出最不利点，确定计算管路并分段编号。

2）在最不利点处画定矩形的作用面积，作用面积的长边平行支管，其长度不宜小于作用面积平方根的 1.2 倍。

3）对于轻危险级与中危险级建筑，根据喷头个数初定管段管径，配水支管、配水管控制的标准喷头数见表 2-16。对于严重危险级与仓库危险级按管道计算流量与流速要求确定管径，管道流速宜采用经济流速，一般不大于 5m/s，对于配水支管在个别情况下不应大于 10m/s。

4）确定最不利点工作压力。

5）在作用面积内，从最不利点开始计算喷头流量、管段流量、管段损失，出了作用面积后，管段的流量不再增加，只计算管段的水头损失。图 2-56 所示为一系统的平面布置示意图。

① 第一根支管水力计算

a. 支管 a 上 1 点喷头为最不利喷头，1 点喷头处压力为 p_1，其流量为 $q_1=K\sqrt{10p_1}/60$

b. 1~2 管段的流量为 $Q_{1\sim2}=q_1$

c. 1~2 管段的压力损失 $p_{1\sim2}=A_Z L_{1\sim2}Q_{1\sim2}^2$

d. 计算 2 点喷头处的压力 $p_2=p_1+H_{1\sim2}$

e. 计算 2 点喷头的出流量 $q_2=K\sqrt{10p_2}/60$

f. 计算 2~3 管段的流量 $Q_{2\sim3}=Q_{1\sim2}+q_2$

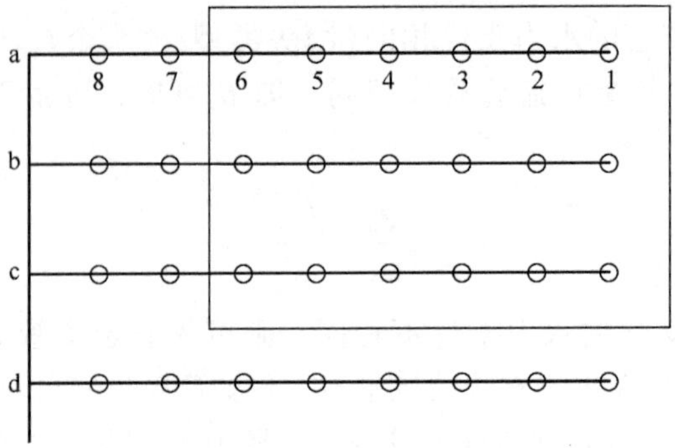

图 2-56　自动喷水灭火系统平面布置示意图

g. 计算 2~3 管段的压力损失 $p_{2\sim3}=A_ZL_{2\sim3}Q_{2\sim3}^2$

h. 同理计算在作用面积内(4、5、6 点)的喷头压力、喷头出水量、管段流量、管段压力损失，出了作用面积后管段流量不再增加(7、8 点喷头流量不再计算)，只计算管段的压力损失，一直到 a 点，得到 a 点的压力 p_a 和第一根支管的流量 Q_a(1~6 点喷头的流量和)。

② 其他管段的水力计算

a. 配水管 a~b 段的流量 $Q_{a\sim b}$与第一根支管的流量 Q_a 相同。$Q_{a\sim b}=Q_a$

b. 计算 a~b 段的压力损失 $p_{a\sim b}=A_ZL_{a\sim b}Q_{a\sim b}^2$

c. 计算第二根支管与配水管连接点 b 的压力 $p_b=p_a+H_{a\sim b}$

d. 按特性系数法计算第二根支管的流量 Q_b，第二根支管与第一根支管水力条件相同，则按管系特性原理，有 $Q_b=Q_a\sqrt{\dfrac{p_b}{p_a}}$

e. 计算配水管 b~c 段的流量 $Q_{b\sim c}=Q_a+Q_b$

f. 计算 b~c 段的压力损失 $p_{b\sim c}=A_ZL_{b\sim c}Q_{b\sim c}^2$

g. 计算第三根支管与配水管连接点 c 的压力 $p_c p_c=p_b+H_{b\sim c}$

h. 同理计算在作用面积内支管流量 Q_i、配水管流量 $Q_{i\sim(i+1)}$、配水管的压力损失、支管与配水管连接处的压力 $p_{(i+1)}$，出了作用面积后配水的管流量不再增加，只计算管段的压力损失，一直到喷淋泵或室外管网，计算出管路的总压力损失 $\sum p$。

6）确定水泵扬程或系统入口处的供水压力 p

$$p=Z+p_1+\sum p+p_1+p_2 \tag{2-33}$$

式中　p——水泵扬程或系统入口处的供水压力(MPa)；

Z——最不利喷头处消防水池的最低水位或系统入口管水平中心线之间的高程差产生的静水压(MPa)；

p_1——最不利喷头处所需工作压力(MPa)；

$\sum p$——计算管路的总压力损失(MPa)；

p_1——报警阀的压力损失(MPa)，湿式报警阀取0.04MPa，雨淋阀取0.07MPa；

p_2——水流指示器的压力损失(MPa)，取0.02MPa。

（6）作用面积法　对于轻危险级与中危险级建筑，可采用作用面积法进行计算，计算时可假定作用面积内每只喷头的喷水量相等，均以最不利点喷头喷水量取值。

1）根据建筑物类型和危险等级，由表2-17确定喷水强度、作用面积、喷头工作压力。

2）在最不利点处画定矩形的作用面积，作用面积的长边平行支管，其长度不宜小于作用面积平方根的1.2倍，确定发生火灾后最多开启的喷头数 m。

3）根据最不利喷头的工作压力，按式(2-27)计算最不利喷头出水量 q_o。

4）计算作用面积内管段设计流量 $Q_{i\sim(i+1)}$

$$Q_{i\sim(i+1)}=q_o\cdot i \tag{2-34}$$

式中　$Q_{i\sim(i+1)}$——$i\sim(i+1)$管段设计流量(L/s)；

q_o——不利喷头出水量(L/s)；

i——$i\sim(i+1)$管段负担的作用面积内的喷头数，当 i 大于作用面积内的喷头总数 m 时，$i=m$，管段流量不再增加。

以图2-56为例，$Q_{6-7}=Q_{7-8}=Q_{a-b}=6q_1$，$Q_{b-c}=12q_1$，$Q_{c-d}=18q_1$，c~d以后管段的流量不再增加均为 $18q_1$。

5）校核喷水强度。任意作用面积内的平均喷水强度不小于表2-17规定的喷水强度。最不利点作用面积内4个喷头组成的保护面积内的平均喷水强度，不应低于表中规定值的85%。

6）按管段连接喷头数，由表2-16确定各管段的管径。

7）计算管路的压力损失。

8）确定水泵扬程或系统入口处的供水压力，与特性系数法相同。

4. 自动喷水灭火系统的水力计算举例

自动喷水灭火系统的水力计算——特性系数法。

某高层宾馆建筑，火灾危险等级为中危险级Ⅰ级。根据建筑房间的特点，在客房内选用边墙扩展喷头，流量系数 $K=115$，最低工作压力为0.15MPa。走道处采用普通标准喷头 $K=80$。

1）系统计算的基本设计参数见表2-24。

表 2-24　自动喷水灭火系统基本设计参数

火灾危险等级	喷水强度/[L/(min·m²)]	作用面积/m²	喷头工作压力/MPa	持续喷水时间/h
中危险级Ⅰ级	6	160	0.15	1.0

2）在最不利点处画定矩形的作用面积，作用面积的长边 L 平行支管，其长度不宜小于作用面积平方根的1.2倍。

作用面积长边 $L \geqslant 1.2\sqrt{160} = 15.18$。但根据建筑的实际平面布置情况，取 $L=17\text{m}$，短边按建筑宽度确定 $B=10.5\text{m}$，则保护面积为 178.5m^2，满足规范要求。在此面积内共有13只喷头，其中边墙喷头5只，普通喷头8只。平面布置如图2-57所示。

3）绘制自动喷水灭火系统的计算简图，确定最不利计算管路，如图2-58所示。

4）从最不利点喷头开始进行节点编号，将计算管路划分成若干计算管段。

5）将1点水压0.15MPa，流量系数 $K=115$，代入式(2-27)中得1点流量为2.55L/s。从最不利点1处开始计算，至节点9管段，以后管道上的喷头已超出作用面积，故不再计算流量，节点9以后管段流量不再改变，仅以管段流量为27.20L/s计算水头损失。计算结果见表2-25。

6）系统设计流量和水泵扬程计算。系统设计流量为 $Q=27.20\text{L/s}$。扬程相应的压力为

$$
\begin{aligned}
p &= Z+p_1+\sum p+p_1+p_2 \\
&= (0.427+0.15+0.210+0.07+0.02)\text{MPa} = 0.877\text{MPa}
\end{aligned}
$$

根据 $Q=27.20\text{L/s}$，$p=0.877\text{MPa}$，选择XDB30-90-HY消防水泵两台，一用一备。

7）自动喷水灭火系统消防水箱贮存10min消防用水量，水箱容积为

$$V_{箱}=0.6Q=0.6\times27.20\text{m}^3=13.2\text{m}^3。$$

8）自动喷水灭火系统消防水池贮水容积为系统用水量与持续喷水时间确定，水池贮水容积为

$$V_{池}=3.6\times27.20\times1\text{m}^3=97.9\text{m}^3。$$

2.3.5　雨淋喷水灭火系统

雨淋喷水灭火系统由火灾探测系统、开式喷头、传动装置、喷水管网、雨淋阀等组成。发生火灾时，系统管道内给水是通过火灾探测系统控制雨淋阀来实现的，并设有手动开启阀门装置。

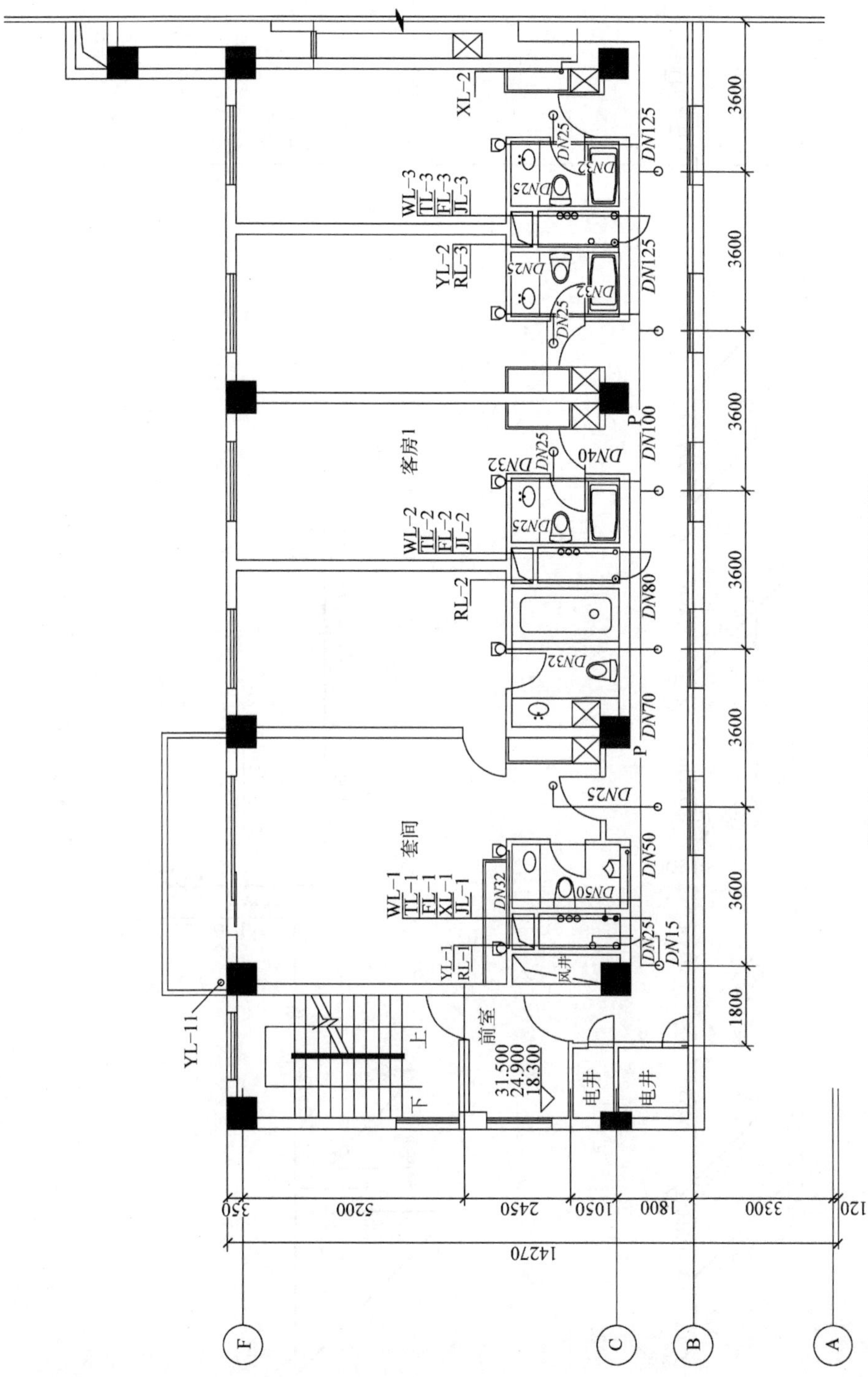

图2-57　自动喷水灭火系统计算平面图

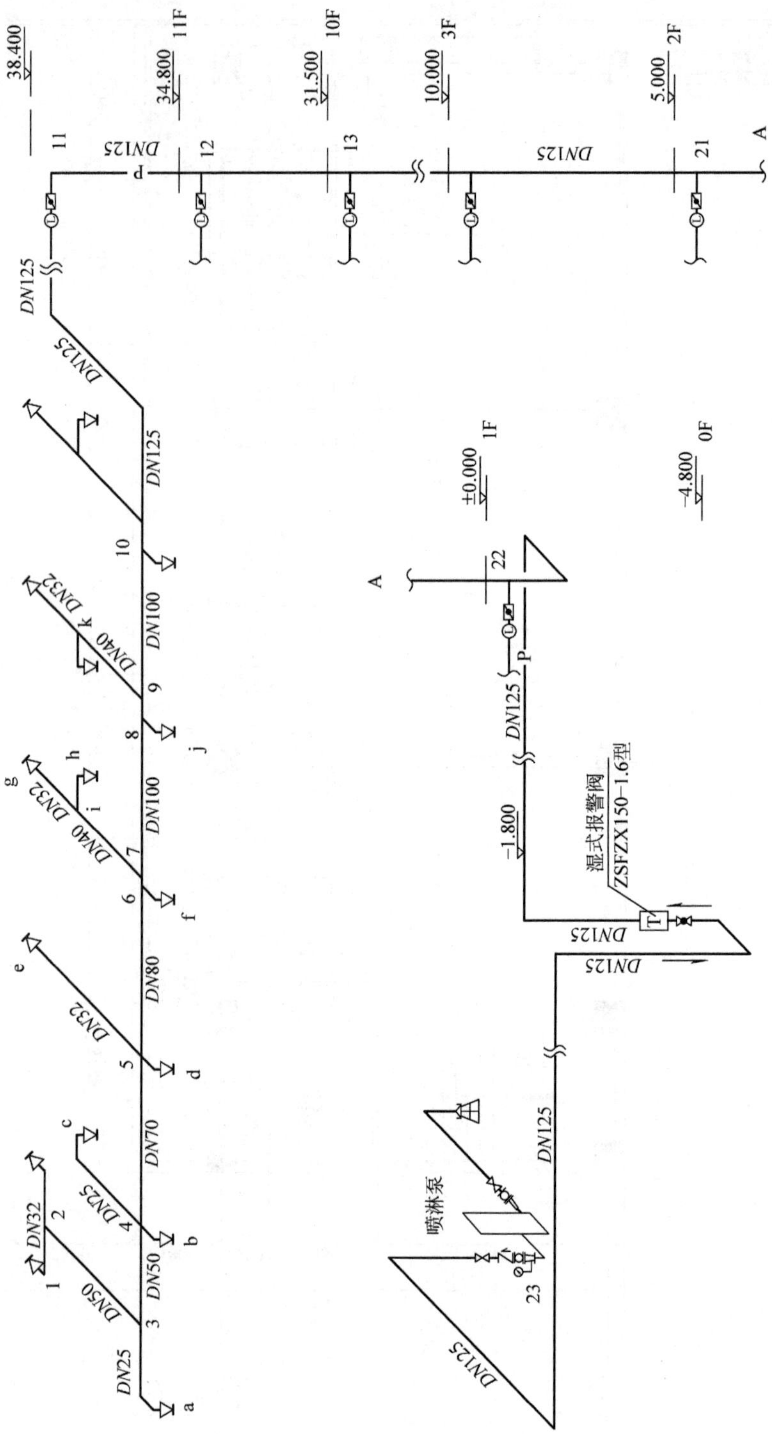

图2-58　自动喷水灭火系统计算简图

表 2-25　自动喷水灭火系统管道水力计算表

节点	管段	流量系数 K	节点水压 p/MPa	流量 节点 q/(L/s)	流量 管段 Q/(L/s)	Q^2/(L^2/s^2)	公称直径 d/mm	流速 v/(m/s)	管道比阻 $A\times10^{-2}$ /($\frac{MPa}{m}\cdot\frac{s^2}{L^2}$)	管长 管段长度 L_1/m	管长 当量长度 L_2/m	管长 计算长度 L/m	压力损失 p/MPa	标高差 $h_b\times10^{-2}$/MPa	计算公式
1		115	0. 15	2. 35											$q_1=K\sqrt{10H_1}/60=$ $115\sqrt{10\times0.10}/60=2.25$
	1-2				2. 35	5. 52	32	2. 48	0. 09388	1. 15	1. 35	2. 5	0. 013		$Q_{1-2}=q_1=2.35$　$p_{1-2}=AL_{1-2}Q_{1-2}^2$ $=0.09388\times10^{-2}\times2.5\times5.52=0.013$
2			0. 163	4. 70											$p_2=p_1+p_{1-2}=0.15+0.013=0.163$ $Q_2=2q_1=4.70$
	2-3				4. 70	22. 09	50	2. 21	0. 01108	3. 0	3. 1	6. 1	0. 015		$Q_{2-3}=4.70$　$p_{2-3}=AL_{2-3}Q_{2-3}^2=$ $0.01108\times10^{-2}\times6.1\times22.09=0.015$
3			0. 178												$p_3=p_2+p_{2-3}=0.163+0.015=0.178$ $q_3=1.92\sqrt{10\times0.143}/60=2.29$
a		80		1. 58											假定 a 点压力为 0. 10MPa，则喷头的出流量为：$q'_a=\sqrt{10p_1}/60=80\sqrt{10\times0.10}/60$ L/s = 1. 33L/s，a-3 管段损失为 $p'_{a-3}=$ 0. 026MPa，据此计算出 3 点的压力 $p'_3=$ (0. 10+0. 026) MPa=0. 126MPa，则 a 喷头实际出流量为 $q_a=q'_a\sqrt{\frac{p_3}{p'_3}}=1.33\sqrt{\frac{0.178}{0.126}}$ L/s=1. 58L/s

（续）

节点	管段	流量系数 K	节点水压 p/MPa	流量 节点 q/(L/s)	流量 管段 Q/(L/s)	流量 Q^2/(L^2/s^2)	公称直径 d/mm	流速 v/(m/s)	管道比阻 $A\times10^{-2}$ /($\frac{MPa}{m}\cdot\frac{s^2}{L^2}$)	管长 管段长度 L_1/m	管长 当量长度 L_2/m	管长 计算长度 L/m	压力损失 p/MPa	标高差 $h_b\times10^{-2}$/MPa	计算公式
	3-4				6. 28	39. 44	50	2. 95	0. 01108	2. 1	3. 6	5. 7	0. 025		$Q_{3\text{-}4}=Q_{2\text{-}3}+q_a=4.70+1.58=6.28$ $p_{3\text{-}4}=AL_{3\text{-}4}Q_{3\text{-}4}^2=0.01108\times10^{-2}\times5.7\times39.44=0.025$
4			0. 203												$p_4=p_3+p_{3\text{-}4}=0.178+0.025=0.203$
b		80		1. 82											计算方法同 a 点
c		80		1. 57											计算方法同 a 点
	4-5				9. 67	93. 51	70	2. 74	0. 002894	3. 6	1. 4	5. 0	0. 0135		$Q_{4\text{-}5}=Q_{3\text{-}4}+q_b+q_c=6.28+1.82+1.57=9.67$　$p_{4\text{-}5}=AL_{4\text{-}5}Q_{4\text{-}5}^2=0.002894\times10^{-2}\times5.0\times93.51=0.0135$
5			0. 217												$p_5=p_4+p_{4\text{-}5}=0.203+0.0135=0.217$
d		80		1. 88											$q_d=qb\sqrt{p_5/p_4}=1.82\sqrt{0.217/0.203}=1.88$
e		115		2. 63											计算方法同 a 点 $q_e=2.63$
	5-6				14. 18	201. 07	80	2. 28	0. 001169	3. 6	1. 8	5. 4	0. 0034		$Q_{5\text{-}6}=Q_{4\text{-}5}+q_d+q_e=9.67+1.88+2.63=14.18$　$p_{5\text{-}6}=AL_{5\text{-}6}Q_{5\text{-}6}^2=0.001169\times10^{-2}\times5.4\times201.07=0.0124$
6			0. 229												$p_6=p_5+p_{5\text{-}6}=0.217+0.0124=0.229$

（续）

节点	管段	流量系数 K	节点水压 p/MPa	流量 节点 q/(L/s)	管段 Q/(L/s)	Q^2/(L^2/s^2)	公称直径 d/mm	流速 v/(m/s)	管道比阻 $A\times10^{-2}$ /($\frac{MPa}{m}\cdot\frac{s^2}{L^2}$)	管长 管段长度 L_1/m	当量长度 L_2/m	计算长度 L/m	压力损失 p/MPa	标高差 $h_b\times10^{-2}$/MPa	计算公式
f		80		1.93											$q_f=q_d\sqrt{p_6/p_5}=$ $1.88\sqrt{0.229/0.217}=1.93$
	6-7				16.10	259.21	100	1.86	0.0002675	0.2		0.2	0.000138		$Q_{6\text{-}7}=Q_{5\text{-}6}+q_f=14.18+1.93=16.10$ $p_{6\text{-}7}=0.0002675\times10^{-2}\times0.2\times259.21=0.000138$
7			0.229												$p_7=p_6+p_{6\text{-}7}=0.229+0.000138\approx0.229$
	7-i				4.55										计算方法同a点
	7-8				20.65	426.42	100	1.46	0.0002675	3.4	1.2	4.6	0.00524		$Q_{7\text{-}8}=Q_{6\text{-}7}+Q_{7\text{-}i}=16.10+4.55=20.65$ $p_{7\text{-}8}=0.0002675\times10^{-2}\times4.6\times426.42=0.00524$
8			0.234												$p_8=p_7+p_{7\text{-}8}=0.229+0.00524=0.234$
j		80		1.95											$q_j=q_f\sqrt{p_8/p_6}=1.92\sqrt{0.234/0.226}=1.95$
	8-9				22.60	510.76	100	2.61	0.0002675	0.4	1.1	1.5	0.00204		$Q_{8\text{-}9}=Q_{7\text{-}8}+q_j=20.65+1.95=22.60$ $p_{8\text{-}9}=0.0002675\times10^{-2}\times1.5\times510.76=0.00204$
9			0.236												$p_9=p_8+p_{8\text{-}9}=0.234+0.00204=0.236$
	9-k				4.62										支管9-k与7-i相同 $Q_{9\text{-}k}=Q_{7\text{-}i}\sqrt{p_9/p_7}=4.55\sqrt{0.236/0.229}=4.26$

（续）

节点	管段	流量系数 K	节点水压 p/MPa	流量 节点 q/(L/s)	流量 管段 Q/(L/s)	流量 Q^2/(L^2/s^2)	公称直径 d/mm	流速 v/(m/s)	管道比阻 $A\times10^{-2}$ /($\frac{MPa}{m}\cdot\frac{s^2}{L^2}$)	管长 管段长度 L_1/m	管长 当量长度 L_2/m	管长 计算长度 L/m	压力损失 p/MPa	标高差 $h_b\times10^{-2}$/MPa	计算公式
	9-10				27.20	739.84	125	2.22	0.00008625	3.2	1.2	4.4	0.00281		$Q_{9\text{-}10}=Q_9+Q_{8\text{-}9}=14.00+41.46=27.20$ $p_{9\text{-}10}=0.00008625\times10^{-2}\times4.4\times739.84=0.00281$
10			0.239												$p_{10}=p_9+p_{9\text{-}10}=0.236+0.00281=0.239$
	10-11				27.20	739.84	125	2.22	0.00008625	22.1	10.1	32.2	0.0255		超出作用面积的喷头不再计算流量，以后管段的流量不再变化。$Q_{10\text{-}11}=Q_{9\text{-}10}=27.20$ $p_{10\text{-}11}=0.00008625\times10^{-2}\times32.2\times739.84=0.0205$
11			0.282												水流指示器损失 0.02MPa $p_{11}=p_{10}+p_{10\text{-}11}+0.02=0.239+0.0205+0.02=0.280$
	11-12				27.20	739.84	125	2.22	0.00008625	3.3	3.7	7	0.00695	0.033	$p_{11\text{-}12}=0.00008625\times10^{-2}\times7\times739.84=0.00606$
12			0.319												$p_{12}=p_{11}+p_{11\text{-}12}+p_b=0.280+0.00606+0.033=0.319$
	12-13				27.20	739.84	125	2.22	0.00008625	3.3	1.5	4.8	0.00306	0.033	$p_{12\text{-}13}=0.00008625\times10^{-2}\times4.8\times739.84=0.00306$

（续）

节点	管段	流量系数 K	节点水压 p/MPa	流量			公称直径 d/mm	流速 v/(m/s)	管道比阻 $A\times10^{-2}$ /($\frac{MPa}{m}\cdot\frac{s^2}{L^2}$)	管长			压力损失 p/MPa	标高差 $h_b\times10^{-2}$/MPa	计算公式
				节点 q/(L/s)	管段 Q/(L/s)	Q^2/(L^2/s^2)				管段长度 L_1/m	当量长度 L_2/m	计算长度 L/m			
13			0.355												$p_{13}=p_{12}+p_{12\text{-}13}+p_b=0.319+0.00306+0.033=0.355$
	13-14				27.20	739.84	125	2.22	0.00008625	3.3	1.5	4.8	0.00306	0.033	$p_{13\text{-}14}=0.00008625\times10^{-2}\times4.8\times739.84=0.00306$
14			0.391												$p_{14}=p_{13}+p_{13\text{-}14}+p_b=0.355+0.00306+0.033=0.391$
	14-15				27.20	739.84	125	2.22	0.00008625	3.3	1.5	4.8	0.00306	0.033	$p_{14\text{-}15}=0.00306$
15			0.427												$p_{15}=p_{14}+p_{14\text{-}15}+p_b=0.391+0.00306+0.033=0.427$
	15-16				27.20	739.84	125	2.22	0.00008625	3.3	1.5	4.8	0.00306	0.033	$p_{15\text{-}16}=0.00306$
16			0.463												
	16-17				27.20	739.84	125	2.22	0.00008625	3.3	1.5	4.8	0.00306	0.033	$p_{16\text{-}17}=0.00306$
17			0.49												
	17-18				27.20	739.84	125	2.22	0.00008625	3.3	1.5	4.8	0.00306	0.033	$p_{17\text{-}18}=0.00306$
18			0.535												
	18-19				27.20	739.84	125	2.22	0.00008625	3.3	1.5	4.8	0.00306	0.033	$p_{18\text{-}19}=0.00306$
19			0.571												

（续）

节点	管段	流量系数 K	节点水压 p/MPa	流量 节点 q/(L/s)	管段 Q/(L/s)	Q^2/(L^2/s^2)	公称直径 d/mm	流速 v/(m/s)	管道比阻 $A\times10^{-2}$ /($\frac{MPa}{m}\cdot\frac{s^2}{L^2}$)	管长 管段长度 L_1/m	当量长度 L_2/m	计算长度 L/m	压力损失 p/MPa	标高差 $h_b\times10^{-2}$/MPa	计算公式
	19-20				27.20	739.84	125	2.22	0.00008625	5.0	1.5	6.5	0.00414	0.05	$p_{19\text{-}20}=0.00414$
20			0.626												
	20-21				27.20	739.84	125	2.22	0.00008625	5.0	1.5	6.5	0.00414	0.05	$p_{20\text{-}21}=0.00414$
21			0.635												
	21-22				27.20	739.84	125	2.22	0.00008625	5.0	1.5	6.5	0.00414	0.05	$p_{21\text{-}22}=0.00414$
22			0.734												
	22-23				27.20	739.84	125	2.22	0.00008625	46.9	44.3	91.2	0.06	0.04	$p_{22\text{-}23}=0.00008625\times10^{-2}\times91.2\times739.84=0.0582$
23(水泵出口)			0.867												报警阀损失 0.07MPa $p_{23}=p_{22}+p_{22\text{-}23}+p_b+0.07=0.734+0.0582+0.07=0.862$
水泵-吸水池					27.20	739.84	150	1.60	0.00003395	3.0	5.2	8.2	0.00206		$p=0.00003395\times10^{-2}\times8.2\times739.84=0.00206$
$\Sigma p=0.210+0.02+0.07=0.300$															

1. 雨淋喷水灭火系统的设置范围

雨淋喷水灭火系统具有出水量大、灭火控制面积大、灭火及时等优点，但水渍损失大于闭式系统。通常用于燃烧猛烈、蔓延迅速的某些严重危险级场所。设置场所详见GB 50016—2014《建筑设计防火规范》。

GB 50084—2001《自动喷水灭火系统设计规范》(2005年版)规定，火灾的水平蔓延速度快、闭式喷头的开放不能及时使喷水有效覆盖着火区域，或严重危险级Ⅱ级等场所也应采用雨淋喷水灭火系统。

2. 雨淋喷水灭火系统的分类

雨淋喷水灭火系统可分为空管式雨淋喷水灭火系统和充水式雨淋喷水灭火系统两类。

(1) 空管式雨淋喷水灭火系统　空管式雨淋喷水灭火系统的雨淋阀后的管网为干管状态，该系统可由传动管(图2-59)或电动设备(图2-60)启动。

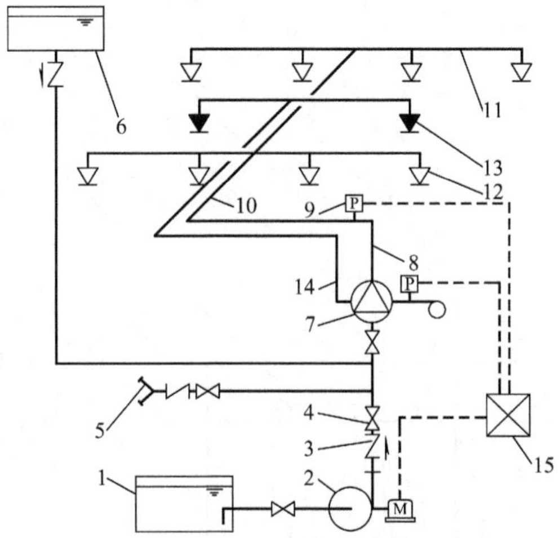

图2-59　传动管启动雨淋喷水灭火系统

1—消防水池　2—水泵　3—止回阀　4—闸阀　5—水泵接合器　6—消防水箱　7—雨淋阀组　8—配水干管　9—压力开关　10—配水管　11—配水支管　12—开式喷头　13—闭式喷头　14—传动管　15—报警控制器　P—压力开关　M—驱动电动机

(2) 充水式雨淋喷水灭火系统　充水式雨淋喷水灭火系统的雨淋阀后的管网内平时充以水，水面高度低于开式喷头的出口，并借溢流管保持恒定(图2-61)。雨淋阀一旦开启，喷头立即喷水，喷水速度快，用于火灾危险性较大或有爆炸危险的场所，灭火效率较高。该系统可用易熔锁封、闭式喷头传动管或火灾探测装置控制启动。

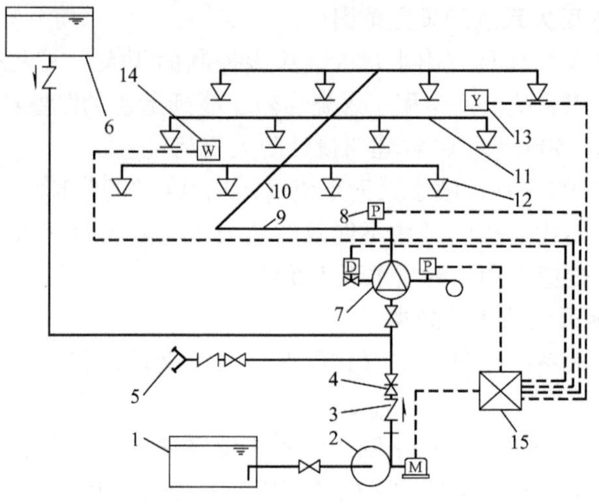

图 2-60　电动启动雨淋喷水灭火系统

1—消防水池　2—水泵　3—止回阀　4—闸阀　5—水泵接合器　6—消防水箱
7—雨淋阀组　8—压力开关　9—配水干管　10—配水管　11—配水支管　12—开式洒水喷头
13—感烟探测器　14—感温探测器　15—报警控制器　D—电磁阀　M—驱动电动机

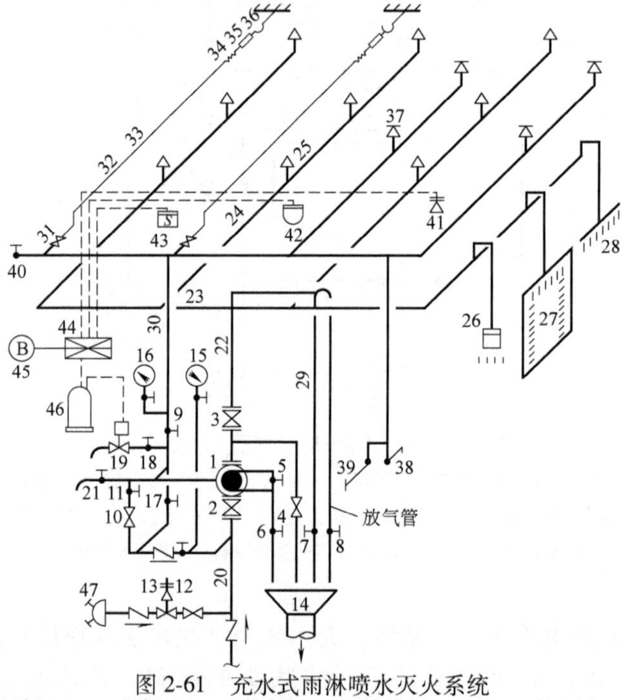

图 2-61　充水式雨淋喷水灭火系统

1—成组作用阀　2~4—闸阀　5~9—截止阀　10—小孔阀　11、12—截止阀　13—单向阀
14—漏斗　15、16—压力表　17、18—截止阀　19—电磁阀　20—供水干管　21—水嘴
22、23—配水主管　24—配水支管　25—开式喷头　26—淋水器　27—淋水环　28—水幕　29—溢流管
30—传动管　31—传动阀门　32—钢丝绳　33—易熔锁头　34—拉紧弹簧　35—拉紧连接器　36—钩子
37—闭式喷头　38—手动开关　39—长柄手动开关　40—截止阀　41—感光探测器
42—感温探测器　43—感烟探测器　44—收信机　45—报警装置　46—自控箱　47—水泵接合器

3. 雨淋喷水灭火系统主要组件

（1）喷水器和开式喷头　喷水器的类型应根据灭火对象的具体情况进行选择。有些喷水器已有定型产品，有些可在现场加工制作。图 2-62 所示为几种常用的喷水器。

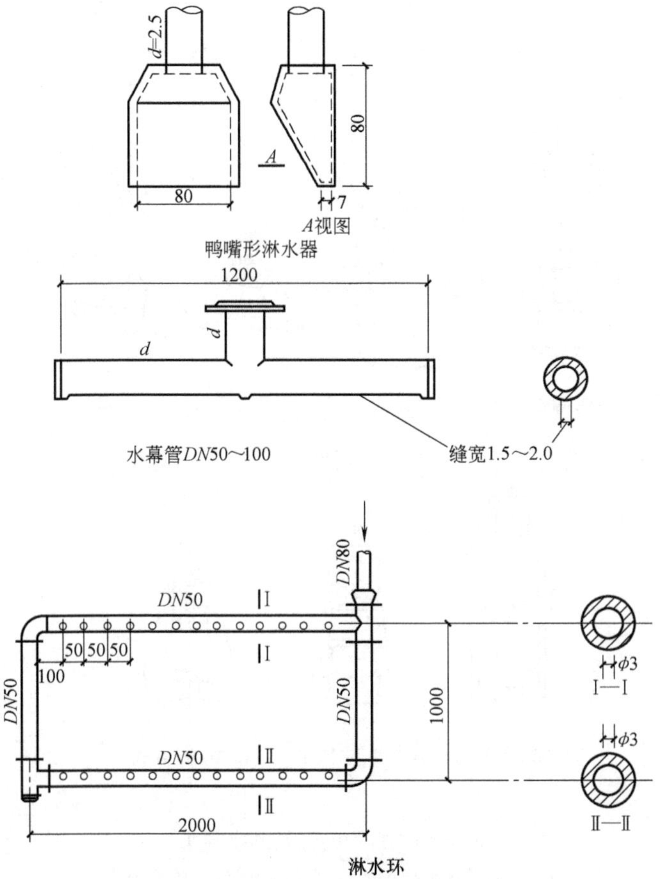

图 2-62　常用的喷水器

开式喷头与闭式喷头的区别仅在于缺少由热敏感元件组成的释放机构，喷口呈常开状态。喷头由本体、支架、溅水盘等零件构成，图 2-63 所示为几种常用的开式洒水喷头。

（2）雨淋报警阀　雨淋报警阀简称雨淋阀，是雨淋喷水灭火系统中的关键设备，其作用是接通或关断向配水管道的供水。雨淋报警阀不仅用于雨淋喷水灭火系统，还是水喷雾、水幕灭火系统的专用报警阀。

常用雨淋阀有隔膜式雨淋阀、杠杆式雨淋阀、双圆盘式雨淋阀等几种形式，如图 2-64 所示。

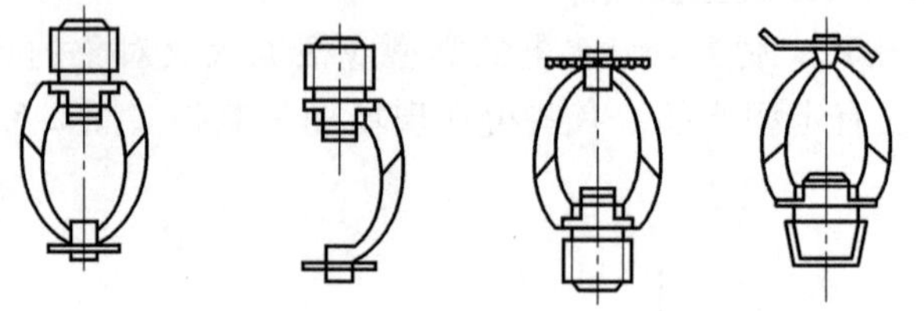

(1)双臂下垂型　(2)单臂下垂型　(3)双臂直立型　(4)双臂边墙型

a)

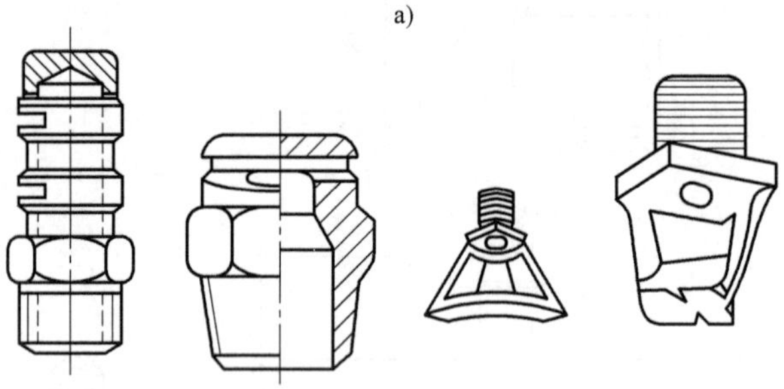

(1)双隙式　(2)单隙式　(3)窗口式　(4)檐口式

b)

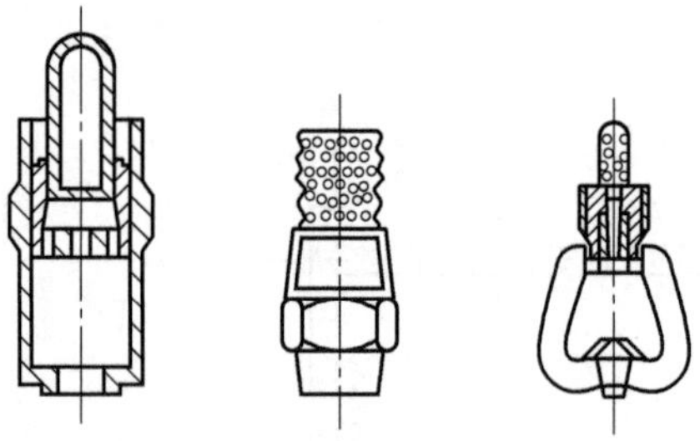

(1−1)高速喷雾式　(1−2)高速喷雾式　(2)中速喷雾式

c)

图 2-63　常用的开式洒水喷头

a）开启式洒水喷头　b）水幕喷头　c）喷雾喷头

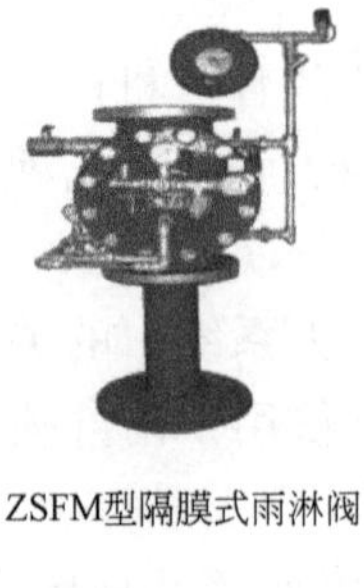

ZSFM型隔膜式雨淋阀

ZSFG杠杆式雨淋阀

ZSFW温感雨淋阀

图 2-64　雨淋阀

1）隔膜式雨淋阀。在隔膜的两面压力基本平衡时，隔膜处于关闭状态，一旦发生火警时，压力平衡失调，供水系统的压力大于隔膜控制腔压力时，隔膜打开向自动喷水灭火的管网供水，进入自动喷水灭火的工作程序。

2）ZSFG 杠杆式雨淋阀。ZSFG 杠杆式雨淋阀是一种采用杠杆式阀辨组件具有防复位功能的单向阀，有机械传动、电动、手动等多种开启方法，在向喷水系统管网供水的同时，声光报警系统发出信号，达到报警、控火、灭火的目的。

3）ZSFW 温感雨淋阀。ZSFW 温感雨淋阀是一种定温动作的雨淋阀，主要应用于门洞、窗口、防火卷帘门等处作防火分隔、降温雨淋控制阀门，也可用于设备、区域的定向防火分隔。

4）双圆盘式雨淋阀。该阀的工作原理同隔膜式雨淋阀。容易误动作造成水渍损失，另外，火灾结束后，复位手续繁琐，劳动量大，目前一般不宜采用。

（3）火灾探测传动控制装置　火灾探测传动控制装置主要有以下 4 种形式：

1）带易熔锁封钢索绳控制的传动装置。一般安装在房间的整个顶棚下面，用拉紧弹簧和连接器，使钢丝绳保持 25kg 的拉力，从而使传动阀保持密闭状态。

2）带闭式喷头控制的充水或充气式传动管装置。用带易熔元件的闭式喷头或带玻璃球塞的闭式喷头作为探测火灾和传动控制的感温元件。

3）电动传动管装置。依靠火灾探测器的信号，通过继电器直接开启传动管上的电磁阀，使传动管泄压开启雨淋阀。

4）手动旋塞传动控制装置。设在主要出入口处明显而易于开启的场所。发生火灾时，如果在其他火灾探测传动装置动作前，发现火灾，可手动打开阀门，使传动管网放水泄压，开启雨淋阀。

4. 雨淋喷水灭火系统的控制方式

雨淋喷水灭火系统启动控制分为自动控制启动、手动远控启动和应急启动三种方式。一般要同时设有三种控制方式，但是当响应时间大于 60s 时，可采用手动控制和应急操作两种控制方式。

5. 雨淋喷水灭火系统的设计计算

（1）开式喷头布置　喷头布置的主要任务是使一定强度的水均匀地喷淋在整个被保护面积上。喷头一般采用正方形布置，如图 2-65 所示。喷头间距根据每个喷头的保护面积决定。

喷头一般安装在建筑突出部分的下面。在充水式的雨淋喷水灭火系统中，喷头应向下安装；在空管式的雨淋喷水灭火系统中，喷头可向下或向上安装。当喷头直接安装在建筑梁底下时，喷头溅水盘与梁底之间的距离一般不应大于 0.08m。当喷头必须高于梁底布置时，喷头与梁边的水平距离与喷头盘高出梁底的距离有关，如图 2-66 和表 2-26 所示。

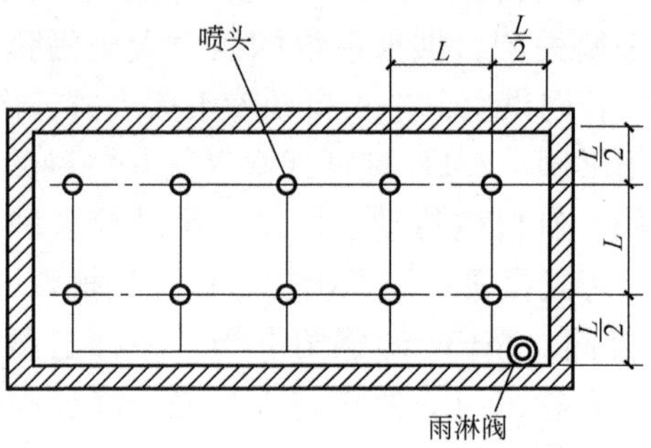

图 2-65　开式喷头的平面布置

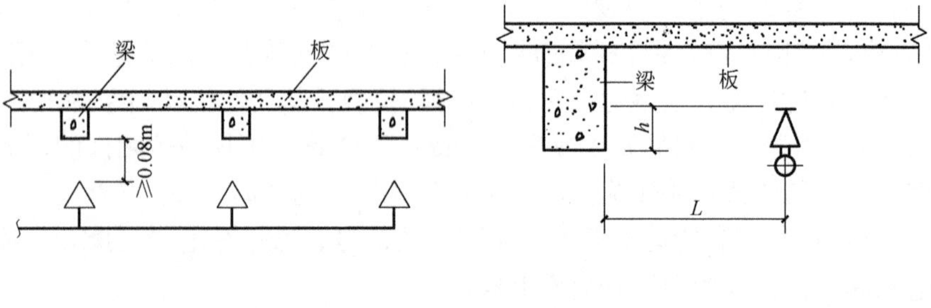

图 2-66　喷头与梁边的距离

表 2-26　喷头与梁边的距离

喷头与梁边的水平距离 L/m	喷头喷溅水盘高出梁底的距离 h/m	喷头与梁边的水平距离 L/m	喷头喷溅水盘高出梁底的距离 h/m
$L<0.30$	0.00	$1.05\leqslant L<1.20$	0.15
$0.30\leqslant L<0.60$	0.025	$1.20\leqslant L<1.35$	0.175
$0.60\leqslant L<0.75$	0.05	$1.35\leqslant L<1.50$	0.225
$0.75\leqslant L<0.90$	0.075	$1.50\leqslant L<1.65$	0.275
$0.90\leqslant L<1.05$	0.10	$1.65\leqslant L<1.80$	0.35

雨淋喷水灭火系统最不利点喷头的供水压力不应小于 0.05MPa。

（2）管网布置　对于空管式雨淋喷水灭火系统，由于被保护对象没有爆炸危险，因此当被保护建筑面积超过 240m^2 时，为减少消防用水量和相应的设备容量，可将被保护对象划分成若干个装有雨淋阀的放水分区。每幢建筑的分区数量不得超过 4 个(包括各层在内)。

雨淋喷水灭火设备管道的布置要求基本和自动喷水灭火系统相同，但每根支管上装设的喷头不宜超过 6 个，每根配水干管的一端所负担分布支管的数量不应超过 6 根，以免布水不均，如图 2-67 所示。

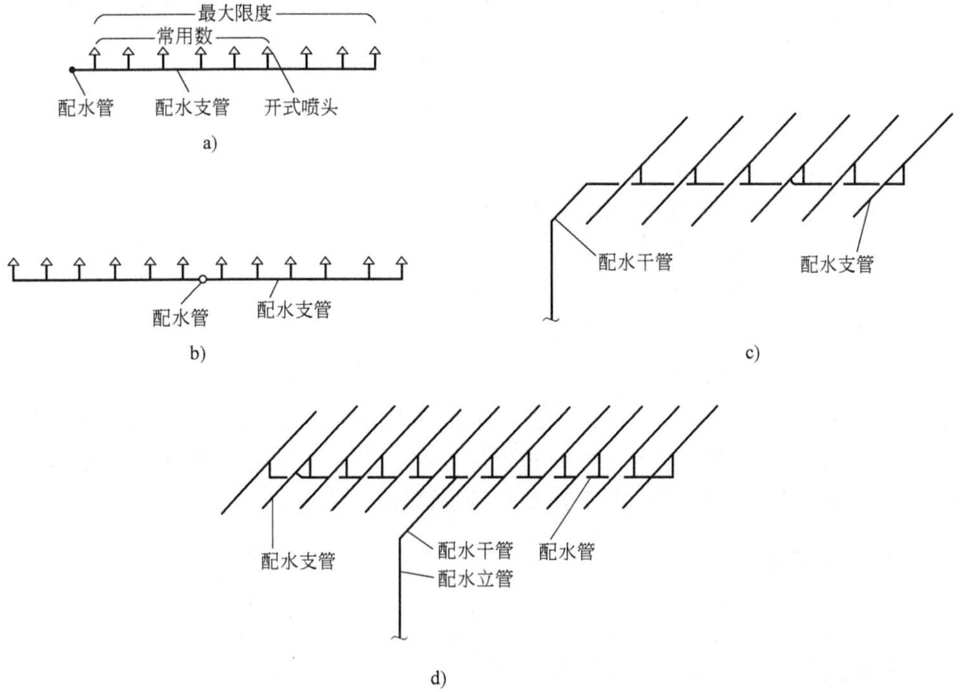

图 2-67　喷头、配水干管和配水支管的平面布置

a）当喷头数为 6~9 个时的布置形式　b）当喷头数为 6~12 个时的布置形式

c）当配水支管≤6 条时的布置形式　d）当配水支管为 6~12 条时的布置形式

（3）系统计算

计算要求：

a. 雨淋喷水灭火系统的设计参数应符合表 2-17 的要求。

b. 雨淋喷水灭火系统的设计流量，应按雨淋阀控制的喷头数的流量之和确定。多个雨淋阀并联的雨淋系统，其系统设计流量，应按同时启动雨淋阀的流量之和的最大值确定。

c. 当建筑物中同时设置雨淋系统和水幕系统时，系统的设计流量应按同时启动的雨淋系统和水幕系统的用水量计算，并应取二者之和中的最大值确定。

d. 雨淋系统的水源可为屋顶水箱、室外水塔或高地水池（储存火灾初期 10min 的消防水量）。当室外管网的流量和水压能满足室内最不利点灭火用水量和水压要求时，也可不设屋顶水箱。

e. 雨淋系统的工作时间采用1h。

传动管网管径。传动管网不进行水力计算。充水的传动管网一律采用$d=25$mm的管道。但当利用闭式喷头作为传动控制时，充气传动管网可以采用$d=15$mm的管道。

雨淋喷头出流量按下式计算

$$Q=\mu F\sqrt{200gH} \tag{2-35}$$

式中 Q——喷头喷水量(m^3/s)；

μ——与喷头构造有关的流量特性系数(0.7)；

F——喷口截面积(m^2)；

g——重力加速度($9.8m/s^2$)；

H——喷水处的水压力(MPa)。

最不利喷头的水压不应小于0.05MPa。

系统水力计算方法与闭式自动喷水灭火系统的管道水力计算方法基本相同，但消防用水量应按同时喷水的喷头的数量，经水力计算确定，并保证任意相邻4个喷头的平均喷水强度不得小于表2-17所示规定。

2.3.6 水幕系统

水幕系统不直接扑灭火灾，而是阻挡火焰热气流和热辐射向邻近保护区扩散，起到挡烟阻火和冷却分隔物的作用。

1. 水幕系统设置范围

水幕消防可设于大剧院舞台正面的台口，防止舞台上发生的火灾迅速蔓延到观众厅，可用于高层建筑、生产车间、仓库、汽车库防火区的分隔，用水幕来冷却防火卷帘、墙面、门、窗，以增强其耐火性能，阻止火势扩大蔓延。建筑物之间的防火间距不能满足要求，为防止相邻建筑之间的火灾威胁，也可用水幕对耐火性能较差的门、窗、可燃屋檐等进行保护，增强其耐火性能。

水幕消防设备是用途广泛的阻火设备，但必须指出，水幕设备只有与简易防火分隔物相配合时，才能发挥良好的阻火效果。

2. 水幕系统设备组成

水幕系统设备组成如图2-68所示。

3. 水幕系统设计计算

(1) 水幕喷头布置 水幕喷头是开口的；按其构造与用途可分为幕帘式水幕喷头、窗口水幕喷头和檐口水幕喷头，如图2-69所示。

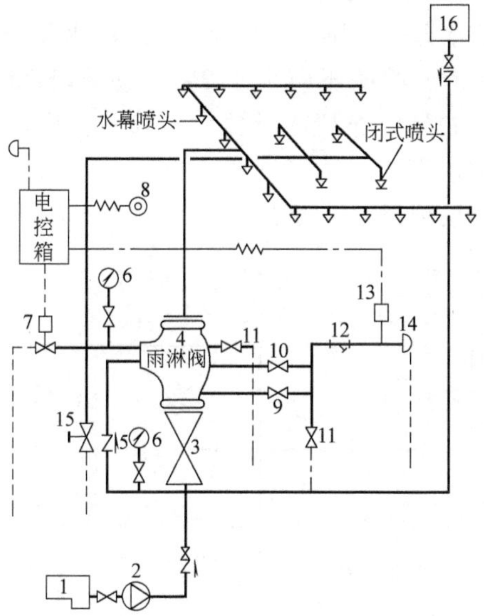

图 2-68 水幕系统设备组成

1—水池 2—水泵 3—供水阀门 4—雨淋阀 5—止回阀 6—压力表 7—电磁阀 8—按钮 9—试警铃阀 10—警铃管阀 11—防水阀 12—滤网 13—压力开关 14—警铃 15—手动开关 16—水箱

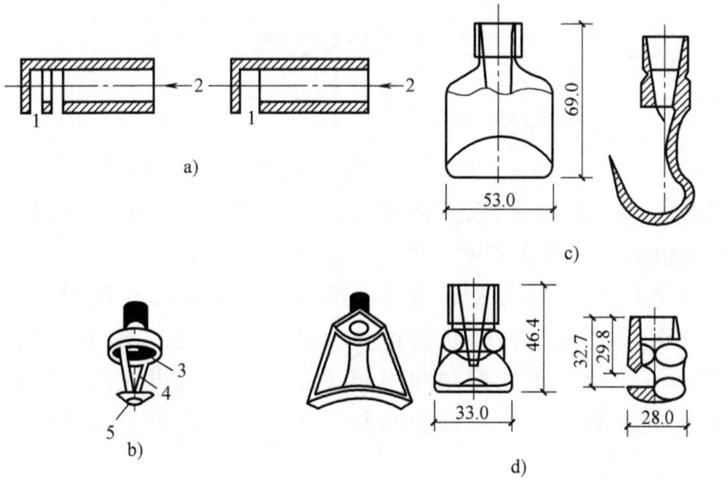

图 2-69 水幕喷头

a）缝隙式水幕喷头 b）雨淋式水幕喷头 c）檐口水幕喷头 d）窗口水幕喷头

1—缝隙 2、3—进水口 4—支架 5—反射盘水幕喷头应根据喷水强度的要求布置，不应出现空白点。对于防火分隔水幕的喷头布置，应保证水幕的宽度不小于6m，采用水幕喷头时，喷头不少于3排，采用开式洒水喷头时，喷头不应少于2排，如图2-70，图2-71所示。而对于防护冷却水幕的喷头布置宜布置成单排，且喷水方向应指向保护对象。用于保护舞台口的防护冷却水幕应采用开式喷头或水幕喷头。用于保护防火卷帘和防火门的护冷却水幕应采用开水幕喷头。

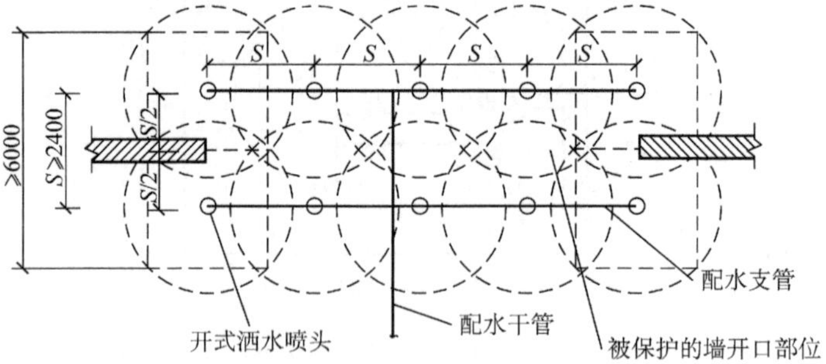

图2-70　防火分隔水幕双排布置示意图(采用开式洒水喷头)

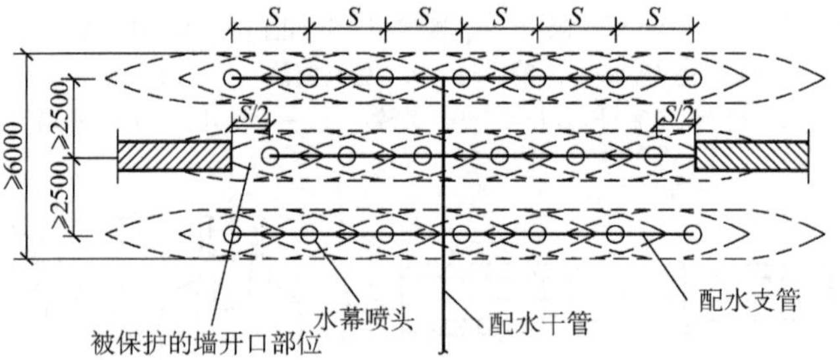

图2-71　防火分隔水幕三排布置示意图(采用水幕喷头)

（2）管网布置　消防水幕喷头的控制阀后的管网内平时不充水，当发生火灾时，打开控制阀，水进入管网，通过水幕喷头喷水。

同一给水系统内，消防水幕超过三组时，消防水幕控制阀前的供水管网应采用环状管网。用阀门将环状管道分成若干独立段。阀门的布置应保证管道检修或发生事故时关闭的控制阀不超2个。控制阀设在便于管理、维修方便且易于接近的地方。消防水幕控制阀后的供水管网可采用环状，也可采用枝状。

水幕系统的配水管道布置不宜过长，应具有较好的均匀供水条件，同时系统不宜过大，缩小检修影响范围，每组水幕系统安装的喷头数不应超过72个。水幕管道负荷水幕喷头数最大数量可按照表2-27所示采用。

表2-27　管道最大水幕喷头负荷数

水幕喷头口径/mm	最大负荷数/个									
	管道公称直径/mm									
	20	25	32	40	50	70	80	100	125	150
6	1	3	5	6						
8	1	2	4	5						
10	1	2	3	4						
12，7	1	2	2	3	8(10)	14(10)	21(36)	36(72)		
16			1	2	4	12	12	22(26)	34(45)	50(72)
19				1		9	9	16(18)	24(32)	35(52)

注：1. 本表是按喷头压力为0.05MPa时，流速不大于5m/s的条件下计算的。
2. 括弧中的数字系管道流速不大于10m/s计算的。

4. 系统控制设备

水幕系统的控制阀可采用自动控制和手动控制，在无人看管的场所应采用自动控制阀。当设置自动控制阀时，还应设手动控制阀，以备自动控制阀失灵时，可用手动控制阀开启水幕。手动控制阀应设在发生火灾时人员便于接近的地方，当在墙内不能开启水幕时，可在墙外开启水幕的措施。

雨淋阀可作为水幕自动控制阀，在水幕控制范围内的顶棚上均匀布置闭式喷头，一旦发生火灾，闭式喷头自动开启，打开水幕控制阀，如图2-72所示。

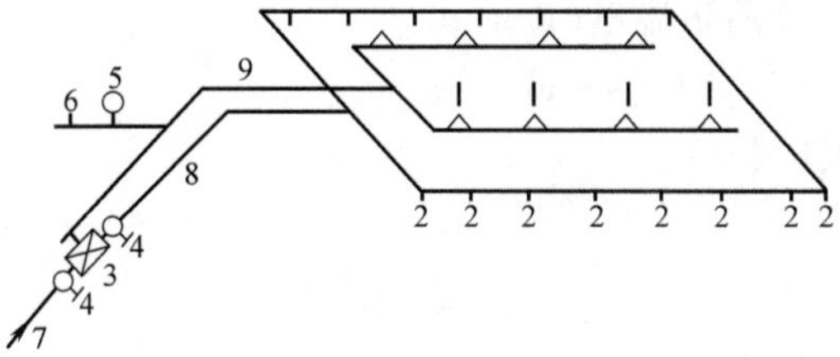

图2-72　利用闭式喷头启动水幕的控制阀

1—自动喷头　2—水雾喷头　3—控制阀　4—阀门　5—气压表
6—压缩空气来源管道　7—消防水源供水管　8—供水干管　9—压缩空气管道

在水幕控制范围内的天花板上布置感温或感烟火灾控测器，与水幕的电动控制阀或雨淋阀联锁而自动开启控制阀，如图2-73所示。感温或感烟火灾控测器把火灾信号经电控箱启动水泵和打开电动阀，同时电铃报警。如果人们先发现火灾，火灾控测器尚未动作，可按电钮启动水泵和电动阀，如电动阀发生事故，可打开手动快开阀。

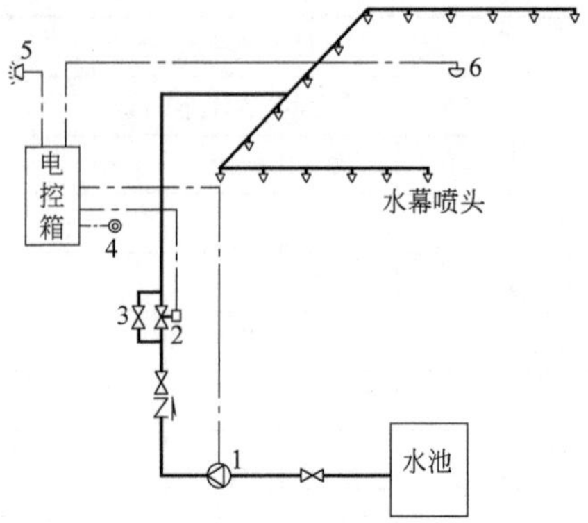

图 2-73 电动控制水幕系统

1—水泵 2—电动阀 3—手动阀 4—电按钮 5—电铃 6—火灾探测器

5. 系统水力计算

水幕消防系统在作为配合保护门窗、屋檐、简易防火灾墙等分隔物时，其喷水量每米长度应不小于0.5L/s。舞台口或面积不超过3m^{2}的洞口，如要形成能分隔火源、阻止火势蔓延的水幕带，其喷水量每一根水幕管每米长度应不小于1L/s。当开口部位面积超过3m^{2}应设置消防水幕带。消防水幕带的供水强度，应保证每米保护长度内的消防用水量不小于2L/s。

1）消防用水量

$$Q=qL \tag{2-36}$$

式中 Q——水幕系统消防流量(L/s)；

q——喷水强度［L/（s·m）］；

L——水幕长度(m)。

2）喷头流量

$$q=K\sqrt{10p} \tag{2-37}$$

式中 q——喷头喷水量(L/s)；

p——喷水处的水压力(MPa)；

K——与喷头构造有关的流量特性系数。

3）水压。消防水幕管网最不利点水幕喷头的水压应不小于0.05MPa，用于水幕带的水幕喷头，其最不利点喷头的水压应不小于0.10MPa，同一系统中处于下层的水幕管道应采取减压措施。

4）流速。装置喷头的管道内流速不应大于3m/s，不装喷头的输水管道内流速不应大于5m/s。

5）管道压力损失

$$p=p_1+p_2+p_3+\sum p_g \tag{2-38}$$

式中 p——控制阀前供水管处所需水压(MPa);

p_1——管网最不利点水幕喷头压力(MPa);

p_2——最不利点水幕喷头与控制阀供水管处垂直压力差(MPa);

p_3——控制阀的压力损失(MPa);

p_g——最不利点水幕喷头至控制阀的管道压力损失(MPa)。

水幕水力计算方法与闭式系统方法相同，具体参见 2.3 相关内容。

2.4 水喷雾灭火系统

2.4.1 概述

水喷雾灭火系统是在自动喷水灭火系统的基础上发展起来的一种灭火系统，可进行灭火或防护冷却。它是利用水雾喷头在一定水压下将水流分解成细小水雾滴后喷射到燃烧物质的表面，通过表面冷却、窒息、乳化、稀释几种作用从而实现灭火。水喷雾灭火系统不但安全可靠、经济实用，而且具有适用范围广、灭火效率高的优点。

与自动喷水系统相比，水喷雾灭火系统具有以下几方面的特点：

1）其保护对象主要是火灾危险性大、火灾扑救难度大的专用设施或设备。

2）该系统不但能够扑救固体火灾，而且可扑救液体和电气火灾。

3）该系统不但可用于灭火，而且可用于控火和防护冷却。

2.4.2 水喷雾灭火系统的应用范围

水喷雾灭火系统可以用于扑救固体火灾、闪点高于 60℃ 的液体火灾、C 类气体火灾和油浸式电气设备火灾；某些危险固体如火药和烟花爆竹，以及各类火灾的暴露冷却防护等。

GB 50016—2014《建筑设计防火规范》规定单台容量在 40MV·A 及以上的厂矿企业油浸变压器，单台容量在 90MV·A 及以上的电厂油浸变压器，单台容量在 125MV·A 及以上的独立变电站油浸变压器应设置水喷雾灭火系统；飞机发动机试验台的试车部位以及设置在高层民用建筑内充可燃油的高压电容器和多油开关室应设置水喷雾灭火系统。

水喷雾消防设备在使用水雾会造成爆炸或破坏的场所，不适宜用水扑救的物质如过氧化物与遇水燃烧物质等情况下不能使用。

水喷雾消防系统设计过程中应注意以下事项：

1）水喷雾灭火的效果与防护对象的种类和其容器内部所装各种可燃物的性质(燃点、密度、黏度、混合性、水溶性)，以及防护对象周围的状况有很大关系，因此在设计前要调查清楚。

2）水喷雾用于建筑物内某个设备的灭火时，则需将整个建筑物内部进行喷雾。

2.4.3 水喷雾灭火系统的组成

水喷雾灭火系统的组成和雨淋自动喷水系统相似，主要由雨淋阀、水雾喷头、管网、供水设施及探测系统和报警系统组成，如图2-74所示。

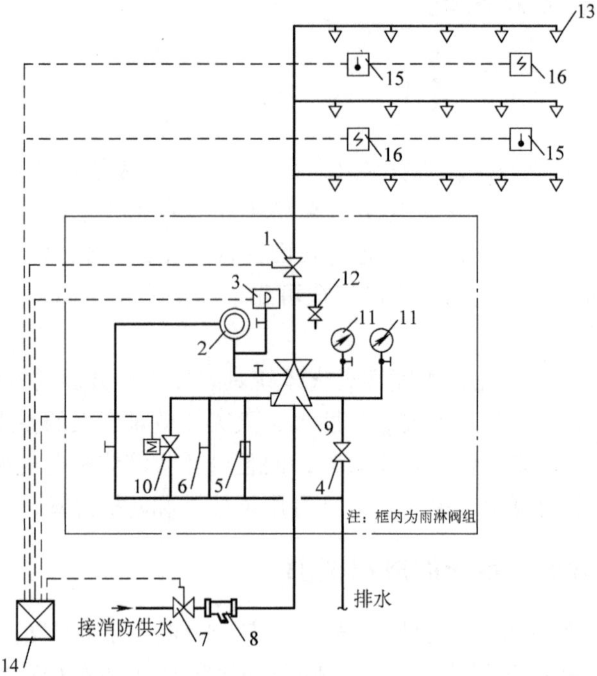

图2-74 水喷雾灭火系统示意图

1—试验信号阀 2—水力警铃 3—压力开关 4—放水阀 5—非电控远程手动装置 6—现场手动装置 7—进水信号阀 8—过滤器 9—雨淋报警阀 10—电磁阀 11—压力表 12—试水阀 13—水雾喷头 14—火灾报警控制器 15—感温探测器 16—感烟探测器

1. 水雾喷头

水雾喷头是水喷雾灭火系统中的重要组成元件，其类型有离心雾化型喷头和撞击型水雾喷头，如图2-75所示。

扑救电气火灾应选用离心雾化型水雾喷头。离心雾化型喷头喷射出的雾状水滴是不连续的间断水滴，故具有良好的电绝缘性能。撞击型水雾喷头是利用撞击原理分解水流的，水的雾化程度较差，不能保证雾状水的电绝缘性能。

有腐蚀性环境应选用防腐型水雾喷头。粉尘场所设置的水雾喷头应有防尘

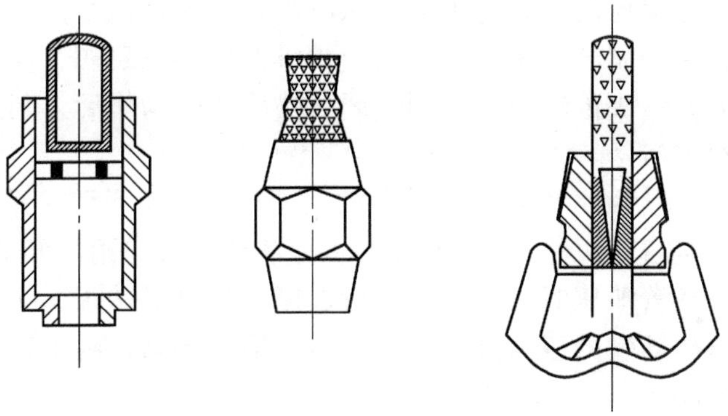

图 2-75　水雾喷头示意图

a）离心雾化型水雾喷头　b）撞击型水雾喷头

罩。平时防尘罩在水雾喷头的喷口上，发生火灾时防尘罩在系统给水的水压作用下打开或脱落，不影响水雾喷头的正常工作。

2. 雨淋阀组

雨淋阀组由雨淋阀、电磁阀、压力开关、水力警铃、压力表、水流控制阀、检查阀、过滤器以及配套的通用阀门组成。雨淋阀组应设在环境温度不低于 4℃，并有排水设施的室内，其安装位置宜在靠近保护对象并便于操作的地点。

3. 火灾探测与传动控制系统

水喷雾灭火系统可采用火焰、感温、感烟火灾控测器来进行报警和控制雨淋阀的开启，也可采用闭式喷头传动控制系统来进行控制。

4. 给水管道

过滤器后的管道，应采用内外镀锌钢管，当管道直径小于或等于 100mm 时，宜采用螺纹连接；当直径大于 100mm 时，可采用法兰或沟槽式连接。在雨淋阀前的供水管道上设置过滤器。当水雾喷头无滤网时，雨淋阀后的管道也亦应设过滤器。在管道的最低点和容易形成积水的部位应设泄水阀和相应的排水设施。管道上还应设置排污口，以便于清除管道内的杂物。雨淋阀后的管道上不应设置其他用水设施。

2.4.4　水喷雾灭火系统的控制方式

为了保证系统的响应时间和工作的可靠性，应设有自动控制、手动（远程）控制和应急操作三种控制方式。对规定系统响应时间大于 60s 的保护对象，系统可采用手动（远程）和应急操作两种控制方式。

1）自动控制可采用电气远程控制（火灾探测器）或闭式洒水喷头和传动管来

完成操作。电气远程控制方式是由火灾探测器发出火灾信号，并将信号输入火灾报警控制器，由控制器再将信号传送给雨淋阀内的电磁阀，使阀门开启，从而自动喷雾。闭式喷头传动管控制则是闭式喷头受热动作后，利用传动管内的压力变化传输火灾信号。

传动管传输压力降的方式有气动和液动两种。传动管系统开启雨淋阀方式有直接启动和间接启动两种。直接启动方式是将传动管与雨淋阀的控制腔连接，当喷头爆破、传动管泄压时，控制腔同时泄压，开启雨淋阀。间接启动方式是利用压力开关将传动管的压力降信号传送给报警控制器，由报警控制器开启电磁阀后启动雨淋阀。

2）手动（远程）控制是指人为远距离操纵供水设备、雨淋阀组等系统组件的控制方式。

3）应急操作是指人为现场操作启动供水设备、雨淋阀组等系统组件的控制方式。

2.4.5　水喷雾灭火系统的设计

1. 系统设计的基本参数

（1）喷雾强度与持续喷雾时间　喷雾强度是指系统在单位时间内对保护对象每平方米保护面积喷射的喷雾水量。不同防护目的、不同保护对象的水喷雾灭火系统的设计喷雾强度和持续喷雾时间见表 2-28。

表 2-28　水喷雾灭火系统的设计喷雾强度和持续喷雾时间

<table>
<tr><th>防护目的</th><th colspan="2">保护对象</th><th>设计喷雾强度/[L/(min·m²)]</th><th>持续喷雾时间/h</th></tr>
<tr><td rowspan="6">灭火</td><td colspan="2">固体火灾</td><td>15</td><td>1</td></tr>
<tr><td rowspan="2">液体火灾</td><td>闪点 60~120℃的液体</td><td>20</td><td rowspan="2">0.5</td></tr>
<tr><td>闪点高于 120℃的液体</td><td>13</td></tr>
<tr><td rowspan="3">电气火灾</td><td>油浸式电力变压器、油开关</td><td>20</td><td rowspan="3">0.4</td></tr>
<tr><td>油浸式电力变压器的集油坑</td><td>6</td></tr>
<tr><td>电缆</td><td>13</td></tr>
<tr><td rowspan="4">防护冷却</td><td colspan="2">甲乙丙类液体生产、储存、装卸设施</td><td>6</td><td>4</td></tr>
<tr><td rowspan="2">甲乙丙类液体贮罐</td><td>直径 20m 以下</td><td rowspan="2">6</td><td>4</td></tr>
<tr><td>直径 20m 及以上</td><td>6</td></tr>
<tr><td colspan="2">可燃气体生产、输送、装卸、储存设施和灌瓶间、瓶库</td><td>9</td><td>6</td></tr>
</table>

（2）水雾喷头工作压力和系统响应时间　水雾喷头的工作压力与水喷雾灭火系统的响应时间见表 2-29。

表 2-29　喷头工作压力与系统响应时间

保护目的		喷头工作压力/MPa	系统响应时间/s
灭火		0.35	45
防护冷却	液化气生产、储存装置或装卸设施	0.2	60
	其他设施		300

（3）系统保护面积　除液化石油气灌瓶间、瓶库和火灾危险品生产车间、散装库房、可燃液体泵房、可燃气体压缩机房等采取屋顶安装喷头，向下集中喷射水雾的系统，按建筑物的使用面积确定系统的保护面积外，其他需要立体喷雾保护的对象，保护面积按其外表面面积确定。

2. 喷头布置

水雾喷头的布置要符合下列要求：

1）当保护对象为油浸式电力变压器时，水雾喷头要布置在变压器的周围，不能布置在变压器的顶部，保护变压器顶部的水雾不能直接喷向高压套管。水雾喷头之间的水平距离与垂直距离要满足水雾锥相交的要求，油枕、冷却器、集油坑也要设水雾喷头保护。

2）当保护对象为可燃气体和甲、乙、丙类液体贮罐时，水雾喷头与储罐外壁之间的距离不能大于0.7m。

3）当保护对象为球罐时，水雾喷头的喷口应面向球心，水雾锥沿纬线方向要相交，沿经线方向要相接。当球罐的容积等于或大于1000m^3时，除满足上述要求外，赤道以上环管之间的距离不能大于3.6m。无防护层的球罐钢支柱和罐体液位计、阀门等地方也要有水雾喷头保护。

4）当保护对象为电缆时，喷雾要完全包围电缆。

5）当保护对象为输送机传送带时，喷雾要完全包围输送机的机头、机尾和上、下行传动带。

水雾喷头的平面布置可按矩形或菱形布置。当按矩形布置时，为使水雾完全覆盖保护面积，且不出现空白，喷头之间的距离不应大于喷头水雾锥底圆半径的1.4倍；当按菱形布置时，水雾喷头之间的距离不应大于喷头水雾锥底圆半径的1.7倍，如图2-76所示。

水雾锥底圆半径可按下式计算

$$R = B\tan\frac{\theta}{2} \tag{2-39}$$

式中　R——水雾锥底半径(m)；

B——水雾喷头的喷口与保护对象之间的距离(m)，取值不应大于喷头的有效射程；

θ——水雾喷头的雾化角。

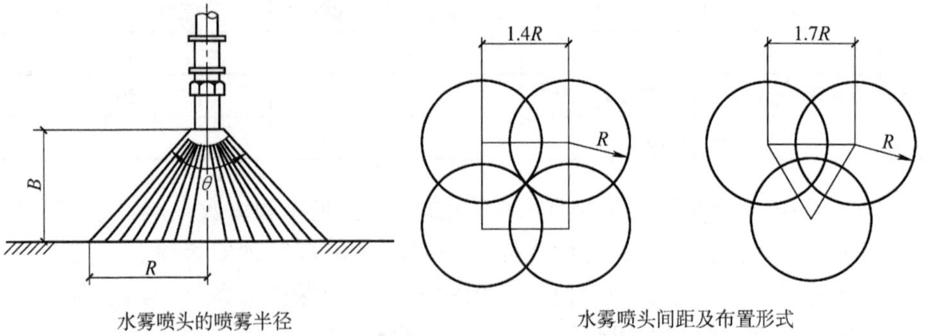

图2-76　水雾喷头的平面布置方式

R—水雾锥底圆半径(m)　B—喷头与保护对象的间距(m)　θ—喷头雾化角

可燃气体和甲、乙、丙类液体贮罐布置的水雾喷头，其喷口与贮罐外壁之间的距离不应大于0.7m。

球罐周围布置的水雾喷头，一般安装在水平环绕球罐的环管上。水雾喷头的喷口应面向球心。每根环管上布置的喷头，应保证水雾锥沿纬线方向有相互重叠交叉部分；上下相邻环管上布置的喷头，应保证水雾锥沿经线方向至少相切。容积大于等于1000m^3的球罐，上半球体的环管间距不应大于3.6m。

3. 阀门的布置

雨淋阀等控制阀的布置的应满足下列要求：

1）一般用水喷雾系统防护的大型设备：贮罐、变压器、电缆隧道等应设置独立的控制阀。当设备之间有防火墙隔开时，则应按独立的防护系统进行设计。

2）控制阀应布置在距防护物水平距离15m以外的地方。控制阀安装高度以0.8~1.5m为宜，应选择比较安全和容易接近的场所，应有明显的启闭标志。

3）雨淋阀组应设在环境温度不低于4℃，并有排水设施的室内或专用阀室内。

4）雨淋阀前的管道应设置过滤器，当水雾喷头无滤网时，雨淋阀后的管道也应设过滤器。过滤器滤网应采用耐腐蚀金属材料，滤网的孔径应为4.0~4.7目/cm^2。

4. 水力计算

（1）喷头流量　水雾喷头流量计算公式

$$q=K\sqrt{10p} \tag{2-40}$$

式中　q——水雾喷头的流量(L/min)；

K——水雾喷头的流量系数，由水雾喷头的生产厂提供；

p——水雾喷头的工作压力(MPa)。

（2）喷头数量　保护对象布置的喷头数量，应按灭火或防护冷却的喷雾强度、保护面积、系统选用水雾喷头的流量特性计算确定。可按下式进行计算

$$N=WS/q \tag{2-41}$$

式中　N——由保护对象的保护面积、喷雾强度和喷头工作压力确定的水雾喷头数量；

S——保护对象的保护面积（m^2）；

W——保护对象的设计喷雾强度［$L/(min \cdot m^2)$］。

（3）系统计算流量　从保护范围内的最不利位置开始，计算同时喷雾喷头的累计流量，按下式计算

$$Q_j=1/60 \cdot \sum_{i=1}^{n} q_i \tag{2-42}$$

式中　Q_j——系统的计算流量（L/s）；

n——系统启动后同时喷雾的水雾喷头数量；

q_i——水雾喷头的实际流量（L/min），应按给定水雾喷头的实际工作压力p_i（MPa）计算。

当系统采用多台雨淋阀，通过控制同时喷雾来控制喷雾区域时，系统的计算流量应按系统各个局部喷雾区域中同时喷雾的水雾喷头的最大用水总量确定。

（4）系统的设计流量　系统的设计流量按下式计算

$$Q_s=KQ_j \tag{2-43}$$

式中　Q_s——系统的设计流量（L/s）；

K——安全保险系数，取值1.05~1.10。

（5）管道的压力损失　钢管管道的沿程压力损失按下式计算

$$i=0.0000107\frac{v^2}{D_j^{1.3}} \tag{2-44}$$

式中　i——管道的沿程压力损失（MPa/m）；

D_j——管道的计算内径（m）；

v——管道内水的流速（m/s），宜取$v \leqslant 5$m/s。

管道的局部压力损失宜采用当量长度法计算，或者按管道沿程压力损失的20%~30%计算。

（6）雨淋阀的局部压力损失　雨淋阀的局部压力损失按下式计算

$$p_r=B_R Q^2 \tag{2-45}$$

式中　p_r——雨淋阀的局部压力损失（MPa）；

B_R——雨淋阀的比阻值，取值由生产厂提供；

Q——雨淋阀的流量（L/s）。

(7) 系统管道入口或消防水泵的计算压力　系统管道入口或消防水泵的计算压力按下式计算

$$p=\sum p+p_0+Z/100 \tag{2-46}$$

式中　p——系统管道入口或消防水泵的计算压力(MPa)；

$\sum p$——系统管道沿程压力损失与局部压力损失之和(MPa)；

p_0——最不利点水雾喷头的实际工作压力(MPa)；

Z——最不利点水雾喷头与系统管道入口或消防水池最低水位之间的高程差，当系统管道入口或消防水池最低水位高于最不利点水雾喷头时，Z 值应取负值(m)。

(8) 管道减压措施　管道减压可采用减压孔板或节流管。管道采用减压孔板时宜采用圆缺型孔板，减压孔板的圆缺孔应位于管道底部，减压孔板前水平直管段的长度不应小于该段管道公称直径的2倍。

管道采用节流管减压时，节流管内水的流速不应大于20m/s，长度不宜小于1.0m，其公称直径按表2-30所示确定。

表2-30　节流管的公称直径　(单位:mm)

管道	50	65	80	100	125	150	200	250
节流管	40	50	65	80	100	125	150	200
	32	40	50	65	80	100	125	150
	25	32	40	50	65	80	100	125

本章附录

附表　设置场所火灾危险等级举例

火灾危险等级		设置场所举例
轻危险级		建筑高度为24m及以下的旅馆、办公楼
中危险级	Ⅰ级	1. 高层民用建筑：旅馆、办公楼、综合楼、邮政楼、金融电信楼、指挥调度楼、广播电视楼(塔等) 2. 公共建筑(含单、多、高层)：医院、疗养院；图书馆(书库除外)、档案馆、展览馆(厅)；影剧院、音乐厅和礼堂(舞台除外)及其他娱乐场所；火车站和飞机场及码头的建筑；总建筑面积小于5000m² 的商场、总建筑面积小于1000m² 的地下商场、净空高度不超过8m、物品高度不超过3.5m的自选商场等 3. 文化遗产建筑：木结构古建筑、国家文物保护单位等 4. 工业建筑：食品、家用电器、玻璃制品等工厂的备料与生产车间等；冷藏库、钢屋架等建筑构件

（续）

火灾危险等级		设置场所举例
中危险级	Ⅱ级	1. 民用建筑：书库、舞台（葡萄架除外）、汽车停车场、总建筑面积 5000m^2 及以上的商场、总建筑面积 1000m^2 及以上的地下商场等 2. 工业建筑：棉毛麻丝及化纤的纺织、织物及制品、木材木器及胶合板、谷物加工、烟草及制品、饮用酒（啤酒除外）、皮革及制品、造纸及纸制品、制药等工厂的备料与生产车间
严重危险级	Ⅰ	印刷厂、酒精制品、可燃液体制品等工厂的备料与车间、净空高度不超过 8m、物品高度超过 3.5m 的自选商场等
	Ⅱ	易燃液体喷雾操作区域、固体易燃物品、可燃的气溶胶制品、溶剂清洗、喷涂、油漆、沥青制品等工厂的备料及生产车间、摄影棚、舞台“葡萄架”下部
仓库危险级	Ⅰ	食品、烟酒；木箱、纸箱包装的不燃难燃物品、仓储式商场的货架区等
	Ⅱ	木材、纸、皮革、谷物及制品、棉毛麻丝化纤及制品、家用电器、电缆、B 组塑料与橡胶及其制品、钢塑混合材料制品、各种塑料瓶盒包装的不燃物品及各类物品混杂储存的仓库等
	Ⅲ	A 组塑料与橡胶及其制品，沥青制品等

思考题与习题

1. 高层建筑火灾有什么特点？
2. 高层建筑消防给水系统如何进行分类？
3. 高层建筑消火栓灭火系统分区范围与生活给水系统一致吗？分区的条件是什么？
4. 高层建筑消火栓灭火系统给水方式有哪几种？分区的条件是什么？
5. 高位消防水箱的设置位置高度有哪些要求？
6. 如何确定消火栓充实水柱的长度？
7. 常用的自动喷水灭火系统有哪几种？
8. 闭式自动喷水灭火系统有哪几种？适用条件是什么？
9. 闭式自动喷水灭火系统的主要组件有哪些？其作用是什么？
10. 如何用作用面积法计算闭式自动喷水灭火系统的设计流量？
11. 雨淋喷水灭火系统火灾探测传动控制装置有哪几种？
12. 水喷雾灭火系统有何特点？适用条件是什么？

第 3 章

高层建筑其他消防系统

3.1 蒸汽灭火系统

3.1.1 概述

水蒸气是不燃的惰性气体，也是一种廉价的灭火介质。水蒸气能冲淡燃烧区的可燃气体，降低空气中氧的含量，并能隔绝燃烧区内的空气，具有良好的灭火作用。饱和蒸汽的灭火效果优于过热蒸汽，尤其扑灭高温设备的油气火灾，不但能迅速扑灭漏泄处火灾，而且不会引起设备的损坏。如果直接用水扑救高温设备火灾，会因水对高温设备的骤冷而引起设备的破裂危险。蒸汽灭火系统具有设备简单、取用方便、造价低、淹没性好等优点，在石油化工、炼油、火力发电等厂房，及燃油锅炉房、重油油品库房、重油贮罐区等场所得到广泛应用。

蒸汽灭火的原理主要是窒息作用。在火场燃烧区内施放一定量的蒸汽，能稀释或置换燃烧区内的可燃气体(蒸汽)和助燃气体，并降低这两种气体的含量，从而达到有效窒息灭火的作用。实践证明，当封闭空间内的空气中水蒸气的体积分数达到30%以上时，即能熄灭大多数油类火灾。但是，要成功地淹没灭火，不但需向燃烧区内喷射足够数量的蒸汽，而且要求在短时间内使燃烧区空间内迅速形成蒸汽幕，使蒸汽达到有效的灭火浓度。

3.1.2 蒸汽灭火系统适用范围

下列部位可设蒸汽灭火系统：

1）使用蒸汽的甲、乙类厂房和操作温度等于或超过本身自燃点的丙类液体厂房。

2）单台锅炉蒸发量超过 2t/h 的燃油、燃气锅炉房。

3）火柴厂的火柴大车部位。

4）有充足蒸汽源并适用蒸汽灭火系统设置的场所。

3.1.3 蒸汽灭火系统类型及组成

1. 固定式蒸汽灭火系统

固定式蒸汽灭火设施用于扑灭整个房间、舱室的火灾，即使燃烧房间空气惰性化而熄灭火焰。常用于生产厂房、燃油锅炉的泵房、油船舱室、甲苯泵房等场所。对建筑物容积不大于500m^{3}的保护空间灭火效果较好。

固定式蒸汽灭火系统，一般由蒸汽源、输汽干管、支管、配汽管、蒸汽幕(筛孔管)等组成，如图3-1所示。

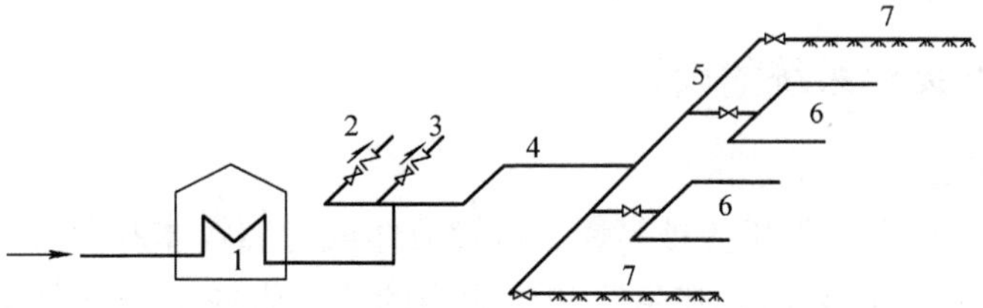

图3-1 固定式蒸汽灭火系统

1—蒸汽锅炉房 2—生活蒸汽管线 3—生产蒸汽管线 4—输汽干管
5—配汽支管 6—配汽管 7—蒸汽幕(管道钻孔)

2. 半固定式蒸汽灭火系统

半固定式蒸汽灭火系统用于扑救局部火灾，在固定的管道上连接活动的蒸汽喷枪，将蒸汽喷向燃烧的物体表面，利用水蒸气的机械冲击力量吹散可燃气体，并瞬间在火焰周围形成蒸汽层而扑灭火灾。如用于露天装置区的高大炼制塔、地上式可燃液体贮罐，车间内局部的油品设备等。用于扑救闪点大于45℃的罐体未破裂的可燃液体贮罐的火灾，有良好的灭火效果。因此，地上式可燃液体(不包括润滑油)贮罐区，宜设置半固定式蒸汽灭火系统。

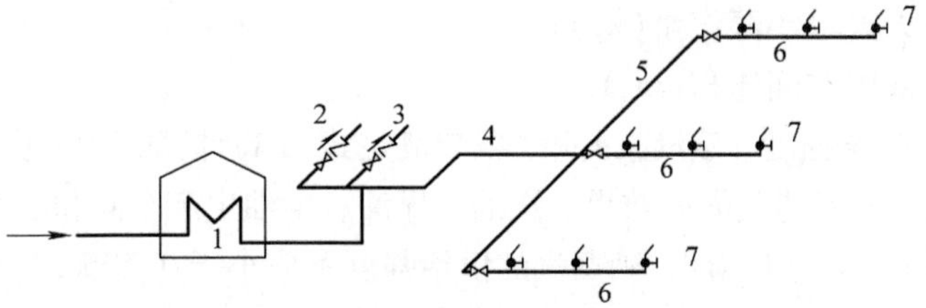

图3-2 半固定式蒸汽灭火系统

1—蒸汽锅炉房 2—生活蒸汽管线 3—生产蒸汽管线 4—输汽干管
5—配汽支管 6—配汽管 7—接口短管(接金属软管及蒸汽喷枪)

半固定式蒸汽灭火系统由蒸汽源、输汽干管、支管、接口短管等组成，如

图3-2所示。从接口短管连接的活动蒸汽喷枪如图3-3所示。

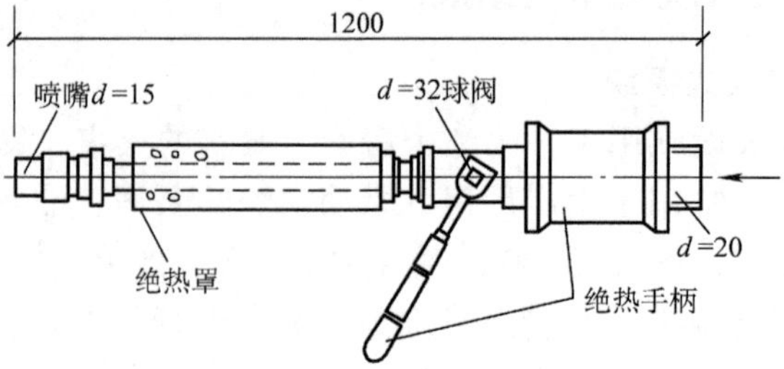

图3-3 蒸汽喷枪示意图

3.1.4 蒸汽灭火系统的设计

1. 设计要求

1）灭火用的蒸汽源不应被易燃、可燃液体或可燃气体所污染。生产、生活和消防合用蒸汽分配箱时，在生产和生活用的蒸汽管线上，应设置单向阀和阀门，以防止其管线内的蒸汽倒流。

2）灭火蒸汽管线蒸汽源的压力不应小于0.6MPa。

3）输汽干管和蒸汽支管的长度不应超过60m（即从蒸汽源到保护房间的距离）。当总长度超过60m时，宜分设灭火蒸汽分配箱，以保证蒸汽灭火效果。

2. 设计参数

（1）蒸汽灭火浓度　将蒸汽施放到燃烧区，使燃烧区的含氧量降低到一定限度时，燃烧就不能继续维持而熄灭。汽油、煤油、柴油和原油的灭火蒸汽的体积分数不宜小于35%，即$1m^3$燃烧区空间内，应有不少于$0.35m^3$的水蒸气。

（2）蒸汽量的计算　厂房、库房、泵站、舱室等的灭火蒸汽量可按式(3-1)计算。

$$W=0.284V \tag{3-1}$$

式中　W——灭火最小蒸汽量（kg）；

V——室内空间体积（m^3）。

（3）蒸汽供给强度　蒸汽灭火除了需要满足式(3-1)计算的蒸汽量外，还应有一定的供给强度，才能达到灭火效果。汽油、煤油、柴油生产车间和贮存舱室，如果所有门、窗、孔、洞均被封闭，则蒸汽的供给强度不应小于$0.0015kg/(s \cdot m^3)$。除窗户、照明、通风天窗外，其他均被封闭，蒸汽的供给强度不应小于$0.003kg/(s \cdot m^3)$。房间体积较大时，宜采用大的供给强度，例如封闭性良好的保护空间采用$0.002kg/(s \cdot m^3)$，封闭性较差的保护空间采用$0.005kg/(s \cdot m^3)$。

（4）延续时间　蒸汽灭火的延续时间不宜超过3min，即宜在3min内使燃烧区空间的蒸汽量达到灭火要求。

3. 蒸汽管线的计算

（1）配汽管线　建筑物房间或舱室内的配汽管线的最少数量及其最小直径，可按表3-1确定。

表3-1　保护空间内配汽管线的最少数量及最小直径

房间、舱室的体积/m^3	配汽管最少数量/根	配汽管最小直径/mm			
		供给强度/[kg/(s·m^3)]			
		0.0015	0.002	0.003	0.005
<25	1	20	20	25	32
25~150	1	25	25	32	40
150~450	1	32	32	40	70
450~850	2	32	32	40	70
850~1700	2	32	40	70	70
1700~3850	3	40	40	70	70
3850~5400	4	40	40	70	70

（2）输汽干管、配汽支管　灭火蒸汽管线的蒸汽源，可为蒸汽锅炉房或蒸汽分配箱。输汽干管和配汽支管的直径可按表3-2确定。

表3-2　输汽干管和配汽支管的直径

房间，舱室的体积/m^3	干管或支管直径/mm			
	蒸汽供给强度/[kg/(s·m^3)]			
	0.0015	0.002	0.003	0.005
<25	20	20	25	32
25~150	25	25	32	40
150~450	32	32	50	70
450~850	50	50	70	100
850~1700	50	70	70	100
1700~3850	70	70	80	125
3850~5400	70	80	100	150

3.1.5　蒸汽灭火设备的配置

为了达到良好的灭火效果，及时扑灭火灾，应合理地布置蒸汽灭火设备。

（1）固定式蒸汽灭火装置　配汽管的设置地点应保证能使蒸汽均匀地排放到保护空间内。配汽管一般靠近建筑物（或舱室）内的一侧或四周墙壁处。为了便于清扫，配汽管离地面的高度一般为200~300mm。油船舱室内布置的配汽管距最高液面一般不小于100mm，以防引起燃烧液体喷溅。配汽管上排汽孔的直径为3~5mm，排汽孔的中心距为30~80mm。排汽孔的位置应使蒸汽水平方向喷射。排汽孔的直径宜从进汽端开始，由小逐渐增大，使喷出的蒸汽均匀有力。配汽管不宜过长，长度较长的配汽管最好采用两端进汽。

房间内的蒸汽控制阀，宜设在建筑物的室外便于操作的地方。如果控制阀设在室内，阀门的手轮应设在建筑物外墙上，阀杆穿过墙壁的孔洞，应严密封堵。阀门手轮的位置离门、窗、孔、洞的距离不应小于1m，便于安全使用。

（2）半固定式蒸汽灭火装置　半固定式蒸汽灭火管接口短管的数量，应保证有一股蒸汽射流到达室内或露天生产装置区油品设备（或可燃气体设备）的任何部位。泵房、框架、容器、反应器等处接口短直径可采用20mm；接口短管上连接的橡胶管长度可采用15~20m。地上式可燃液体贮罐区设置的蒸汽灭火接口短管，每个接口短管保护的油罐数量不宜超过4个。接口短管直径按被保护油罐的最大容量决定。油罐容量大于5000m^3，接口短管直径采用80mm；油罐容量为1000~5000m^3时，采用50mm；油罐容量小于1000m^3时，采用40mm。

（3）蒸汽管道坡度　蒸汽灭火管线内不应积聚冷凝水。蒸汽输汽干管、配汽管支管以及配汽管，应有不小于0.003的坡度，在低洼管段处设放水阀，以排除凝结水。

3.2　自动喷水-泡沫联用灭火系统

自动喷水-泡沫联用灭火系统是在自动喷水灭火系统中配置可供给泡沫混合液的设备，组成既可喷水又可喷泡沫的固定灭火系统，它可以是开式系统，也可以是闭式系统。主要特点是利用泡沫灭火剂来强化灭火效果，前期喷水控火，后期喷泡沫强化灭火效果；或前期喷泡沫灭火，后期喷水冷却防止复燃。由于这种系统加入了泡沫灭火剂，因此，灭火效果更好，而且可以节省灭火用水。

3.2.1　自动喷水-泡沫联用灭火系统的使用范围

自动喷水-泡沫联用灭火系统是比自动喷水灭火系统更有效的系统，用于高层民用建筑的柴油发电机房和燃油锅炉房，也有用于地下停车库，其灭火效果比普通自动喷水灭火系统好，又比固定式泡沫喷淋灭火系统简单、经济。

自动喷水-泡沫联用灭火系统应用于A类固体火灾、B类易燃液体火灾、C类气体火灾的扑灭。我国GB 50067—1997《汽车库、修车库、停车场设计防火规范》明确提出“Ⅰ类地下汽车库、Ⅰ类修车库宜设置自动喷水-泡沫联用灭火系统。

GB 50084—2001《自动喷水灭火系统设计规范》（2005年版）规定，存在较多易燃液体的场所，宜按下列方式之一采用自动喷水-泡沫联用灭火系统：

1）采用泡沫灭火剂强化闭式系统性能。

2）雨淋系统前期喷水控火，后期喷泡沫强化灭火效能。

3）雨淋系统前期喷泡沫强化灭火，后期喷水冷却防止复燃。

自动喷水-泡沫联用灭火系统的大小可同自动喷水系统湿式、干式、预作用、雨淋、水喷雾等系统的大小相同。

3.2.2　自动喷水-泡沫联用灭火系统的分类与组成

自动喷水-泡沫联用灭火系统根据系统喷头平时所处的状态可以分为闭式系统和开式系统；按喷水先后可分为先喷泡沫后喷水系统和先喷水后喷泡沫系统。

自动喷水-泡沫联用灭火系统由自动喷水灭火系统和泡沫灭火系统两部分组成，即在普通湿式自动喷水灭火系统中并联一个钢制带橡胶囊的泡沫罐，橡胶囊内装泡沫浓缩液，在系统中配上控制阀及比例混合器就成了自动喷水-泡沫联用灭火系统，系统示意图如图 3-4 所示。泡沫浓缩液必须采用轻水泡沫。目前，国内生产的轻水泡沫有两种泡沫液：一种用于扑灭油类及碳氢化合物火灾，一种用于扑灭极性溶剂、水溶性和非水溶性碳水化合物火灾。泡沫添加系统分为有压系统和无压系统两种类型。泡沫罐一般为钢制，内有橡胶囊，囊内装泡沫浓缩液，钢罐和橡胶囊之间可进水。罐的形式有卧式和立式两种，国内生产的泡沫罐和比例混合器组装在一起为一个整体。

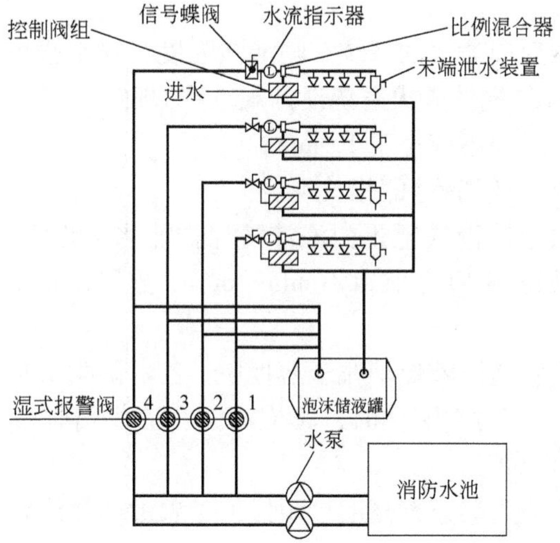

图 3-4　自动喷水湿式-泡沫联用灭火系统示意图

当发生火灾时，闭式喷头出水，报警阀打开，消防水进入管网。一部分水进入泡沫罐的水室，利用水压将泡沫液挤过控制阀及比例混合器，通过消防水的引射作用，将泡沫液掺进消防水中。混合液从喷头喷出，在遇空气后自动生成灭火泡沫。由于该系统不需要特殊的泡沫喷头和泡沫发生器，大大简化了使用条件，且其水力计算可视同湿式自动喷水灭火系统，故一般的湿式自动喷水灭火系统按上述做法很容易改造成自动喷水-泡沫联用灭火系统。

3.2.3 自动喷水-泡沫联用灭火系统设计计算

1. 设计参数的确定

自动喷水-泡沫联用系统设计参数的选用应满足 GB 50084—2001《自动喷水灭火系统设计规范》规定和 GB 50151—2010《泡沫灭火系统设计规范》的规定。

闭式自动喷水-泡沫联用灭火系统应符合下列规定：

1）喷水强度、作用面积、喷头压力应满足表 3-2 的要求。

2）湿式系统自喷水至喷泡沫的转换时间，按 4 L/s 流量计算，不应大于 3min。

3）泡沫比例混合器应在流量等于和大于 4L/s 时符合水与泡沫灭火剂的混合比规定。

4）持续喷泡沫的时间不应小于 10 min。

雨淋自动喷水-泡沫联用灭火系统应符合下列规定：

1）前期喷水后期喷泡沫的系统，喷水强度与喷泡沫强度均应满足表 3-5 和表 3-7 所示的要求。

2）前期喷泡沫后期喷水的系统，喷泡沫强度与喷水强度均应执行现行国家标准 GB 50151—2010《泡沫灭火系统设计规范》的规定。

3）持续喷泡沫时间不应小于 10 min。

《泡沫灭火系统设计规范》的相关规定：

1）当采用蛋白泡沫液或氟蛋白泡沫液保护非水溶性甲、乙、丙类液体时，其泡沫混合液供给强度不应小于 8L/(min · m^2)。连续供给泡沫混合液时间，不应小于 10min。

2）当采用水成膜泡沫液保护非水溶性甲、乙、丙类液体或采用抗溶性泡沫液保护水溶性甲、乙、丙类液体时，其泡沫混合液供给强度和连续供给泡沫混合液时间，宜由试验确定。

3）顶喷式泡沫喷头的设置高度，距保护对象最低部位宜为 3～10m；超出此范围时，宜由试验确定。

自动喷水-泡沫联用灭火系统在美国应用较早，美国的《泡沫自动喷水和泡沫水喷雾系统的安装设计规范》中相关设计参数具体规定如下，供设计时参考：

1）系统设计的喷水强度应符合保护场所的危险等级，但不应小于6. 5L/(min·m^2)。泡沫的喷射时间不应小于10min，但当系统实际喷水量(即系统最有利作用面积的系统设计流量)大于设计值时，系统泡沫E的喷射时间最小不应小于7min。系统供水时间为60min。

2）对于湿式、干式和预作用泡沫自动喷水灭火系统，系统的设计作用面积为465m^2；每个喷头的保护面积不应大于9. 3m^2，2个喷头之间或连接喷头的支管之间的间距不应大于3. 7m；喷头为非吸气式喷头。安装在吊顶上的喷头的动作温度应为121~149℃，位于中间层的喷头的动作温度为57~77℃。

2. 系统水力计算

自动喷水-泡沫联用灭火系统的管网水力计算与自动喷水灭火系统相同，具体详见2. 3的相关内容。

泡沫的设计用量按下式计算：

$$V_F = KQBT \tag{3-2}$$

式中　V_F——泡沫液的体积（L）；

Q——系统设计流量(L/min)；

B——泡沫混合液中泡沫浓缩液的百分比，一般碳氢化合物火灾为3%，极性溶剂火灾为6%；

T——泡沫液的供应时间，一般为10 min，在系统最有利作用面积处最大流量时的供应时间不应小于7 min；

K——安全系数，通常为K=1. 3~1. 6。

对于湿式-泡沫联用系统，自喷水至喷泡沫的转换时，应按流量4L/s，转换时间不应大于3min，复核管道的长度和报警阀后的容积。为了满足上述规定，设计时报警阀应设置在保护区的附近。

对于干式系统和预作用系统，为减少报警阀后的管道容积，也应把报警阀置于系统保护区域的附近。

泡沫液的供应管道应尽可能的短，当超过10m时，应严格按照泡沫液系统的管道水力阻力公式进行计算。

泡沫比例混合器应在等于和大于4L/s时符合水与泡沫灭火剂的混合比规定。在选择泡沫比例混合器时，应校对比例混合器的性能是否满足技术要求。

3.3　七氟丙烷灭火系统

3.3.1　概述

七氟丙烷(HFC-227ea，又称FM200)灭火剂是一种无色、几乎无味、不导电、无二次污染的气体，分子式为 CF_3CHFCF_3。七氟丙烷的灭火机理为抑制化学链反应，为主动灭火，灭火速度比较快。其主要优点是毒性较低，正常情况下对人体不会产生不良影响，可用于经常有人活动的场所；灭火浓度较低，灭火剂的储瓶数量较少，占地面积也较小；不会破坏大气臭氧层，其消耗臭氧潜能值 ODP 为 0，在大气同温层中停留时间短，达到了环保要求。七氟丙烷是目前卤代烷 1211、1301 最理想的替代品。

但七氟丙烷灭火系统也有自身的弱点：不能扑灭固体深位火灾；输送距离短；灭火剂的释放必须在 10s 内完成，从而达到灭火浓度，否则七氟丙烷遇热会产生酸性分解物 HF，它对人体有害，与空气中的水蒸气结合形成氢氟酸，对被保护设施也有腐蚀性；用于组合分配系统时，各防护区位置应相对集中；价格相对较高。

3.3.2 七氟丙烷灭火系统适用范围

1. 适宜扑救的火灾

七氟丙烷灭火系统适用于扑救下列火灾：电气火灾、液体火灾或可熔化固体火灾、固体表面火灾、灭火前应能切断气源的气体火灾。

2. 保护场所与设备

七氟丙烷灭火系统通常用于保护的主要场所与设备有：

1）计算机房、通信机房、测试中心、变配电室、精密仪器室、理化实验室、电气老化室。

2）发电机、浸渍油槽、变电器、油开关及其他易产生电气火灾危险的装置。

3）采油平台、加油站、液压油库、润滑油库及其他可燃易燃流体库房与贮罐。

4）化学易燃品库房，以及该类物质的生产作业火灾危险场地。

5）图书库、资料库、档案库、软件库、金库、文件珍藏室。

6）其他不宜使用水系统灭火的场所。

3. 不适宜扑救的火灾

七氟丙烷灭火系统不得用于扑救下列物质的火灾：

1）含氧化剂的化学制品及混合物，如硝化纤维、硝酸钠等。

2）活泼金属，如钾、钠、镁、钛、锆、铀等。

3）金属氢化物，如氢化钾、氢化钠等。

4）能自行分解的化学物质，如过氧化氢、联胺等。

5）可燃固体物质的深位火灾。

3.3.3　七氟丙烷灭火系统类型与组件

1. 按防护区分类

按防护区的特征可分为全淹没灭火系统和局部应用系统。七氟丙烷灭火系统采用的是全淹没灭火设计，由一套贮存装置在规定的时间内，向防护区内喷射一定浓度的灭火剂，并通过管网分布，使其均匀地充满整个防护区空间。全淹没系统由固定的灭火剂供给源、管网系统和喷头组成，用于有永久性围护结构的封闭空间。该系统的特点是在封闭空间内形成均匀的灭火剂浓度，使此空间内的可燃物质完全淹没在含有足够浓度灭火剂的混合气体中，不管封闭空间内任何位置发生火灾，均能将其扑灭。

2. 按系统结构分类

（1）单元独立系统　单元独立系统是指用一套灭火剂储存装置保护一个防护区的灭火系统。系统的储存装置、管网等与防护区一一对应，如图3-5所示。

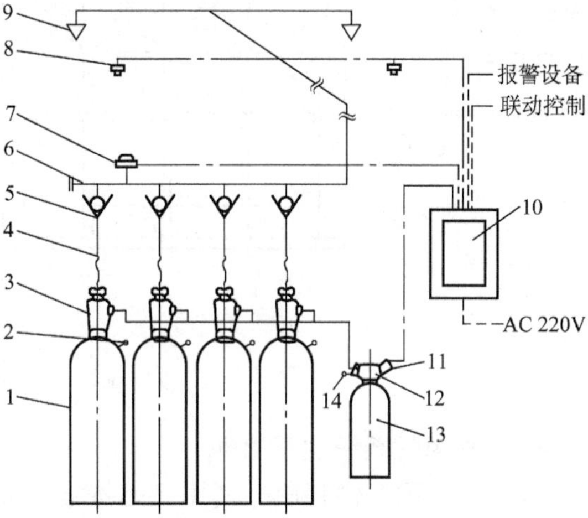

图3-5　七氟丙烷单元独立系统示意图

1—七氟丙烷储瓶　2—压力表　3—瓶头阀　4—高压软管　5—单向阀　6—集流管　7—压力信号器　8—探测器　9—喷头　10—控制盘　11—电磁启动器　12—启动瓶头阀　13—N_2 启动瓶　14—压力表

（2）组合分配系统　组合分配系统是指用一套公共的气体灭火剂储存装置，通过选择阀、管网等来选择分配，保护两个或两个以上防护区的灭火系统。在系统设计时，灭火剂的设计用量按最大设计用量的防护区来考虑。组合分配系统能减少设备用量及设备占地面积，节省工程投资费用，具有较好的经济效果。但一个组合分配系统包含的防护区不能太多、太分散。规定一个组合分配系统所保护的防护区不应超过八个。同时要求各储存容器的规格、型号、灭火剂的充装密度和充装质量必须一致。图3-6所示为七氟丙烷组合分配系统示意图。

3. 按管网形式分

（1）均衡管网系统　七氟丙烷管网布置宜设计为均衡系统，均衡管网系统应符合下列规定：各个喷头的设计流量相等；从第1分流点至各喷头的管道阻力损失，其相互间的最大差值不应大于20%。

均衡管网系统的优点在于：灭火剂在防护区里容易做到喷放均匀，有利于灭火；可不考虑灭火剂在管网中的剩余量；可只选用一种规格的喷头，减少了设计工作的计算量。

（2）非均衡管网系统　不符合上述规定的管网系统则称为非均衡管网系统。

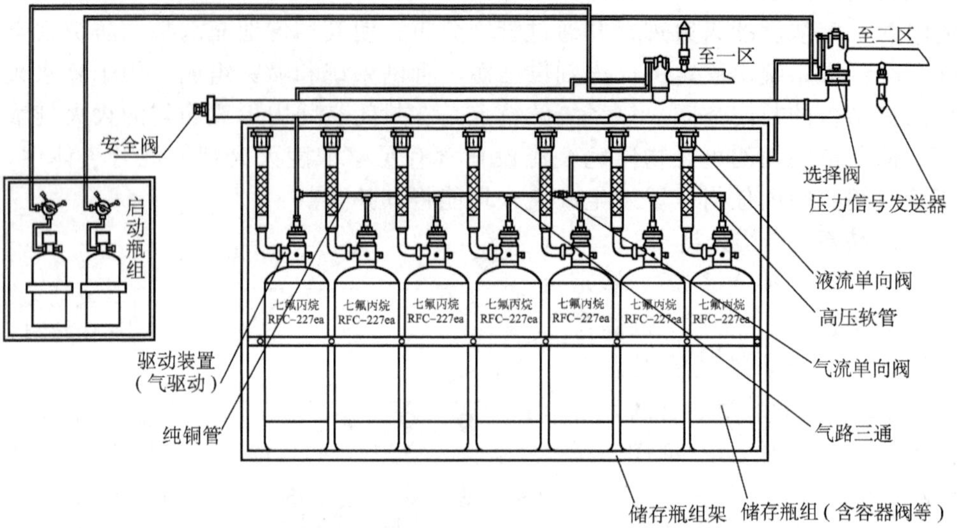

图 3-6　七氟丙烷组合分配系统示意图

4. 七氟丙烷系统主要组件

（1）七氟丙烷储存瓶　其用途是按设计要求充装七氟丙烷灭火剂，火灾发生时将灭火剂释放出去进行灭火。

（2）容器阀组（瓶头阀）　容器阀组由充气阀、安全阀、阀本体、压力表等组成，安装在储存瓶上，并与管网相连。

（3）启动器　安装在容器阀上，由气体灭火控制器提供电信号，开启电磁阀或气动阀，可使驱动阀动作从而释放灭火剂。当遇紧急情况下，启动器也可用手动启动释放灭火剂。

（4）高压软管　用于容器阀与单向阀之间的连接。

（5）液流单向阀　安装在集流管与高压软管之间，防止七氟丙烷从集流管向储存瓶倒流。

（6）集流管　集流管安装在液流单向阀与选择阀之间，用于汇集各瓶组释放的灭火剂，然后通过选择阀等予以分配。

（7）选择阀　用于组合分配灭火系统，安装在集流管上，一个保护区设一个。

（8）安全阀　安装在集流管上，防止超压，以起到保护系统的作用。

（9）压力信号发送器(又称压力开关)　当系统开始释放七氟丙烷时，压力信号器动作发出工作信号给控制器。

（10）喷头　用来喷射雾化灭火剂，使其均匀充满防护区。

（11）气流单向阀　用于组合分配的系统启动管路上，控制启动气流方向。

（12）启动瓶组　启动瓶组内充装压力为6MPa的增压氮气，发生火警时由启动瓶组释放氮气，打开相应的选择阀和七氟丙烷储存瓶组，实施灭火。

3.3.4　七氟丙烷灭火系统的设计要求

1. 防护区的设置要求

（1）防护区的划分　防护区以固定的单个封闭空间来划分；当同一区间的吊顶层和地台下需要保护时，也可合为一个防护区。采用管网灭火系统时，防护区的面积不宜大于800m^2，且容积不宜大于3600m^3。

（2）防护区的设置要求　防护区的最低环境温度不应低于-10℃。防护区围护结构和门的耐火极限均不得低于0.5h，吊顶的耐火极限不得低于0.25h。防护区应保持封闭条件，防护区内尽量不设开口，对必要的开口应采取自动关闭装置，使其在施放灭火剂前自动关闭。

2. 防护区泄压口面积的确定

对于完全封闭的防护区，会由于喷放七氟丙烷而造成保护区内压力升高。因此，应根据围护结构的允许压强保留或专门设置适当的泄压口。泄压口宜设在外墙上，其高度应大于防护区净高的2/3以上。泄压口的面积可按式(3-3)计算

$$F_x = 0.15\frac{Q_x}{\sqrt{p_f}} \tag{3-3}$$

式中　F_x——泄压口面积(m^2)；

Q_x——七氟丙烷在防护区的平均喷放速率(kg/s)；

p_f——围护结构承受内压的允许压力(Pa)，见表3-3。

表3-3　建筑物的内压允许压强

建筑物类型	允许压强/Pa
轻型建筑和高层建筑	1200
标准建筑	2400
重型和地下建筑	4800

3. 持续喷放时间与灭火浸渍时间

在通信机房和计算机房等防护区，七氟丙烷的设计持续喷放时间要求不应大于8s；在其他防护区，设计喷放时间不应大于10s。根据不同的保护对象，七氟丙烷灭火时防护的浸渍时间不同，具体数据见表3-4。

表 3-4　七氟丙烷灭火系统灭火浸渍时间

序　号	火灾类别	浸渍时间/min
1	木材、纸张、织物类等固定表面火灾	20
2	其他固体表面火灾	10
3	通信机房、计算机房等电气、电子设备火灾	5
4	气体或液体火灾	1

4. 喷头设置

（1）喷头布置　喷头的布置必须保证七氟丙烷灭火剂在规定喷放时间里充满整个防护区，并且保证灭火浓度均匀一致。喷头数量取决于防护区的形状、大小及喷头的有效覆盖面积。

（2）喷头高度和保护半径　喷头的最大保护高度不宜大于5m，最小保护高度不应小于0.3m。当防护区高度 $h<1.5m$ 时，喷头的保护半径不应大于4.5m，当防护区高度 $h \geq 1.5m$ 时，喷头的保护半径不应大于7.5m。

（3）喷头安装　喷头应贴近防护区顶面安装，距顶面的最大距离不宜大于0.5m。

3.3.5　七氟丙烷灭火系统的设计计算

1. 一般规定

1）存在爆炸危险的气体和液体类的防护区应采用惰化设计浓度（体积分数）。无爆炸危险的气体、液体类的防护区应采用灭火设计浓度进行消防设计。

七氟丙烷灭火系统的灭火设计浓度不应小于灭火浓度的1.3倍，惰化设计浓度不应小于惰化浓度的1.1倍。灭火浓度可按表3-5和表3-6所示的规定取值。惰化浓度可按表3-7所示的规定取值。

表 3-5　七氟丙烷灭火浓度

可燃物	灭火浓度(%)	可燃物	灭火浓度(%)
甲烷	6.2	丁基醋酸酯	6.6
乙烷	7.5	甲醇	9.9
丙烷	6.3	乙醇	7.6
庚烷	5.8	乙二醇	7.8
正庚烷	6.5	异丙醇	7.3
硝基甲烷	10.1	丁醇	7.1
甲苯	5.1	甲乙酮	6.7
二甲苯	5.3	甲基异丁酮	6.6
乙腈	3.7	丙酮	6.5
乙基醋酸酯	5.6	环戊酮	6.7

（续）

可燃物	灭火浓度(%)	可燃物	灭火浓度(%)
四氢呋喃	7.2	2号柴油	6.7
吗啉	7.3	喷气式发动机燃料(-4)	6.6
汽油(无铅,7.8%乙醇)	6.5	喷气式发动机燃料(-5)	6.6
航空燃料汽油	6.7	变压器油	6.9

注：灭火浓度(%)为体积分数。表3-6、表3-7同。

表3-6　固体类火灾灭火浓度

火灾类型	灭火浓度(%)
A类危险物表面火灾	5.8
图书、档案、票据和文物资料库等	10
油浸变电器室、带油开关的配电室和自备发电机房等	9
通信机房、计算机房等	8

表3-7　七氟丙烷惰化浓度

可燃物	惰化浓度(%)	可燃物	惰化浓度(%)
甲烷	8.0	丙烷	11.6
二氯甲烷	3.4	1-丁烷	11.3
1.1-二氟乙烷	8.6	戊烷	11.6
1-氯1.1二氟乙烷	2.6	乙烯氧化物	13.5

2）防护区实际应用的浓度不应大于灭火设计浓度的1.1倍。

3）七氟丙烷灭火系统应采用氮气增压输送。氮气的含水量不应大于0.006%(体积分数)。储存容器的增压压力宜分为三级：一级（2.5+0.1）MPa(表压)；二级（4.2+0.1）MPa(表压)；三级（5.6+0.1）MPa(表压)。

4）七氟丙烷单位容积的充装量对于一级增压储存容器不应大于1120kg/m³；二级增压焊接结构储存容器不应大于950kg/m³；二级增压无缝结构储存容器不应大于1120kg/m³；三级增压储存容器不应大于1080kg/m³。

2. 七氟丙烷设计用量

（1）灭火设计用量或惰化设计用量　对于给定的封闭空间，为了达到规定的灭火设计浓度或惰化设计浓度，需要喷入的七氟丙烷灭火剂用量按式(3-4)计算

$$W=K\frac{V}{S}\frac{C_1}{(100-C_1)} \tag{3-4}$$

$$S=0.1269+0.000513T \tag{3-5}$$

式中　W——防护区七氟丙烷灭火(或惰化)设计用量(kg)；

C_1——七氟丙烷灭火(或惰化)设计浓度(%)；

S——七氟丙烷过热蒸汽在101kPa大气压和防护区最低环境温度下的质量体积(m^3/kg)；

V——防护区的净容积(m^3)；

K——海拔高度修正系数，可按表3-8所示的规定取值。

T——防护区最低环境温度(℃)。

表3-8　海拔高度修正系数

海拔高度/m	修正系数	海拔高度/m	修正系数
-1000	1.130	2500	0.735
0	1.000	3000	0.690
1000	0.885	3500	0.650
1500	0.830	4000	0.610
2000	0.785	4500	0.565

(2) 系统灭火剂储存量　系统灭火剂储存量为防护区灭火设计用量(或惰化设计用量)、储存容器内的剩余量与管道内的剩余量之和。可按式(3-6)计算

$$W_0=W+\Delta W_1+\Delta W_2 \tag{3-6}$$

式中　W_0——系统灭火剂储存量(kg)；

ΔW_1——储存容器内的灭火剂剩余量(kg)；

ΔW_2——管道内的灭火剂剩余量(kg)。

储存容器内的灭火剂剩余量可按储存容器内引升管管口以下的容器容积量换算。均衡管网和只含一个封闭空间的非均衡管网，其管网内的灭火剂剩余量可不计。防护区中含两个或两个以上封闭空间的非均衡管网，其管网内的灭火剂剩余量可按各支管与最短支管之间长度差值的容积量计算。

3. 管网设计流量

管网计算时，各管道中灭火剂的流量宜采用平均设计流量。管网中主干管平均设计流量按式(3-7)计算

$$Q_w=\frac{W}{t} \tag{3-7}$$

式中　Q_w——主干管平均设计流量(kg/s)；

t——七氟丙烷的喷射时间(s)；

支管平均设计流量按式(3-8)计算

$$Q_g=\sum_{t}^{N_g}Q_c \tag{3-8}$$

式中　Q_g——支管平均设计流量(kg/s)；

N_g——安装在计算支管流程下游的喷头数量(个)；

Q_c——单个喷头的设计流量(kg/s)。

4. 管网阻力损失

1）管网阻力损失宜采用过程中点时储存容器内压力和平均设计流量进行计算。喷放“过程中点”容器压力是指七氟丙烷灭火剂从喷头喷放出去50%时储存容器内的压力。过程中点时储存容器内压力宜按式(3-9)计算

$$p_m=\frac{p_0V_0}{V_0+\frac{W}{2\rho}+V_p} \tag{3-9}$$

$$V_0=nV_b\left(1-\frac{\eta}{\rho}\right) \tag{3-10}$$

式中　p_m——喷放“过程中点”储存容器内压力(MPa)，绝对压力；

p_0——储存容器额定增压压力(MPa)，绝对压力；

V_0——喷放前，全部储存容器内的气相总容积(m^3)；

ρ——七氟丙烷液体密度(kg/m^3)，20℃时为1407kg/m^3；

V_p——管网管道的内容积(m^3)。

n——储存容器的数量(个)；

V_b——储存容器的容量(m^3)；

η——七氟丙烷充装量(kg/m^3)。

2）管网的阻力损失应根据管道种类确定，当采用镀锌钢管时，其阻力损失可按式(3-11)计算

$$\Delta p=\frac{5.75\times10^5\times Q_p^2}{\left(1.74+2\lg\frac{D}{0.12}\right)^2D^5}\cdot L \tag{3-11}$$

式中　Δp——计算管段阻力损失(MPa)；

L——计算管段的计算长度，按管段长度与管件当量长度之和确定(m)；

Q_p——管道流量(kg/s)；

D——管道内径(mm)。

七氟丙烷管网管件的当量长度见表3-9和表3-10。管材为无缝钢管，螺纹接口。

表3-9　异径接头局部阻力损失当量长度

公称直径/mm	当量长度/m		公称直径/mm	当量长度/m	
	缩小	扩大		缩小	扩大
25×20	0.2	0.2	40×32	0.3	0.3
32×20	0.4	0.6	50×25	0.6	1.0
32×25	0.2	0.2	50×32	0.5	0.7
40×20	0.5	0.9	50×40	0.3	0.3
40×25	0.4	0.6	65×32	0.7	1.3

（续）

公称直径/mm	当量长度/m		公称直径/mm	当量长度/m	
	缩小	扩大		缩小	扩大
65×40	0.6	0.9	80×65	0.5	0.5
65×50	0.4	0.4	100×50	1.1	0.9
80×40	0.9	1.6	100×65	0.9	1.3
80×50	0.7	1.1	100×80	0.6	0.6

表3-10　弯头、三通局部阻力损失当量长度

公称直径/mm	局部阻力当量长度/m			
	90°弯头	直通	三　通	
			直路	90°分支路
20	1.5	0.2	0.5	1.7
25	1.8	0.2	0.6	2.0
32	2.2	0.3	0.7	2.5
40	2.8	0.3	0.9	3.2
50	3.5	0.4	1.1	4.0
65	4.5	0.5	1.4	5.0
80	5.2	0.6	1.7	5.8
100	6.4	0.7	2.1	7.3

5. 初选管径

根据管道平均设计流量，采用管道阻力损失控制在0.003~0.02MPa/m之间，按图3-7所示进行选取。

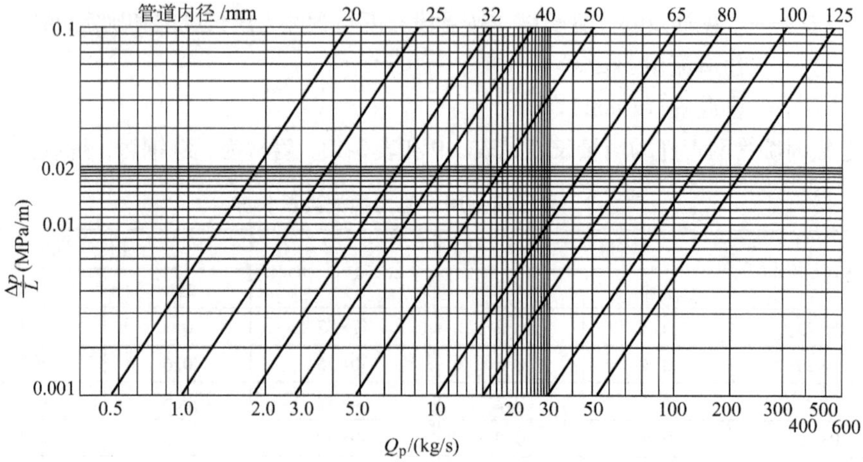

图3-7　镀锌钢管阻力损失与七氟丙烷流量的关系

6. 喷头工作压力

喷头工作压力按式(3-12)计算

$$p_c = p_m - \sum_{1}^{N_d} \Delta p \pm p_h \tag{3-12}$$

式中　p_c——喷头工作压力(MPa)，绝对压力；

p_m——喷放“过程中点”储存容器内压力(MPa)，绝对压力；

$\sum_{1}^{N_d} \Delta p$——系统沿程阻力总损失(MPa)；

N_d——管网中计算管段的数量；

p_h——高程压头(MPa)。

$$p_h = 10^{-6} \rho H g \tag{3-13}$$

式中　H——过程中点时，喷头高度相对储存容器内液面的位差(m)；

ρ——七氟丙烷液体密度(kg/m^3)；

g——重力加速度(m/s^2)。

为了保证系统灭火效果，七氟丙烷灭火系统的喷头工作压力的计算结果应满足：一级增压储存容器的系统 $p_c \geqslant 0.6$MPa(绝对压力)；二级增压储存容器的系统 $p_c \geqslant 0.7$MPa(绝对压力)；三级增压储存容器的系统 $p_c \geqslant 0.8$MPa(绝对压力)。同时 $p_c \geqslant p_m/2$MPa(绝对压力)。

7. 喷头等效孔口面积

喷头等效孔口面积，可按式(3-14)计算

$$F_c = \frac{Q_c}{q_c} \tag{3-14}$$

式中　F_c——喷头等效孔口面积(cm^2)；

Q_c——单个喷头的设计流量(kg/s)；

q_c——等效孔口单位面积喷射率[$kg/(s \cdot cm^2)$]。

等效孔口单位面积喷射率可根据增压压力从表3-11～表3-13中选择。等效孔口流量系数为0.98。

表3-11　增压压力为2.5MPa(表压)时七氟丙烷灭火系统喷头等效孔口单位面积喷射率

喷头入口压力/(MPa,绝对压力)	喷射率/[$kg/(s \cdot cm^2)$]	喷头入口压力/(MPa,绝对压力)	喷射率/[$kg/(s \cdot cm^2)$]
2.1	4.67	1.6	3.62
2.0	4.48	1.5	3.38
1.9	4.28	1.4	3.13
1.8	4.07	1.3	2.86
1.7	3.85	1.2	2.58

（续）

喷头入口压力 /(MPa,绝对压力)	喷射率 /[kg/(s·cm²)]	喷头入口压力 /(MPa,绝对压力)	喷射率 /[kg/(s·cm²)]
1.1	2.28	0.8	1.32
1.0	1.98	0.7	0.97
0.9	1.66	0.6	0.62

表 3-12　增压压力为 4.2MPa(表压)时七氟丙烷灭火系统喷头等效孔口单位面积喷射率

喷头入口压力 /(MPa,绝对压力)	喷射率 /[kg/(s·cm²)]	喷头入口压力 /(MPa,绝对压力)	喷射率 /[kg/(s·cm²)]
3.4	6.04	1.6	3.50
3.2	5.83	1.4	3.05
3.0	5.61	1.3	2.80
2.8	5.37	1.2	2.50
2.6	5.12	1.1	2.20
2.4	4.85	1.0	1.93
2.2	4.55	0.9	1.62
2.0	4.25	0.8	1.27
1.8	3.90	0.7	0.90

表 3-13　增压压力为 5.6MPa(表压)时七氟丙烷灭火系统喷头等效孔口单位面积喷射率

喷头入口压力 /(MPa,绝对压力)	喷射率 /[kg/(s·cm²)]	喷头入口压力 /(MPa,绝对压力)	喷射率 /[kg/(s·cm²)]
4.5	6.49	2.0	4.16
4.2	6.39	1.8	3.78
3.9	6.25	1.6	3.34
3.6	6.10	1.4	2.81
3.3	5.89	1.3	2.50
3.0	5.59	1.2	2.15
2.8	5.36	1.1	1.78
2.6	5.10	1.0	1.35
2.4	4.81	0.9	0.88
2.2	4.50	0.8	0.40

8. 计算例题

某通信机房，房高4.0m，长14m，宽6m，要求采用七氟丙烷灭火系统进行保护。

（1）确定灭火设计浓度　通信机房灭火浓度取 $C_1=8\%$

（2）计算保护空间实际容积　$V=4\times14\times6\text{m}^3=336\text{m}^3$

（3）计算灭火剂设计用量　按式(3-4)计算灭火剂设计用量

$$W=K\frac{V}{S}\cdot\frac{C_1}{(100-C_1)}$$

其中，$K=1$；$S=(0.1269+0.000513\times20)\text{m}^3/\text{kg}=0.13716\text{m}^3/\text{kg}$

则
$$W=\frac{336}{0.13716}\times\frac{8}{(100-8)}\text{kg}=213.0\text{kg}$$

（4）设定灭火剂喷放时间　灭火剂喷放时间取 $t=7\text{s}$。

（5）设定喷头布置与数量　选用JP型喷头，其保护半径 $R=5\text{m}$，故设定喷头为2只，按保护区平面均匀布置喷头。

（6）选定灭火剂储存容器规格及数量　根据 $W=213.0\text{kg}$，选用100L的储存钢瓶3个。

（7）绘出系统管网计算图　如图3-8所示。

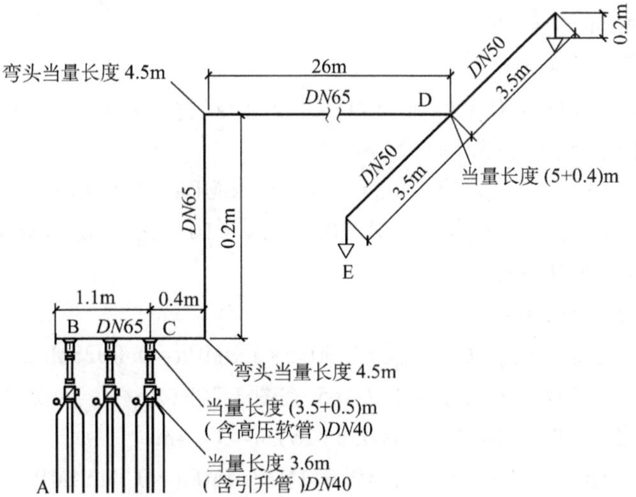

图3-8　系统管网计算图

（8）计算管道平均设计流量

主干管　$$Q_w=\frac{W}{t}=(213.0/7)\ \text{kg/s}=30.4\text{kg/s}$$

支管　$$Q_g=Q_w/2=15.2\text{kg/s}$$

储存容器出流管　$Q_p=\frac{W}{nt}=[(213.0/3)/7]\text{ kg/s}=10.14\text{kg/s}$

(9) 初定管网管道直径　以管道平均设计流量，依据图3-7所示选取管道直径，将结果标在管网计算图上。

(10) 计算充装率　系统储存量　$W_0=W+\Delta W_1+\Delta W_2$

因是均衡管网，管网内剩余量可不计　$\Delta W_2=0$

储存容器内剩余量　$\Delta W_1=n\times3.5=3\times3.5\text{kg}=10.5\text{kg}$

充装率　$\eta=W_0/(nV_b)=[(213.0+10.5)/(3\times0.1)]\text{ kg/m}^3=743.3\text{kg/m}^3$

(11) 计算管网管道内容积　依据管网计算图上管段长度求算

$$V_p=(29.5\times3.42+7.4\times1.96)\text{dm}^3=115.4\text{dm}^3$$

(12) 选用额定增压压力　选用 $p_0=4.3\text{MPa}$(绝对压力)。

(13) 计算全部储存容器气相总容积

$$V_0=nV_b\left(1-\frac{\eta}{\rho}\right)=3\times0.1(1-743.3/1407)\text{m}^3=0.1415\text{m}^3$$

(14) 计算"过程中点"储存容器内压力

$$p_m=\frac{p_0V_0}{V_0+\frac{W}{2\rho}+V_p}=(4.3\times0.1415)/[0.1415+213.0/(2\times1407)+0.1154]\text{ MPa}$$

$$=1.840\text{MPa(绝对压力)}$$

(15) 计算管路损失

1) $A\text{-}B$段：以 $Q_p=10.14\text{kg/s}$ 及 $DN40$，查图3-7得 $(\Delta p/L)_{AB}=0.015\text{MPa/m}$

计算长度 $L_{AB}=(3.6+3.5+0.5)\text{m}=7.6\text{m}$

$$\Delta p_{AB}=(\Delta p/L)_{AB}L_{AB}=0.015\times7.6\text{MPa}=0.114\text{MPa}$$

2) $B\text{-}C$段：以 $0.55Q_w=0.55\times30.4\text{kg/s}=16.7\text{kg/s}$ 及 $DN65$，查图3-7得 $(\Delta p/L)_{BC}=0.0035\text{MPa/m}$

计算长度 $L_{BC}=0.8\text{m}$

$$\Delta p_{BC}=(\Delta p/L)_{BC}L_{BC}=0.0035\times0.8\text{MPa}=0.0028\text{MPa}$$

3) $C\text{-}D$段：以 $Q_w=30.4\text{kg/s}$ 及 $DN65$，查图3-7得 $(\Delta p/L)_{CD}=0.011\text{MPa/m}$

计算长度 $L_{CD}=(0.4+4.5+2.0+4.5+26)\text{m}=37.4\text{m}$

$$\Delta p_{CD}=(\Delta p/L)_{CD}L_{CD}=0.011\times37.4\text{MPa}=0.4114\text{MPa}$$

4) $D\text{-}E$段：以 $Q_g=15.2\text{kg/s}$ 及 $DN50$，查图3-7得 $(\Delta p/L)_{DE}=0.015\text{MPa/m}$

计算长度 $L_{DE}=(5+0.4+3.5+0.2)\text{m}=9.1\text{m}$

$$\Delta p_{DE}=(\Delta p/L)_{DE}L_{DE}=0.015\times9.1\text{MPa}=0.1365\text{MPa}$$

5) 计算管路总损失：

$$\sum_1^{N_d}\Delta p=\Delta p_{AB}+\Delta p_{BC}+\Delta p_{CD}+\Delta p_{DE}=(0.114+0.0028+0.4114+0.1365)\text{MPa}$$

$=0.6647\mathrm{MPa}$

（16）计算高程压头 “过程中点”时，喷头高度相对储存容器内液面的位差$H=3.0\mathrm{m}$，依据式(3-13)有

$$p_{\mathrm{h}}=10^{-6}\rho Hg=10^{-6}\times1407\times3.0\times9.81\mathrm{MPa}=0.0414\mathrm{MPa}$$

（17）计算喷头工作压力

$$p_{\mathrm{c}}=p_{\mathrm{m}}-\sum_{1}^{N_{\mathrm{d}}}\Delta p\pm p_{\mathrm{h}}=(1.840-0.6647-0.0414)\mathrm{MPa}=1.134\mathrm{MPa}(绝对压力)$$

（18）验算设计计算结果

1）$p_{\mathrm{c}}\geqslant0.7\mathrm{MPa}$(绝对压力)；

2）$p_{\mathrm{c}}\geqslant\dfrac{p_{\mathrm{m}}}{2}=(1.840/2)\ \mathrm{MPa}=0.920\mathrm{MPa}$(绝对压力)。

计算喷头压力满足要求，合格。

（19）计算喷头等效孔口面积及确定喷头规格 以$p_{\mathrm{c}}=1.134\mathrm{MPa}$从表3-12中查得喷头等效孔口单位面积喷射率$q_{\mathrm{c}}=2.21(\mathrm{kg/s})/\mathrm{cm}^2$

又，喷头平均设计流量 $Q_{\mathrm{c}}=W/2=15.2\mathrm{kg/s}$

求得喷头等效孔口面积 $F_{\mathrm{c}}=\dfrac{Q_{\mathrm{c}}}{q_{\mathrm{c}}}=15.2/2.21\mathrm{cm}^2=6.87\mathrm{cm}^2$

由此，即可依据求得的F_{c}值，选用JP-38型喷头两只。

3.4 二氧化碳灭火系统

3.4.1 概述

在常温常压条件下，二氧化碳为气相，是一种无色、无味、无毒、干燥的惰性气体，密度约是空气的1.53倍。二氧化碳无腐蚀性、不导电，灭火后完全气化，没有残留物，不污损保护物，对大气臭氧层无破坏；其来源广泛、价格低廉，长期储存不变质。二氧化碳灭火系统在高温环境和低温环境均适用，能够用于扑救多种类型的火灾。

二氧化碳灭火剂主要以窒息、冷却进行灭火，为纯物理作用。在灭火时，二氧化碳从储存容器中释放出来，分布于燃烧物的周围，稀释周围空气中的氧含量，当空气中二氧化碳体积分数达到30%~35%时，绝大多数可燃物将被窒息。其次，二氧化碳从储存容器中喷射出来，压力骤然下降，二氧化碳迅即由液态转变为气态时，由于膨胀作用而吸收热量，对防护区或保护对象有一定的冷却作用。

3.4.2 二氧化碳灭火系统的适用范围

1）二氧化碳灭火系统可以用于扑救下列火灾：①灭火前可切断气源的气体

火灾；②液体火灾或可熔化的固体火灾(如石蜡、沥青)；③固体表面火灾及部分固体的深位火灾(如棉花、纺织物、纸张等)；④电气火灾。

二氧化碳灭火系统应用的场所和设备有：计算机房、通信机房、电视发射塔微波室、数据贮存库、图书馆、档案库、银行金库、食品仓库、烟草库、棉花库、皮毛库、纸张库、纤维材料库、发电机房、油浸变压器室、配电房、开关室、浸油槽、熔化槽、油漆间、电缆间、电缆沟、电气老化间、喷漆生产线、干燥设备、除尘设备、炊事炉灶、轧制机、轮转印刷机、纺织机及煤气间、煤粉仓、船舶机舱、货舱等。

2）二氧化碳灭火系统不得用于扑救下列物质的火灾：①含氧化剂的化学制品火灾(如硝化纤维、火药等)；②活泼金属火灾(如钾、钠、镁、钛、锆等)；③金属氢化物(如氢化钾、氢化钠等)。

3.4.3　二氧化碳灭火系统的类型及组成

1. 二氧化碳灭火系统的类型

(1) 按防护区特征和灭火的方式分类　可分为全淹没灭火系统和局部应用灭火系统。

全淹没灭火系统是指在规定时间内，向防护区喷射一定浓度的二氧化碳，并使其均匀地充满整个防护区的灭火系统。这种系统用于有永久性围护结构的封闭空间，如计算机房、通信机房、图书馆、档案库等。

局部应用灭火系统是指在灭火过程中向保护对象以设计喷射强度直接喷射二氧化碳，并持续一定时间的灭火系统。要求喷头能使二氧化碳穿透火焰、直接集中地喷放在燃烧的物体上，在燃烧物的燃烧表面上达到一定的供给强度，并延续一定时间。故局部应用灭火方式要求二氧化碳必须实现液相喷放。如用于轧机、淬火槽、喷漆桶、注油变压器浸渍罐和蒸气泄放口等。需要注意的是，二氧化碳局部应用灭火方式只能用于扑灭表面火灾(包括固体表面火灾)，不可用于扑救深处火灾。

(2) 按系统管网结构分类　二氧化碳灭火系统分为组合分配系统和单元独立系统。

(3) 按系统管网布置方式分类　可分为均衡管网和非均衡管网系统。

1）均衡系统的管网具备以下三个条件：①从储存容器到每个喷嘴的管道长度应大于最长管道长度的90%；②从储存容器到每个喷嘴的管道计算长度大于最长管道计算长度的90%(管道计算长度=管道实长+管件当量长度)；③每个喷嘴的平均设计质量流量相等。

2）不具备以上条件的管网系统则称为非均衡管网系统。

(4) 按储存容器中的储存压力分类　可分高压储存系统和低压储存系统。

高压储存系统的储存压力为5.17MPa。高压储存容器中，二氧化碳的温度与储存地点的环境温度有关，容器必须能够承受最高温度所产生的压力。

低压系统储存压力为2.07MPa。储存容器中二氧化碳的温度利用隔热和制冷手段被控制在大约-18℃。典型的低压储存装置是压力容器外包一个密封金属壳，壳内有隔热层，在一端安装一个标准的制冷机装置，把它的冷却蛇管装入容器内。

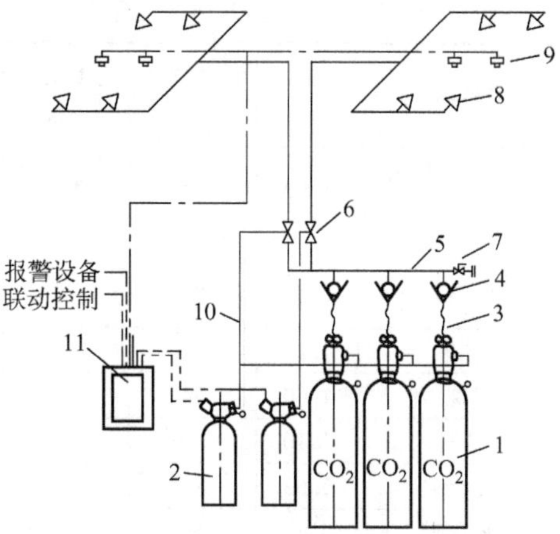

图3-9 二氧化碳灭火系统组成

1—二氧化碳储存容器 2—启动用气容器 3—连接软管 4—单向阀 5—集流管 6—选择阀 7—安全阀 8—喷头 9—火灾探测器 10—操作管 11—火灾报警控制器

2. 二氧化碳灭火系统的组成

二氧化碳自动灭火系统一般为有管网系统，主要由气体灭火报警控制系统、火灾探测系统、灭火剂储存瓶、容器阀、选择阀、连接软管和单向阀、气路控制阀、压力开关、喷嘴、启动气源储存瓶、管道及附件等组成，如图3-9所示。对于低压二氧化碳灭火系统还有制冷装置、压力变送器等。

3.4.4 二氧化碳灭火系统的设计计算

1. 全淹没灭火系统的设计

(1) 防护区的要求 对气体、液体、电气火灾和固体表面火灾，在喷放二氧化碳前不能自动关闭的开口其面积不应大于防护区总内表面积的3%，且开口不应设在底面。

对固体深位火灾除泄压口以外的开口在喷放二氧化碳前应自动关闭。

防护区的围护结构及门窗的耐火极限不应低于0.5h，吊顶的耐火极限不应低于0.25h。围护结构及门窗的允许压力不宜小于1200Pa。

防护区用的通风机和通风管道中的防火阀在喷放二氧化碳前应自动关闭。

(2) 灭火剂的设计浓度 二氧化碳设计浓度不应小于灭火浓度的1.7倍，并不得低于34%(体积分数)。可燃物的二氧化碳设计浓度可参照表3-14所示采用。当防护区内存有两种及两种以上可燃物时，防护区的二氧化碳设计浓度应采用可燃物中最大的二氧化碳设计浓度。

表3-14　二氧化碳灭火设计浓度和抑制时间

可燃物	K_b	设计浓度(%)	抑制时间/min	可燃物	K_b	设计浓度(%)	抑制时间/min
丙烷	1.00	34	—	航空燃料115号/145号	1.05	36	—
乙炔	2.57	66	—	粗苯(安息油、偏苏油)、苯	1.10	37	—
丁二烯	1.26	41	—	醋酸甲酯	1.03	35	—
丁烷	1.00	34	—	甲醇	1.22	40	—
丁烯-1	1.10	37	—	甲基丁烯-1	1.86	36	—
二硫化碳	3.03	72	—	甲基乙基酮(丁酮)	1.22	40	—
一氧化碳	2.43	64	—	甲酸甲酯	1.18	39	—
煤气或天然气	1.10	37	—	戊烷	1.03	35	—
环丙烷	1.10	37	—	石脑油	1.00	34	—
柴油	1.00	34	—	丙烷	1.06	36	—
二乙基醚	1.22	40	—	丙烯	1.06	36	—
二甲醚	1.22	40	—	淬火油(灭弧油)、润滑油	1.00	34	—
二苯与氧化物的混合物	1.47	46	—	纤维材料	2.25	62	20
乙烷	1.22	40	—	棉花	2.00	58	20
乙醇(酒精)	1.34	43	—	纸张	2.25	62	20
乙醚	1.47	46	—	塑料(颗粒)	2.00	58	20
乙烯	1.60	49	—	聚苯乙烯	1.00	34	—
二氯乙烯	1.00	34	—	聚氨基甲酸酯(硬)	1.00	34	—
环氧乙烷	1.80	53	—	电缆间和电缆沟	1.50	47	10
汽油	1.00	34	—	数据贮存间	2.25	62	20
已烷	1.03	35	—	计算机房	1.50	47	10
正庚烷	1.03	35	—	电气开关和配电室	1.20	40	10
正辛烷	1.03	35	—	带冷却系统的发电机	2.00	58	至停机止
氢	3.30	75	—	油浸变压器	2.00	58	—
硫化氢	1.06	36	—	数据打印设备间	2.25	62	20
异丁烷	1.06	36	—	油漆间和干燥设备	1.20	40	—
异丁烯	1.00	34	—	纺织机	2.00	58	—
甲酸异丁酯	1.00	34	—	电气绝缘材料	1.50	47	10
航空煤油JP-4	1.06	36	—	皮毛贮存间	3.30	75	20
煤油	1.00	34	—	吸尘装置	3.30	75	20
甲烷	1.00	34	—	通信设备房	1.50	47	10

注：设计浓度(%)为体积分数。

(3)系统储存量　二氧化碳的设计用量按式(3-15)计算

$$M=K_b(K_1A+K_2V) \tag{3-15}$$

$$A=A_v+30A_0 \tag{3-16}$$

$$V=V_v-V_g \tag{3-17}$$

式中　M——二氧化碳设计用量(kg)；

K_b——物质系数，见表 3-14；

K_1——面积系数(kg/m^2)，取 0.2kg/m^2；

K_2——体积系数(kg/m^3)，取 0.7kg/m^3；

A——折算面积(m^2)；

A_v——防护区的内侧面、底面、顶面(包括其中的开口)的总面积(m^2)；

A_0——开口总面积(m^2)；

V——防护区的净容积(m^3)；

V_v——防护区容积(m^3)；

V_g——防护区内非燃烧体和难燃烧体的总体积(m^3)。

当防护区的环境温度超过 100℃时，每升高 5℃二氧化碳的设计用量增加 2%；当防护区的环境温度低于-20℃时，每降低 1℃二氧化碳的设计用量增加 2%。

(4) 防护区泄压口　防护区应设置泄压口，并宜设在外墙上，其高度应大于防护区净高的 2/3。当防护区设有防爆泄压孔时可不单独设置泄压口。泄压口的面积可按式(3-18)计算

$$A_x=0.0076\frac{Q_t}{\sqrt{p_t}} \tag{3-18}$$

式中　A_x——泄压口面积(m^2)；

Q_t——二氧化碳喷射率(kg/min)；

p_t——围护结构的允许压力(Pa)。

(5) 持续喷放时间　全淹没灭火系统二氧化碳的喷放时间不应大于 1min，当扑救固体深位火灾时，喷放时间不应大于 7min，并应在前 2min 内使二氧化碳的体积分数达到 30%。二氧化碳扑救固体深位火灾的抑制时间按表 3-14 所示采用。

2. 局部应用灭火系统的设计

(1) 局部应用灭火系统的要求　保护对象周围的空气流动速度不宜大于 3m/s，必要时应采取挡风措施；在喷头与保护对象之间，喷头喷射角范围内不应有遮挡物；当保护对象为可燃液体时，液面至容器缘口的距离不得小于 150mm。

二氧化碳喷射时间不应小于 0.5min。对于燃点温度低于沸点温度的液体和可熔化固体的火灾，二氧化碳的喷射时间不应小于 1.5min。

设计可采用面积法或体积法，当保护对象的着火部位是比较平直的表面时宜采用面积法；当着火对象为不规则物体时应采用体积法。

（2）面积法　保护对象计算面积应取被保护表面整体的垂直投影面积。架空型喷头应以喷头的出口至保护对象表面的距离确定设计流量和相应的正方形保护面积。槽边型喷头保护面积应由设计选定的喷头设计流量确定。

架空型喷头的布置宜垂直于保护对象的表面，其瞄准点应是喷头保护面积的中心。当确需非垂直布置时，喷头的安装角不应小于 45°。其瞄准点应偏向喷头安装位置的一方，如图 3-10 所示。喷头偏离保护面积中心的距离可按表 3-15 所示确定。

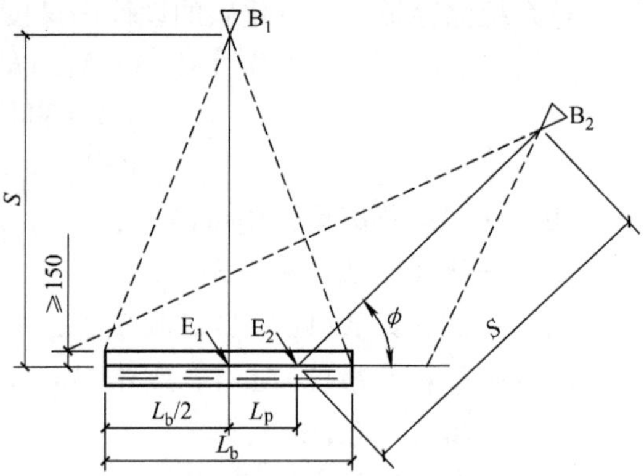

图 3-10　架空喷头布置方法

B_1、B_2—喷头布置位置　E_1、E_2—喷头瞄准点

S—喷头出口至瞄准点的距离

L_b—单个喷头正方形保护面积的边长

L_p—瞄准点偏离喷头保护面积中心的距离

ϕ—喷头安装角

表 3-15　喷头偏离保护面积中心的距离

喷头安装角	喷头偏离保护面积中心的距离/m
45°～60°	$0.25L_b$
60°～75°	$0.25 \sim 0.125L_b$
75°～90°	$0.125L_b \sim 0$

二氧化碳的设计用量可按式(3-19)计算

$$M = NQ_i t \tag{3-19}$$

式中　M——二氧化碳设计用量(kg)；

N——喷头数量；

Q_i——单个喷头的设计流量(kg/min)；

t——喷射时间(min)。

（3）体积法　采用体积法时，保护对象的计算体积应采用假定的封闭罩的体积，封闭罩的底应是保护对象的实际底面，封闭罩的侧面及顶部当无实际围封结构时，它们至保护对象外缘的距离不应小于 0.6m。

二氧化碳的单位体积的喷射率按式(3-20)计算

$$q_v = K_b\left(16 - \frac{12A_p}{A_t}\right) \tag{3-20}$$

式中 q_v——单位体积的喷射率[kg/(min·m³)]；

A_t——假定的封闭罩侧面围封面面积(m²)；

A_p——在假定的封闭罩中存在的实体墙等实际围封面的面积(m²)。

二氧化碳设计用量按式(3-21)计算

$$M=V_1q_vT \tag{3-21}$$

式中 V_1——保护对象的计算体积(m³)。

(4) 二氧化碳的储存量计算

$$M_c=K_mM+M_v+M_s+M_r \tag{3-22}$$

$$M_v=\frac{M_gc_p(T_1-T_2)}{H} \tag{3-23}$$

$$M_r=\sum V_i\rho_i(\text{低压系统}) \tag{3-24}$$

$$\rho_i=-261.6718+545.9939p_i-114740p_i^2-230.9276p_i^3+122.4873p_i^4 \tag{3-25}$$

$$p_i=\frac{p_{j-1}+p_j}{2} \tag{3-26}$$

式中 M_c——二氧化碳储存量(kg)；

K_m——裕度系数，对全淹没系统取1；对局部应用系统：高压系统取1.4，低压系统取1.1；

M_v——二氧化碳在管道中的蒸发量(kg)，高压全淹没系统取0；

M_g——管道质量(kg)；

c_p——管道金属材料的比热容[kJ/(kg·℃)]，钢管可取0.46kJ/(kg·℃)；

T_1——二氧化碳喷射前管道的平均温度(℃)，可取环境平均温度；

T_2——二氧化碳平均温度，高压系统取15.6℃，低压系统取-20.6℃；

H——二氧化碳蒸发热(kJ/kg)，高压系统取150.7kJ/kg，低压系统取276.3kJ/kg；

M_s——储存容器内的二氧化碳剩余量(kg)；

M_r——管道内的二氧化碳剩余量(kg)，高压系统取0；

V_i——管网内第i段管道的容积(m³)；

ρ_i——第i段管道内二氧化碳平均密度(kg/m³)；

p_i——第i段管道内的平均压力(MPa)；

p_{j-1}——第j段管道首端的节点压力(MPa)；

p_j——第j段管道末端的节点压力(MPa)。

(5) 储存容器数量 高压系统储存容器数量可按式(3-27)计算

$$N_p=\frac{M_c}{\alpha V_0} \tag{3-27}$$

式中　N_p——高压系统储存容量数量；

α——充装系数(kg/L)；

V_0——单个储存容器的容积(L)。

低压系统储存容器的规格应依据二氧化碳储存量确定。

3. 二氧化碳灭火系统管网计算

（1）管道流量　管网中干管的设计流量按式(3-28)计算

$$Q=\frac{M}{t} \tag{3-28}$$

式中　Q——管道的设计流量(kg/min)。

管网中支管的设计流量按式(3-29)计算

$$Q=\sum_{1}^{N_g} Q_i \tag{3-29}$$

式中　N_g——安装在计算支管流程下游的喷头数量；

Q_i——单个喷头的设计流量(kg/min)。

（2）管道内径　管道内径按式(3-30)计算

$$D=K_d\sqrt{Q} \tag{3-30}$$

式中　D——管道内径(mm)；

K_d——管径系数，取值范围1.41~3.78。

（3）管段的计算长度　管段的计算长度应为管道的实际长度与管道附件当量长度之和，管道附件的当量长度可按表3-16所示采用。

表3-16　管道附件的当量长度

管道公称直径/mm	螺纹连接			焊接		
	90°弯头/m	三通的直通部分/m	三通的侧通部分/m	90°弯头/m	三通的直通部分/m	三通的侧通部分/m
15	0.52	0.30	1.04	0.24	0.21	0.64
20	0.67	0.43	1.37	0.33	0.27	0.85
25	0.85	0.55	1.74	0.43	0.34	1.07
32	1.13	0.70	2.29	0.55	0.46	1.40
40	1.31	0.82	2.65	0.64	0.52	1.65
50	1.68	1.07	3.42	0.85	0.67	2.10
65	2.01	1.25	4.09	1.01	0.82	2.50
80	2.05	1.56	5.06	1.25	1.01	3.11
100				1.65	1.34	4.09
125				2.04	1.68	5.12
150				2.47	2.01	6.16

(4)管道压力降　管道压力降可按式(3-31)计算

$$Q^2=\frac{0.8725\times10^{-4}D^{5.25}Y}{L+(0.04319\times D^{1.25}Z)} \tag{3-31}$$

式中　D——管道内径(mm);

L——管段计算长度(m);

Y——压力系数($MPa\cdot kg/m^3$),查表 3-17 或表 3-18;

Z——密度系数,查表 3-17 或表 3-18。

表 3-17　高压系统的 Y 值和 Z 值

压力/MPa	$Y/(MPa\cdot kg/m^3)$	Z	压力/MPa	$Y/(MPa\cdot kg/m^3)$	Z
5.17	0	0	3.50	927.7	0.830
5.10	55.4	0.0035	3.25	1005.0	0.950
5.05	97.2	0.0600	3.00	1082.3	1.086
5.00	132.5	0.0825	2.75	1150.7	1.240
4.75	303.7	0.210	2.50	1219.3	1.430
4.50	461.6	0.330	2.25	1250.2	1.620
4.25	612.9	0.427	2.00	1285.5	1.840
4.00	725.6	0.570	1.75	1318.7	2.140
3.75	828.3	0.700	1.40	1340.8	2.590

表 3-18　低压系统的 Y 值和 Z 值

压力/MPa	$Y/(MPa\cdot kg/m^3)$	Z	压力/MPa	$Y/(MPa\cdot kg/m^3)$	Z
2.07	0	0	1.5	369.6	0.994
2.0	66.5	0.12	1.4	404.5	1.169
1.9	150.0	0.295	1.3	433.8	1.344
1.8	220.1	0.470	1.2	458.4	1.519
1.7	279.0	0.645	1.1	478.9	1.693
1.6	328.5	0.820	1.0	496.2	1.868

(5) 管道高程压力校正　管道高程压力校正系数,可查表 3-19。终点高度低于起点的取正值,终点高度高于起点的取负值。

(6) 低压系统获得均相流的延迟时间　低压系统获得均相流的延迟时间对全淹没灭火系统和局部应用灭火系统分别不应大于 60s 和 30s。

表 3-19　高程校正系数

高压系统的高程校正系数		低压系统的高程校正系数	
管道平均压力/MPa	高程校正系数 K_h/(MPa/m)	管道平均压力/MPa	高程校正系数 K_h/(MPa/m)
5.17	0.0080	2.07	0.0100
4.83	0.0068	1.93	0.0078
4.48	0.0058	1.79	0.0060
4.14	0.0049	1.65	0.0047
3.79	0.0040	1.52	0.0038
3.45	0.0034	1.38	0.0030
3.10	0.0028	1.24	0.0024
2.76	0.0024	1.10	0.0019
2.41	0.0019	1.00	0.0016
2.07	0.0016		
1.72	0.0012		
1.40	0.0010		

其延迟时间可按式(3-32)计算

$$t_d=\frac{M_g c_p(T_1-T_2)}{0.507Q}+\frac{16850V_d}{Q} \tag{3-32}$$

式中　t_d——延迟时间(s)；

M_g——管道质量(kg)；

c_p——管道金属材料的比热容[kJ/(kg · ℃)]，钢管可取 0.46[kJ/(kg · ℃)]；

T_1——二氧化碳喷射前管道的平均温度(℃)，可取环境平均温度；

T_2——二氧化碳平均温度(℃)，取-20.6℃；

V_d——管道容积(m^3)；

Q——二氧化碳在管道内的质量流量(kg/min)。

(7) 喷头入口绝对压力计算值　高压系统不应小于 1.4MPa，低压系统不应小于 1.0MPa。

(8) 喷头等效孔口面积　喷头等效孔口面积应按式(3-33)计算

$$F=\frac{Q_i}{q_0} \tag{3-33}$$

式中　F——喷头等效孔口面积(mm^2)；

q_0——等效孔口面积的喷射率[kg/(min·mm²)]，见表3-20。

(9) 喷头规格 应根据等效孔口面积确定。

表3-20 喷头入口压力与单位面积的喷射率

高压系统单位等效孔口面积的喷射率		低压系统单位等效孔口面积的喷射率	
喷头入口压力/MPa	喷射率 q_0/[kg/(min·mm^2)]	喷头入口压力/MPa	喷射率 q_0/[kg/(min·mm^2)]
5.17	3.255	2.07	2.967
5.00	2.703	2.00	2.039
4.83	2.401	1.93	1.670
4.65	2.172	1.86	1.441
4.48	1.993	1.79	1.283
4.31	1.839	1.72	1.164
4.14	1.705	1.65	1.072
3.96	1.589	1.59	0.9913
3.79	1.487	1.52	0.9175
3.62	1.396	1.45	0.8507
3.45	1.308	1.38	0.7910
3.28	1.223	1.31	0.7368
3.10	1.139	1.24	0.6869
2.93	1.062	1.17	0.6412
2.76	0.9843	1.10	0.5990
2.59	0.9070	1.00	0.5400
2.41	0.8296		
2.24	0.7593		
2.07	0.6890		
1.72	0.5484		
1.40	0.4833		

3.5 气溶胶灭火系统

3.5.1 气溶胶灭火剂

气溶胶是液体或固体微粒悬浮于气体分散介质中形成的一种溶胶，是能通过固体微粒的分解和气化实现吸热、冷却，吸收活性物质抑制化学链反应等机理进行灭火的。气溶胶灭火剂可以分为两种类型：一种是在气溶胶灭火剂释放之前，气体分散介质和被分散介质是稳定存在的，气溶胶灭火剂的释放即气体分散液体或固体灭火剂形成气溶胶的过程；另一种是气溶胶灭火剂的释放经过了燃烧反应，反应产物中既有固体又有气体，气体分散固体颗粒形成气溶胶，也可称为气溶胶发生剂。根据产生气溶胶时的温度可分为冷气溶胶和热气溶胶。热气溶胶是指由固体化学混合物（热气溶胶发生剂）经化学反应生成的具有灭火性质的气溶胶，包括S型热气溶胶、K型热气溶胶和其他型热气溶胶。

S型热气溶胶是指由含有硝酸锶［$Sr(NO_3)_2$］和硝酸钾（KNO_3）复合氧化剂的固体气溶胶发生剂经化学反应所产生的灭火气溶胶。其中复合氧化剂的组成（按质量分数）硝酸锶为35%~50%，硝酸钾为10%~20%。K型热气溶胶是指由以硝酸钾为主氧化剂的固体气溶胶发生剂经化学反应所产生的灭火气溶胶。固体气溶胶发生剂中硝酸钾的含量（按质量分数）不小于30%。非K型和S型热气溶胶称为其他型热气溶胶。

3.5.2　气溶胶灭火系统特点及适用范围

（1）气溶胶灭火系统的特点　气溶胶灭火系统的优点是：系统简单、价格低廉、无腐蚀、无污染、无毒无害，对臭氧层无耗损，残留物很少，高速高效、全淹没、全方位灭火；从试验结果看，气溶胶灭火剂的灭火效力是卤代烷1301的4倍，卤代烷1301计划替代物的10倍，标准干粉灭火剂的6倍，是理想的卤代烷替代物。但是高温技术灭火气溶胶在引燃时，喷出火焰可达1m远，因此需要设隔离区，防止人员受伤；非高温技术灭火气溶胶不能被长距离输送，必须格外注意系统的设计；气溶胶释放后会形成浓重的烟雾，能见度小于1m，影响人员逃生（火场的能见度<3m时逃生很困难）。

（2）适用范围　热气溶胶可扑救下列火灾：电气火灾、固体表面火灾、液体火灾、灭火前能切断气源的气体火灾。

但要注意的是，除用于电缆隧道（夹层、井）及自备发电机房外，K型和其他型热气溶胶预制灭火系统不得用于其他电气火灾。

（3）不适用于扑救的火灾

1）硝化纤维、硝酸钠等氧化剂或含氧化剂的化学制品火灾。

2）钾、镁、钠、钛、锆、铀等活泼金属火灾。

3）氢化钾、氢化钠等金属氢化物火灾。

4）过氧化氢、联胺等能自行分解的化学物质火灾。

5）可燃固体物质的深位火灾。

（4）不适于扑救的场所　热气溶胶预制灭火系统不应设置在人员密集场所、有爆炸危险性的场所及有超净要求的场所。K型及其他型热气溶胶预制灭火系统不得用于计算机房、通信机房等场所。

3.5.3 气溶胶灭火系统组成

气溶胶灭火系统由气溶胶灭火装置、驱动控制装置及火灾探测器、释放指示灯、紧急启停按钮、联运模块和联运相关设备等组成。独立防护区的气溶胶灭火系统，如图3-11所示。

(1) 气溶胶灭火装置 使气溶胶发生剂通过燃烧反应产生气溶胶灭火剂的装置。通常由引发器、气溶胶发生剂和发生器、冷却装置(剂)、反馈元件、外壳及与之配套的火灾探测装置和控制装置组成。可按灭火剂用量预装成不同的规格系列。

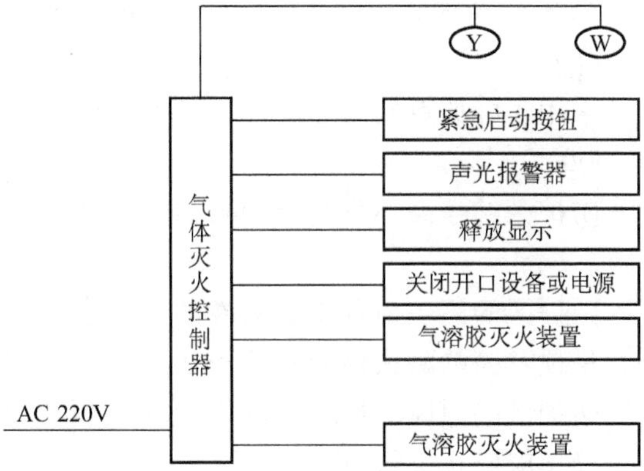

图3-11 独立防护区的气溶胶灭火系统

(2) 灭火控制器 控制器接收火灾探测器发出的火灾信号，并做出判断，一方面输出火灾报警信号，另一方面输出控制信号，关闭设备(如空调、放下防火卷帘等)，并启动气溶胶灭火装置。

(3) 火灾探测器 火灾探测器有感烟、感温探测器，发生火灾时发出信号传递给灭火控制器。

3.5.4 气溶胶灭火系统的控制方式

气溶胶灭火系统具有自动控制和手动控制两种启动方式。在防护区内主要是由室内的温感和烟感两种探测器来完成火灾信号的收集，也可以人为发现火灾时手动启停灭火装置。当防护区内的两种探测器中的任何一种探测器发出火灾信号后，气体灭火控制器(盘)就会立即收到火灾信号，经CPU运算判断确认后，发出火灾预警信号。当两种探测器同时发出火灾信号时，气体灭火控制器(盘)开始执行启动程序，一方面输出火灾报警信号，另一方面输出一路启动信号(如关闭空调、放下防火卷帘等)，同时发出启动信号，延时30s启动热气溶胶自动灭火装置，以便人员疏散。灭火装置一经启动，就有反馈信号反馈给气体灭火控制器(盘)，并接通释放显示灯。在紧急情况下，可以通过紧急启停按钮控制灭火装置。气溶胶灭火系统控制程序，如图3-12所示。

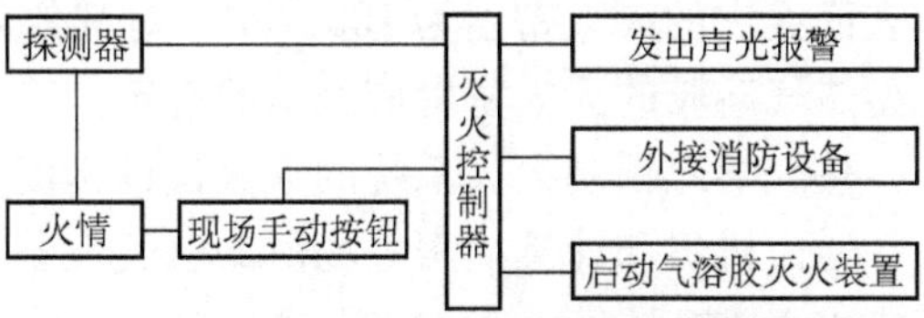

图3-12 气溶胶灭火系统控制程序

3.5.5 防护区的设置要求

防护区应以固定的封闭空间来划分，以 m^3 为计算单位，每个防护区的容积以不超过 $2000m^3$ 为宜。

采用工具灭火装置时，一个防护区的面积不宜大于 $60m^2$，容积不宜大于 $240m^3$。

采用多释放点同时启动时，一个防护区的面积不宜大于 $500m^2$，容积不宜大于 $1600m^3$。

防护区的净高不宜高于6m，如超出此值，应设置壁挂、顶式等中间补偿释放点。

防护区的门、窗及围护构件的允许强度不宜低于1.2kPa，耐火极限不低于1h，吊顶及窗的耐火极限不低于0.25h。

防护区的通风、换气设施在灭火装置启动前应自动关闭，影响灭火效果的生产操作应停止进行。

防护区环境最低温度不应低于-20℃。

3.5.6 灭火装置的设置要求

一个防护区设置的预制灭火系统，其装置数量不宜超过10台。

同一防护区内的预制灭火系统装置多于1台时，必须能同时启动，其动作响应时差不得大于2s。

单台热气溶胶预制灭火系统装置的保护容积不应大于 $160m^3$；设置多台装置时其相互间的距离不得大于10m。

热气溶胶预制灭火系统装置的喷口宜高于防护区地面2.0m。

灭火装置不得安装于明火、火源、易被雨淋、水淹的场所和经常受到振动影响或有腐蚀性影响的地方，装置喷口正前方0.5m内不得有障碍物。

3.5.7 系统设计计算

（1）灭火密度　灭火密度是在101kPa大气压和规定的温度条件下，扑灭单位容积内某种火灾所需固体热气溶胶发生剂的质量。S型和K型热气溶胶扑灭固体表面火灾的灭火密度为 $100g/m^3$，对其他可燃物的灭火密度应经试验确定。其他型热气溶胶的灭火密度应经试验确定。

热气溶胶预制灭火系统的灭火设计密度不应小于灭火密度的1.3倍。

通信机房和计算机房等场所的电气设备火灾，S型热气溶胶的灭火设计密度不应小于 $130g/m^3$。

电缆隧道(夹层、井)及自备发电机房火灾，S型和K型热气溶胶的灭火设计

密度不应小于 $140g/m^3$。

（2）灭火剂喷放时间与喷口温度　在通信机房、计算机房等防护区，灭火剂喷放时间不应大于 90s，喷口温度不应大于 150℃；在其他防护区喷放时间不应大于 120s，喷口温度不应大于 180℃。

（3）灭火浸渍时间　灭火浸渍时间应符合下列规定：①木材、纸张、织物等固体表面火灾，应采用 20min；②通信机房、计算机房等防护区火灾及其他固体表面火灾，应采用 10min。

（4）灭火剂设计用量　灭火剂设计用量按式(3-34)计算

$$W = C_2 K_v V \tag{3-34}$$

式中　W——灭火设计用量(kg)；

C_2——灭火设计密度(kg/m^3)；

V——防护区净容积(m^3)；

K_v——容积修正系数。$V<500m^3$，$K_v=1.0$；$500m^3<V<1000m^3$，$K_v=1.1$；$V>1000m^3$，$K_v=1.2$。

【例 3-1】 某通信机房作为一单独防护区，其长、宽、高分别为 14m、5m、4m，其中含建筑实体体积为 $60m^3$。采用热气溶胶灭火系统进行保护。

（1）计算防护区净容积　$V=(14\times5\times4-60)m^3=220m^3$

（2）计算灭火剂设计用量　依据式(3-34)：$W=C_2K_vV$

C_2 取 $0.13kg/m^3$，K_v 取 1，则　$W=0.13\times1\times220kg=28.6kg$

（3）灭火装置规格选用　根据保护火灾类型及相关产品规格，选用 S 型气溶胶灭火装置 10kg 三台。

思考题与习题

1. 蒸汽灭火系统适用于什么场所？
2. 自动喷水-泡沫联用灭火系统适用于什么场所？
3. 七氟丙烷灭火系统有何特点？适用条件是什么？
4. 七氟烯烷灭火系统的主要组件有哪些？
5. 二氧化碳灭火系统有何特点？适用条件是什么？
6. 二氧化碳灭火系统有哪几种类型？
7. 气溶胶灭火系统不适用于扑救哪些火灾？
8. 气溶胶灭火系统防护区的设置有什么要求？

第 4 章
高层建筑排水系统

4.1 高层建筑排水系统的特点及要求

4.1.1 高层建筑排水系统的特点

高层建筑排水系统，既要求能将污水安全迅速地排除到室外，又要尽量减少管道内的气压波动，防止管道系统水封被破坏，避免排水管道中的有毒有害气体进入室内。

高层建筑中卫生器具多，排水量大，且排水立管连接的横支管多，多根横管同时排水，由于水舌的影响和横干管起端产生的强烈冲激流使水跃高度增加，必将引起管道中较大的压力波动，导致水封破坏，室内环境受到污染。为防止水封破坏，保证室内的环境质量，高层建筑排水系统必须解决好通气问题，稳定管内气压，以保持系统运行的良好工况。

同时，高层建筑排水系统还有如下特点：

1）由于高层建筑体量大，建筑沉降可能引起出户管平坡或倒坡。

2）暗装管道多，建筑吊顶高度有限，横管敷设坡度受到一定的限制。

3）居住人员多，若管理水平低，卫生器具使用不合理，冲洗不及时等，都将影响水流畅通，造成淤积堵塞，一旦排水管道堵塞影响面大。

因此，高层建筑的排水系统还应确保水流畅通。

建筑物底层排水管道内压力波动最大，为了防止发生水封破坏或因管道堵塞而引起的污水倒灌等情况，建筑物一层和地下室的排水管道应与整幢建筑的排水系统分开，采用单独的排水系统。

4.1.2 高层建筑排水系统的管道材料

高层建筑的排水管材有柔性接口排水铸铁管、钢管和强度较高的塑料管和复合管。柔性接口排水铸铁管具有强度高、抗震性能好、噪声低、防火性能好、寿命长、膨胀系数小、安装施工方便、美观(不带承口)、耐磨和耐高温性能好的优点，但是造价较高。

柔性接口排水铸铁管在管内水压下具有良好的曲挠性与伸缩性，能适应建筑楼层间变位导致的轴向位移和横向曲挠变形，防止管道裂缝与折断。柔性排水铸铁管管件有立管检查口、三通、45°三通、45°弯头、90°弯头、45°和30°通气管、四通、P形和S形存水弯等。

钢管在国外采用较多。强度较高的塑料管和复合管也可以采用，但应考虑采取防噪声等措施。对高度很高的排水立管应考虑消能措施，通常采用乙字弯管。为了防止污水中固体颗粒的冲击，立管底部与排出管的连接应采用钢制弯头。

为确保管道通畅，防止污物在管内沉积，排水管道连接时应尽量选用水力条件较好的斜三通、斜四通，立管与横干管相连时应采用大于90°的弯头。若受条件限制，排水立管偏置时，宜用乙字弯或两个45°弯头相连。考虑到高层建筑的沉降宜适当增加出户管的坡度或采用如图4-1所示的敷设方法，出户管与室外检查井不直接连接，管道敷设在地沟内，管底与沟底预留一定的下沉空间，以免建筑沉降引起管道倒坡。

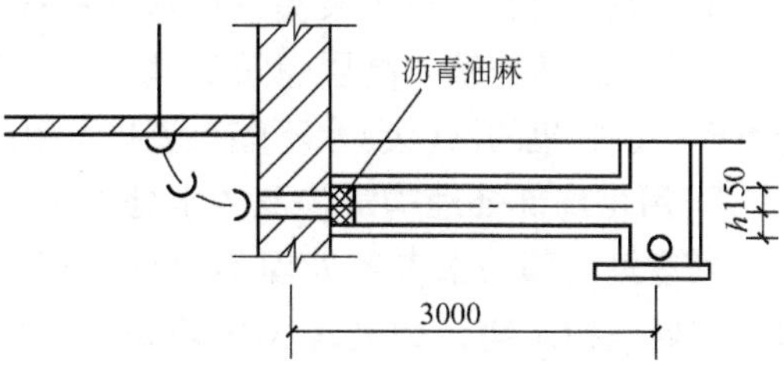

图4-1　出户管的敷设

建筑高度超过100m的高层建筑、对防火等级要求高的建筑物、地震区建筑、要求环境安静的场所、环境温度可能出现0℃以下的场所以及连续排水温度高于40℃或瞬时排水温度高于80℃的排水管道应采用柔性接口机制排水铸铁管。

4.2　高层建筑排水系统的组成与分类

4.2.1　污(废)水排水系统的组成

1. 卫生器具

卫生器具又称卫生设备或卫生洁具，是接纳、排出人们在日常生活中产生的污(废)水或污物的容器或装置。除便溺用的卫生器具外，其他卫生器具均在排水口处设置栏栅。

2. 排水管道

排水管道包括器具排水管(含存水弯)、横支管、立管、埋地干管和排出管。其作用是将各个用水点产生的污(废)水及时、迅速地输送到室外。

3. 清通设备

清通设备包括设在横支管顶端的清扫口，设在立管或较长横干管上的检查口和设在室内较长的埋地横干管上的检查口(井)。其作用是疏通管道内沉积、黏附物，保障管道排水畅通。

4. 通气系统

为保证高层建筑排水管道系统内空气流通、压力稳定，避免因管内压力波动使有毒、有害气体进入室内，减少排水系统噪声，需设置通气系统。高层建筑排水管道系统通气系统包括专用通气管、安全通气管、结合通气管以及专用附件等。

5. 消能器材

为了减小高层建筑排水立管的污水下降流速，可装设乙字弯进行消能减压。

6. 提升设备

提升设备是指通过水泵提升排水的高程或使排水加压输送。工业与民用建筑的地下室、人防建筑、高层建筑的地下技术层和地下铁道等处标高较低，在这些场所产生、收集的污(废)水不能自流排至室外的检查井，须设污(废)水提升设备。

7. 污水局部处理构筑物及中水处理站

当建筑内部污水未经处理不允许直接排入市政排水管网或水体时，须设污水局部处理构筑物，如处理民用建筑生活污水的化粪池，降低锅炉、加热设备排污水水温的降温池，去除含油污水的隔油池，以及以消毒为主要目的的医院污水处理构筑物等。

当要求设置中水系统时，还应建设中水处理站。

4.2.2 高层建筑排水系统的类型

高层建筑排水系统分为双立管排水系统、三立管排水系统和新型单立管排水系统，如图4-2所示。

1. 双立管排水系统

双立管排水系统是由一根排水立管和一根通气立管组成，如图4-2a所示。排水立管和通气立管进行气流交换，也称干式外通气。适用于污(废)水合流的各类多层和高层建筑。

2. 三立管排水系统

三立管排水系统由一根生活污水立管、一根生活废水立管和一根通气立管组成，两根排水立管共用一根通气立管，如图4-2b

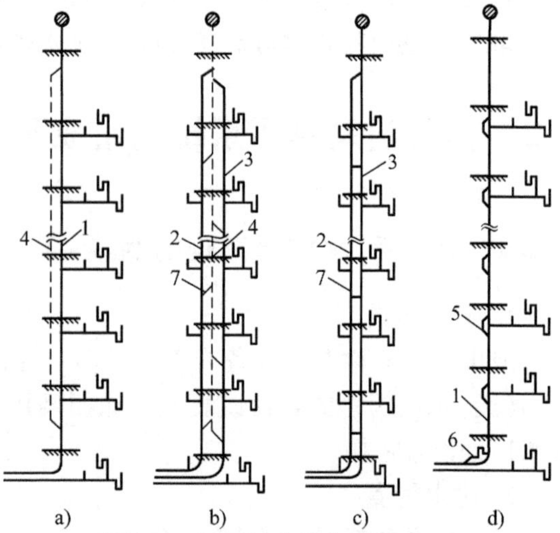

图4-2 污(废)水排水系统类型

a）双立管排水系统 b）三立管排水系统 c）污（废）水立管互为通气管 d）新型单立管排水系统

1—排水立管 2—污水立管 3—废水立管 4—通气立管 5—上部特制配件 6—下部特制配件 7—结合通气管

所示。三立管排水系统的通气方式也是干式外通气，适用于生活污水和生活废水需分别排出室外的各类多层和高层建筑。

在三立管排水系统中去掉专用通气立管，将废水立管与污水立管每隔两层互相连接，利用两立管的排水时间差，互为通气立管，这种外通气方式也叫湿式外通气，如图 4-2c 所示。

3. 新型单立管排水系统

采用双立管排水系统和三立管排水系统，虽能较好地稳定排水管内气压，提高通水能力，但占地面积大、施工复杂、造价高。20 世纪 60 年代以来，瑞士、法国、日本、韩国等国先后研制成功了多种单立管排水系统，即苏维脱排水系统、旋流排水系统、芯型排水系统和 UPVC 螺旋排水系统等。它们的共同特点是在排水系统中安装特殊的配件，如图 4-2d 所示。当水流通过时，可降低流速和减少或避免水舌的干扰，不设专用通气管，即可保持管内气流畅通，控制管内压力波动，提高排水能力。既节省了管材也方便了施工。采用新型单立管排水系统，也是解决排水管道通气问题的有效技术措施。

4.3　通气管系统

4.3.1　通气管系统的设置

采用双立管排水系统和三立管排水系统的高层建筑应设通气管道系统。通气

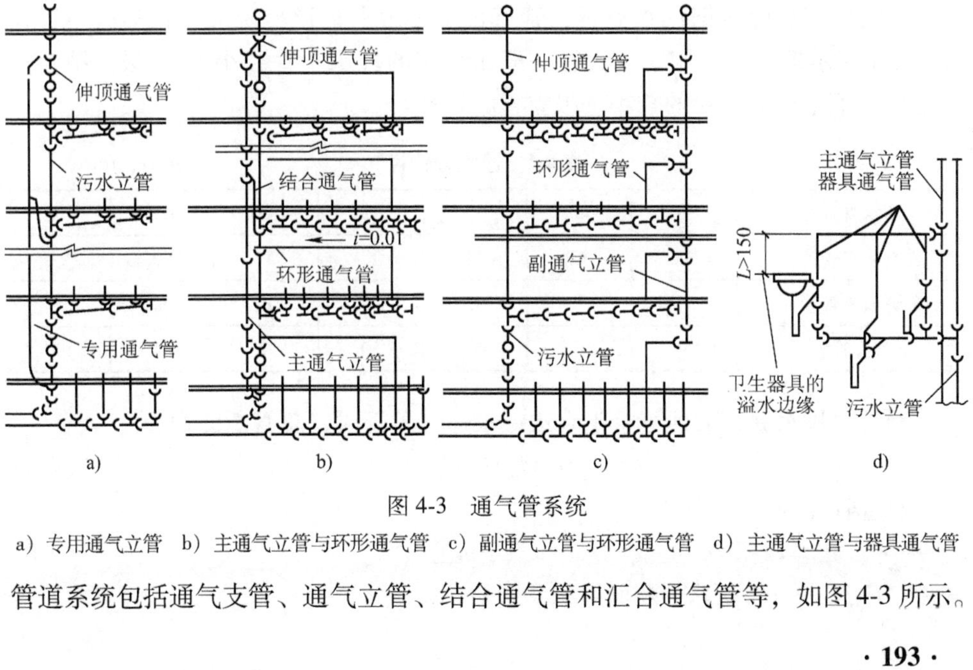

图 4-3　通气管系统

a）专用通气立管　b）主通气立管与环形通气管　c）副通气立管与环形通气管　d）主通气立管与器具通气管

管道系统包括通气支管、通气立管、结合通气管和汇合通气管等，如图 4-3 所示。

通气支管有环形通气管和器具通气管两类。当排水横支管较长，连接的卫生器具较多时(连接4个和4个以上卫生器具且长度大于12m或连接6个和6个以上大便器)应设置环形通气管。环形通气管在横支管起端的两个卫生器具之间接出，连接点在横支管中心线以上，与横支管呈垂直或45°连接。对卫生和安静要求较高的建筑物宜设置器具通气管，器具通气管在卫生器具的存水弯出口端接出。环形通气管和器具通气管与通气立管连接，连接处的标高应在卫生器具上边缘0.15m以上，且有不小于0.01的上升坡度。

通气立管有专用通气立管、主通气立管和副通气立管三类。系统不设环形通气管和器具通气管时，通气立管通常称为专用通气立管；系统设有环形通气管和器具通气管，通气立管与排水立管相邻布置时，称为主通气立管；通气立管与排水立管相对布置时，称为副通气立管。通气立管不得接纳污水、废水和雨水，通气管不得与通风管或烟道连接。

结合通气管用于专用通气立管与排水立管的连接。专用通气立管每隔两层设一个，主通气立管宜每隔8~10层设一个。结合通气管的上端在卫生器具上边缘以上不小于0.15m处与通气立管以斜三通连接，下端在排水横支管以下与排水立管以斜三通连接。当连接有困难时也可用H管件代替结合通气管。当污水立管与废水立管合用一根通气立管时，结合通气管可隔层分别与污水立管和废水立管连接，但最低层排水横支管以下应装设结合通气管。

4.3.2　通气管管径的确定

通气管管径应根据污水流量、管道长度、污水管管径来决定，其最小管径按表4-1所示选定。专用通气立管一般比相应的排水管管径小1~2级，结合通气管管径不小于所连接的较小一根立管的管径。

表4-1　通气管管径　　　　(单位:mm)

污水管管径	32	40	50	75	100	125	150
器具通气管管径	32	32	32		50	50	
环形通气管管径			32	40	50	50	
通气立管管径			40	50	75	100	100

当几根排水立管的通气管汇合成一根通气总管时，总管断面积为

$$F=f_{max}+m\sum f_n \tag{4-1}$$

总管管径为

$$d=d_{max}{}^2+m\sum d_n{}^2 \tag{4-2}$$

式中　F、d——通气总管断面面积及管径；

f_{max}、d_{max}——汇合管中最大一根通气管断面面积及管径；
$\sum f_n$、$\sum d_n$——其余各汇合管面积及管径之和；
m——系数，$m=0.25$。

4.4 新型排水系统

高层建筑楼层较多，且较高，多根横管同时向立管排水的概率较大，排水落差高，更容易造成管道中压力的波动。因此，高层建筑为了保证排水的畅通和通气良好，一般采用设置专用通气管系统。有通气管的排水系统造价高、占地面积大、管道安装复杂，如能省去通气管，对宾馆、写字间、住宅在美观和经济方面都是非常有益的。采用单立管放大管径的设计方法在技术和经济上亦不合理，因此人们在不断地研究新的排水系统。

影响排水立管通水能力的主要因素是：①从横支管流入立管的水流形成的水舌阻隔气流，使空气难以进入下部管道而造成负压；②立管中形成水塞阻隔空气流通；③水流到达立管底部进入横干管时产生水跃阻塞横管。因此，人们从减缓立管流速、保证有足够大的空气芯、防止横管排水产生水舌和避免在横干管中产生水跃等方面进行研究探索，发明了一些新型单立管排水系统。

4.4.1 苏维脱排水系统

1961年，瑞士索摩(Fritz Sommer)研究发明了一种新型排水立管配件，各层排水横支管与立管采用气水混合器连接，排水立管底部采用气水分离器连接，达到取消通气立管的目的，这种系统称为苏维脱系统(Sovent System)。

(1) 气水混合器　气水混合器由乙字弯、隔板、隔板上部小孔、混合室、上流入口、横支管流入口和排出口等构成，如图4-4所示。从立管上部流来的废水流经乙字弯时，流速减小，动能转化为压力能，既起了减速作用又改善了立管内常处负压的状态；同时水流形成湍流状态，部分破碎成小水滴与周围空气混合，在下降过程中，通过隔板的小孔抽吸横支管和混合室内的空气，变成密度小呈水沫状的气水混合物，使下流的速度降低，减少了空气的吸入量，避免造成过大的抽吸负压，只需伸顶通气管就能满足要求。

从横支管进入立管的水流，由于受到隔板的阻挡只能从隔板的右侧向下排入，不会形成水舌隔断立管上下通气而造成负压。同时水流下落时通过隔板上的小孔抽吸立管的空气补气。

(2) 气水分离器　气水分离器由流入口、顶部跑气口、突块和空气分离室等构成，如图4-5所示。沿立管流下的气水混合物，遇到分离室内突块时被溅散，从而分离出气体(约70%以上)，减少了气水混合物的体积，降低了流速，不使之形成回压。分离出的空气用跑气管接至下游1~1.5m处的排出管上，使气流不致在转弯处被阻，达到防止在立管底部产生过大正压的目的。

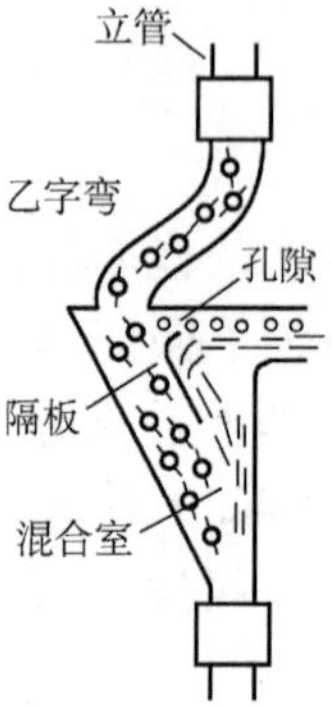

图4-4 气水混合器

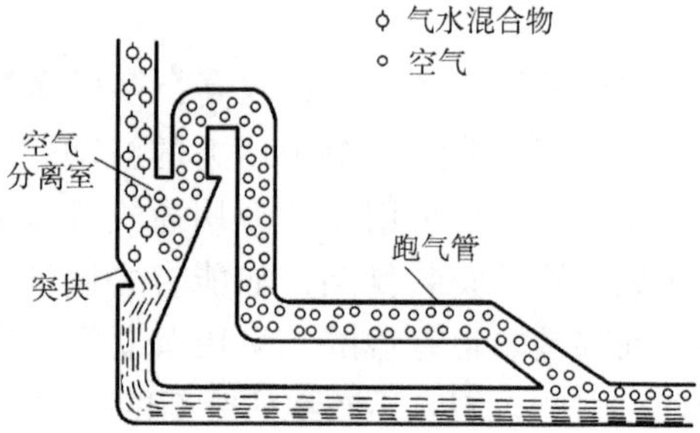

图4-5 气水分离器

国外对10层建筑采用苏维脱排水系统和普通单立管排水系统进行了对比试验，结果一根d=100mm立管的苏维脱排水系统，当流量约为6.7L/s时，管中最大负压不超过40mmH_2O(0.4kPa)。而d=100mm普通单立管排水系统在相同流量时最大负压达160mmH_2O(1.6kPa)。

苏维脱排水系统除可降低管道中的压力波动外，还可节省管材，节省投资11%~35%，有利于提高设计质量和施工的工业化。

4.4.2 旋流排水系统

旋流排水系统(Sextia System)，是法国勒格(Roger Legg)、理查(GeorgesRichard)和鲁夫(M. Louve)于1967年共同研究发明的。这种排水系统每层的横支管和立管采用旋流接头配件连接，立管底部采用旋流排水弯头连接，如图4-6所示。

(1) 旋流接头配件 旋流接头配件由壳体和盖板两部分构成，通过盖板将横支管的排水沿切线方向引入立管，并使其沿管壁旋流而下，在立管中始终形成一个空气芯，此空气芯占管道断面的80%左右，保持立管内空气畅通，使压力变化很小，从而防止水封被破坏，提高排水立管的通水能力。

旋流接头配件中的旋流叶片可使立管上部下落水流所减弱的旋流能力及时得到增强，同时也可破坏已形成的水塞，并使其变成旋流以保持空气芯。

(2) 旋流排水弯头 旋流排水弯头与普通铸铁弯头形状相同，但在内部设置有45°旋转导叶片，使立管内在凸岸流下的水膜被旋转导叶片旋向对壁，沿弯头底部流下，避免了在横干管内形成水跃、封闭气流而造成过大的正压。

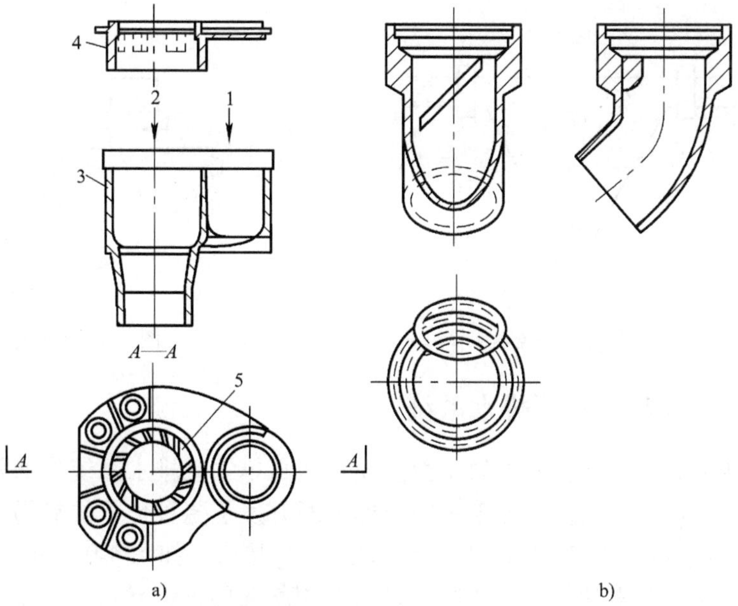

图4-6 旋流排水配件

a）旋流接头 b）特殊排水弯头

1—接大便器 2—接立管 3—底座 4—盖板 5—叶片

4.4.3 芯型排水系统

芯型(Core)排水系统是日本的小岛德厚于1973年发明的，该系统在各层排水横支管与立管连接处设高奇马接头配件，在排水立管的底部设角迪弯头。

（1）高奇马接头配件 高奇马接头配件又称环流器，如图4-7所示，外观呈倒锥形，在上入流口与横支管入流口交汇处设有内管，从横支管排入的污水沿内管外侧向下流入立管，避免因横支管排水产生的水舌阻塞立管。从立管流下的污水经过内管后发生扩散下落，形成气水混合流，减缓下落流速，保证立管内空气畅通。高奇马接头配件的横支管接入形式有两种，一种是正对横支管垂直接入，另一种是沿切线方向接入。

（2）角迪弯头 角迪弯头如图4-8所示，装在立管的底部，上入流口端断面较大，从排水立管流下的水流因过水断面突然增大，流速变缓，下泄的水流所夹带的气体被释放。一方面水流沿弯头的缓弯滑道面导入排出管，消除了水跃和水塞现象；另一方面由于角迪弯头内部有较大的空间，可使立管内的空气与横管上部的空间充分连通，保证气流的畅通，减少压力的波动。

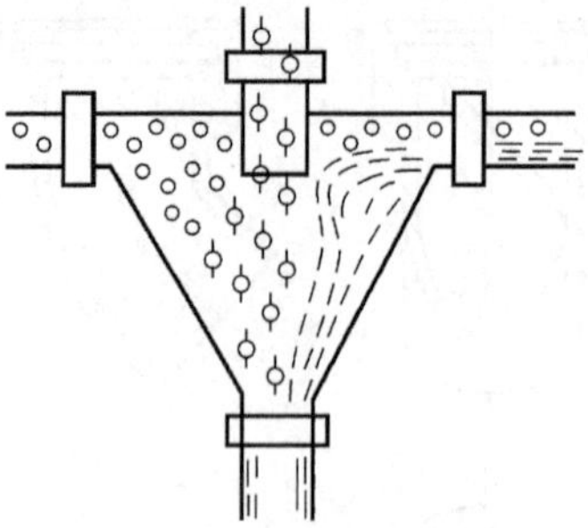

图 4-7　环流器

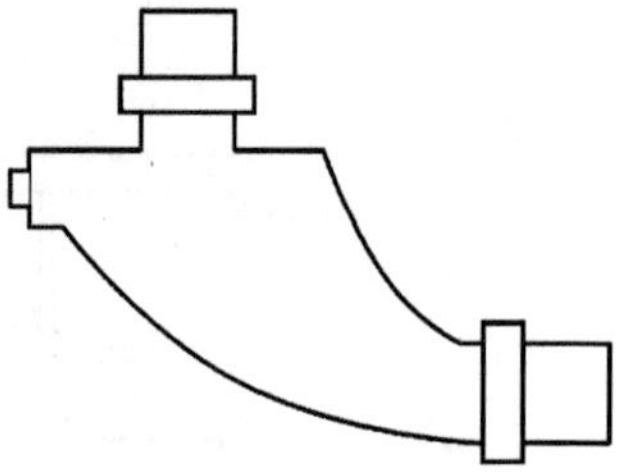

图 4-8　角迪弯头

4.4.4　简易单立管排水系统

为了减少排水管道中的压力波动，提高单立管排水系统的通水能力，而又不使管道配件复杂化，近年来国内外不断开发了多种形式的简易单立管排水系统。例如日本 BENKAN 株式会社开发的 CS 接头，如图 4-9 所示。CS 接头在排水立管接入横支管的上下两段上设置两条斜向的突起导流片，使下落的排水产生旋转，在离心力的作用下使水流沿排水立管的内壁回旋流动。在立管内形成空气芯，保证气流畅通，减少立管内的压力波动，无须设置专用通气立管。试验证明，这种单立管排水系统，在 *DN*100 时可允许做到 15 层(共 14 户,按每户三大件计)，要求最底层卫生间单独排放，立管根部和总排出横管加大一号，并要求采用两个 45°弯头的弯曲半径的排出管。

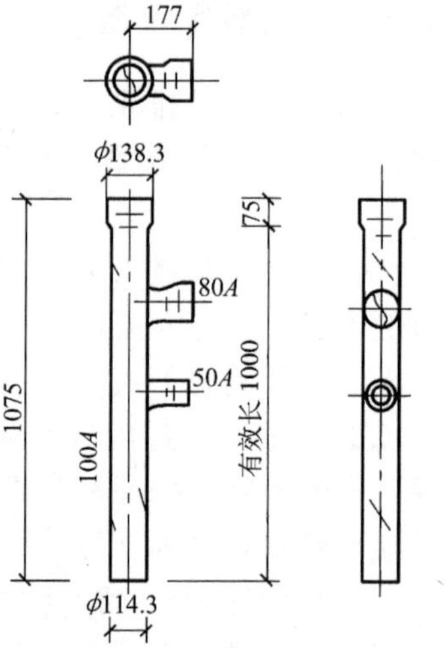

图 4-9　CS 接头配件

韩国开发的有螺旋导流线的 UPVC 单立管排水系统，在硬聚氯乙烯管内有 6 条间距为 50mm 的螺旋线导流突起片(图 4-10)，排水在管内旋转下落，管中形成一个畅通的空气芯，即提高了排水能力，降低了管道中的压力波动。另外设计有专用的 DRF/X 型三通(图 4-11)，这种三通与排水立管的相接不对中，*DN*100 的管子错位 54mm，从横支管流出的污水从圆周的切线方向进入立管，可以起到削弱支管进水水舌的作用和避免形成水塞，同时由于减少了水流的碰撞，UPVC 管减少噪声的效果良好。

以上单立管排水系统在我国高层建筑排水工程中已有应用，但尚不普遍。我国已经引进、改进、开发生产了五种上部特制配件和三种下部特制配件，上部特制配件有：混合器、环流器、环旋器、侧流器、管旋器等，下部特制配件有：跑气器、角笛式弯头、大曲率异径弯头等。下部特制配件选型应根据特殊单立管排水系统中上部特制配件类型确定：当上部特制配件为混合器时，应选用跑气器；当上部特制配件为环流器、环旋器、侧流器或管旋器时，可选用跑气器、角笛式弯头、大曲率异径弯头；当上部排水立管与下部排水立管采用横干管偏置连接时，立管与横干管连接处应采用跑气器。

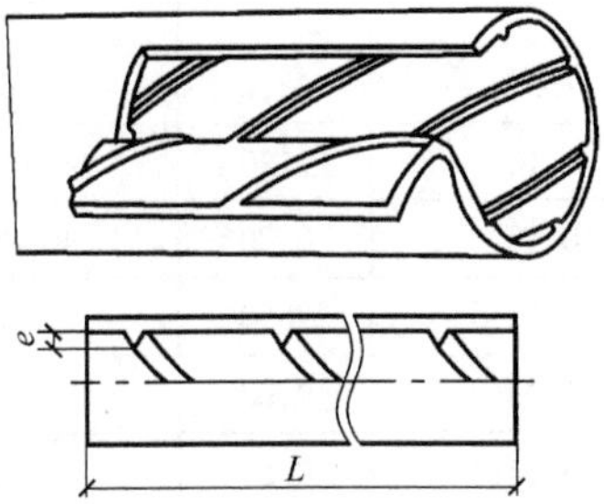

图 4-10　有突起螺旋线的 UPVC 管

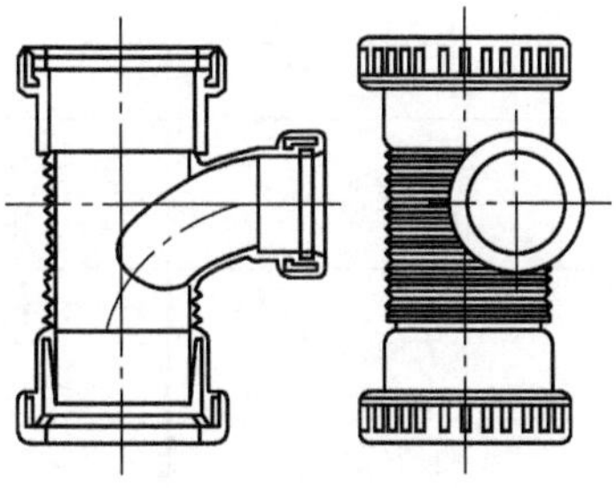

图 4-11　偏心三通

4.5　高层建筑排水管道设计计算

高层建筑排水系统的设计计算与多层建筑排水系统的设计计算方法相同，详细内容请参照相关教材参考书，在这里做一简要介绍。

4.5.1　排水定额与排水当量

居住小区生活排水系统排水定额是其相应的生活给水系统用水定额的85%~95%。居住小区生活排水系统小时变化系数与其相应的生活给水系统小时变化系数相同。公共建筑生活排水定额和小时变化系数与公共建筑生活给水用水定额和小时变化系数相同。

各种卫生器具的排水当量值见表 4-2。

表 4-2　卫生器具的排水量、当量、排水管的管径

序号	卫生器具名称	卫生器具类型	排水流量/(L/s)	排水当量	排水管管径/mm
1	洗涤盆、污水盆(池)		0.33	1.00	50
2	餐厅、厨房洗菜盆(池)	单格洗涤盆(池)	0.67	2.00	50
		双格洗涤盆(池)	1.00	3.00	50
3	盥洗槽(每个水嘴)		0.33	1.00	50~75
4	洗手盆		0.10	0.30	32~50
5	洗脸盆		0.25	0.75	32~50

（续）

序号	卫生器具名称	卫生器具类型	排水流量/(L/s)	排水当量	排水管管径/mm
6	浴盆		1.00	3.00	50
7	淋浴器		0.15	0.45	50
8	大便器	冲洗水箱	1.50	4.50	100
		自闭式冲洗阀	1.20	3.60	100
9	医用倒便器		1.50	4.50	100
10	小便器	自闭式冲洗阀	0.10	0.30	40~50
		感应式冲洗阀	0.10	0.30	40~50
11	大便槽	≤4 个蹲位	2.50	7.50	100
		>4 个蹲位	3.00	9.00	150
12	小便槽(每米)	自动冲洗水箱	0.17	0.50	
13	化验盆(无塞)		0.20	0.60	40~50
14	净身器		0.10	0.30	40~50
15	饮水器		0.05	0.15	25~50
16	家用洗衣机		0.50	1.50	50

注：家用洗衣机下排水软管直径为 30mm，上排水软管内径为 19mm。

4.5.2　排水设计秒流量

1. 住宅、宿舍(Ⅰ、Ⅱ类)、旅馆等建筑的排水设计秒流量计算

住宅、宿舍(Ⅰ、Ⅱ类)、旅馆、宾馆、酒店式公寓、医院、疗养院、幼儿园、养老院、办公楼、商场、图书馆、书店、客运中心、航站楼、会展中心、中小学教学楼、食堂或营业餐厅等建筑生活排水管道设计秒流量应按式(4-3)计算

$$q_p = 0.12\alpha\sqrt{N_p} + q_{max} \tag{4-3}$$

式中　q_p——设计管段的排水设计秒流量(L/s)；

N_p——计算管段卫生器具排水当量总数；

q_{max}——计算管段上排水量最大的一个卫生器具的排水量(L/s)；

α——根据建筑物性质而定的系数。α 的取值见表 4-3。

表 4-3　根据建筑物性质而定的系数 α 值

建筑物名称	宿舍(Ⅰ、Ⅱ类)、住宅、宾馆、酒店式公寓、医院、疗养院、幼儿园、养老院的卫生间	旅馆和其他公共建筑的盥洗室和厕所间
α	1.5	2.0~2.5

如果采用式(4-3)计算所得的流量值大于该管段上所有卫生器具排水流量的累加值，应按卫生器具排水流量的累加值计。

2. 宿舍(Ⅲ、Ⅳ类)、工业企业生活间、公共浴室、洗衣房等建筑的排水设计秒流量计算

宿舍(Ⅲ、Ⅳ类)、工业企业生活间、公共浴室、洗衣房、职工食堂或营业餐厅的厨房、实验室、影剧院、体育场馆等建筑的生活管道排水设计秒流量应按式(4-4)计算

$$q_p = \sum q_0 n_0 b \tag{4-4}$$

式中　q_p——计算管段排水设计流量(L/s)；

q_0——同类型的一个卫生器具排水流量(L/s)；

n_0——同类型卫生器具的数量；

b——卫生器具的同时排水百分数(%)。按同类建筑同类卫生器具的同时给水百分数采用，参见第1章。冲洗水箱大便器的同时排水百分数应按照12%计算。

当采用式(4-4)计算所得的流量小于一个大便器的排水流量时，按一个大便器的排水流量计算。

4.5.3　排水管道的设计计算

建筑内排水系统的排水立管和横管的管径均可以通过水力计算确定，但为了排水通畅，防止管道堵塞，保障室内环境卫生，《建筑给水排水设计规范》对排水管道的最小管径做了明确的规定。在进行建筑内排水管道设计计算时，首先应通过水力计算确定管径，同时还应满足最小管径的要求。

1. 排水管道的最小管径规定

排水管道的管径在一般情况下应遵循如下规定：

1）建筑内排出管最小管径不得小于50mm。

2）大便器排水管最小管径不得小于100mm。

3）多层住宅厨房间的立管管径不宜小于75mm。

4）当建筑底层无通气的排水管道与其楼层管道分开单独排出时，其排水横支管管径可按表4-4所示确定。

表4-4　无通气的底层单独排出的排水横支管最大设计排水能力

排水横支管管径/mm	50	75	100	125	150
最大设计排水能力/(L/s)	1.0	1.7	2.5	3.5	4.8

5）公共食堂厨房内的污水采用管道排除时，其管径应比计算管径大一级，但干管管径不得小于100mm，支管管径不得小于75mm。

6）医院污物洗涤盆(池)和污水盆(池)的排水管管径不得小于75mm。

7）小便槽或连接三个及三个以上的小便器，其污水支管管径不宜小于75mm。

8）浴池的泄水管管径宜采用100mm。

2. 排水立管水力计算

排水立管管径的确定除与排水流量、通气方式、通气量有关系外，还与排水入口形式、入口在立管上的高度位置、排出管坡度、出水状态(自由出流、淹没出流)等因素有关，在同等条件下排水流量和通气状况是影响排水能力的主要因素。生活排水立管的最大设计排水能力可按表4-5所示确定。立管管径不得小于所连接的横支管管径。

表4-5　生活排水立管最大排水能力

排水立管系统类型			最大设计排水能力/(L/s)				
			排水立管管径/mm				
			50	75	100(110)	125	150(160)
伸顶通气	立管与横支管连接配件	90°顺水三通	0.8	1.3	3.2	4.0	5.7
		45°斜三通	1.0	1.7	4.0	5.2	7.4
专用通气	专用通气管75mm	结合通气管每层连接	—	—	5.5	—	—
		结合通气管隔层连接	—	3.0	4.4	—	—
	专用通气管100mm	结合通气管每层连接	—	—	8.8	—	—
		结合通气管隔层连接	—	—	4.8	—	—
主、副通气立管+环形通气管			—	—	11.5	—	—
自循环通气	专用通气形式		—	—	—	—	—
	环形通气形式		—	—	5.9	—	—
特殊单立管	混合器		—	—	4.5	—	
	内螺旋管+旋流器	普通型	—	1.7	3.5	—	8.0
		加强型	—	—	6.3	—	—

注：排水层数在15层以上时，宜乘0.9系数。

3. 排水横管水力计算

对于横干管和连接多个卫生器具的横支管，应逐段进行水力计算，确定各管段的管径和坡度。根据水力计算公式及各项参数的规定，可编制各种材质排水横管的水力计算表，设计计算时可以直接通过水力计算表确定管径、流速和坡度等。本章附录中附表1和附表2分别为塑料排水管水力计算表和机制铸铁排水管水力计算表。

在设计计算横支管和横干管时，为保证管道系统排水通畅、压力稳定，管道的设计充满度、管道的坡度、水流速度等水力要素须满足如下规定：

（1）最大设计充满度　建筑排水横管按非满流设计，并应保证管道内有足够的空间使管道内的气体能自由流动，调节排水管道系统内的压力，接纳意外的高峰流量。建筑内部生活排水铸铁管的最大设计充满度和最小坡度见表4-6。

表4-6　建筑排水铸铁管的最大设计充满度和最小坡度

管径/mm	通用坡度	最小坡度	最大设计充满度
50 75	0.035 0.025	0.025 0.015	0.5
100	0.020	0.012	
125	0.015	0.010	
150	0.010	0.007	0.6
200	0.008	0.005	

建筑排水塑料管粘接、熔接连接的排水横支管的标准坡度应为0.026。橡胶密封连接排水横管的坡度可按表4-7所示调整。

表4-7　建筑排水塑料管排水横管的最小坡度、通用坡度和最大设计充满度

外径/mm	通用坡度	最小坡度	最大设计充满度
50	0.025	0.0120	0.5
75	0.015	0.0070	
110	0.012	0.0040	
125	0.010	0.0035	
160	0.007	0.0030	0.6
200	0.005	0.0030	
250	0.005	0.0030	
315	0.005	0.0030	

（2）管道坡度　建筑内部排水横管的水流是重力流，水流速度与管道坡度有关，如果管道坡度过小，污水的流速慢，污水中固体杂物就会在管内沉淀淤积，造成排水不畅或堵塞管道。因此，为了保证管内的水流速度，建筑内部排水横管的最小坡度应满足有关的规定。建筑内部生活排水管道的坡度有通用坡

度和最小坡度两种。通用坡度是指正常条件下应予以保证的坡度；最小坡度为必须保证的坡度。一般情况下应采用通用坡度，当横管过长或建筑空间受限制时，可采用最小坡度。建筑内生活排水铸铁管的最小坡度和通用坡度见表4-6，建筑排水塑料管排水横管的最小坡度见表4-7。标准的塑料排水管件(三通、弯头)的夹角为91.5°，所以，塑料排水横管的标准坡度均为0.026。

工业废水的水质与生活污水不同，其排水横管的通用坡度和最小坡度见表4-8。

表4-8 工业废水排水管道的通用坡度和最小坡度

管径/mm	生产废水		生产污水	
	通用坡度	最小坡度	通用坡度	最小坡度
50	0.025	0.020	0.035	0.030
75	0.020	0.015	0.025	0.020
100	0.015	0.008	0.020	0.012
125	0.010	0.006	0.015	0.010
150	0.008	0.005	0.010	0.006
200	0.006	0.004	0.007	0.004
250	0.005	0.0035	0.006	0.0035
300	0.004	0.003	0.005	0.003

4.6 排水管道的布置与敷设

高层建筑排水管道布置的要求与多层建筑的要求基本相同。

4.6.1 排水管道的布置原则

排水管道的布置应满足水力条件最佳、便于维护管理、保证生产和使用安全、保护管道不易受到损坏以及经济和美观等的要求，为此排水管道的布置应符合如下原则：

1）排水立管应设置在靠近杂质最多和排水量最大的排水点处，尽快地接纳和排除横支管排来的污水，以减少管道的堵塞机会；污水管道的布置应尽量减少不必要的转弯及曲折，尽量直线连接。

2）排出管道应以最短距离通至室外。排水管道容易堵塞，埋设在室内的管道不宜太长，否则，除清通和检修不便外，还将加大室外管道的埋深。

3）为防止底层卫生器具因立管底部出现过大正压等原因而造成污水外溢现象，底层的生活污水应考虑采取单独排出的方式。

4）排水管道的安装位置应有足够的空间以利拆装管件和清通维护工作的进行。

5）当排出管与给水引入管在建筑物的同一处进出建筑物时，为便于维护和避免或减轻因排水管渗漏造成土壤潮湿腐蚀和污染给水管道的现象，排出管和给水管外壁的水平距离不得小于1m。

6）排水管道应避免布置在可能受设备振动影响或重物压坏处，因此管道不得穿越生产设备的基础，若必须穿越时，应与有关专业协商做技术上的特殊处理。

7）排水管道应尽量避免穿越伸缩缝、沉降缝，若必须穿越时，应采取必要的技术措施，以防止管道因建筑物的伸缩或沉降受到破坏。

8）排水架空管道不得敷设在有特殊卫生要求的生产厂房以及贵重物品仓库、通风室和变、配电间内。

9）污水立管的位置应避免靠近与卧室相邻的内墙。

10）明装的排水管道应尽量沿墙、梁、柱做平行设置，以保持室内的美观；当建筑物对美观要求较高时，管道可暗装，但要尽量利用建筑装修使管道隐蔽，这样既经济又美观。

4.6.2 排水管道的敷设

排水管道应以明装为主，因其管径较大，又常需清通和维护。明装方式的优点是建筑造价低，但也有不美观和集灰结露等缺点。

对室内美观要求较高的建筑物或在管道种类较多的情况下，应采用暗装的方式。立管可设在管槽或竖井内，或用建筑装修掩盖，横支管可嵌设在管槽内，或设在楼板(多为木地板或预制倒槽瓦混凝土楼板)中，或利用吊顶空间隐蔽处理。排水横干管在地下室时，应尽量吊设在地下室顶棚下而避免埋地敷设。大型民用建筑和工业企业的排水干管，有条件与其他管道敷设在公共管沟和管廊中，但管廊应是可通行的或半通行的地道。

排水立管管壁与墙壁、柱等表面的净距为25~35mm，排水管道与其他管道共同埋设时的最小水平净距为1~3m，竖向净距为0.15~0.20m。若排水管平行敷设在给水管之上，竖向净距应高于0.5m，其水平净距不得小于5m；交叉埋设时，垂直距离不得小于0.4 m，且给水管应有保护套管，保护管长度为给水管外径加4m。

4.6.3 排水管道的维护

由于污水中含有粪便、纸片、油脂、菜叶等杂物，如果建筑内部排水管道设计或使用不当，极易产生堵塞现象。因此，必须在排水管道上设置清通设备，对其进行经常性维护。

管道上的清通设备装设位置为：

(1) 检查口　一般为带有螺栓盖板的短管或三通，装设在排水立管上及较长的水平管段上，用于清通管道。检查口在立管上每隔两层设置，若为两层建筑，底层必须设置；当有乙字弯时，则在乙字弯上的一层设置。检查口的设置高度规定为离地面1m，并应高于该层卫生器具上边缘0.15m。

(2) 清扫口　当悬吊在楼板下面的污水横管上有两个及两个以上大便器或三个及三个以上卫生器具时，应在横管的起端升至上层地面处设置清扫口。也可采用带门的三通或弯头配件作清扫口。

(3) 检查井　在埋地横管上隔一定距离需设检查口，检查口设在检查井中。检查井设置距离视污水性质和排水管管径而定，一般为10~15m，最大间距不大于20m。

排水管道还应考虑防冻、防漏和防腐问题。对于在美观上要求较高的建筑，防漏问题要予以重视。

4.7　高层建筑排水系统设计计算实例

某宾馆，总建筑面积约为14270m^2，建筑总高度为72.9m，地上20层，地下一层，地下一层为设备用房，一、二层为办公用房，设有公共卫生间。3~20层为宾馆客房，各客房的卫生间内均设有低水箱坐式大便器、洗脸盆、淋浴器各一件，地漏一个。屋面为电梯间和水箱间。管材采用机制排水铸铁管。

1. 排水系统设置

排水系统采用分流制。3~20层共设排水立管11根，其中排水立管PL-1~PL-3、PL-8与PL-9，PL-4~PL-6、PL-10与PL-11分别在三层汇总，分别通过两根专用排水立管(PL-12与PL-13)排入室外检查井，为防止三层的卫生洁具可能产生喷溅，三层卫生间的污水单独汇总分别接入排水立管PL-12或PL-13，管道布置如图4-12所示。低区公共卫生间排水横支管接入排水立管PL-7。

由于建筑高度及每根排水立管所承担的当量数较大，为使排水管道中气压波动尽量平稳，防止管道水封破坏，设立专用通气管。

2. 计算公式及参数

排水设计秒流量按公式$q_p = 0.12\alpha\sqrt{N_p} + q_{max}$计算，其中$\alpha$取1.5，$q_{max}$为计算管段上最大的一个卫生器具的排水流量。

3. 排水横支管水力计算

1) 4~20层客房卫生间排水横支管水力计算见表4-10(其中PL-1、PL-6与PL-7,PL-2与PL-3 ,PL-8与PL-11连接排水横支管相同)。

a. 客房卫生间排水横支管如只连接一个卫生器具，支管管径均按表4-9确定，坡度均采用标准坡度。

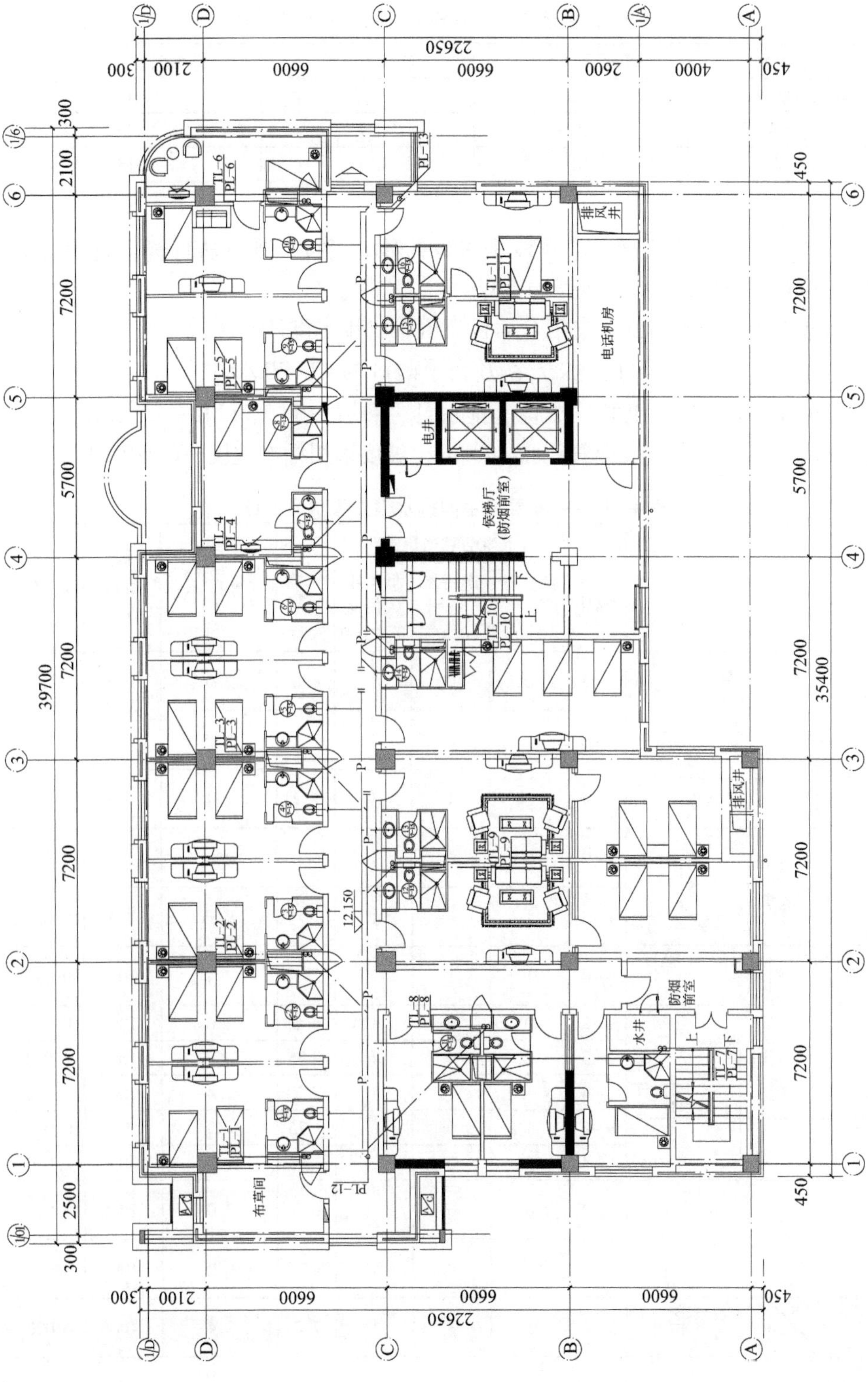

图4-12　3~20层排水平面布置图(排水干管布置在二层)

表 4-9　卫生器具的排水流量、当量和支管管径

卫生器具名称	支管管径 DN/mm	总当量数 N_p	排水流量/(L/s)
低水箱坐便器	100	6. 0	2. 0
洗脸盆	50	0. 75	0. 25
淋浴器	50	0. 45	0. 15

b. 卫生器具汇合后横支管管段排水设计秒流量按下列方法计算，查表计算各横支管管径与坡度，结果见表 4-10。

如低水箱大便器与洗脸盆汇合后横支管管段排水设计秒流量

$$q_p = (0.18\times\sqrt{(6+0.75)}+2)\ \text{L/s} = 2.47\text{L/s}$$

结果大于低水箱大便器与洗脸盆排水量之和[(2. 0+0. 25) L/s = 2. 25L/s)]，所以取 q_p = 2. 25L/s。查表取管径为 100mm，坡度采用标准坡度，i = 0. 020。

表 4-10　4~20 层卫生间排水横支管水力计算

计　算　图	管段编号	卫生洁具当量数			当量总数	设计秒流量 q_p/(L/s)	公称管径 /mm	坡度 i
		洗脸盆 N_p = 0. 75	淋浴器 N_p = 0. 45	低水箱大便器 N_p = 6. 0				
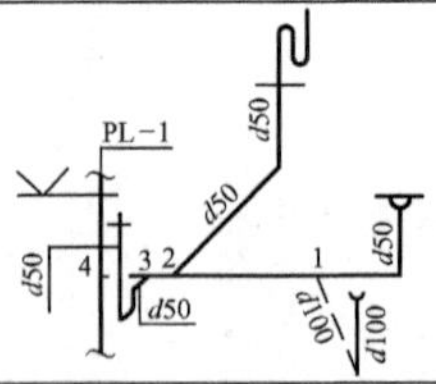	1~2	0	0	1	6. 0	2. 0	100	0. 020
	2~3	1	0	1	6. 75	2. 25	100	0. 020
	3~4	1	1	1	7. 2	2. 4	100	0. 020
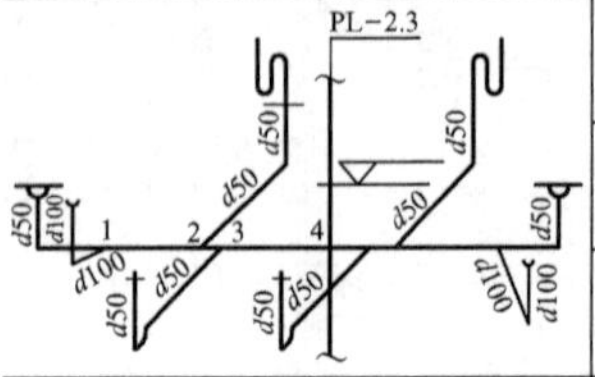	1~2	0	0	1	6. 0	2. 0	100	0. 020
	2~3	1	0	1	6. 75	2. 25	100	0. 020
	3~4	1	1	1	7. 2	2. 4	100	0. 020
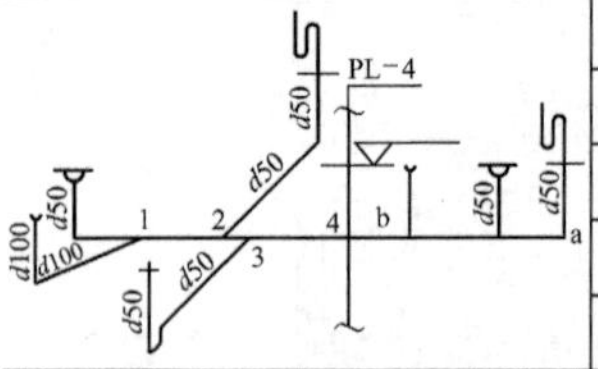	1~2	0	0	1	6. 0	2. 0	100	0. 020
	2~3	1	0	1	6. 75	2. 25	100	0. 020
	3~4	1	1	1	7. 2	2. 4	100	0. 020
	a~b	1	0	0	0. 75	0. 25	50	0. 035
	b~4	1	0	1	6. 75	2. 25	100	0. 020
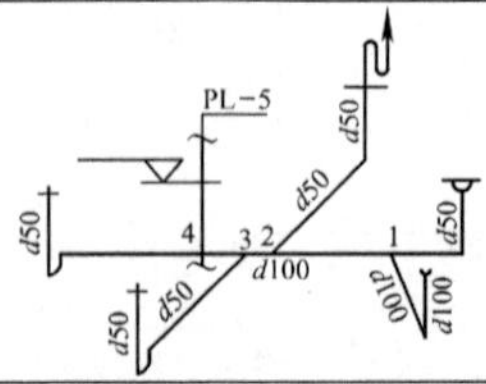	1~2	0	0	1	6. 0	2. 0	100	0. 020
	2~3	1	0	1	6. 75	2. 25	100	0. 020
	3~4	1	1	1	7. 2	2. 4	100	0. 020

（续）

计　算　图	管段编号	卫生洁具当量数			当量总数	设计秒流量 q_p/(L/s)	公称管径/mm	坡度 i
		洗脸盆 N_p = 0.75	淋浴器 N_p = 0.45	低水箱大便器 N_p = 6.0				
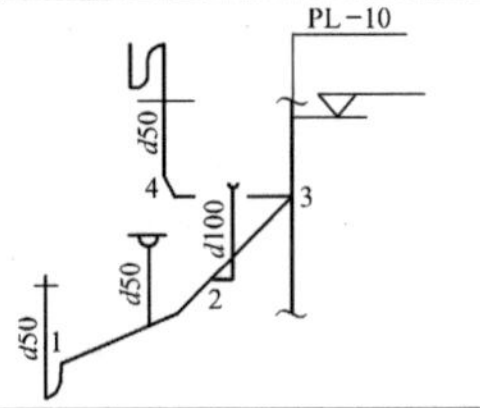	1~2	0	1	0	0.45	0.15	50	0.035
	2~3	0	1	1	6.45	2.15	100	0.020
	3~4	1	0	0	0.75	0.25	50	0.035
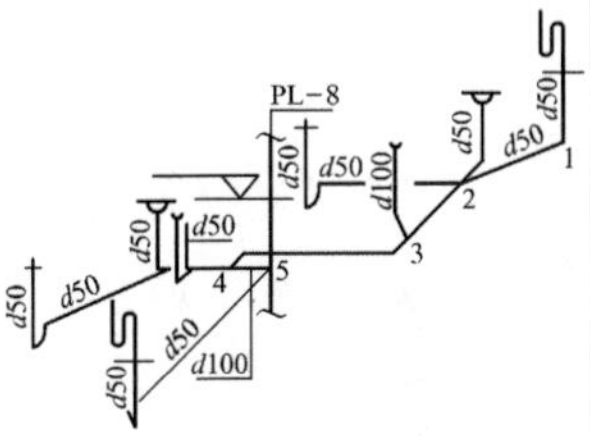	1~2	1	0	0	0.75	0.25	50	0.035
	2~3	1	1	0	1.2	0.4	75	0.025
	3~4	1	1	1	7.2	2.4	100	0.020
	4~5	1	2	2	13.65	2.67	100	0.020
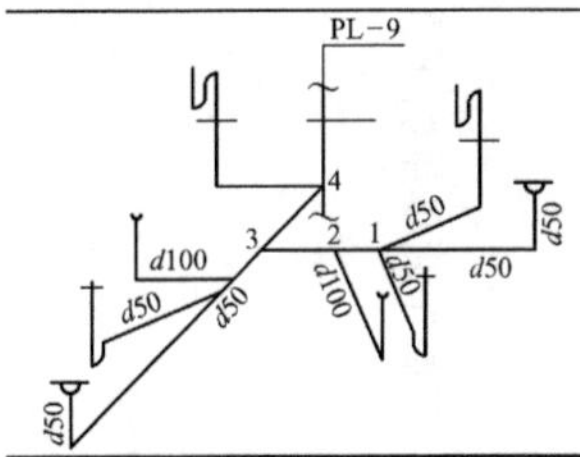	1~2	1	1	0	1.2	0.4	75	0.025
	2~3	1	1	1	7.2	2.4	100	0.020
	3~4	1	2	2	13.65	2.67	100	0.020

2）第三层宾馆客房卫生间排水横支管水力计算方法同上，结果如图 4-13 和图 4-14 所示。

3）一、二层公共卫生间排水横支管水力计算方法同 1)，计算结果见表 4-11。

4. 排水立管水力计算

1）排水立管水力计算以排水立管 PL-1 为例，排水立管最下部管段的排水设计秒流量为

$$q_p = 0.18\times\sqrt{N_p} + q_{max} = (0.18\times\sqrt{18\times(0.75+0.45+6.0)} + 2.0)\ \mathrm{L/s} = 4.05\mathrm{L/s}$$

查表 4-5，得立管管径为 100mm。

其余立管计算方法同上，结果见表 4-12。

2）PL-12 与 PL-13 按设计秒流量计算管径为 100mm，但连接的横干管管径为 150mm，故设计管径取 150mm。

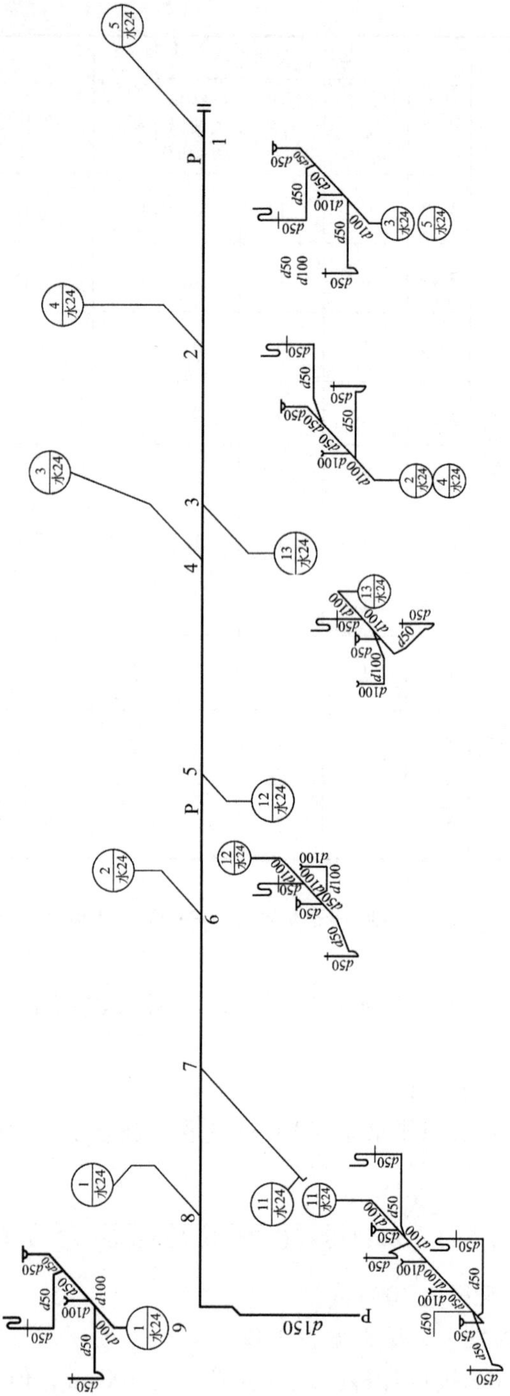

图 4-13　三层左侧单排横干管计算简图

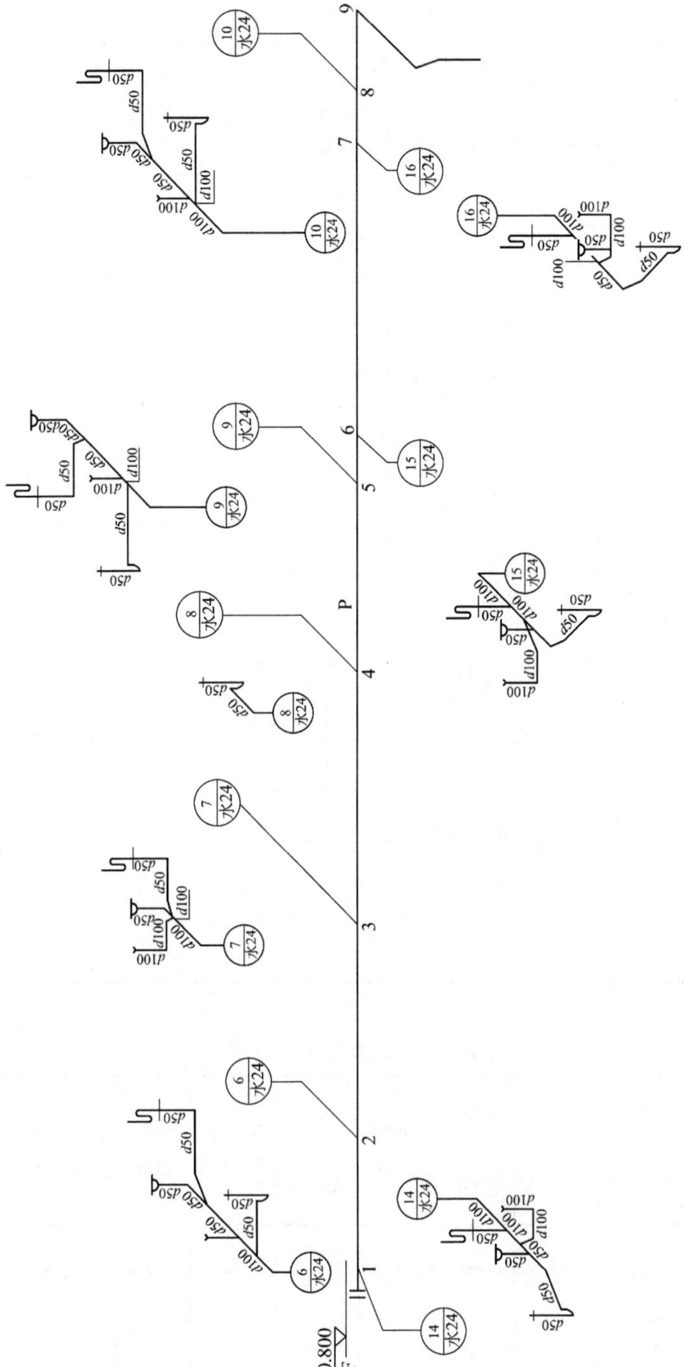

图 4-14　三层右侧单排干管计算简图

表4-11　一、二层公共卫生间排水横支管水力计算

卫生间编号	管道编号	卫生洁具当量数			当量总数	设计秒流量 q_p/(L/s)	i/坡度	管径/mm
		大便器 $N_p=4.5$	洗脸盆 $N_p=0.75$	小便器 $N_p=0.3$				
11号卫生间	1~2	0	0	1	0.3	0.1	0.035	50
	2~3	0	0	2	0.6	0.2	0.035	50
	3~4	1	0	2	5.1	1.91	0.020	100
	4~5	2	0	2	9.6	2.06	0.020	100
	5~6	3	0	2	14.1	2.17	0.020	100
	6~7	4	0	2	18.6	2.28	0.020	100
	8~9	0	1	0	0.75	0.25	0.035	50
	9~1	0	2	0	1.5	0.47	0.035	50

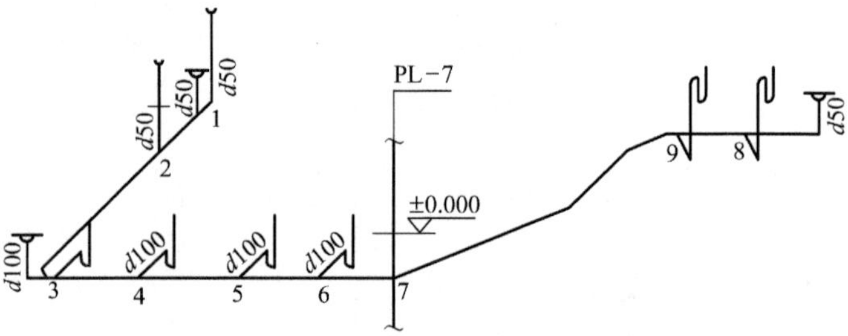

排水横支管水力计算简图

表4-12　排水立管水力计算

立管编号	洗脸盆个数 $N_p=0.75$	淋浴器个数 $N_p=0.45$	大便器个数 $N_p=6.0$	小便器 $N_p=0.3$	蹲式大便器 $N_p=4.5$	洗手盆 $N_p=0.3$	当量总数	设计秒流量 q_p/(L/s)	公称管径/mm
PL-1、PL-6、PL-10	18	18	18	0	0	0	129.6	4.05	100
PL-2、PL-3、PL-8、PL-9、PL-11	36	36	36	0	0	0	259.2	4.90	100

（续）

立管编号	洗脸盆个数 $N_p=0.75$	淋浴器个数 $N_p=0.45$	大便器个数 $N_p=6.0$	小便器 $N_p=0.3$	蹲式大便器 $N_p=4.5$	洗手盆 $N_p=0.3$	当量总数	设计秒流量 q_p/(L/s)	公称管径/mm
PL-4	36	18	36	0	0	0	251.1	4.85	100
PL-5	18	36	18	0	0	0	137.7	4.11	100
PL-7	18	18	18	4	8	4	168	4.33	100
PL-12	171	171	171	0	0	0	1231.2	8.32	150
PL-13	133	133	133	0	0	0	957.6	7.57	150

5. 排水横干管水力计算

如图4-13和图4-14所示，计算各横干管管段设计秒流量，查水力计算表，得各管段设计管径，坡度采用通用坡度，计算结果见表4-13。

表4-13 排水横干管水力计算

管段编号		洗脸盆个数 $N_p=0.75$	淋浴器个数 $N_p=0.45$	大便器个数 $N_p=6.0$	当量总数	设计秒流量 q_p/(L/s)	公称管径/mm	i/坡度
三层左侧污水横干管	1~2	36	36	36	259.2	4.90	150	0.01
	2~3	72	72	72	518.4	6.10	150	0.01
	3~4	108	108	108	777.6	7.02	150	0.01
	4~5	144	144	144	1036.8	7.80	150	0.01
	5~6	162	162	162	1166.4	8.15	150	0.01
三层右侧污水横干管	1~2	18	18	18	129.6	4.05	150	0.01
	2~3	54	36	54	380.7	5.51	150	0.01
	3~4	72	72	72	518.4	6.10	150	0.01
	4~5	108	108	108	777.6	7.02	150	0.01
	5~6	126	126	126	907.2	7.42	150	0.01
三层左侧单排横干管	1~2	1	1	1	7.2	2.4	100	0.02
	2~3	2	2	2	14.4	2.68	100	0.02
	3~4	3	3	3	21.6	2.84	100	0.02
	4~5	4	4	4	28.8	2.97	100	0.02
	5~6	5	5	5	36	3.08	100	0.02

（续）

管段编号		洗脸盆个数 $N_p=0.75$	淋浴器个数 $N_p=0.45$	大便器个数 $N_p=6.0$	当量总数	设计秒流量 $q_p/(L/s)$	公称管径/mm	i/坡度
三层左侧单排横干管	6~7	6	6	6	43.2	3.18	100	0.02
	7~8	8	8	8	57.6	3.37	100	0.02
	8~9	9	9	9	64.8	3.45	100	0.02
三层右侧单排横干管	1~2	1	1	1	7.2	2.4	100	0.02
	2~3	2	2	2	14.4	2.68	100	0.02
	3~4	3	2	3	21.15	2.83	100	0.02
	4~5	3	3	3	21.6	2.84	100	0.02
	5~6	4	4	4	28.8	2.97	100	0.02
	6~7	5	5	5	36	3.08	100	0.02
	7~8	6	6	6	43.2	3.18	100	0.02
	8~9	7	7	7	50.4	3.28	100	0.02

6. 通气管的计算

1）根据规范可知，专用通气立管长度在50m以上时，其管径应与排水立管管径相同，此系统的排水立管管径均为100mm，因此通气立管管径均取100mm。

2）根据规范可知，结合通气管的管径不宜小于通气立管管径，取100mm。

3）根据规范，当两根或两根以上污水立管的通气管汇合连接时，汇合通气管的断面面积应为最大一根通气管的断面面积加其余通气管断面面积之和的0.25倍。

如图4-15所示，以通气管TL-12为例，12段汇合通气管负担一根通气立管，其管径与通气立管相同，取100mm，23段汇合通气管负担两根通气立管，其管径为

$$d^2=d_{max}^2+m\sum d_n^2=\sqrt{100^2+0.25\times100^2}\text{mm}=118.8\text{mm}\approx125\text{mm}$$

34段汇合通气管负担3根通气立管，经计算管径为125mm，45段汇合通气管和总伸顶通气立管负担4根通气立管，经计算管径为150mm。

7. 排出管

为排水畅通，排出管较排水立管放大一号管径。PL-7的排出管径取125mm，坡度取标准坡度$i=0.015$。PL-12与PL-13的排出管径取200mm，坡度取标准坡度$i=0.008$。

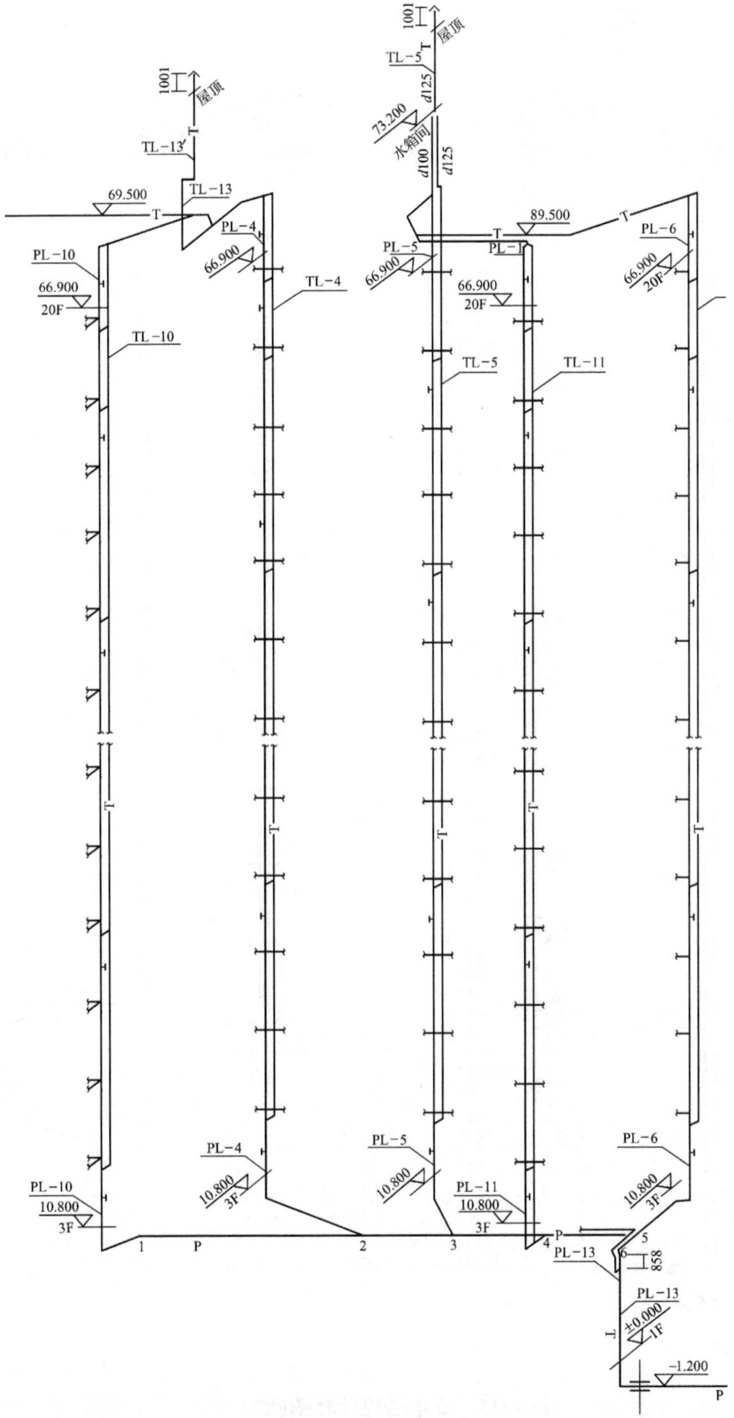

图 4-15　排水系统计算图

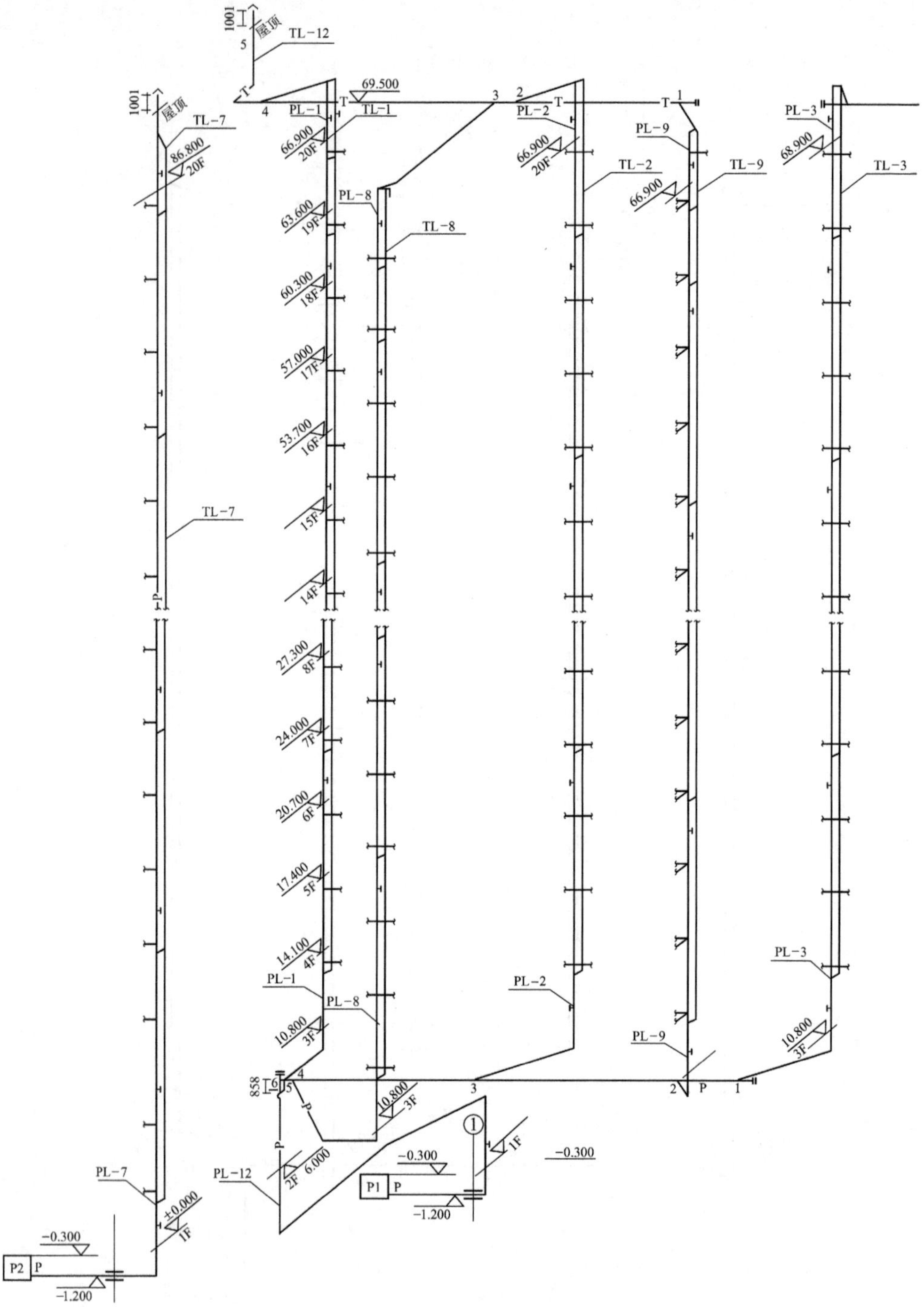

图 4-15　排水系统计算图(续)

本章附录

附表1　塑料排水管水力计算表(n=0.009)

(d_e 单位为 mm, v 单位为 m/s, Q 单位为 L/s)

坡度	h/D=0.5										h/D=0.6			
	d_e=50		d_e=75		d_e=90		d_e=110		d_e=125		d_e=160		d_e=200	
	v	Q	v	Q	v	Q	v	Q	v	Q	v	Q	v	Q
0.003											0.74	8.38	0.86	15.24
0.0035									0.63	3.48	0.80	9.05	0.93	16.46
0.004							0.62	2.59	0.67	3.72	0.85	9.68	0.99	17.60
0.005					0.60	1.64	0.69	2.90	0.75	4.16	0.95	10.82	1.11	19.67
0.006					0.65	1.79	0.75	3.18	0.82	4.55	1.04	11.85	1.21	21.55
0.007			0.63	1.22	0.71	1.94	0.81	3.43	0.89	4.92	1.13	12.80	1.31	23.28
0.008			0.67	1.31	0.75	2.07	0.87	3.67	0.95	5.26	1.20	13.69	1.40	24.89
0.009			0.71	1.39	0.80	2.2	0.92	3.89	1.01	5.58	1.28	14.52	1.48	26.40
0.01			0.75	1.46	0.84	2.31	0.97	4.10	1.06	5.88	1.35	15.30	1.56	27.82
0.011			0.79	1.53	0.88	2.43	1.02	4.30	1.12	6.17	1.41	16.05	1.64	29.18
0.012	0.62	0.52	0.82	1.60	0.92	2.53	1.07	4.49	1.17	6.44	1.48	16.76	1.71	30.48
0.015	0.69	0.58	0.92	1.79	1.03	2.83	1.19	5.02	1.30	7.20	1.65	18.74	1.92	34.08
0.02	0.80	0.67	1.06	2.07	1.19	3.27	1.38	5.80	1.51	8.31	1.90	21.64	2.21	39.35
0.025	0.90	0.74	1.19	2.31	1.33	3.66	1.54	6.48	1.68	9.30	2.13	24.19	2.47	43.99
0.026	0.91	0.76	1.21	2.36	1.36	3.73	1.57	6.61	1.72	9.48	2.17	24.67	2.52	44.86
0.03	0.98	0.81	1.30	2.53	1.46	4.01	1.68	7.10	1.84	10.18	2.33	26.50	2.71	48.19
0.035	1.06	0.88	1.41	2.74	1.58	4.33	1.82	7.67	1.99	11.00	2.52	28.63	2.93	52.05
0.04	1.13	0.94	1.50	2.93	1.69	4.63	1.95	8.20	2.13	11.76	2.69	30.60	3.13	55.65
0.045	1.20	1.00	1.59	3.10	1.79	4.91	2.06	8.70	2.26	12.47	2.86	32.46	3.32	59.02
0.05	1.27	1.05	1.68	3.27	1.89	5.17	2.17	9.17	2.38	13.15	3.01	34.22	3.50	62.21
0.06	1.39	1.15	1.84	3.58	2.07	5.67	2.38	10.04	2.61	14.40	3.30	37.48	3.83	68.15
0.07	1.50	1.24	1.99	3.87	2.23	6.12	2.57	10.85	2.82	15.56	3.56	40.49	4.14	73.61
0.08	1.60	1.33	2.13	4.14	2.38	6.54	2.75	11.60	3.01	16.63	3.81	43.28	4.42	78.70

附表2　机制铸铁排水管水力计算表(n=0.009)

(d_e 单位为 mm, v 单位为 m/s, Q 单位为 L/s)

坡度	h/D=0.5								h/D=0.6			
	d_e=50		d_e=75		d_e=50		d_e=75		d_e=50		d_e=75	
	v	Q	v	Q	v	Q	v	Q	v	Q	v	Q
0.005	0.29	0.29	0.38	0.85	0.47	1.83	0.54	3.38	0.65	7.23	0.79	15.57
0.006	0.32	0.32	0.42	0.93	0.51	2.00	0.59	3.71	0.72	7.92	0.87	17.06
0.007	0.35	0.34	0.45	1.00	0.55	2.16	0.64	4.00	0.77	8.56	0.94	18.43

（续）

坡度	$h/D=0.5$								$h/D=0.6$			
	$d_e=50$		$d_e=75$		$d_e=50$		$d_e=75$		$d_e=50$		$d_e=75$	
	v	Q	v	Q	v	Q	v	Q	v	Q	v	Q
0.008	0.37	0.36	0.49	1.07	0.59	2.31	0.68	4.28	0.83	9.15	1.00	19.70
0.009	0.39	0.39	0.52	1.14	0.62	2.45	0.72	4.54	0.88	9.70	1.06	20.90
0.01	0.41	0.41	0.54	1.20	0.66	2.58	0.76	4.78	0.92	10.23	1.12	22.03
0.011	0.43	0.43	0.57	1.26	0.69	2.71	0.80	5.02	0.97	10.72	1.17	23.10
0.012	0.45	0.45	0.59	1.31	0.72	2.83	0.84	5.24	1.01	11.20	1.23	24.13
0.015	0.51	0.50	0.66	1.47	0.81	3.16	0.93	5.86	1.13	12.52	1.37	26.98
0.025	0.66	0.64	0.86	1.90	1.04	4.08	1.21	7.56	1.46	16.17	1.77	34.83
0.03	0.72	0.70	0.94	2.08	1.14	4.47	1.32	8.29	1.60	17.71	1.94	38.15
0.035	0.78	0.76	1.02	2.24	1.23	4.83	1.43	8.95	1.73	19.13	2.09	41.21
0.04	0.83	0.81	1.09	2.40	1.32	5.17	1.53	9.57	1.85	20.45	2.24	44.05
0.045	0.88	0.86	1.15	2.54	1.40	5.48	1.62	10.15	1.96	21.69	2.38	46.72
0.05	0.93	0.91	1.21	2.68	1.47	5.78	1.71	10.70	2.07	22.87	2.50	49.25
0.06	1.02	1.00	1.33	2.94	1.61	6.33	1.87	11.72	2.26	25.05	2.74	53.95
0.07	1.10	1.08	1.44	3.17	1.74	6.83	2.02	12.66	2.45	27.06	2.96	58.28
0.08	1.17	1.15	1.54	3.39	1.86	7.31	2.16	13.53	2.61	28.92	3.17	62.30

思考题与习题

1. 高层建筑排水系统分为哪几种类型？
2. 简述苏维脱排水系统的工作原理。
3. 简述芯型排水系统的工作原理。
4. 新型排水系统主要有哪几种？都有哪些主要配件？
5. 住宅、宿舍（Ⅰ、Ⅱ类）的排水设计秒流量如何计算？
6. 宿舍（Ⅲ、Ⅳ类）的排水设计秒流量如何计算？
7. 排水立管的最小管径有哪些规定？
8. 如何确定排水立管的管径？

第5章

高层建筑屋面雨水排水系统

5.1 高层建筑屋面雨水排除的方式及要求

5.1.1 高层建筑屋面雨水的排除方式

屋面雨水排水系统主要用于排除降落在屋面的雨水和屋面降雪的融化水，保证屋面降水及时排除，避免屋面积水而形成水患。屋面雨水的排除方式按照雨水道的位置分为内排水系统和外排水系统。排除方式的选择应根据建筑物的类型、建筑结构型式、屋面面积的大小、当地的气候条件以及生产生活要求，并通过经济技术比较确定。一般情况下，高层建筑多采用内排水系统，但对于建筑立面没有严格要求的高层住宅也可以采用外排水系统。本章主要介绍内排水系统。

5.1.2 高层建筑屋面雨水排除的要求

高层建筑屋面雨水排水工程的要求基本与多层建筑的相同，但有以下几点特殊要求：

1）高层建筑屋面雨水排水工程与溢流设施的总排水能力不应小于50年重现期的雨水量。

2）高层建筑屋面雨水排水宜按重力流设计。

3）工业厂房、库房、公共建筑的大型屋面雨水排水宜按压力流设计。

4）高层建筑裙房屋面的雨水应单独排放。

5）高层建筑重力流雨水排水系统宜采用承压塑料管、金属管。压力流排水系统使用的管材与多层建筑没有区别，宜采用内壁较光滑的带内衬的承压排水铸铁管、承压塑料管和钢塑复合管等，其管材工作压力应大于建筑物净高度产生的静水压。用于压力流排水的塑料管，其管材抗环变形外压力应大于0.15MPa。

5.2　高层建筑屋面雨水内排水系统

5.2.1　内排水系统的组成与分类

雨水内排水系统与外排水系统的主要区别是雨水管道设在建筑物内。一般由雨水斗、连接管、悬吊管、立管、排出管、埋地管及检查井等组成。降落在屋面上的雨水沿屋面流入雨水斗，经连接管、悬吊管流入立管，再经排出管流入检查井，或经埋地横管排至室外雨水管道。

雨水内排水系统可分为架空管外排水系统和架空管内排水系统，又可分为敞开式系统和封闭式系统。按每根立管接纳雨水斗个数，内排水系统也可分为单斗和多斗雨水排水系统两类。按雨水管中水流的设计流态，内排水系统也可分为压力流（虹吸式）雨水、重力伴有压力流雨水系统和重力无压力流雨水系统。

5.2.2　内排水系统的布置与安装

1. 雨水斗

雨水斗的作用是汇集屋面雨水，使流过的水流平稳、畅通，拦截杂物，防止管道堵塞。

目前常用的雨水斗有65型、79型和87型，另外还有一种平箅雨水斗。79型雨水斗为钢板焊制，如图5-1所示；65型雨水斗为铸铁浇注，如图5-2所示；87型雨水斗有钢制的，也有铸铁的，如图5-3所示；平箅雨水斗是铸铁的，如图5-4所示。

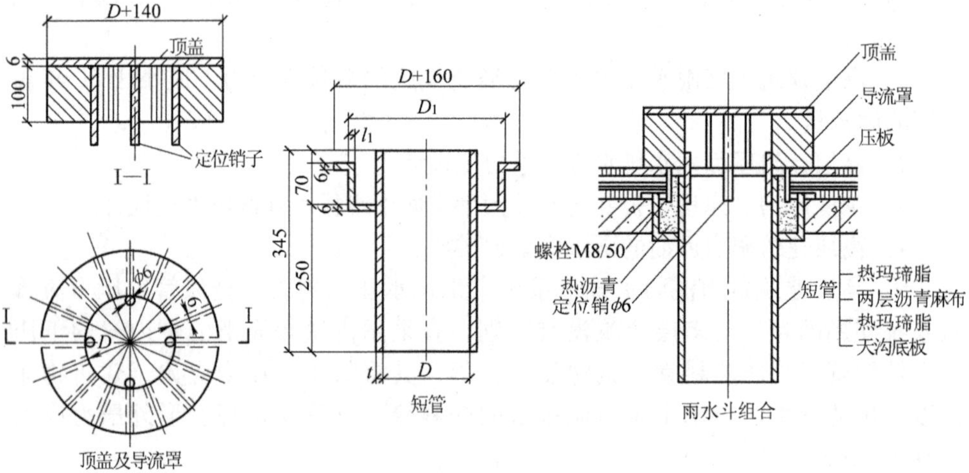

图5-1　79型雨水斗

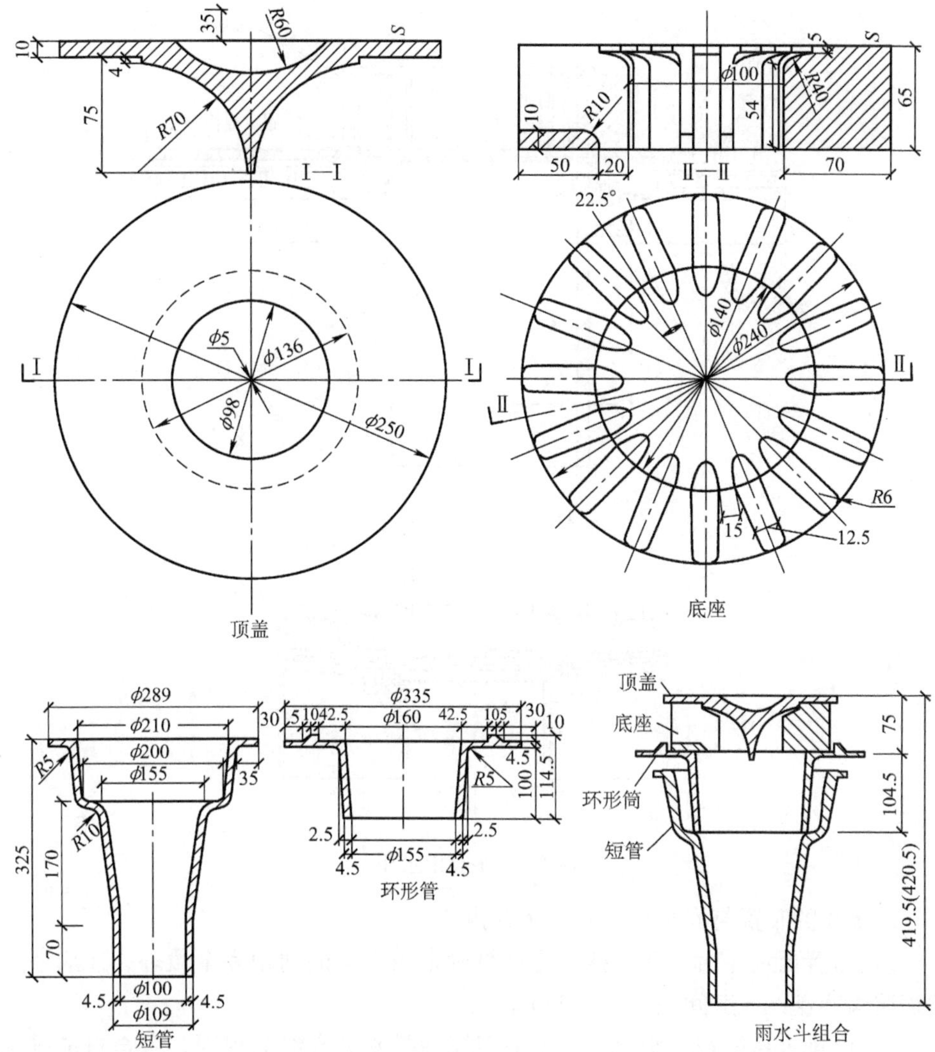

图 5-2　65 型雨水斗

上述几种雨水斗的基本性能与特征见表 5-1。

表 5-1　雨水斗的基本性能与特征

斗型	出水管直径/mm	进出口面积比	水力性能			材料
			斗前水深	稳定性	掺气量	
65	100	1.5:1	浅	稳定，旋涡少	较少	铸铁
79	75、100、150、200	2.0:1	较浅	稳定，旋涡少	少	钢板
87	75、100、150、200、250	2.5~3.0:1	较深	稳定	少	铸铁、钢
平箅	75、100	1.3:1	较深	不稳定，旋涡大	多	铸铁

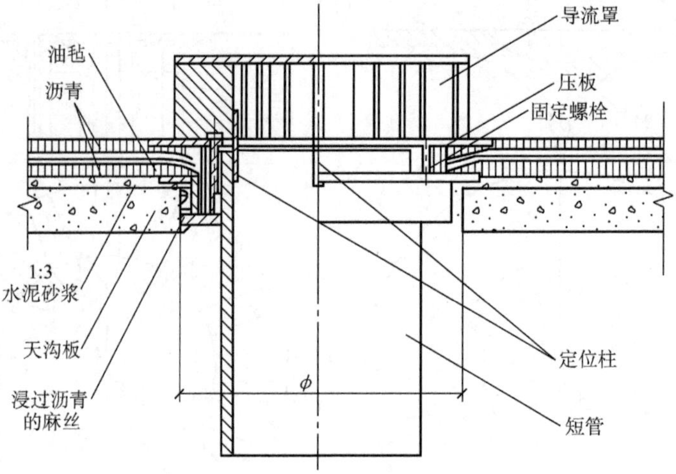

图 5-3　87 型雨水斗

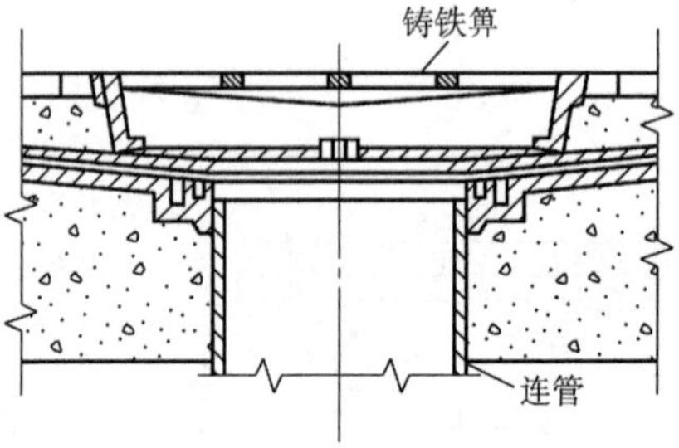

图 5-4　平箅雨水斗

雨水斗的布置与安装应注意以下几点：

1）布置雨水斗时，除了按水力计算确定雨水斗的间距和个数外，还应考虑建筑结构特点，一般间距为 12～24m。

2）内排水系统布置雨水斗一般应以屋面排水分水线为界限，各自自成排水系统。如果分水线两侧两个雨水斗须连接在同一个立管或悬吊管上时，应采用伸缩接头，并保证密封不漏。

3）防火墙处设置雨水斗时，防火墙两侧应各设一个雨水斗。

4）雨水斗与屋面连接处做好防水处理。

5）多斗雨水排水系统的雨水斗，其排水连接管应接至悬吊管上，不得在立管顶端设置雨水斗。

6）在阳台、花台及供人活动的屋面宜设置平箅雨水斗。

2. 连接管

连接管是连接雨水斗和悬吊管的一段竖向短管，其作用是承接雨水斗的雨水，并引至悬吊管。

1）连接管管径不得小于雨水斗短管管径，且不得小于 100mm。

2）连接管应固定在建筑物的承重结构上，管材用铸铁管、钢管和给水 UPVC 管。

3）连接管宜用斜三通与悬吊管相连接。

3. 悬吊管

悬吊管的作用是将连接管流来的雨水引至排水立管。按连接雨水斗的数量，可分为单斗悬吊管和多斗悬吊管。

1）一般多采用单斗悬吊管系统，多斗悬吊管最多也只能连接四个雨水斗。

2）悬吊管一般沿桁架或梁敷设，敷设坡度不得小于 0.005。

3）悬吊管管径不得小于其连接管的管径，沿屋架悬吊时，其管径不宜超过 300mm。

4）悬吊管与立管的连接应采用两个 45°弯头或 90°斜三通，与一根立管连接的悬吊管的数量不宜多于两个。

5）悬吊管一般采用铸铁管或给水 UPVC 管，铸铁管采用石棉水泥接口，给水 UPVC 管采用粘接接口。

4. 立管

立管的作用是排除悬吊管或雨水斗流来的雨水。

1）立管一般宜沿墙、柱明装敷设，若要求暗装时，可敷设于管井或墙槽中。

2）立管管径不得小于与其连接的悬吊管的直径，同样不宜超过 300mm，否则应减少接入的雨水斗的数目。

3）立管上应设检查口，检查口中心至地面的高度为 1m。立管与排出管的连接宜采用两个 45°的弯头或大曲率半径的 90°弯头。

4）不同高低跨度的悬吊管宜用各自单独的雨水立管。

5）立管一般采用铸铁管或给水 UPVC 管，铸铁管采用石棉水泥接口，给水 UPVC 管采用粘接接口。如管道有可能受振动或有工艺要求时，可采用钢管，焊接接口。

5. 排出管

排出管是立管和检查井间的一段有较大坡度的横向管道，其管径不得小于立管管径。管材一般为铸铁管或给水 UPVC 管。

6. 埋地管

埋地管是指敷设于室内地下的横管，承接立管排来的雨水，并将其引至室外雨水管道。一般为暗管，也可采用盖板明沟。埋地管最小管径不得小于 200mm，最大管径不宜大于 600mm。敷设坡度不小于 0.003。管材一般采用钢筋混凝土管，但封闭式系统应采用钢管、铸铁管或 UPVC 加筋塑料管。

7. 附属构筑物

常见的附属构筑物有检查井、检查口和排气井等，用于雨水管道的清扫、检修和排气。

5.3　高层建筑屋面雨水内排水系统的设计计算

5.3.1　高层建筑屋面雨水管道设计流态选择

高层建筑屋面雨水排水宜按重力流设计。高层建筑，汇水面积较小，采用重力流排水，增加一根立管，便有可能成倍增加屋面的排水重现期，增大雨水管系的宣泄能力。因此，建议采用重力排水。

公共建筑的大型屋面雨水排水宜按满管压力流设计。工业厂房、库房、公共建筑通常汇水面积较大，可敷设立管的地方却较少，只有充分发挥每根立管的作用，才能较好地排除屋面雨水，因此，应积极采用满管压力流排水。

5.3.2　设计雨水量计算

屋面雨水排水系统的设计雨水量按式(5-1)计算

$$q_y = \frac{q_j \psi F}{1000} \tag{5-1}$$

式中　q_y——设计雨水量(L/s)；

q_j——设计暴雨强度[L/s,L/(s·hm^2)]；

ψ——径流系数；

F——汇水面积(m^2)。

(1) 设计暴雨强度 q_j 的确定　设计暴雨强度应按当地或相邻地区暴雨强度公式计算确定，具体见室外排水工程设计手册。

设计暴雨强度公式中有两个参数，即设计重现期 P 和屋面集水时间 t。设计重现期应根据建筑物的重要程度、汇水区域性质、地形特点、气象特征等因素确定，各种汇水区域的设计重现期不宜小于表5-2的规定值，工业建筑应根据生产工艺确定(表5-3)。

表5-2　各种汇水区域的设计重现期

汇水区域名称		设计重现期 P/a
室外场地	小区	1~3
	车站、码头、机场的基地	2~5
	下沉式广场、地下车库坡道出入口	5~20

（续）

汇水区域名称		设计重现期 P/a
屋面	一般性建筑屋面	2~5
	重要公共建筑屋面	≥10

注：下沉式广场应根据广场的构造、重要程度、短期积水即能引起较严重后果等因素确定。

表 5-3　工业建筑雨水设计重现期

工业企业特点	P/a
1. 生产工艺因素	
生产和机械设备不会因水受损失	0.5
生产可能因水受影响，但机械设备不会因水受损害	1.0
生产不会因水受影响，机械设备可能因水受损害	1.5
生产和机械设备均可能因水受损害	2.0
2. 土建因素	
房屋最低层地板标高低于室外地面标高	0.5
天窗玻璃位于天沟之上低于 10cm	0.5
屋顶各个方面被房屋高出部分紧紧地包围着，妨碍雨水流动	0.5

注：将表中 1、2 两项中有关相应的数值相加，即可求得计算 P 值。

由于屋面面积较小，屋面雨水集流时间较短，又因为我国推导暴雨强度公式实测降雨资料的最小时段为 5min，所以屋面雨水排水管道设计降雨历时应按 5min 计算。

当采用天沟集水且沟檐溢水会流入室内时，暴雨强度应乘以 1.5 的系数。

（2）汇水面积 F　屋面的汇水面积较小，一般以 m^2 计算。屋面都有一定的坡度，汇水面积不是按实际面积而是按水平投影面积计算。考虑到大风作用下雨水倾斜降落的影响，对于高出屋面的毗邻侧墙，应附加其最大受雨面正投影的一半作为有效汇水面积计算。窗井、贴近高层建筑外墙的地下汽车库出入口坡道应附加其高出部分侧墙面积的 1/2。

（3）雨水径流系数　各种屋面、地面的雨水径流系数可按表 5-4 采用。

表 5-4　各种屋面、地面的雨水径流系数

屋面、地面种类	ψ
屋面	0.9~1.0
混凝土和沥青路面	0.9
块石路面	0.6
级配碎石路面	0.45
干砖及碎石路面	0.40
非铺砌地面	0.30
公园绿地	0.15

5.3.3　重力流和重力半有压流内排水系统的水力计算

重力流和重力半有压流 雨水内排水系统的水力计算包括选择布置雨水斗，布置并计算确定连接管、悬吊管、立管、排出管、埋地管的管径。

1. 雨水斗

雨水斗是控制屋面雨水排水状态的重要设备，应根据建筑物的具体情况、雨水排水特征、设计排水流态等选择雨水斗。雨水斗的宣泄流量与雨水斗前水深有很大关系，斗前水深越大，则泄流量越大。斗前水深一般不超过 100mm。表 5-5 是斗前水深 83.7mm 时，一个雨水斗的最大泄流量。利用式(5-1)和表 5-5 制成不同小时降雨厚度 h_5 时雨水斗最大允许汇水面积，见表 5-6 和表 5-7。

表 5-5　雨水斗的最大允许泄流量　　　　（单位:L/s）

DN/mm	75	100	125	150	200
单斗系统	9.5	15.5	22.5	31.5	51.5
多斗系统	7	12	18	26	39

在设计时，应根据屋面坡向和建筑物内部墙、梁、柱的位置，合理布置雨水斗，计算每个雨水斗的汇水面积，根据当地的 5min 降雨厚度 h_5，查表 5-6 或表 5-7 确定雨水斗的直径。

表 5-6　$\psi=1$ 时单斗系统中一个雨水斗最大允许的汇水面积（单位：m^2）

雨水斗形式	雨水斗直径/mm	降雨厚度/(mm/h)											
		50	60	70	80	90	100	110	120	140	160	180	200
79 型	75	684	570	489	428	380	342	311	285	244	214	190	171
	100	1116	930	797	698	620	558	507	465	399	349	310	279
	150	2268	1890	1620	1418	1260	1134	1031	945	810	709	630	567
	200	3708	3090	2647	2318	2060	1854	1685	1545	1324	1159	1030	927
65 型	100	1116	930	797	698	620	558	507	465	399	349	310	279

表 5-7　$\psi=1$ 时多斗系统中一个雨水斗最大允许的汇水面积（单位：m^2）

雨水斗形式	雨水斗直径/mm	降雨厚度/(mm/h)											
		50	60	70	80	90	100	110	120	140	160	180	200
79 型	75	569	474	406	556	316	284	259	237	203	178	158	142
	100	929	774	663	581	516	464	422	387	332	290	258	232
	150	1865	1554	1331	1166	1036	932	847	777	666	583	518	466
	200	2822	2352	2016	1764	1568	1411	1283	1176	1008	882	784	706
65 型	100	929	774	663	581	516	464	422	387	332	290	258	232

2. 连接管

连接管一般不计算，采用与雨水斗出口相同的直径即可。

3. 悬吊管

悬吊管的排泄能力与连接雨水斗的数目、雨水斗到立管的距离以及管道敷设的坡度等有关。雨水斗离立管越远，悬吊管的排泄能力越小；单斗系统悬吊管的排泄能力比多斗系统悬吊管的排泄能力多 20%左右。

悬吊管的设计计算主要是确定管径和敷设的坡度。设计时是按每根悬吊管所负担的汇水面积不超过最大允许的汇水面积的原则确定悬吊管的管径和敷设坡度。当屋面 $\psi=1$，降雨历时为 5min 时的小时降雨厚度 $h_5=100$mm/h，管道中过水充满度为 0.8 时，多斗悬吊管最大允许的汇水面积见表 5-8。

表 5-8　$\psi=1$ 时多斗悬吊管最大允许的汇水面积　（单位：m^2）

坡度	管径/mm					
	75	100	150	200	250	300
0.005	60	129	379	817	1480	2408
0.006	65	141	415	896	1621	2638

（续）

坡度	管径/mm					
	75	100	150	200	250	300
0.007	71	152	449	967	1751	2849
0.008	75	163	480	1034	1872	3046
0.009	80	172	509	1097	1986	3231
0.010	84	182	536	1156	2093	3406
0.012	92	199	587	1266	2293	3731
0.014	100	215	634	1368	2477	4030
0.016	107	230	678	1462	2648	4308
0.018	113	244	719	1551	2800	4569
0.020	119	257	758	1635	2960	4816
0.022	125	270	795	1715	3015	5052
0.024	131	281	831	1791	3243	5276
0.026	136	293	865	1864	3375	5492
0.028	141	304	897	1935	3503	5699
0.030	146	315	929	2002	3626	5899

当该地降雨历时为5min时的小时降雨厚度 h_5 不等于100mm/h时，应按式(5-2)将汇水面积换算成相当于 $h_5=100\text{mm/h}$ 的汇水面积，然后再查表5-8确定悬吊管直径。

$$F_{100}=\frac{h_5F}{100} \tag{5-2}$$

式中　F——每小时降雨厚度为 h_5 时的汇水面积（m^2）；

F_{100}——换算成每小时降雨厚度为100mm/h时的汇水面积（m^2）。

由于单斗系统悬吊管的排泄能力比同等条件下的多斗系统悬吊管的排泄能力多20%左右，因此，单斗系统悬吊管的最大允许汇水面积应是表5-8中数值的1.2倍。

4. 雨水立管

连接一根悬吊管的立管的管径应与悬吊管的管径相同，同时泄流量还应满足表5-5的要求。当一根立管上连接两根悬吊管时，应先根据立管的布置情况计算立管的汇水面积，再根据5min小时降雨厚度 h_5，查表5-9确定立管管径。

表5-9　$\psi=1$ 时立管最大允许的汇水面积　（单位：m^2）

h_5/(mm/h)	管径/mm		
	100	150	200
50	1386	3024	5625
60	1140	2520	4500
70	976	2158	3855
80	855	1980	3375

（续）

h_5/(mm/h)	管径/mm		
	100	150	200
90	760	1680	3000
100	684	1512	2700
110	621	1373	2452
120	570	1260	2250
140	488	1079	1927
160	427	945	1687
180	380	840	1500
200	342	756	1350

5. 排出管

排出管管径一般与立管管径相同。如果想改善排出管的水力条件，减少水头损失，提高系统的排泄能力，可以将排出管管径加大 1 级。

6. 埋地管

埋地管按重力流计算，敞开式内排水系统按非满流设计，密闭式内排水系统按满流设计，坡度一般不应小于 0.003，最大设计充满度见表 5-10。

表 5-10　埋地管的最大设计充满度

管道名称	管径/mm	最大设计充满度
封闭系统的埋地管		1.00
敞开系统的埋地管	≤ 300　350~450　≥ 500	0.50　0.65　0.80

对于非满流系统，5min 小时降雨厚度 h_5 = 100mm/h 时的埋地管的最大允许汇水面积见表 5-11。若当地 5min 小时降雨厚度 h_5 不等于 100mm/h，应将汇水面积换算为相当于 100mm/h 的汇水面积，然后再查表 5-11。

表 5-11　$\psi=1$ 时埋地管非满流的最大允许汇水面积　（单位：m^2）

坡度	管径/mm									
	h/D=0.50				h/D=0.65			h/D=0.80		
	150	200	250	300	350	400	450	500	550	600
0.003	139	300	544	885	2020	2884	3948	6757	8713	10989
0.004	161	346	628	1020	2332	3330	4559	7803	10061	12688
0.005	180	387	702	2332	2607	3723	5097	8724	11248	14186

（续）

坡度	管径/mm									
	$h/D=0.50$				$h/D=0.65$			$h/D=0.80$		
	150	200	250	300	350	400	450	500	550	600
0.006	197	424	770	2607	2856	4078	5583	9556	12322	15540
0.007	213	458	831	1352	3085	4405	6031	10322	13309	16786
0.008	227	490	888	1445	3292	4709	6447	11035	14229	17944
0.009	241	520	942	1533	3498	4995	6838	11705	15091	19033
0.010	254	548	993	1616	3688	5265	7209	12337	15908	20063
0.012	279	600	1088	1770	4040	5768	7896	13515	17426	21978
0.014	301	648	1176	1912	4363	6230	8529	14598	18822	23738
0.016	322	693	1257	2044	4665	6660	9118	15606	20122	25377
0.018	341	735	1333	2168	4948	7065	9671	16553	21343	26917
0.020	360	775	1405	2285	5216	7446	10195	17449	22497	28373
0.025	402	866	1571	2555	5831	8326	11398	19508	25153	—
0.030	441	949	1721	2799	6388	9120	12486	21369	—	—

对于满流系统，5min 小时降雨厚度 $h_5=100$mm/h 时的埋地管的最大允许汇水面积见表 5-12。若当地 5min 小时降雨厚度 h_5 不等于 100mm/h，应将汇水面积换算为相当于 100mm/h 的汇水面积，然后再查表 5-12。

表 5-12　埋地管满流的最大允许汇水面积　　（单位：m^2）

坡度	管径/mm									
	150	200	250	300	350	400	450	500	550	600
0.003	279	600	1089	1770	2634	3813	5220	6912	8914	11242
0.004	321	693	1259	2004	3083	4403	6027	7983	10293	12981
0.005	360	775	1405	2285	3448	4922	6739	8925	11508	14513
0.006	394	849	1539	2503	3777	5392	7382	9777	12606	15899
0.007	425	917	1663	2704	4079	5824	7974	10550	13616	17172
0.008	455	980	1778	2891	4361	6226	8524	11289	14556	18358
0.009	483	1040	1886	3066	4626	6604	9041	11974	15440	19472
0.010	509	1096	1987	3232	4876	6961	9530	12622	16275	20525
1.012	557	1200	2177	3540	5341	7626	10440	13827	17827	22484
0.014	602	1297	2352	3846	5769	8237	11277	14934	19257	24286
0.016	644	1386	2514	4088	6167	8805	12055	15966	20586	25962

（续）

坡度	管径/mm									
	150	200	250	300	350	400	450	500	550	600
0. 018	682	1470	2667	4336	6541	9340	12786	16934	21835	27537
0. 020	720	1550	2811	4571	6895	9845	13478	17850	23016	29027
0. 025	804	1733	3143	5111	7709	11007	15069	19958	25733	—
0. 030	881	1899	3443	5599	8445	12057	16507	21862	—	—

【例 5-1】 沈阳市某高层建筑内排水系统如图 5-5 所示，悬吊管对称布置，每根悬吊管连接两个雨水斗，每个雨水斗的实际面积为 324m²，屋面 $\psi=1$ 。试计算确定各管段直径。

【解】 计算管道编号如图 5-5 所示。

（1）小时降雨厚度　取重现期为 1 年，则沈阳市 5min 小时降雨厚度 $h_5=$ 103mm/h。

（2）雨水斗　每个雨水斗的汇水面积为 324 m²：

由于是多斗系统，所以由表 5-8 查得，当 5min 小时降雨厚度 $h_5=$ 103mm/h 时，一个公称直径 $DN=$ 100mm 的 79 型雨水斗或 65 型雨水斗的最大允许汇水面积为 451m²(内插法)，大于每个雨水斗换算后的汇水面积 324m²。所以雨水斗选用 $DN=100$mm 的 79 型雨水斗或 65 型雨水斗均可。

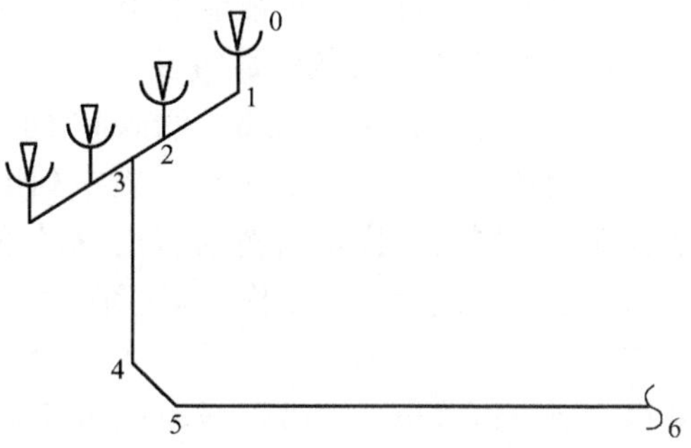

图 5-5　内排水系统图

（3）连接管　连接管管径与雨水斗的直径相同，$DN=100$ mm。

（4）悬吊管　每个雨水斗相当于 $h_5=100$mm/h，$\psi=1$ 时的汇水面积

$$F_{100}=\frac{h_5\times F}{100}=\frac{103\times 324}{100}\text{m}^2=333.72\text{m}^2$$

为排水通畅，悬吊管的坡度取 0. 01(大于 0. 003)，管段 1～2 折算面积为 333. 72m²，从表 5-8 可以看出，$DN=150$mm 的多斗悬吊管在坡度为 0. 01 的条件下，最大允许汇水面积为 536m²，大于管段 1～2 折算面积 333. 72m²，所以管段 1～2 的直径确定为 $DN=150$mm。同理，管段 2～3 折算面积为 333. 72×2m² = 667. 44m²，查表 5-8，$DN=200$mm 的多斗悬吊管在坡度为 0. 01 的条件下，最大允许汇水面积为 1156m²，大于管段 2～3 折算面积 667. 44m²，所以管段 2～3 的直径确定为 $DN=200$mm。

（5）立管　立管的汇水面积为 324×4m² = 1296m²，查表 5-9 可知，当 5min

小时降雨厚度 $h_5=103\mathrm{mm/h}$ 时，$DN=200\mathrm{mm}$ 的一根立管的最大允许汇水面积为 $2625.6\mathrm{m}^2$，大于立管的汇水面积 $1296\mathrm{m}^2$，所以立管的直径确定为 $DN=200\mathrm{mm}$。

（6）排出管　排出管的管径不应小于立管的管径，所以，排出管的直径也取为 $DN=200\mathrm{mm}$。

（7）埋地管　埋地管按满流计算，取坡度为0.007（大于0.003），查表5-12可知，管径 $DN=250\mathrm{mm}$ 的一根埋地管的最大允许汇水面积为 $1663\mathrm{m}^2$，大于本设计埋地管的汇水面积 $1296\mathrm{m}^2$，所以埋地管的直径确定为 $DN=250\mathrm{mm}$。

5.3.4　虹吸式屋面雨水排水系统设计计算

虹吸式屋面雨水排水系统按压力流进行计算，应充分利用系统提供的可利用水头，以满足流速和水头损失允许值的要求。水力计算的目的是合理确定管径，降低造价，使系统各节点由不同支路计算的压力差限定在一定的范围内，保证系统安全、可靠、正常地工作。

1. 压力流雨水斗的计算特性

（1）雨水斗的额定流量　表5-13列出了 *DN*50、*DN*75 两种压力流（虹吸式）雨水斗的额定流量和斗前水深，表中列出的斗前水深，对于不同形式的雨水斗的含义是不同的。排水状态为自由堰的雨水斗，斗前水深小于给定值时才能保证系统在重力流状态下工作；对于压力流（虹吸式）雨水斗，表中给出的是在额定流量下相应的斗前水位，斗前水位增加，雨水斗淹没，泄流增加，斗前水位减少，泄流量减少。虹吸形成时雨水斗的斗前水位比额定流量下的斗前水位小得多，以YT50A雨水斗为例，当泄流量为6L/s时，相应斗前水深45mm，虹吸形成时的斗前水深约为15mm。斗前水深大于或小于额定流量下淹没深度相应值的一定范围内，雨水斗都可正常工作。

表5-13　雨水斗的额定流量与斗前水深

雨水斗型号、规格	压力流（虹吸式）雨水斗		
	*DN*50	*DN*75	*DN*100
额定流量/(L/s)	6.0	12.0	25.0
斗前水深/mm	45	70	
排水状态	淹没泄流		

（2）额定流量下雨水斗的水头损失与局部阻力系数　雨水斗的局部阻力系数因雨水斗的结构、尺寸、材质不同而有所差别。国产的虹吸式雨水斗的局部阻力系数见表5-14。

表 5-14 国产虹吸式雨水斗的局部阻力系数

雨水斗型号	YT150	YG50	YT75	YG75	YG100
局部阻力系数	1.3	1.3	2.4	2.4	5.6①

①为设计值，其他为实测值。

2. 水力计算公式

（1）沿程压力损失 虹吸式雨水排水系统一般使用内壁喷塑柔性排水承压铸铁管或钢塑复合管及承压塑料管等，其沿程压力损失的计算方法一般采用达西公式和汉森-威廉姆斯式(5-3)，建议采用第二种。

$$i=\frac{11785\times q_{y}^{1.85}\times 10^{6}}{C^{1.85}\times d_{j}^{4.87}} \tag{5-3}$$

式中 i——单位长度压力损失(mH_2O/m, $1mH_2O=9.8kPa$)；

q_y——流量(L/s)；

d_j——计算内径(mm)；

C——管道材质系数(铸铁管 $C=100$,钢管 $C=120$,塑料管 $C=140\sim150$)。

（2）局部阻力损失 局部阻力损失用当量长度或局部阻力系数计算。虹吸式屋面雨水排水系统管道的局部阻力损失的系数见表 5-15。

表 5-15 局部阻力系数

管件名称	内壁涂塑铸铁或钢管	塑料管
90°弯头	0.8	1
45°弯头	0.3	0.4
干管上斜三通	0.5	0.35
支管上斜三通	1	1.2
转变为重力流处出口	1.8	1.8
压力流(虹吸式)雨水斗	厂商提供	

3. 水力计算方法步骤

1）确认当地气象资料如降雨强度和重现期。

2）计算排水屋面的水平投影面积和汇水面积。

3）计算各汇水面积的降雨量。

4）确定压力流雨水斗的规格和额定流量，计算各汇水面积需要雨水斗的数量。

5）确定雨水斗、悬吊管、立管和排出管（接至室外窨井）的平面和空间位置。

6）绘制水力计算管系图。

7）确定节点和管段，为各节点和管段编号。

8）确定总高度和管道总长度。估算局部阻力损失当量长度，铸铁管为管道长度的0.2；塑料管为管道长度的0.6。

9）求每米管长允许的水头损失，$i=H/(1.2\sim1.6)L$。

10）查诺模图估算各管段管径。

11）确定水位高度，h_1 斗前水位高度，h_2 屋面或大沟底至立管顶点（转折点）的高度，H 斗前水位至立管出口（非满流处）的高度。

12）进行系统的水力计算：计算各管段的沿程损失和局部阻力损失，管段流速、各节点的压力。计算结果应符合验证规定的要求，否则调整管径或系统后复算，达到要求为止。

4. 虹吸式雨水排水系统水力计算应符合的规定

为了保障虹吸式雨水排水系统能够维持正常的压力流排水状态，压力流雨水排水系统应符合以下规定：

1）无天沟的平屋面宜采用 *DN*50 型压力流雨水斗；同一悬吊管上接入的雨水斗应采用同一规格，其进水口应在同一水平面上。

2）悬吊管与雨水斗出口的高度差应大于1.0m；雨水排水管道中的总水头损失与流出水头之和不得大于雨水管进、出口的几何高度差。

3）管道的最小设计流速不小于1m/s，立管设计流速宜小于6m/s，最大不宜大于10m/s，立管底部接至室外窨井的排出管，管内流速不宜大于1.5m/s。

4）排水系统的总水头损失应小于雨水斗斗前水位与系统出口的高度差。悬吊管与立管交点（转折点）处的最大负压值，对于金属管道不得大于80kPa；对于塑料管道应视产品的力学性能而定，但不得大于70kPa。

思考题与习题

1. 高层建筑屋面雨水排除有什么特殊要求？
2. 高层建筑屋面雨水内排水系统有哪几种类型？
3. 雨水斗的布置与安装应注意哪些问题？
4. 如何计算雨水量？
5. 简述虹吸式雨水排水系统水力计算步骤。
6. 虹吸式雨水排水系统水力计算应符合哪些规定？

第 6 章

建筑中水工程

中水是指各种排水经处理后，达到规定的水质标准，可在生活、市政、环境等范围内杂用的非饮用水。

中水利用是节约水资源、减少排污、防治污染、保护环境的有效途径之一，具有显著的环境效益、经济效益和社会效益。

中水系统由中水原水的收集、储存、处理和中水供给等工程设施组成，是建筑物或建筑小区的功能配套设施之一。

6.1 建筑中水系统

6.1.1 建筑中水系统的组成

建筑中水系统包括建筑物中水系统和小区中水系统。

建筑物中水是指在一栋或几栋建筑物内建立的中水系统。一般以优质排水或杂排水作为中水水源，经适当处理并达到中水回用标准后供建筑内冲厕和浇洒绿地。系统框图如图 6-1 所示。建筑物中水系统适用于建筑内排水为分流制、生活污水与优质排水或杂排水能够分开收集的建筑，目前主要用于宾馆、饭店等建筑。由于中水水源选用的是优质排水或杂排水，因此，处理工艺简单，投资少。

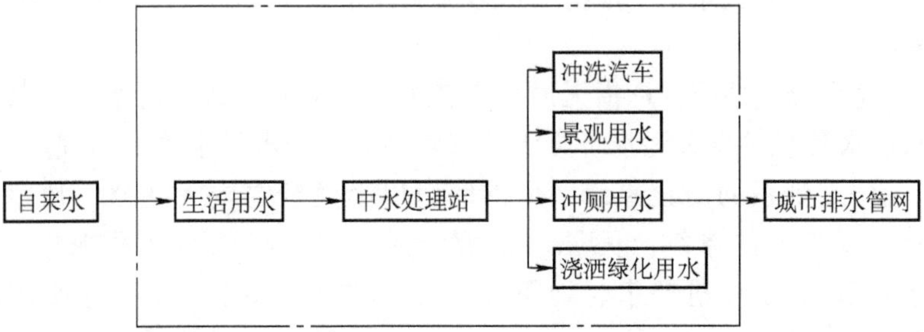

图 6-1 建筑中水系统

小区中水系统是指在小区内建立的中水系统。一般以小区的优质杂排水或杂排水为中水水源，经适当处理并达到中水回用标准后供建筑内冲厕和用做小区的杂用水(如浇洒绿地)。系统框图如图6-2所示。此系统多用于居住小区、机关大院和高等学校等。

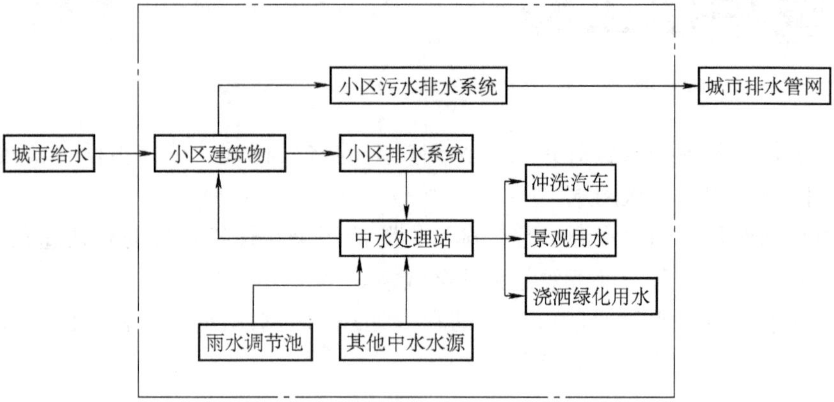

图6-2　小区中水系统

6.1.2　建筑中水系统的形式

建筑物中水的系统形式宜采用完全分流系统，所谓“完全分流系统”，就是中水原水的收集系统和建筑物的原排水系统是完全分开，即为污、废分流，而建筑物的生活给水与中水供水也是完全分开，也就是有粪便污水和杂排水两套排水管，给水和中水两套给水管的系统。

建筑小区中水可采用以下系统形式：

1）全部完全分流系统。是指原水分流管系和中水供水管系覆盖全区建筑物的系统。也就是在建筑小区内的主要建筑物都建有污水废水分流管系(两套排水管)和中水自来水供水管系(两套供水管)的系统。

2）部分完全分流系统。是指原水分流管系和中水供水管系均为小区内部分建筑的系统。

3）半完全分流系统。是指无原水分流管系(原水为综合污水或外接水源)，只有中水供水管系或只有污水、废水分流管系而无中水供水管的系统。

4）无分流管系的简化系统。是指地面以上建筑物内无污水、废水分流管系和中水供水管系的系统。无原水分流管系，中水只用在地面绿化、喷洒道路、水景观和人工河湖补水、地下车库地面冲洗和汽车清洗等使用的简易系统。

6.2　建筑中水系统的水源、水量与水质

6.2.1　中水系统的水源

1. 建筑物中水水源

中水水源应根据排水的水质、水量、排水状况和中水回用的水质、水量选定。建筑物中水水源可取自建筑的生活排水和其他可以利用的水源。为了简化中水处理流程，节约工程造价，降低运转费用，建筑物中水水源应尽可能选用污染浓度低、水量稳定的优质杂排水、杂排水。建筑物中水水源可选择的种类和选取顺序为：

1）卫生间、公共浴室的盆浴和淋浴等的排水。

2）盥洗排水。

3）空调循环冷却系统排污水。

4）冷凝水。

5）游泳池排污水。

6）洗衣排水。

7）厨房排水。

8）冲厕排水。

综合医院污水作为中水水源时，必须经过消毒处理，产出的中水仅可用于独立的不与人直接接触的系统。

传染病和结核病医院的污水中含有多种传染病菌、病毒，放射性废水也对人体造成很大的伤害，都不得作为中水水源。

建筑屋面雨水可作为中水水源或其补充，但其具有较强的季节性，设计时要慎重考虑。

2. 建筑小区中水水源

建筑小区中水水源的选择要依据水量平衡和技术经济比较确定，并应优先选择水量充裕稳定、污染物含量低、水质处理难度小、安全且居民易接受的中水水源。

建筑小区中水可选择的水源有：

1）小区内建筑物杂排水。

2）小区或城市污水处理厂出水。

3）相对洁净的工业排水。

4）小区内的雨水。

5）小区生活污水。

当城市污水回用处理厂出水达到中水水质标准时，建筑小区可直接连接中

水管道使用；当城市污水回用处理厂出水未达到中水水质标准时，可作为中水原水进一步处理，达到中水水质标准后方可使用。

6.2.2　中水原水量

1. 建筑物中水原水量

用作中水水源的水量宜为中水回用水量的110%~115%。

建筑物中水原水量与建筑物最高日生活用水量 Q、建筑物分项给水百分数 b 和折减系数有关，按式(6-1)计算

$$Q_1 = \Sigma \alpha \beta Q_d b \tag{6-1}$$

式中　Q_1——中水原水量(m^3/d)；

α——最高日给水量折算成平均日给水量的折减系数，一般为0.67~0.91，按GB 50013—2006《室外给水设计规范》中的用水定额分区和城市规模取值；

β——建筑物按给水量计算排水量的折减系数，一般取0.8~0.9；

Q_d——建筑物最高日生活用水量，按《建筑给水排水设计规范》中的用水定额计算确定(m^3/d)；

b——建筑物分项给水百分数。应以实测资料为准，在无实测资料时，可参照表6-1选取。

表6-1　各类建筑物分项给水百分数(%)

项目	住宅	宾馆、饭店	办公楼、教学楼	公共浴室	餐饮业、营业餐厅
冲厕	21.0~21.3	10.0~14.0	60.0~66.0	2.0~5.0	6.7~5.0
厨房	20.0~19.0	12.5~14.0			93.3~95.0
沐浴	29.3~32.0	50.0~40.0		98.0~95.0	
盥洗	6.7~6.0	12.5~14.0	40.0~34.0		
洗衣	22.7~22.0	15.0~18.0			
总计	100	100	100	100	100

注：沐浴包括盆浴和淋浴。

2. 建筑小区中水原水量

建筑小区中水原水量可按式(6-1)分项计算各个建筑物的中水原水量，然后累加。采用合流排水系统时，可按式(6-2)计算小区中水原水量(即小区综合排水量)

$$Q_1 = Q_d \alpha \beta \tag{6-2}$$

式中　Q_1——小区综合排水量(m^3/d)；

Q_d——小区最高日给水量，按《建筑给水排水设计规范》规定计算；

Q_d、α、β 见式(6-1)。

6.2.3　中水原水水质

中水原水的水质与建筑物所在地区及使用性质有关，其污染成分和浓度各不相同，应根据实际的水质调查结果经过分析后确定，在无实测资料时，当采用生活污水时，可按表 6-2 中综合水质指标取值；当采用城市污水处理厂出水为原水时，可按二级处理实际出水水质或相应标准执行。其他种类的原水水质则需实测。

建筑物的各种排水污染物浓度可参照表 6-2 确定。

表 6-2　建筑物各种排水污染物浓度　　（单位：mg/L）

建筑类别	污染物	冲厕	厨房	沐浴	盥洗	洗涤	综合
住宅	BOD_5	300~450	500~650	50~60	60~70	220~250	230~300
	COD	800~1100	900~1200	120~135	90~120	310~390	455~600
	SS	500~450	220~280	40~60	100~150	60~70	155~180
宾馆饭店	BOD_5	250~300	400~550	40~50	50~60	180~220	140~175
	COD	700~1000	800~1100	100~110	0~100	270~330	295~380
	SS	300~400	180~220	30~50	80~10	50~60	95~120
办公楼教学楼	BOD_5	260~340			90~110		195~260
	COD	350~450			100~140		260~340
	SS	260~340			89~110		195~260
公共浴室	BOD_5	260~340		45~55			50~65
	COD	350~450		110~120			115~135
	SS	260~340		35~55			40~165
餐饮业营业餐厅	BOD_5	260~340	500~600				490~590
	COD	350~450	900~1100				890~1075
	SS	260~340	250~280				255~285

6.3　中水水质、水量及水量平衡

6.3.1　中水水质标准

中水水质总的来说应符合下列要求：

1）卫生上应安全可靠，其控制指标主要有大肠菌群、细菌总数、SS、BOD_5、COD 等。

2）人们在感官上无不快感觉，其控制指标主要有浊度、色度、臭味、表面活性剂、油脂等。

3）不应引起设备和管道的腐蚀和结垢，其控制指标主要有硬度、pH 值、蒸发残渣、溶解性物质等。

中水水质标准应根据不同的用途具体确定。

用于冲厕、道路清扫、消防、城市绿化、车辆冲洗、建筑施工等杂用的中水水质应符合 GB/T 18920—2002《城市污水再生利用 城市杂用水水质》的规定，见表 6-3。

表 6-3 城镇杂用水水质标准

项 目		冲厕	道路清扫、消防	城市绿化	车辆冲洗	建筑施工
pH 值	≤	6.0~9.0				
色度/度	≤	30				
臭		无不快感觉				
浊度(NTU)	≤	5	10	10	5	20
溶解性固体/(mg/L)	≤	1500	1500	1000	1000	—
BOD_5/(mg/L)	≤	10	15	20	10	15
氨氮(以 N 计)/(mg/L)	≤	10	10	20	10	20
阴离子表面活性剂/(mg/L)	≤	1.0	1.0	1.0	0.5	1.0
铁/(mg/L)	≤	0.3	—	—	0.3	—
锰/(mg/L)	≤	0.1	—	—	0.1	—
溶解氧/(mg/L)	≥	1.0				
总余氯/(mg/L)	≤	接触 30min 后≥1.0，管网末端≥0.2				
总大肠菌群指数/(个/L)	≤	3				

注：混凝土拌合水还应符合 JGJ63 的规定。

用于景观环境用水的中水水质应符合国家标准 GB/T 18921—2002《城市污水再生利用 景观环境用水水质》的规定，见表 6-4。

表 6-4 景观环境用水的再生水水质指标

序号	项 目	观赏性景观环境用水			娱乐性景观环境用水		
		河道类	湖泊类	水景类	河道类	湖泊类	水景类
1	基本要求	无漂浮物，无令人不愉快的味					
2	pH 值	6~9					
3	5 日生化需氧量(BOD_5)≤	10	6		6		
4	悬浮物(SS)≤	20	10		—①		

（续）

序号	项目	观赏性景观环境用水			娱乐性景观环境用水		
		河道类	湖泊类	水景类	河道类	湖泊类	水景类
5	浊度(NTU)≤	—①			5.0		
6	溶解氧≥	1.5			2.0		
7	总磷(以P计)≤	1.0	0.5		1.0	0.5	
8	总氮≤	15					
9	氨氮(以N计)≤	5					
10	粪大肠菌群/(个/L)≤	10000		2000	500	不得检出	
11	余氯②≥	0.05					
12	色度/度≤	30					
13	石油类≤	1.0					
14	阴离子表面活性剂≤	0.5					

注：1. 对于需要通过管道输送再生水的非现场回用情况采用加氯消毒方式；而对于现场回用情况不限制消毒方式。

2. 若使用未经过除磷脱氮的再生水作为景观环境用水，鼓励使用本标准的各方在回用地点积极探索通过人工培养具有观赏价值水生植物的方法，使景观水的氮磷满足表中的要求，使再生水中的水生植物有经济合理的出路。

① “—”表示对此项无要求。

② 氯接触时间不应低于30min的余氯。对于非加氯方式无此项要求。

6.3.2 中水用水量与中水处理量

1. 中水用水量

根据中水的不同用途，按有关的设计规范，分别计算冲厕、冲洗汽车、浇洒道路、绿化等各项中水日用水量。将各项中水日用水量汇总，即为中水总用水量

$$Q_3=\sum q_{3i} \tag{6-3}$$

式中 Q_3——中水总用水量(m^3/d)；

q_{3i}——各项中水日用水量(m^3/d)。

2. 中水处理量

中水处理量按式(6-4)式计算

$$Q_2=(1+n)Q_3 \tag{6-4}$$

式中 Q_2——中水处理量(m^3/d)；

n——中水处理设施自耗水系数，一般取10%~15%；

Q_3——意义同式(6-3)。

6.3.3　水量平衡

水量平衡是指中水原水水量、中水处理水量、中水用水量和生活补给水量之间通过计算调整达到平衡一致。水量平衡在总量上应保证中水原水量稍大于中水用水量，同时应保证在供水或用水不均匀的情况下，仍能保证供水或用水的要求。

1. 水量平衡计算

水量平衡计算是系统设计和量化管理的一项工作，是合理设计中水设备、构筑物及管道的依据。水量平衡宜按下列步骤计算：

1）实测确定各类建筑物内厕所、厨房、沐浴、盥洗、洗衣及绿化、浇洒等用水量，无资料时可按表6-1估算。

2）初步确定中水供水对象和中水原水集流对象。

3）采用式(6-3)计算中水用水量。

4）采用式(6-4)计算中水处理量。

5）采用式(6-1)或式(6-2)计算可集流的中水原水总量。

6）计算溢流量或自来水补充水量。

溢流量或自来水补充水量按式(6-5)计算

$$Q_0=|Q_1-Q_2| \tag{6-5}$$

式中　Q_0——当 $Q_1>Q_2$ 时，为溢流不处理中水原水流量；当 $Q_1<Q_2$ 时，为自来水补给水量(m^3/d)。

2. 水量平衡图

根据水量平衡计算的结果可以绘制水量平衡图，水量平衡图能够直观地将原水量、调节量、处理量、使用量之间的关系表达出来。水量平衡图并无定式，以清楚表达水量平衡值关系为准则。主要包括如下内容：

1）建筑物的各用水点的总排放量(包括中水原水量和直接排放量)。

2）中水处理量、原水调节水量。

3）中水总供水量及各用水点的供水量。

4）中水消耗量(包括处理设备自用水量、溢流水量和放空水量)、中水调节水量。

5）自来水的总用水量(包括各用水点的分项水量及对中水系统的补充水量)。

6）给出自来水用量、中水回用量、污水排放量三者的比率关系。

图6-3所示为某建筑物水量平衡图。

3. 水量平衡措施

为使中水原水量与处理水量、中水产量与中水用量之间保持平衡，使中水原水的连续集流与间歇运行的处理设施之间保持平衡，使间歇运行的处理设施与中水的连续使用之间保持平衡，适应中水原水与中水用水量随季节的变化，应采取一些水量平衡调节措施。

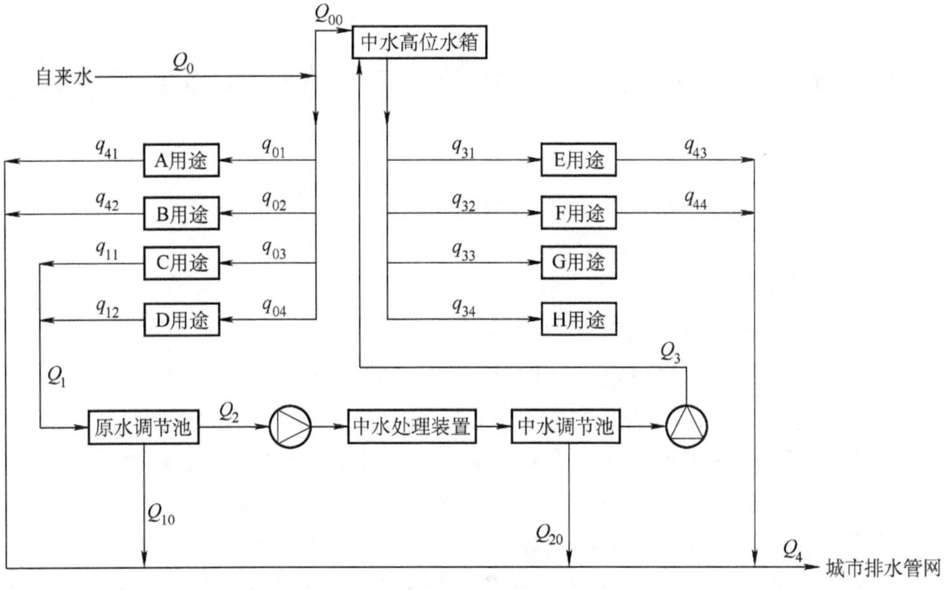

图 6-3　建筑物水量平衡图

q_{01} ~ q_{04}—自来水分项用水量　q_{11} ~ q_{12}—中水原水分项水量　q_{31} ~ q_{34}—中水分项用水量
q_{41} ~ q_{44}—污水排放分项水量　Q_0—自来水总供水量　Q_1—中水原水总水量　Q_2—中水处理水量
Q_3—中水供水量　Q_4—污水总排放水量　Q_{00}—中水补给水量　Q_{10}、Q_{20}—溢流水量

（1）溢流调节　在原水管道进入处理站之前和中水处理设施之后分别设置分流井和溢流井，以适应原水量出现瞬时高峰、设备故障检修或用水短时间中断等紧急特殊情况，保护中水处理设施和调节设施不受损坏。

（2）贮存调节　设置原水调节池（箱）、中水贮存池（箱）、中水高位水箱等进行水量调节，以控制原水量、处理水量、用水量之间的不均衡性。

调节池（箱）的调节容积应按中水原水量及处理量的逐时变化曲线求算。在缺乏上述资料时，其调节容积可按下列方法计算：

1）连续运行时，调节池（箱）的调节容积可按日处理水量的 35%~50%计算。

2）间歇运行时，调节池（箱）的调节容积可按处理工艺运行周期计算，具体见式（6-6）。

$$W_1 = 1.5Q_{1h}(24-t) \tag{6-6}$$

式中　W_1——原水调节池的有效容积（m^3）；

Q_{1h}——中水原水平均小时进水量（m^3/h）；

t——处理设备连续运行时间（h）。

设在处理设施后的中水贮存池（箱）的调节容积应按处理量及中水用量的逐

时变化曲线求算。在缺乏上述资料时，其调节容积可按下列方法计算：

1）连续运行时，中水贮存池（箱）的调节容积可按中水系统日用水量的25%~35%计算。

2）间歇运行时，中水贮存池（箱）的调节容积可按处理设备运行周期计算，具体见式(6-7)

$$W_2 = 1.2(Q_{2h} - Q_{3h})t \tag{6-7}$$

式中 W_2——中水贮存池（箱）的有效容积（m^3）；

Q_{2h}——设备处理能力（m^3/h）；

Q_{3h}——中水平均小时用水量（m^3/h）；

t——处理设备连续运行时间（h）。

当中水供水系统设置供水箱采用水泵—水箱联合供水，且水泵自动起动时，中水高位水箱的调节容积不得小于中水系统最大小时用水量的50%。

另外，还可以利用水位信号控制处理设备自动运行，并合理调整运行班次，调节水量平衡。也可以通过开辟其他中水用途，如浇洒道路、绿化、冷却水补水、采暖系统补水、建筑施工用水等调节中水使用的季节性不平衡。

补充自来水也是一种调节方法。可以在中水调节水池或中水高位水箱上设自来水补水管，当中水原水不足或集水系统出现故障时，由自来水补充水量，以保障用户的正常使用。自来水的应急补水只能在系统缺水时补水，避免水位浮球阀式的常补水，这就需要将补水控制水位设在低水位起动泵水位之下，或称缺水报警水位。

【例6-1】 某居住小区建有甲、乙、丙三种类型住宅楼共26幢，其中甲类住宅10幢，每幢180人；乙类住宅10幢，每幢200人；丙类住宅6幢，每幢240人。小区内有幼儿园一座，幼儿和工作人员共210人；有1幢建筑面积为500m^2的综合楼，内设卫生设备。当地的用水量标准：甲类住宅160L/（人·d）；乙类住宅130L/（人·d）；丙类住宅100L/（人·d）；幼儿园30L/（人·d）；综合楼100L/（人·d）。该小区拟建中水工程，室内外均为污废水分流系统，经调查，各种用途的用水量占给水量的比例见表6-5，进入排水管道的水量占给水量的90%，其余10%为蒸发等各种损失水量。试经过水量平衡计算，确定集流项目和中水供水项目，并绘制水量平衡图（图6-4）。

表6-5 各种用水量占给水量的比例（%）

建筑类别	冲厕用水	厨房食堂用水	沐浴用水	洗衣用水	盥洗用水	绿化用水	合计
住宅	30	25	15	12	12	6	100
幼儿园	45	2	18	10	15	10	100
综合楼	10	15	60	5	7	3	100

【解】（1）选定沐浴、盥洗、洗衣排水为中水原水，处理后用于冲厕所和绿

化等杂用。

（2）甲类住宅水量计算

1）日用水量

$$Q_{d甲}=(160\times180\times10/1000)\text{m}^3/\text{d}=288\text{m}^3/\text{d}$$

2）冲厕用中水量

$$q_{31}=0.3Q_{d甲}=0.3\times288\text{m}^3/\text{d}=86.4\text{m}^3/\text{d}$$

3）绿化用中水量

$$q_{32}=0.06Q_{d甲}=0.06\times288\text{m}^3/\text{d}=17.28\text{m}^3/\text{d}$$

4）中水用水总量

$$Q_{3甲}=q_{31}+q_{32}=(86.4+17.28)\text{m}^3/\text{d}=103.68\text{m}^3/\text{d}$$

5）生活饮用水用水量

$$Q_{g甲}=Q_{d甲}-Q_{3甲}=(288-103.68)\text{m}^3/\text{d}=184.32\text{m}^3/\text{d}$$

6）沐浴排水可集流的水量

$$q_{11}=0.15Q_{d甲}=0.15\times288\text{m}^3/\text{d}=43.2\text{m}^3/\text{d}$$

7）盥洗排水可集流的水量

$$q_{12}=0.12Q_{d甲}=0.12\times288\text{m}^3/\text{d}=34.56\text{m}^3/\text{d}$$

8）洗衣排水可集流的水量

$$q_{13}=0.12Q_{d甲}=0.12\times288\text{m}^3/\text{d}=34.56\text{m}^3/\text{d}$$

9）可集流的中水原水总量

$$\begin{aligned}Q_{1甲}&=q_{11}+q_{12}+q_{13}\\&=(43.2+34.56+34.6)\text{m}^3/\text{d}=112.36\text{m}^3/\text{d}\end{aligned}$$

10）生活排水量（冲厕和厨房排水）

$$\begin{aligned}Q_{P甲}&=(0.3+0.25)\times0.9\times Q_{d甲}\\&=0.55\times0.9\times280\text{m}^3/\text{d}=138.6\text{m}^3/\text{d}\end{aligned}$$

11）绿化及蒸发等损失水量

$$\begin{aligned}Q_s&=q_{32}+(Q_{d甲}-q_{32})\times0.1\\&=[17.28+(288-17.28)\times0.1]\ \text{m}^3/\text{d}\\&=44.352\text{m}^3/\text{d}\end{aligned}$$

（3）其他各类建筑水量计算方法同甲类建筑，计算结果见表6-6。

（4）中水处理量计算

$$Q_2=(1+n)Q_3=(1+0.15)\times265.586\text{m}^3/\text{d}=305.424\text{m}^3/\text{d}$$

（5）溢流的集水水量

$$Q_0=Q_1-Q_2=(337.439-305.424)\text{m}^3/\text{d}=32.015\text{m}^3/\text{d}$$

表 6-6 水量计算表

建筑类别		甲类住宅	乙类住宅	丙类住宅	幼儿园	综合楼	总计
用水单位数/人		1800	2000	1440	210	500	—
用水量标准/［L/(人·d)］		160	130	100	30	200	—
日用水量/(m^3/d)		288	260	144	6.3	100	798.3
中水用水量/(m^3/d)	冲厕	86.4	78	43.2	2.835	10	220.435
	绿化	17.28	15.6	8.64	0.63	3.0	45.15
	合计	103.68	93.6	51.84	3.465	13	265.586
生活给水量(m^3/d)		184.32	166.4	92.16	2.835	87.0	532.715
可集流中水原水量/(m^3/d)	沐浴	43.2	39	21.6	1.134	54	104.94
	洗衣	34.56	31.2	17.28	0.945	4.5	88.485
	盥洗	34.56	31.2	17.28	0.63	6.3	89.97
	合计	112.36	101.4	56.16	2.709	64.8	337.439
生活排水量/(m^3/d)		138.6	128.7	71.28	2.665	22.5	363.745
绿化及损失水量/(m^3/d)		44.352	40.04	22.76	1.197	12.7	121.049

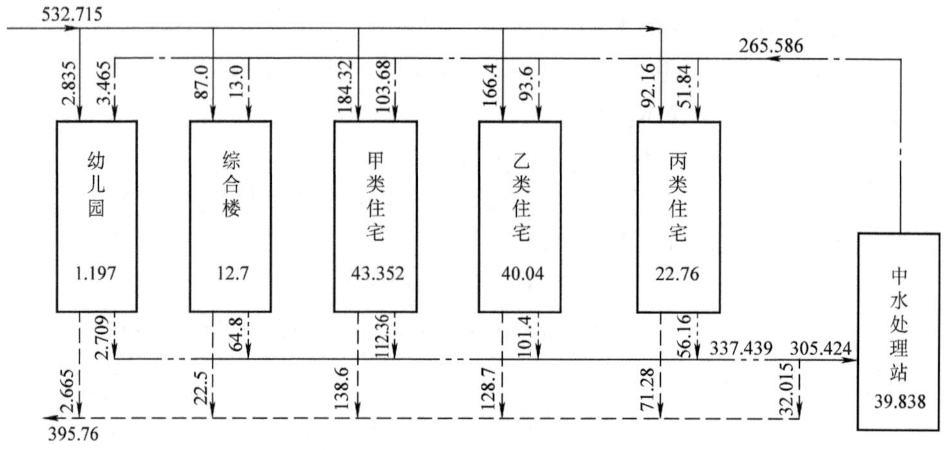

图 6-4 某小区水量平衡图

6.4 中水处理工艺与设备

6.4.1 中水处理工艺流程

中水处理工艺流程应根据中水原水的水质、水量及中水回用对水质的要求进行选择。同时应考虑场地状况、环境要求、投资条件、缺水背景、管理水平等因素。GB 50336—2002《建筑中水设计规范》中推荐如下中水处理工艺流程。

1. 适用于优质杂排水的中水处理工艺流程

优质杂排水水质好，采用流程较短的物理化学处理工艺就可以达到中水回用水质标准。其典型流程如图 6-5 所示。

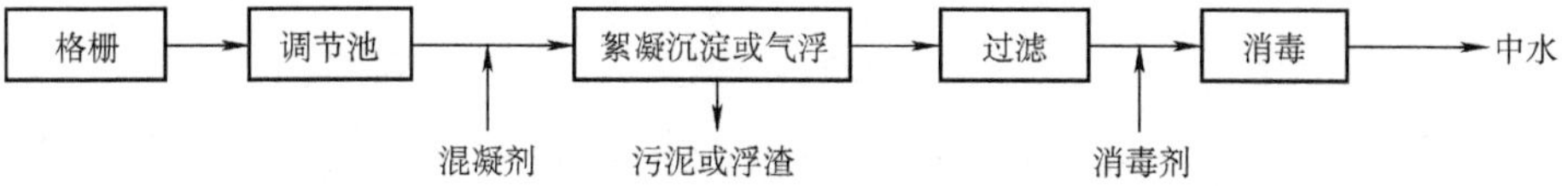

图 6-5 优质杂排水中水处理典型工艺流程

2. 适用于杂排水的中水处理工艺流程

（1）生化处理和物化组合处理工艺 杂排水水质与优质杂排水水质相比，污染物的含量要略高一些，因此处理难度也相应加大了。一般采用生化—物化组合工艺进行处理，其典型流程如图 6-6 所示。

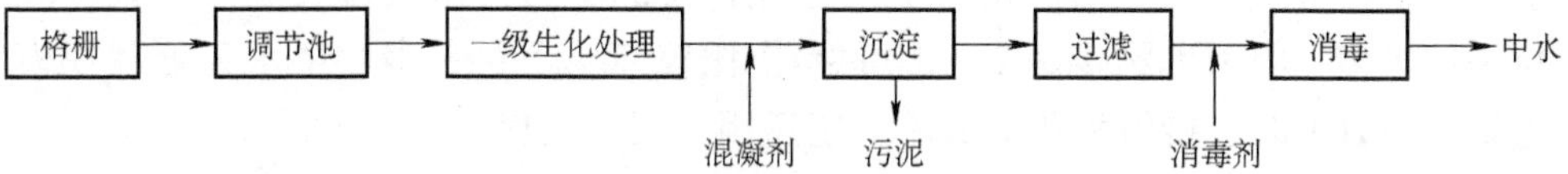

图 6-6 生化处理和物化组合处理工艺

当洗浴废水含有较低的有机污染浓度（BOD_5 在 60mg/L 以下）时，宜采用生物接触氧化法。生物膜的培养和操作管理方便，但需要较为稳定、连续的运行，当采用一班制或二班制运行时，在停止进水时要采用间断曝气的方法来维持生物活性。当前在北京地区最常采用的是快速一段法生物处理，即反应时间在 2h 以内的生物接触氧化法加过滤、消毒等物化法或加微絮凝过滤、活性炭和消毒的工艺。

对于杂排水因包括厨房及清洗污水，水质含油，应单独设置有效的隔油装置，然后与优质杂排水混合进入中水处理设备，一般也采用一段生物处理流程，但在生物反应时间上应比优质杂排水适当延长。

（2）预处理和膜分离相结合的处理工艺 近些年来，膜分离技术在污水处理领域应用越来越广泛，其中在中水处理中的应用是一个很重要的方面。膜分离技术对悬浮物和有机物都有很高的去除效率，而且排水中的细菌和病毒也能得到很好的分离。因此，采用膜分离技术处理中水，可以进一步提高中水水质。但膜滤法是深度处理工艺，必须有可靠水质保障的预处理和方便的膜清洗更换为保障。常见的工艺流程如图 6-7 和图 6-8 所示。

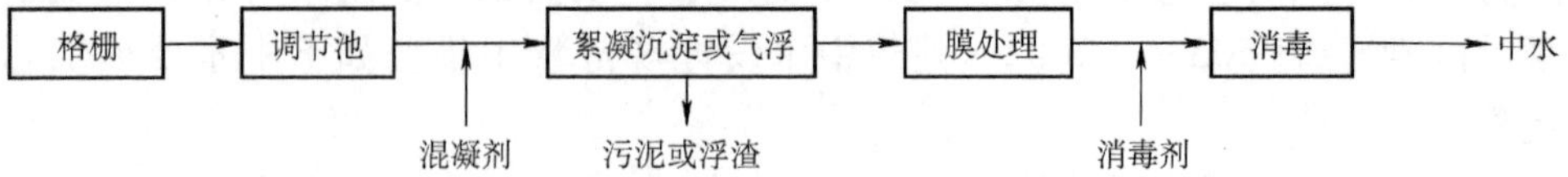

图 6-7　絮凝—膜处理中水处理工艺流程

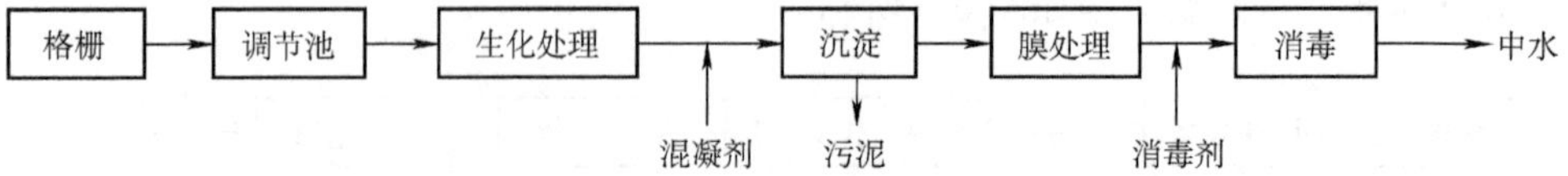

图 6-8　生化处理—膜处理中水处理工艺流程

3. 适用于含有粪便污水的中水处理工艺流程

当以含有粪便污水的排水作为中水原水时，由于污水成分复杂，污染物浓度高，需经严格的处理才能够达到中水回用的水质标准。常采用的处理工艺有以下几种。

（1）生物处理和深度处理相结合的处理工艺　生化处理可以是活性污泥法，也可以是接触氧化法。当前宾馆饭店已经普及的小型污水处理采用生物接触氧化法的居多，因为生物接触氧化法的操作比较简单。对于小区中水日处理规模达到万吨以上时，接触氧化法就不一定适用。工艺流程如图 6-9 所示。

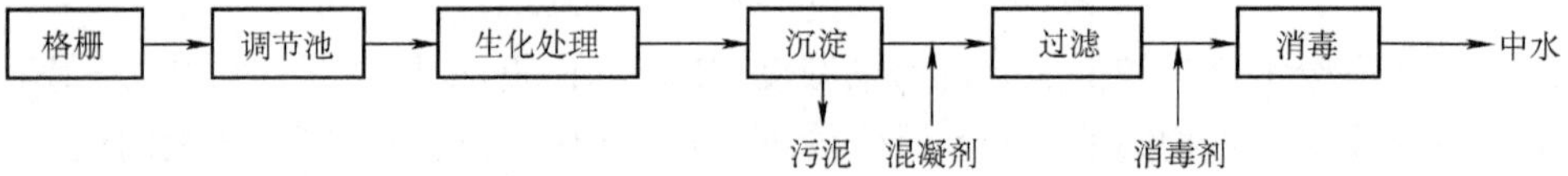

图 6-9　生物处理和深度处理相结合的处理工艺

（2）生物处理和土地处理工艺　采用人工湿地、毛管渗滤系统等土地处理系统处理小区污水，不仅能够处理污水减轻污染，而且还能够充分利用其水肥资源，将污水处理与绿化相结合，美化和改造生态环境，在北方缺水地区该系统具有特别的推广意义。工艺流程如图 6-10 所示。

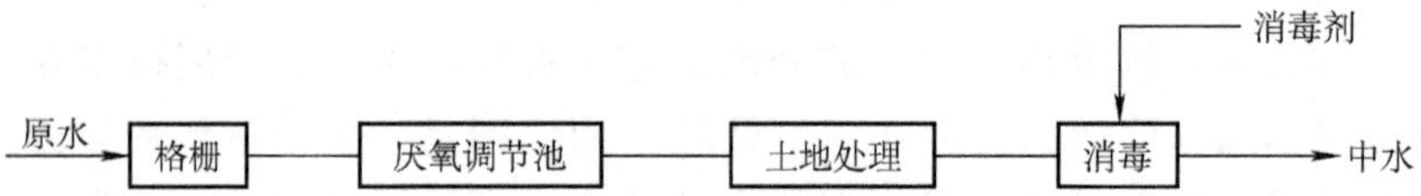

图 6-10　生物处理和土地工艺

毛管渗滤系统在国外应用相当普遍。在 20 世纪 60 年代，日本开始采用地下土壤净化污水的技术，最后开发了土壤毛管浸润沟污水净化工艺。该系统的处理出水优于二级处理，甚至达到三级处理的效果。在日本已获得专利，迄今已建有 20000 多套。在美国约有 36%的农村及零星分散建造的家庭住宅采用了毛管渗滤系统。

（3）曝气生物滤池处理工艺　将曝气生物滤池作为核心处理构筑物，具有流程短，处理能力强、处理效果好、占地少等特点。工艺流程如图 6-11 所示。

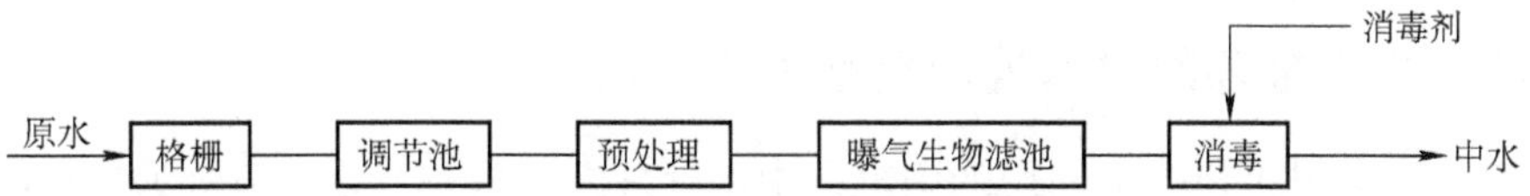

图 6-11　曝气生物滤池处理工艺

（4）膜生物反应器处理工艺　该工艺流程简单，能较大程度上节省处理构筑物的占地和提高活性污泥法的出水水质。出水不仅达到了中水的物理化学指标，而且卫生方面的细菌指标也能达标。工艺流程如图 6-12 所示。

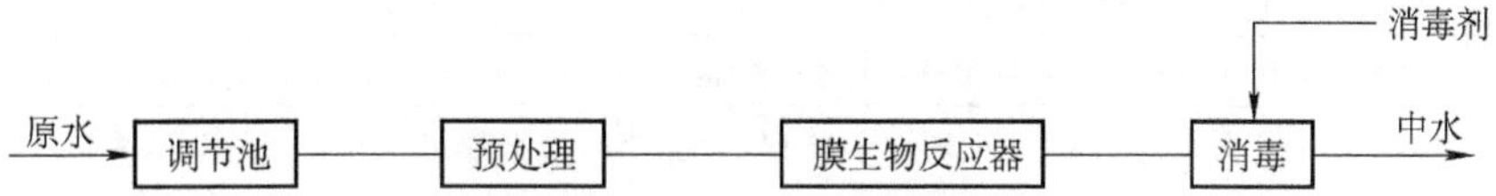

图 6-12　膜生物反应器处理工艺

4. 适用于污水处理站二级处理出水的中水处理工艺流程

利用污水处理站的出水作为中水水源时，达到一级 A 标准的出水仅需要增加消毒工艺单元即可；达到一级 B 标准的出水宜选用物化处理或与生化处理结合的深度处理工艺流程，常用的处理工艺有以下几种。

（1）物化法深度处理工艺(图 6-13)

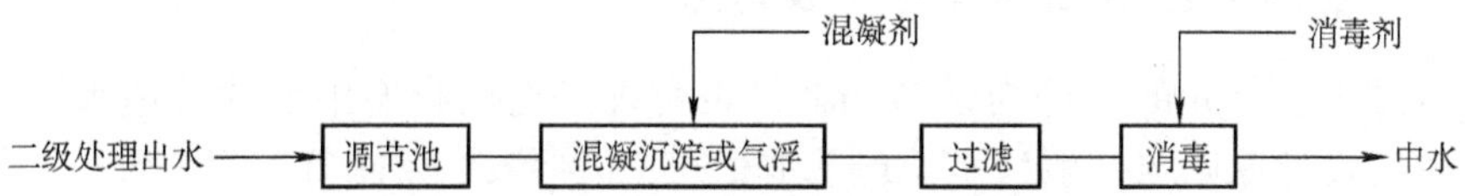

图 6-13　物化法深度处理工艺

（2）物化与生化结合的深度处理工艺(图 6-14)

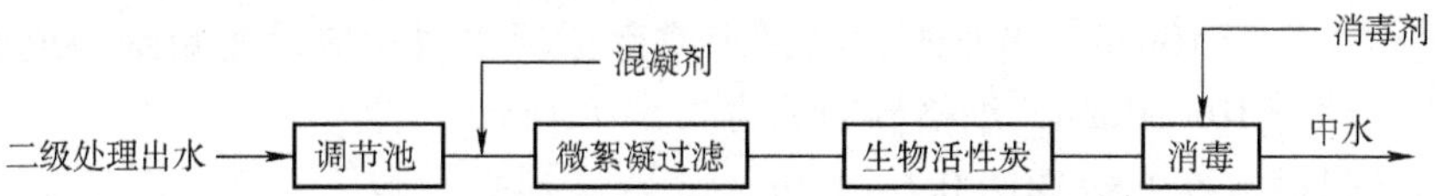

图 6-14　物化与生化结合的深度处理工艺

(3) 微孔过滤处理工艺(图6-15)

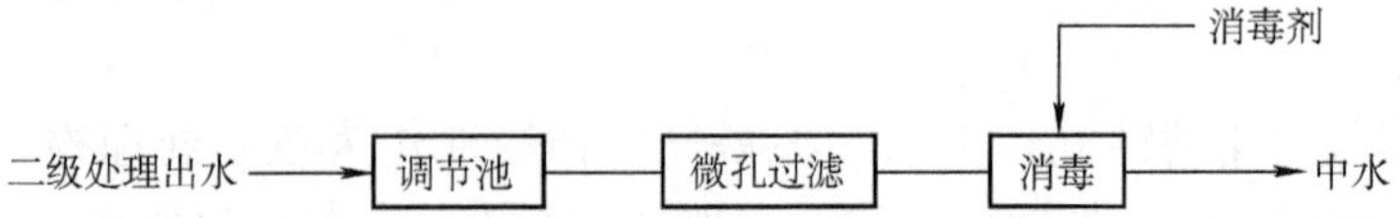

图6-15 微孔过滤处理工艺

6.4.2 日本推荐的中水处理典型工艺流程

日本是最早进行中水回用的国家，中水处理技术成熟。表6-7所示是日本20世纪80年代初总结的10种标准处理流程，其中有以生化处理为主要处理技术的工艺流程，也有以物化处理为主要处理技术的工艺流程。使用时可以作为参考。

表6-7 日本推荐的中水处理典型工艺流程

1	格栅→调节池→曝气池(或生物膜处理池)→沉淀池→过滤池→(臭氧处理)→氯消毒
2	格栅→调节池→曝气池→沉淀池→絮凝池→沉淀池→过滤池→氯消毒
3	格栅→调节池→生物膜处理池→絮凝池→沉淀池→过滤池→氯消毒
4	格栅→调节池→曝气池(或生物膜处理池)→沉淀池→生物膜处理池→沉淀池→过滤池→氯消毒
5	格栅→调节池→曝气池(或生物膜处理池)→沉淀池→生物膜处理池→絮凝池→沉淀池→过滤池→氯消毒
6	格栅→调节池→膜处理→活性炭吸附→氯消毒
7	格栅→调节池→膜处理→氯消毒
8	格栅→调节池→曝气池(或生物膜处理池)→沉淀池→膜处理→氯消毒
9	格栅→调节池→曝气池→沉淀池→絮凝池→沉淀池→膜处理→氯消毒
10	格栅→调节池→生物膜处理池→絮凝池→沉淀池→膜处理→氯消毒

6.4.3 处理工艺单元的设计与设备选择

处理工艺单元的设计与设备选择是否合理，直接影响中水的处理水质。中水处理的设计原则与一般污水处理基本相同，但参数、要求等不尽一致。

1. 格栅、筛网、毛发聚集器

(1) 格栅 用于截留原排水中较大的漂浮或悬浮的机械杂质，设置在进水管(渠)上或调节池进口处。当原水为优质杂排水时，一般设置一道格栅，栅条间隙宽度应小于10mm；当原水为杂排水或生活污水时，应设置粗细两道格栅，粗格栅间隙为10~20mm，细格栅间隙为2.5~8.0mm。

水流过栅流速一般选用0.6~1.0m/s，水头损失一般为0.08~0.15m；栅前水深不小于0.5m，倾角不小于60°。

（2）筛网 一般设于格栅后面，进一步截留细小杂质，如毛发、线头等。对于洗浴废水，筛条间隙为0.25~2.5mm，如在筛面上覆以不锈钢细网或尼龙网，孔眼根据水质情况而定，一般为12~18目。为防止在格栅或格筛上积聚生物黏垢，可间断地在进水中投加杀菌消毒剂。为防止油脂的积聚，最好同时用热水或蒸汽进行冲洗，可按一天一次。

（3）毛发聚集器 当原水为洗浴废水时，污水泵的吸水管上应设毛发聚集器。毛发聚集器内过滤筒（网）的孔径为3mm，由耐腐蚀材料制造，其有效过水面积应大于连接管面积的2倍。毛发聚集器具有反洗功能和便于清污的快开结构。

2. 原水调节池

调节池有曝气和不曝气两种形式。实际应用中一般都进行曝气。在调节池中曝气不仅可以使池中颗粒状杂质保持悬浮状态，避免沉积在池底，还使原水保持有氧状态，防止原水腐败变质，产生臭味。另外，调节池预曝气可以去除部分有机物。原水调节池曝气一般用多孔管曝气，曝气量为0.6~0.9$m^3/(m^2 \cdot h)$。

原水调节池的容积应按照中水原水量及处理量的逐时变化曲线求算。当没有排水量的逐时变化曲线时，如果是连续运行，调节池（箱）的调节容积可按日处理水量的35%~50%计算；如果是间歇运行，调节池（箱）的调节容积按式（6-5）计算。

调节池池深可取1.5~2.0m。调节池底应设有集水坑和泄水管，并应有不小于0.02的坡度，坡向集水坑，中小型中水系统的调节池可兼用作提升泵的集水井。厨房排水需经隔油后才可排入。

3. 中水调节池或中水高位水箱

中水调节池或中水高位水箱调节中水用水量，应设自来水的应急补水管。补水控制水位应设在缺水报警水位，使补水管只能在系统缺水时补水。同时，应有有效的措施确保自来水不会被中水污染。补水管上应设水表计量补水量，补水管管径按中水最大时供水量计算确定。

4. 沉淀池

建筑中水工程中，当原水为优质杂排水或杂排水时，设置调节池后可不再设置初次沉淀池；原水为生活排水时，对于规模较大的中水处理站，可根据处理工艺要求设置初次沉淀池。

生物处理后的二次沉淀池和物化处理的混凝沉淀池，其规模较小时，宜采用斜板（管）沉淀池或竖流式沉淀池。规模较大时，应参照GB 50014—2006《室外排水设计规范》中有关部分设计。

斜板（管）沉淀池宜采用矩形，沉淀池表面水力负荷宜采用1~3$m^3/(m^2 \cdot h)$，停留时间宜为60min，斜板（管）间距（孔径）宜大于80mm，板（管）斜长宜取1000mm，斜角宜为60°。斜板（管）上部清水深不宜小于0.5m，下部缓冲层不宜小于0.8m。进水采用穿孔板(墙)布水，出水采用锯齿形出水堰。

竖流式沉淀池的设计表面水力负荷宜采用0.8~1.2$m^3/(m^2 \cdot h)$，沉淀时间宜为1.5~2.5h。中心管流速不大于30mm/s，中心管下部应设喇叭口和反射板，板底面距泥面不小于0.3m，排泥斗坡度应大于45°。

沉淀池集水应设出水堰，其出水最大负荷不应大于1.70L/(s·m)。

沉淀池宜采用静水压力排泥，静水头不应小于1500mm，排泥管直径不宜小于80mm。

5. 生物处理设施

中水处理常用的生物处理方法主要有生物接触氧化法和曝气生物滤池。近几年，厌氧—好氧工艺(A/O法)、膜生物反应器(MBR)等处理方法也被应用到中水处理工程，并取得较好的处理效果。

接触氧化池容积负荷一般为1.0~1.8kg(BOD_5)/($m^3 \cdot d$)，接触氧化池处理洗浴废水时，水力停留时间不应小于2h；处理生活污水时，应根据原水水质情况和出水水质要求确定水力停留时间，但不宜小于3h。供气方式宜采用低噪声的鼓风机加布气装置，潜水曝气机或其他曝气设备布气装置的布置应使布气均匀，气水比为15∶1~20∶1，曝气量宜为40~80m^3/kg(BOD_5)，溶解氧浓度应维持在2.5~3.5mg/L。

接触氧化池宜采用易挂膜、耐用、比表面积较大、维护方便的固定填料或悬浮填料。当采用固定填料时，安装高度不小于2m；当采用悬浮填料时，装填体积不应小于池容积的25%。

曝气生物滤池具有处理负荷高、装置紧凑、省略固液分离单元等优点，已经开始用于中水工程。土地处理也是一种值得重视的处理工艺，该处理方法利用土壤的自然净化作用，将生物降解、过滤、吸附等多种作用有机结合，对于绿化面积迅速扩大而水资源又十分紧缺的城市和地区，该处理工艺有广泛的应用前景。

膜生物反应器将膜分离与生物处理紧密结合，具有处理效率高、出水水质稳定、流程简化、装置紧凑、设备制造易产业化等诸多特点，在中水处理系统中已得到应用。

6. 过滤

过滤主要去除二级处理后水中残留悬浮物和胶体物质。中水处理工艺中过滤宜采用滤池或过滤器。滤料除采用无烟煤和石英砂外，也可采用轻质滤料及其他新型滤料。目前，国内采用新型滤料制作的滤器较多，并已推广应用。如一种新型滤料——自适应滤料，该滤料将纤维滤料截污性能好的特征与颗粒滤料反冲洗效果好的特征相结合，从而使得滤器具有滤速快、过滤精度高、纳污量大等特点，已在工程中应用。过滤器(池)设计的进水浊度宜小于20度。当采用无烟煤和石英砂作滤料时，滤器(池)过滤速度宜采用8~10m/h；当采用其他新型滤料时，滤器(池)的过滤速度应根据实验数据确定。压力式过滤器均有定型产品，可参照产品样本给定的性能进行选用。常用过滤设备及主要参数见表6-8。

表6-8 常用过滤设备性能及主要参数

过滤类型	滤速/(m/h)	反冲洗强度/[L/(s·m^2)]	反洗时间/min	最大运动阻力/m	滤料级配	
					粒径 φ/mm	厚度/mm
石英砂压力过滤器	8~10	12~15	5~7	≯9	石英砂 0.5~1	600~800
					承托层 3~25	250~350
压力过滤器	8~14	4~8	6~10	≯8	无烟煤 0.8~1.6	700~800
					承托层 3~25	250~400
泡沫塑料压力过滤器	20~25	12~15	5	1~2	1~2	600~900
纤维球滤料过滤器	10~15	气水混合反冲洗：气洗25~45 水洗12~15	5~10	2~5		>600

7. 活性炭吸附

活性炭吸附主要用于去除常规处理方法难于去除的臭、色及有机物合成洗涤剂等，是常用的深度处理单元。对于以洗浴水为原水的中水系统，采用生物处理能够去除大部分可溶性有机物，一般后面不需要再加活性炭即可达标；而采用物化处理工艺时，由于混凝、过滤等工艺对可溶性有机物去除效果不佳，必要时可加活性炭作为水质保障工艺单元。采用生物活性炭可以将活性炭与生物作用有机结合，大幅度提高活性炭使用周期，可在微絮凝过滤后续接生物活性炭工艺单元，效果很好。

活性炭吸附通常采用固定床，吸附柱数目不少于两个。吸附柱中炭层高度和过滤器直径比一般为1:1或2:1，活性炭高度一般不宜小于3.0m。设计负荷为0.3~0.8kg(COD)/kg(炭)，接触时间一般采用30min。反冲洗时间为10~15min，冲洗水量为产水量的5%~10%。

8. 消毒

中水系统的消毒处理是中水回用的安全保证。任何一种流程都必须有消毒步骤，以达到卫生学方面的中水标准。中水消毒宜采用次氯酸钠、二氧化氯、二氯异氰尿酸钠或其他消毒剂。对于建在建筑物内部的小型中水处理站，采用液氯消毒隐患较多，故不推荐使用。但在规模较大的小区中水处理站中，在保障安全的前提下，也可考虑采用液氯消毒，但必须采用安全性能较高的加氯机。

采用氯化消毒时，加氯量宜为有效氯5~8mg/L，消毒接触时间应大于30min。

次氯酸钠消毒可以用成品溶液或用次氯酸钠发生器制取。投加量为5~8mg/L（按有效氯计）。消毒效果与液氯相同，但安全性比液氯好。次氯酸钠发生需要溶盐等，制备过程中易对设备产生腐蚀作用。

二氧化氯消毒是采用二氧化氯发生器现场制备投加。投加量与原水水质有关，处理淋浴水的投加量为0.5~2mg/L，处理浴池水的投加量为10~30mg/L。二氧化氯杀菌、消毒效果好，接触时间短，但设备成本高。

6.4.4　中水处理站

中水处理站位置应根据建筑的总体规划、产生中水原水的位置、中水用水点的位置、环境卫生要求和管理维护要求等因素确定。以生活污水为原水的地面处理站与公共建筑和住宅的距离不宜小于15m，建筑物内的中水处理站宜设在建筑物的最底层，建筑群（组团）的中水处理站宜设在其中心建筑的地下室或裙房内，小区中水处理站按规划要求独立设置，处理构筑物宜为地下式或封闭式。对处理站中机电设备所产生的噪声和振动应采取有效的降噪和减振措施，处理站产生的噪声值不应超过GB 3096—2008《城市区域环境噪声标准》的要求。

中水处理站内会有地面排水、构筑物溢流排水、反冲洗排水、沉淀构筑物排污、事故排水等，出于卫生考虑，这些水尽量不要明沟流出处理站，而是在站内收集。当中水站地面低于室外检查井地面时，应设排水泵排水，排水泵一般设置两台，一用一备。排水能力不应小于最大小时来水量。

对中水处理中产生的臭气应采取有效的除臭措施，除臭措施有活性炭吸附、土壤除臭等，同时还应对某些房间进行通风换气。根据臭气散出情况，每小时换气次数可取8~12次，排气口应高出人员活动场所2m以上。

6.5　安全防护及控制监测

6.5.1　安全防护及措施

中水系统可节约水资源，减少环境污染，具有良好的综合效益，但也有不安全的一面。为了防止中水供水的中断、误用、误接等事故的发生，在中水供应和使用过程中，还要采取必要措施，以确保中水供应与使用的安全性。

主要的安全防护措施有：

1）中水管道严禁与生活饮用水给水管道连接。

2）除卫生间外，中水管道不宜暗装于墙体内。

3）中水池（箱）内的自来水补水管应采取自来水防污染措施，补水管出水口应高于中水贮存池（箱）内溢流水位，其间距不得小于2.5倍管径。严禁采用淹没式浮球阀补水。

4）中水管道与生活饮用水给水管道、排水管道平行埋设时，其水平净距不得小于0.5m；交叉埋设时，中水管道应位于生活饮用水给水管道下面，排水管道的上面，其净距均不得小于0.15m。中水管道与其他专业管道的间距按《建筑给水排水设计规范》中给水管道要求执行。

5）中水贮存池（箱）设置的溢流管、泄水管，均应采用间接排水方式排出。溢流管应设隔网。

6）中水管道应采取下列防止误接、误用、误饮的措施：①中水管道外壁应按有关标准的规定涂色和标志；②水池（箱）、阀门、水表及给水栓、取水口均应有明显的“中水”标志；③公共场所及绿化的中水取水口应设带锁装置；④工程验收时应逐段进行检查，防止误接。

6.5.2 控制监测

控制监测是中水处理系统安全运行的可靠保证。中水处理系统的控制监测主要有以下几个方面：

（1）卫生学指标的监测　回用水的卫生学指标是中水供水安全性的重要指标，中水供应系统应设置监测仪表以保证消毒剂的最低投加量和足够的反应时间，使中水回用水质满足卫生学指标要求。

（2）水质指标的监测　在系统的原水管上和中水供应管上设置取样管，定期取样送检。经常性的监测项目只进行主要指标的分析，如pH值、SS、COD_{cr}、余氯等。

（3）水量的计量与平衡　在系统的原水管上和中水供应管上设置计量装置，以保证水量的平衡。

（4）中水处理设备的运行控制　中水处理设备的运行方式有手动、半自动和自动三种。一般处理规模小于或等于200m^3/d时，可采用手动控制；大于200m^3/d小于1000m^3/d时，可采用半自动控制；大于1000m^3/d时，可采用自动控制。运行控制监控的主要内容有：水泵的启闭、液位显示和报警、流量计量、水质检测等。

6.6 中水工程实例

6.6.1 工程概况

1）业主名称：北京×××大厦。

2）设计单位：北京市××××××研究院。

3）施工单位：北京市×××工程公司。

4）运行管理单位：北京×××大厦。

5）建筑物功能：写字楼、公寓。

6）建筑物建筑面积：25000m^2。

7）中水设施投入运行时间：1995年。

6.6.2 原水来源及中水用途

1）中水来源：洗浴、盥洗排水。

2）中水用途：冲厕所、洗车、绿化。

6.6.3 设计参数及依据

1）设计水量：日处理水量 $Q=100m^3/d$；小时处理水量 $q=5m^3/h$。

2）实际处理水量：日处理水量 $Q=80m^3/d$；小时处理水量 $q=4m^3/h$。

3）设计水质确定：COD = 200mg/L；BOD_5 = 100mg/L；SS = 100mg/L；LAS = 4.3mg/L；pH = 6.5~7.5。

4）回用水质标准：根据北京市中水设施建设管理试行办法，执行《中水水质标准》。

6.6.4 处理流程

采用以超滤为主体的物化处理工艺，其工艺过程为原水经毛发过滤后进入调节池，经提升泵进入混凝沉淀池，进行混凝反应并沉淀，出水由加压泵打入砂滤罐，过滤后出水进入组合式精密过滤器，然后进入超滤器(UF)，出水再投加消毒剂进入中水池。工艺流程如图6-16所示。

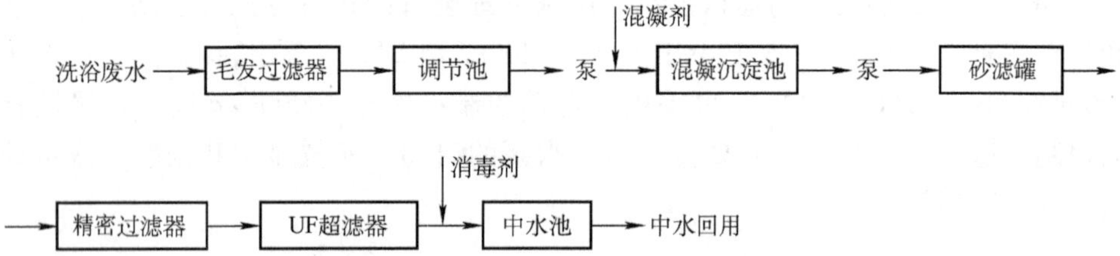

图6-16 北京×××大厦中水工程工艺流程图

6.6.5 主要构筑物及主要设备

北京×××大厦中水工程主要构筑物见表6-9，主要设备见表6-10。

表 6-9　北京×××大厦中水工程主要构筑物

序号	构筑物名称	尺寸	有效容积/m^3	单位	数量	备注
1	调节池	4m×3m×4m	30	座	1	钢筋混凝土
2	中水池	3m×2m×4m	20	座	1	钢筋混凝土

表 6-10　北京×××大厦中水工程主要设备

序号	设备名称	型号	单位	数量	备注
1	毛发过滤器		台	2	钢制
2	沉淀池提升泵	QW50-10-0. 75	台	2	
3	混凝沉淀池		座	1	钢制
4	砂过滤池	ϕ1. 2×3. 5	座	1	钢制
5	UF 超滤器	PS 型外压式	座	1	
6	消毒设备		套	1	
7	清水泵		台	2	

6. 6. 6　处理效果

经过运行调试，中水系统处理结果见表 6-11。由表可见，该工程实际运行后，各项出水指标均达到了中水标准。

表 6-11　北京×××大厦中水工程处理效果

取样点 / 分析项目	调节池	砂滤		UF 处理		总去除率（%）
	原水	出水	去除率(%)	出水	去除率(%)	
色度/度	30	4	86. 7	未检出	100	100
嗅	有	有	—	未检出	—	—
pH	7. 64	7. 90	—	7. 70	—	—
SS/(mg/L)	50	8	84. 0	未检出	<5	>90
BOD_5/(mg/L)	31	16	48. 4	6	62. 5	80. 6
COD_{Cr}/(mg/L)	121	70. 5	41. 6	25. 2	64. 2	79. 1
LAS/(mg/L)	1. 36	0. 65	52. 2	0. 26	60. 0	80. 9
细菌/(个/mL)	2.8×10^6	2.8×10^5	90. 0	<100	99. 9	100
总大肠杆菌群/(个/L)	2.3×10^7	2.1×10^5	99. 1	<3	99. 9	100
余氯/(mg/L)				0. 5		

6. 6. 7　技术经济指标

1）占地面积：50m^2。

2）工程投资：工程总投资24万元，其中土建投资6万元，设备投资18万元。

3）运行成本：北京×××大厦中水系统运行成本为1.53元/m^3，其运行成本构成见表6-12。

表6-12　北京×××大厦中水系统运行成本表

项目	电费	药剂费	人工费	维修费	折旧费	合计
费用/(元/m^3)	0.50	0.23	0.30	0.02	0.48	1.53

6.6.8　操作管理

1. 操作管理要点

（1）预处理及处理系统　毛发过滤器需定期清理，一般清理周期为一周，沉淀池排泥周期为两天，砂滤罐的反冲洗周期为1~2d。

（2）药剂投加　沉淀池前需加铝盐混凝剂，投药量为10mg/L。出水采用氯片连续消毒。

（3）UF超滤膜的操作管理　超滤膜组件定期清洗，一般每日进行水力反冲洗，根据运行情况定期进行化学清洗(采用EDTA)。

2. 自动化程度

中水处理系统基本为自动化运行管理，包括水泵采用液位控制自动起动、停止；清水泵的自动运行；膜系统的自动反冲洗等。此外还设有液位、设备异常等情况的声光报警系统等。

6.6.9　工程评析

1. 技术特点

1）中水回用是解决水资源短缺的有力措施之一，而采用新技术是不断发展的有力保证。该工程证明，以洗浴污水为原水的中水系统采用中空纤维超过滤(UF)处理中水具有一定优势，并为超滤在中水工艺中应用提供了实践经验。

2）出水水质稳定，耐冲击负荷能力强。

3）设备具有小型化、装置化等特点，处理设施投资少、占地面积小、运行费用低。

4）操作简便、运行灵活、易实行自动化控制，处理系统由于以物化处理为主，因此可根据实际需要间歇运行。

2. 改进意见

由于原水供应问题，系统正常运行受到影响。系统的自动化程度有待进一步提高。

思考题与习题

1. 建筑小区中水系统有哪几种形式？什么叫中水？
2. 简述建筑物中水水源可选择的种类和选取顺序。
3. 适用于污水处理站二级处理出水的中水处理工艺流程有哪些？
4. 主要的安全防护措施有哪些？

第7章

高层建筑热水供应系统

高层建筑热水供应具有系统垂直高度大、供应可靠性要求高、系统防噪声要求高等特点，如果选用多层建筑的各种热水供水方式，则会使热水管网系统中压力过大，造成配水管网始末端压差悬殊、配水均衡性难以控制等一系列问题。热水管网系统压力过大，虽然可选用耐高压管材、耐高压水加热器或减压设施加以解决，但不可避免地会增加管材和设备投资。因此，为保证良好的供水工况和节省投资，高层建筑热水供应系统必须解决热水管网系统压力过大的问题。

7.1 高层建筑热水供应系统与供应方式

7.1.1 分类和组成

1. 高层建筑热水供应系统分类

高层建筑热水供应系统，按照热水供应范围的大小可分为局部热水供应系统、集中热水供应系统和区域热水供应系统三类。

（1）局部热水供应系统　即采用各种小型加热器就地加热，供局部范围内的一个或几个用水点使用的热水系统。系统中常采用小型煤气加热器、电加热器、蒸汽加热器、太阳能热水器及小型锅炉等。

局部热水供应系统的优点是：设备、系统简单，造价低；维护管理容易、灵活；热损失小；改建增设容易。其缺点是：加热设备的热效率较低，热水成本较高；使用不够方便舒适；每个用水场所需设置加热装置，占用建筑总面积较大。

该系统适用于标准较低的高层民用及部分公共建筑，如普通高层住宅、办公楼、教学楼、科研楼等。

近年来，随着小型家用热水器产品的不断开发和其质量的不断提高，市场上可提供多种热水器供用户选择，在高层住宅中，已广泛采用了这些热水器。

（2）集中热水供应系统　即在锅炉房、热交换站或加热间将水集中加热，通过热水管网输送至一幢或多幢高层建筑各用水点的系统。

集中热水供应系统的优点是：加热设备和其他设备集中设置，便于集中管理，设备热效率较高，热水成本低；设备总容量小，使用较为方便舒适。其缺点是：设备、系统较复杂，建设投资大，需要专门维护管理人员；管网较长，热损失大。

集中热水供应系统适用于热水用量较大，用水点集中的高层建筑，如星级宾馆、酒店、商务楼、高级住宅、高级写字楼等。近几年来，我国新建设的一大批高层建筑中，几乎普遍设置了设备齐全的集中热水供应系统。

另外，高层建筑热水供应系统也可以按热媒的种类、水的加热方式、热水供应系统管路布置形式、热水供应系统有无分区等进行分类，分类方法与多层建筑相同。

2. 高层建筑热水供应系统的组成

高层建筑热水供应系统组成与多层建筑热水供应系统组成基本相同，集中热水供应系统可以认为由第一循环系统和第二循环系统组成。

（1）热媒系统(第一循环系统)　热媒系统由热源、换热器和热媒管网组成。由热力站生产的热媒(蒸汽或热水)通过热媒管网送到换热器加热冷水。热媒在封闭的管网内循环，完成热的传递。对于有市政热力网的高层建筑，其热水供应系统可不必设置专用的热力站，而将换热器的热媒管道和回水管道直接与热力网连接。

（2）热力供应系统(第二循环系统)　热水供水系统由热水配水管网和回水管网组成。被加热到设计温度的热水，从换热器供出经配水管网送至各个热水配水点，而换热器的冷水由高位水箱或给水管网补给。为保证各用水点随时都有设计水温的热水，在立管和水平干管甚至支管设置回水管，使一定量的热水经过循环水泵流回换热器以补充管网所散失的热量。考虑管网内因温度变化引起水的膨胀，应采取措施消除热水体积膨胀和由于膨胀引起的超压问题。

7.1.2　供水方式

1. 高层建筑热水系统的分区原则

与给水系统相同，解决热水管网系统压力过大的问题，可采用竖向分区的供水方式。高层建筑热水系统的分区应遵循如下原则：

1）与给水系统的分区应一致，各区水加热器、贮水器的进水均应由同区的给水系统设专管供应，以保证系统内冷、热水的压力平衡，便于调节冷、热水混合龙头的出水温度，达到节水、节能、用水舒适的目的。当确有困难时，例如单幢高层住宅的集中热水供应系统，只能采用一个或一组水加热器供整幢楼热水时，可相应地采用质量可靠的减压阀等管道附件来解决系统冷、热水压力平衡的问题。

2）当减压阀用于热水系统分区时，除应满足与给水系统相同的减压阀设置要求外，减压阀密封部分材质应按热水温度要求选择，尤其要注意保证各分区热水的循环效果。

2. 集中设置水加热器、分区设置热水管网的供水方式

该供水方式如图7-1所示。各区热水配水循环管网自成系统，水加热器、循环水泵集中设在底层或地下设备层，各区所设置的水加热器或贮水器的进水由同区给水系统供给。其优点是：各区供水自成系统，互不影响，供水安全可靠；设备集中设置，便于维修、管理。其缺点是：高区水加热器和配、回水主立管管材需承受高压，设备和管材费用较高。所以该分区形式不宜用于多于三个分区的高层建筑。

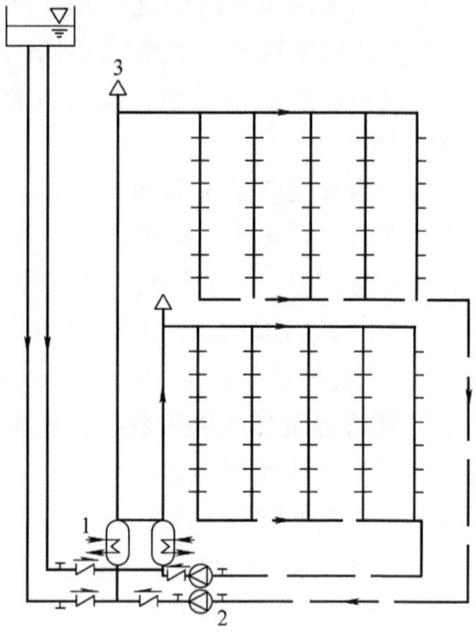

图7-1　集中设置水加热器、分区设置热水管网的供水方式

1—水加热器　2—循环水泵　3—排气阀

3. 分散设置水加热器、分区设置热水管网的供水方式

该供水方式如图7-2所示。各区热水配水循环管网也自成系统，但各区的加热设备和循环水泵分散设置在各区的设备层中，如图7-2a所示为各区均为上供下回热水供应图示，如图7-2b所示为各区采用上供下回与下供上回混设的热水供应图示。该方式的优点是：供水安全可靠，且水加热器按各区水压选用，承压均衡，且回水立管短。其缺点是：设备分散

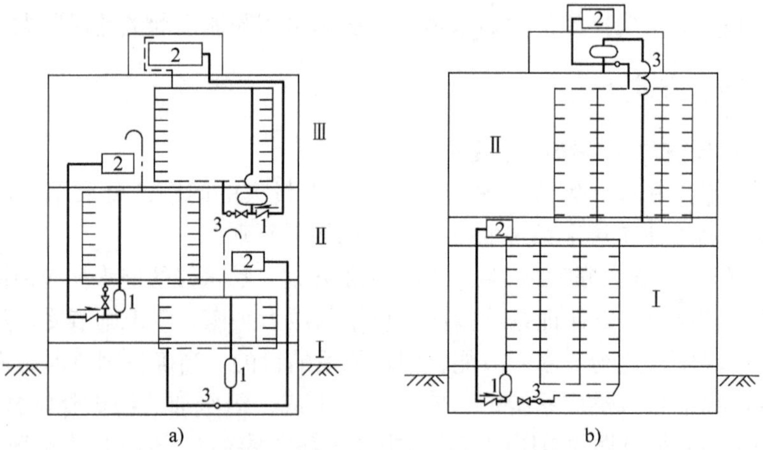

图7-2　分散设置水加热器、分区设置热水管网的供水方式

a）各区系统均为上供下回方式　b）各区系统混合设置

1—水加热器　2—给水箱　3—循环水泵

设置，不但要占用一定的建筑面积，维修管理也不方便，且热媒管线较长。

4. 分区设置减压阀、分区设置热水管网的供水方式

分区设置减压阀、分区设置热水管网的供水方式有如下两种方式：

1）高低区分设水加热器系统，如图7-3所示。两区水加热器均由高区冷水高位水箱供水，低区热水供应系统的减压阀设在低区水加热器的冷水供水管上。该系统适用于低区热水用水点较多，且设备用房有条件分区设水加热器的情况。

2）高低区共用水加热器的系统，如图7-4所示。低区热水供水系统的减压阀设在各用水支管上。该系统适用于低区热水用水点不多、用水量不大，且分散及对水温要求不严(如理发室、美容院)的建筑，高低区回水管汇合点C处的回水压力由调节回水管上的阀门平衡。

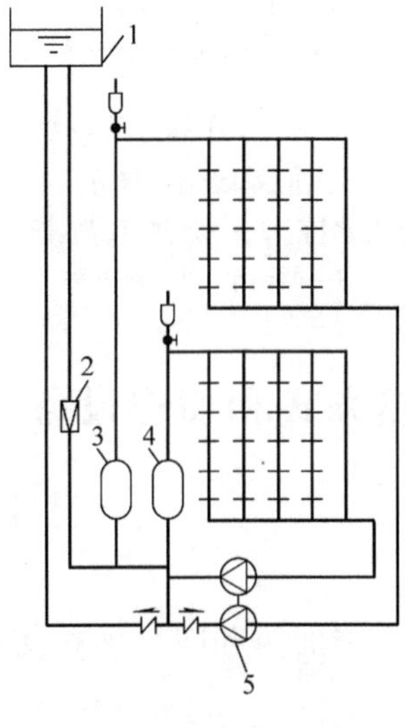

图7-3　减压阀分区热水供应系统图示

1—冷水高位水箱　2—减压阀

3—高区水加热器　4—低区水加热器

5—循环泵

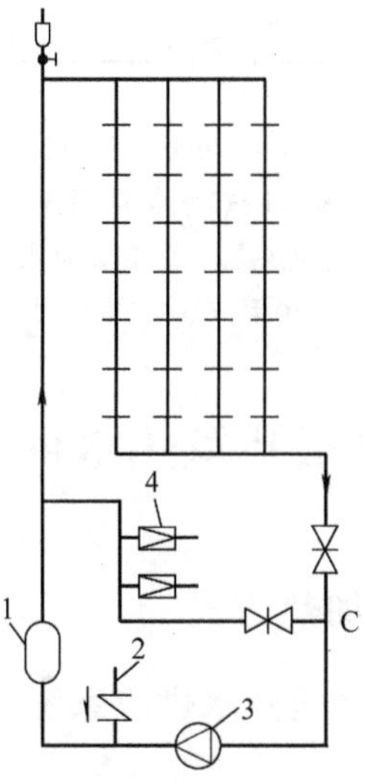

图7-4　支管设减压阀热水供应系统

1—水加热器　2—冷水补水管

3—循环泵　4—减压阀

图7-5所示为高低区共用水加热器系统的另一种图式，高低区共用供水立管，低区分户供水支管上设减压阀。该系统适用于高层住宅、办公楼等高低区只能设一套水加热设备或热水用量不大的热水供应系统。

应该注意的是，高层建筑热水供应系统采用减压阀分区时，减压阀不能装在高、低区共用的热水供水干管上，如图7-6所示。

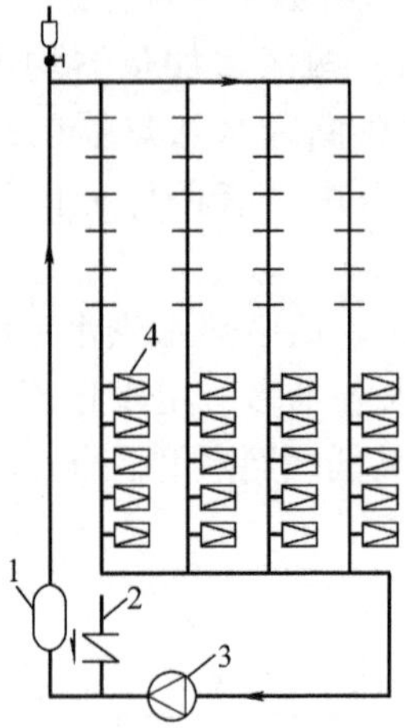

图7-5　高低区共用立管低区设支管减压阀热水供应系统
1—水加热器　2—冷水补水管
3—循环泵　4—减压阀

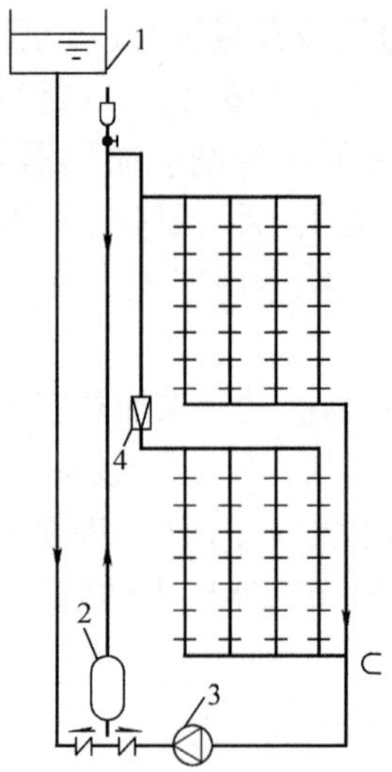

图7-6　减压阀分区热水供应系统错误图示
1—冷水补水箱　2—水加热器(高、低区共用)
3—循环泵　4—减压阀

7.2　高层建筑热水供应系统水的加热方式和加热设备

7.2.1　加热方式

高层建筑热水供应系统中水的加热也分为直接加热和间接加热两种基本形式。

1. 直接加热

直接加热也称一次换热，就是通过利用各种适宜的热能而生产的小型加热设备，或采用将热媒直接与冷水进行混合的装置，直接将水加热。这种加热形式只适用于高层建筑中需设局部热水供应处。

2. 间接加热

间接加热也称二次换热，就是将热媒(蒸汽或高温热水)通入换热器的热媒盘管或排管中，从而将热媒的热量传递给冷水达到加热冷水的目的，在加热过程中热媒与被加热水不直接接触，因此不污染加热水的水质，加热过程中所产生的蒸汽冷凝水可重复利用，且加热时不产生噪声，所以在高层建筑热水供应系统中普遍采用这种加热形式。

7.2.2　加热设备

1. 直接加热的设备

（1）电加热器　电热水器是把电能通过电阻变为热能加热冷水的设备。电热水器产品有快速式和容积式两种。

目前使用较多的电加热器为容积式电加热器。该加热器具备一定的储水容积，其容积可由 10L 到 10m^3。该种热水器在使用前需预先加热，当储备水达到一定温度后才能使用。可同时供应几个热水用水点在一段时间内使用，具有耗电量较小、管理集中的优点。但其配水管段比快速式热水器长，热损失也较大。其一般适用于局部供水和管网供水系统。典型容积式电热水器构造如图 7-7 所示。

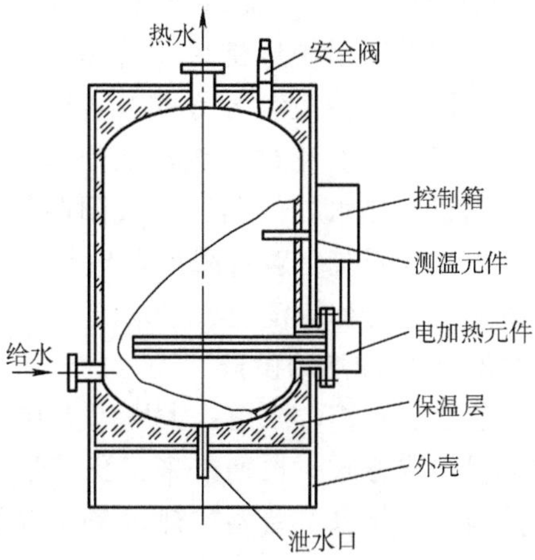

图 7-7　容积式电热水器

（2）煤气加热器　常用的煤气加热器为快速式煤气加热器，一般安装在用水点就地加热，可随时点燃煤气立即取得热水，供一个或少数几个配水点用水。

（3）太阳能热水器　太阳能热水系统是将太阳能转换成热能以加热水的装置。它通常包括太阳能集热器、贮水箱、泵、连接管道、支架、控制系统和必要时配合使用的辅助能源。其优点是结构简单、维护方便、安全卫生、不存在环境污染问题；不需人操作，可满足宾馆、旅馆、学校等单位人员同时用热水；安装在楼顶上，有隔热效果；保温热水箱有蓄水作用，供停水时使用；使用期长达 14 ~ 15 年，既经济又方便，可将太阳能产生的热水来煮饭菜、洗衣服、洗碗碟、烧开水等，节约大量电费和燃料。其缺点是，受天气、季节、地理位置等影响不能连续稳定运行，为满足用户要求需配置贮热和辅助加热措施、占地面积较大，因而布置受到一定的限制。

太阳能热水器按组合形式分有装配式和组合式两种。装配式太阳能热水器一般为小型热水器，即将集热器、贮热水箱和管路由工厂装配出售，它适于家庭和分散使用场所，目前市场上有多种产品。组合式太阳能热水器，即是将集热器、贮热水箱、循环水泵、辅助加热设备按系统要求分别设置而组成，适用于大面积供应热水系统和集中供应热水系统。

太阳能热水器按运行方式有自然循环系统、强制循环系统、直流式系统。

自然循环系统是仅利用传热工质内部的密度变化来实现集热器与贮水箱之间或集热器与换热器之间进行循环的太阳能热水系统，如图7-8所示。在自然循环系统中，为了保证必要的热虹吸压头，贮水箱的下循环管应高于集热器的上循环管。这种系统结构简单，不需要附加动力。强制循环系统是利用泵迫使传热工质通过集热器（或换热器）进行循环的太阳能热水系统。强制循环系统通常采用温差控制、光电控制及定时器控制等方式。直流式系统是传热工质一次流过集热器加热后，进入贮水箱或用热水处的非循环太阳能热水系统。直流式系统一般可采用非电控温控阀控制方式及温控器控制方式。直流式系统通常也可称为定温放水系统。

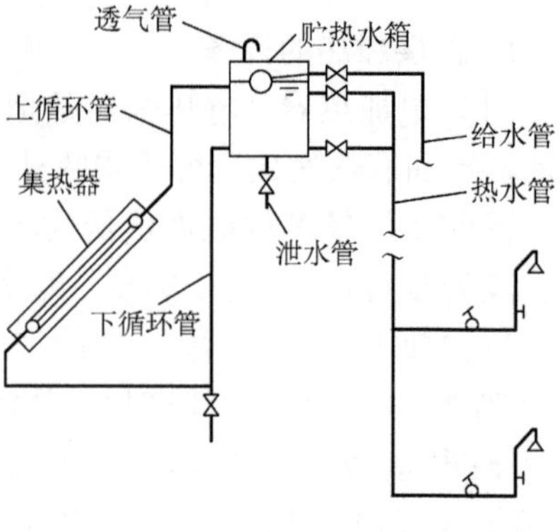

图7-8　自然循环太阳能热水器

2. 间接加热的设备

饭店、宾馆、旅馆、大厦等高层建筑的热水供应系统普遍采用的是间接加热的供热水方式。长期以来，我国采用的间接加热设备主要是传统的容积式水加热器。近年来，新型加热设备不断涌现，快速式、半容积式、半即热式水加热器相继问世。

（1）容积式加热器　容积式水加热器是内部设有热媒导管的热水贮存容器，具有加热冷水和贮备热水两种功能，热媒为蒸汽或热水。有卧式、立式之分。图7-9所示为使用较为普遍的卧式容积式水加热器构造示意图，有1号~10号不同规格，其容积为0.5~15m^3。立式容积式水加热器有甲、乙型两类，容积为0.53~4.28m^3。

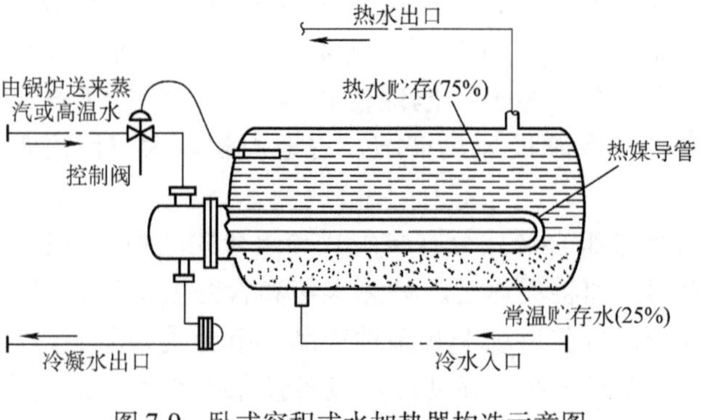

图7-9　卧式容积式水加热器构造示意图

容积式水加热器的优点是具有较大的贮存和调节能力，被加热水通过时压力损失较小，用水点处压力变化平稳，出水水量较为稳定。但该加热器中，被加热水流速缓慢，传热系数小，热交换效率低，且体积庞大占用过多的建筑空间，在热媒导管中心线以下约有30%的贮水容积是低于规定水温的常温水或冷水，所以贮罐的容积利用率也很低。

(2)快速式水加热器　根据热媒的不同，快速式水加热器有汽-水和水-水两种类型，前者热媒为蒸汽，后者热媒为过热水；根据加热导管的构造不同，又有单管式、多管式、板式、管壳式、波纹板式、螺旋板式等多种形式。图7-10所示为多管式汽-水快速式水加热器，图7-11所示为单管式汽-水快速式水加热器，它可以多组并联或串联。这种水加热器是将被加热水导入导管内，热媒(即蒸汽)在壳体内散热。图7-12所示为固定管板式换热器，它的两端管板和壳体连接成一体，在壳体上有补偿圈。图7-13所示为U形管换热器，其壳内换热管呈U形，管子的两端固定在同一管板上，故每根管子可以自由伸缩进行补偿。图7-14所示为浮头式换热器，其两端管板之一不与外壳固定连接，当管子受热(或受冷)时，管束连同浮头可进行自由伸缩补偿，而与外壳的膨胀无关。

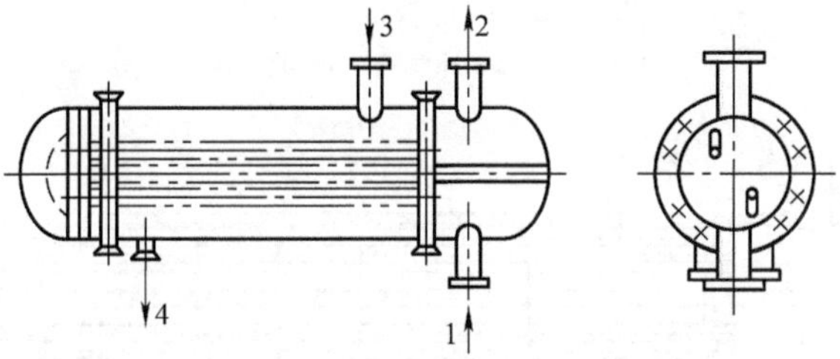

图7-10　多管式汽-水快速式水加热器

1—冷水　2—热水　3—蒸汽　4—凝水

快速式水加热器具有效率高、体积小、安装搬运方便的优点，缺点是不能贮存热水，水头损失大，在热媒或被加热水压力不稳定时，出水温度波动较大，仅适用于用水量大，而且比较均匀的热水供应系统或建筑物热水采暖系统。

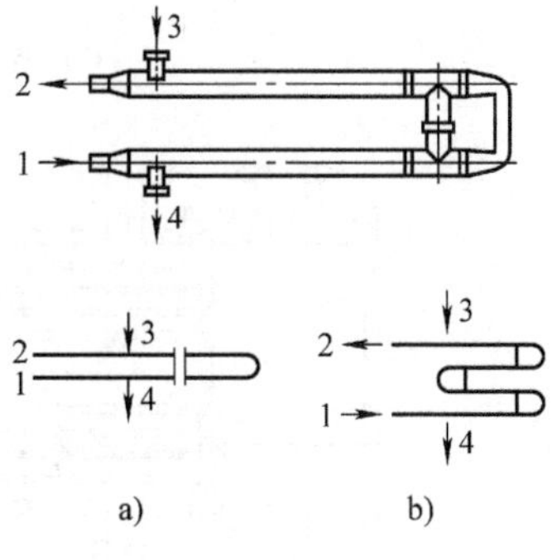

图7-11　单管式汽-水快速式水加热器

a）并联　b）串联

1—冷水　2—热水　3—蒸汽　4—凝水

(3)半容积式水加热器　半容积式水加热器是带有适量贮存与调节容积的内藏式容积式水加热器，是由英国引进的设备。其原装设备的基本构造如图7-15所示，由贮热水罐、内藏式快速换热器和内循环泵三个主要部分组成。其中贮热水罐与快速换热器隔离，被加热水在快速换热器内迅速加热后，通过热水配水管进入贮热水罐，当管网中热水用水低于设计用水量时，热水的一部分落到贮罐底部，与补充水(冷水)一道经内循环泵升压后再次进入快速换热器加热。内循环泵的作用有三个：其一，提高被加热水的流速，以增大传热系数和换热能力；其二，克服被加热水流经换热器时的阻力损失；其三，形成被加热水的连续内循环，消除了冷水区或温水区，使贮罐容积的利用率达到100%。内循环泵的流量根据不同型号的加热器而定，其扬程为2~6m。

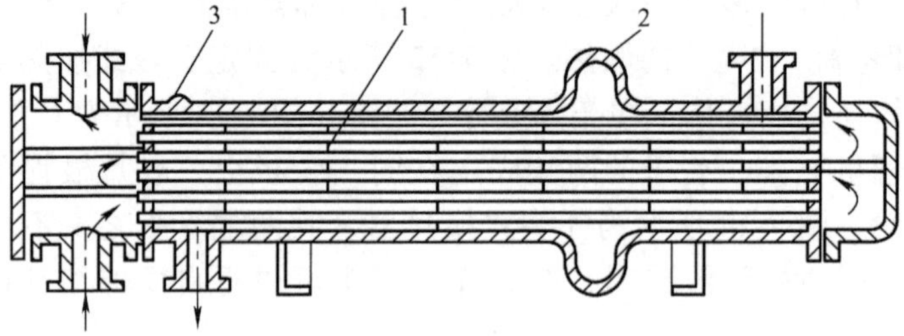

图 7-12　固定管板式换热器

1—挡板　2—补偿圈　3—放气阀

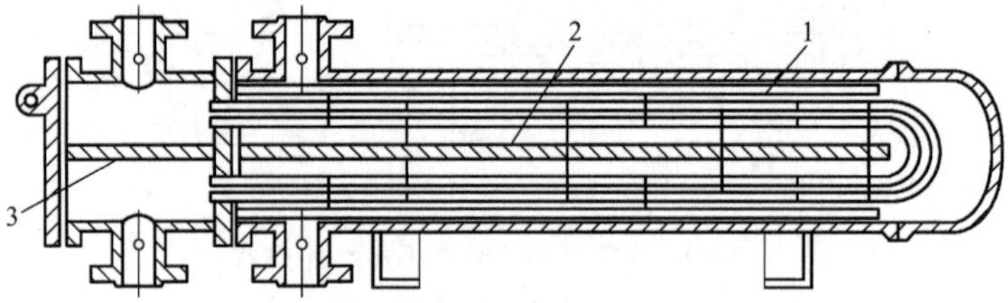

图 7-13　U 形管换热器

1—U 形管　2—壳程隔板　3—管程隔板

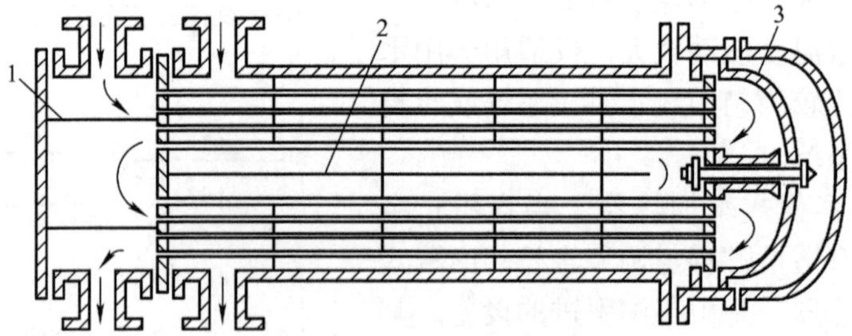

图 7-14　浮头式换热器

1—管程隔板　2—壳程隔板　3—浮头

半容积式水加热器具有体型小（贮热容积比同样加热能力的容积式水加热器减少 2/3）、加热快、换热充分、供水温度稳定、节水节能的优点，但由于内循环泵不间断地运行，需要有极高的质量保证。

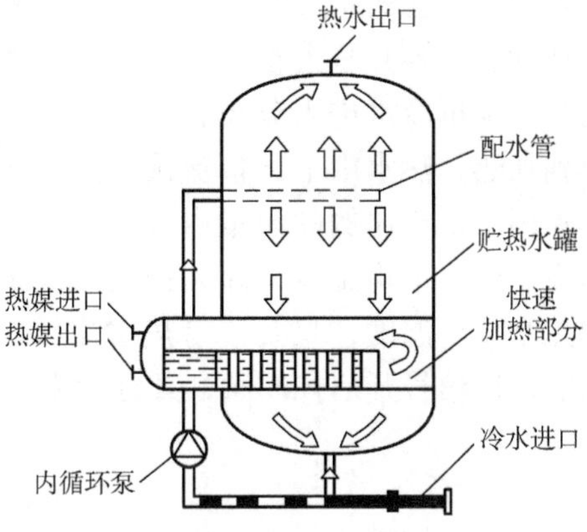

图 7-15　半容积式水加热器构造示意图

图 7-16 所示为国内专业人员开发研制的 HRV 型高效半容积式水加热器装置的工作系统图，其特点是取消了内循环泵，被加热水（包括冷水和热水系统的循环回水）进入快速式换热器被迅速加热，然后先由下降管强制送至贮热水罐的底部、再向上升，以保持整个贮罐内的热水同温。

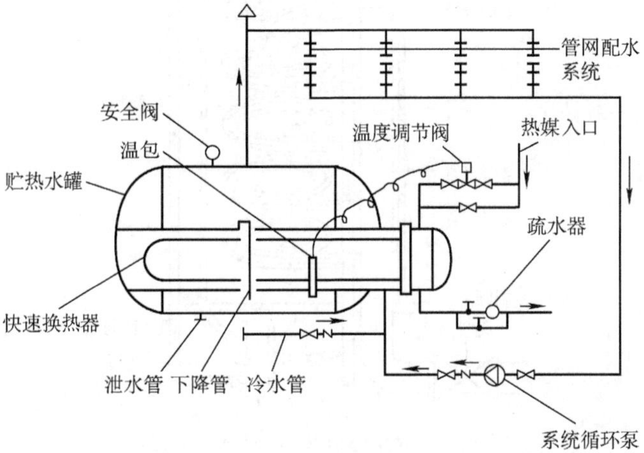

图 7-16　HRV 型高效半容积式水加热器装置的工作系统图

当管网配水系统处于高峰用水时，热水循环系统的循环泵不起动，被加热水仅为冷水；当管网配水系统不用水或少量用水时，热水管网由于散热损失而产生温降，利用系统循环泵前的温包可以自动起动系统循环泵，该泵将循环回水打入快速换热器内，生成的热水又送至贮热水罐的底部，依然能够保持罐内热水的连续循环，罐体容积利用率也为 100%。

HRV 型半容积式水加热器具有与带有内循环泵的半容积式水加热器同样的功能和特点，更加符合我国的实际情况，适用于机械循环的热水供应系统。

（4）半即热式水加热器　半即热式水加热器是带有超前控制，具有少量贮存容积的快速式水加热器，其构造如图7-17所示。热媒经控制阀和底部入口通过立管进入各并联盘管，冷凝水入立管后由底部流出，冷水从底部经孔板入罐，同时有少量冷水进入分流管。入罐冷水经转向器均匀进入罐底并向上流过盘管得到加热，热水由上出口流出。部分热水在顶部进入感温管开口端，冷水以与热水用水量成比例的流量由分流管同时入感温管，感温元件读出瞬间感温管内的冷、热水平均温度，即向控制阀发出信号，按需要调节控制阀，以保持所需的热水输出温度，只要一有热水需求，热水出口处的水温尚未下降，感温元件就能发出信号开启控制阀，具有预测性。

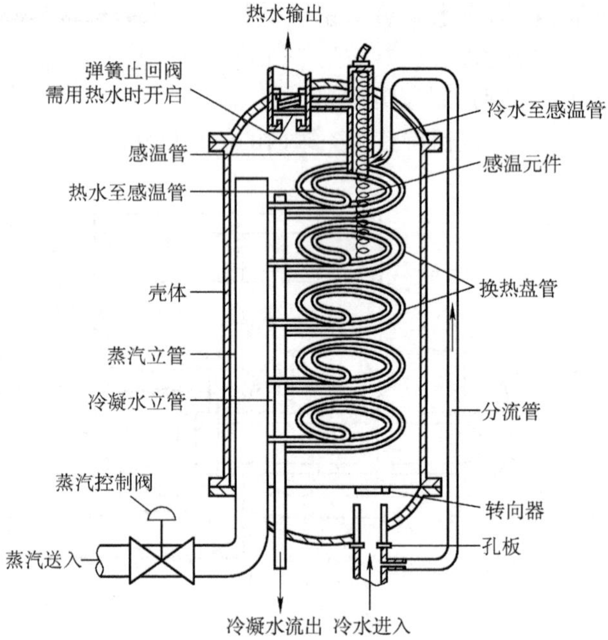

图7-17 半即热式水加热器构造示意图

半即热式水加热器具有加热速度快、浮动盘管自动除垢、加热器容积小、节省占地面积等优点，其热水出水温度一般能控制在±2.2℃内，适用于各种不同负荷需求的机械循环热水供应系统。

（5）加热水箱 加热水箱是一种简单的热交换设备。在水箱中安装蒸汽多孔管或蒸汽喷射器，可构成直接加热水箱。在水箱内安装排管或盘管即构成间接加热水箱。加热水箱适用于用水量大而均匀的定时热水供应系统。

贮热箱(罐)用于贮存和调节热水用量。贮热箱的断面有圆形和方形两种，常用金属板材焊接而成，呈开式，不承受流体压力。

7.2.3　贮热设备和提升加压设备

热水贮水箱(罐)是一种专门调节热水量的容器。可在用水不均匀的热水供应系统中设置，以调节水量，稳定出水温度。贮热箱(罐)断面呈圆形，两端有封头，常为闭式，能承受流体压力。其也有用金属板材焊接而成的。

贮热箱(罐)可按标准图制作和选用，也可根据供热水的实际情况和贮热量大小不按标准图制作和采用。

在高层建筑热水供应中，锅炉供水和循环水需提升加压设备，提升加压设备常为水泵、蒸汽泵，泵根据热水供应系统所需流量和扬程选择。热水循环泵应选用热水泵，选用时，参阅有关设计手册和厂家所提供的水泵样本，使其供水可靠而且节能。

7.2.4　热水供应系统的器材

高层建筑热水供应系统在运行过程中必须控制水温的高低、水温变化引起的管道及设备的热胀冷缩、系统的排气、蒸汽冷凝水的排放，以保证系统可靠的供水量，保证水温和水压安全高效和节能。

1. 自动温度调节装置

当水加热器的出水温度需要控制时，可采用直接式自动温度调节器或间接式自动温度调节装置控制进入换热器内的热媒量达到控制供应热水的水温的目的。

直接式自动温度调节装置由温包、感温元件和调压阀组成，如图 7-18 所示。温度调节器必须直立安装，温包放置在水加热器热水出口的附近，温包探测换热器内水温传导给感温元件，感温元件随即开启和关闭调压阀调节其中流经的热媒量，继而也就调节了换热器的水温。其安装如图 7-19a所示。

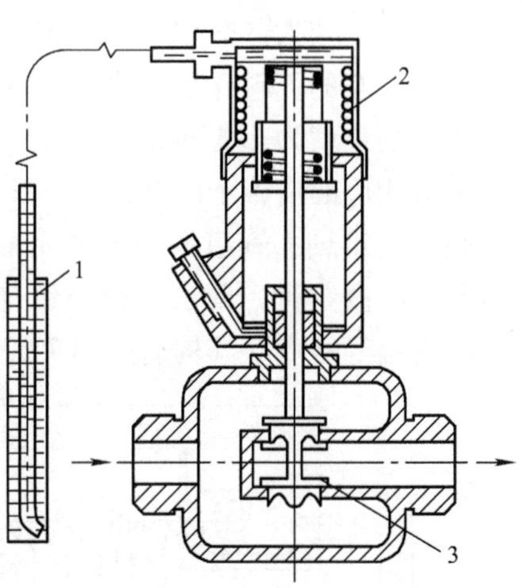

图 7-18　自动温度调节装置构造图
1—温包　2—感温元件　3—调压阀

间接式自动温度调节装置由温包、电触点温度计、电抗、变速箱等组成。温包探测换热器内水温传导给电触点温度计，当指针指到设计的高温触点时(如限定水加热器出水温度为 70℃)，即起动电动机，关小阀门，减少热媒流量，降温。当指针转到低于规定的温度触点时，即起动电动机，开大阀门，增加热媒流量，升温。其安装如图 7-19b 所示。

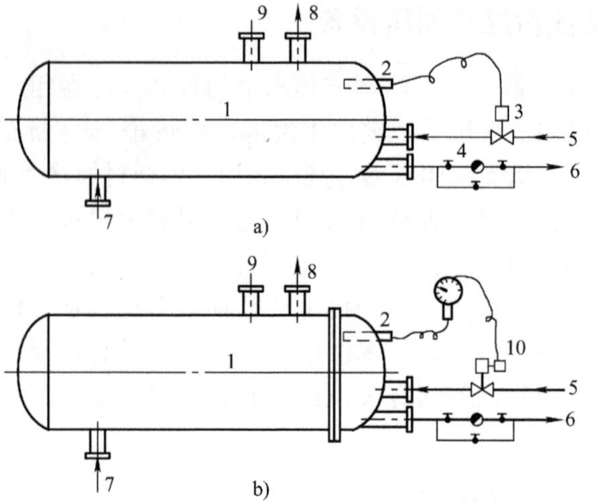

图 7-19　自动温度调节装置安装示意图

a）直接式自动温度调节　b）间接式自动温度调节

1—换热器　2—温包　3—调压阀　4—疏水器装置　5—蒸汽　6—凝结水

7—冷水　8—热水　9—安全阀接口　10—电动机

2. 热补偿装置

高层建筑热水管道温度的升降都会造成管道在纵向的伸缩。高层建筑的热水系统一般都较大，热水横干管和热水立管有时长达几十米，其总的伸缩量是很可观的。有的资料介绍在热水管道中，每米钢管的伸缩长度为 0.08mm，每米铜管的伸缩长度为 1.37mm。因此，仅利用管道的自然补偿有时不能满足要求，必须采取相应的措施予以补偿。

高层建筑热水管道系统中使用最方便、效果最佳的是波型补偿器，即由不锈钢制成的波纹管，用法兰或螺纹连接，其具有安装方便、节省面积、外形美观、耐高温等特点。其构造如图 7-20 所示。

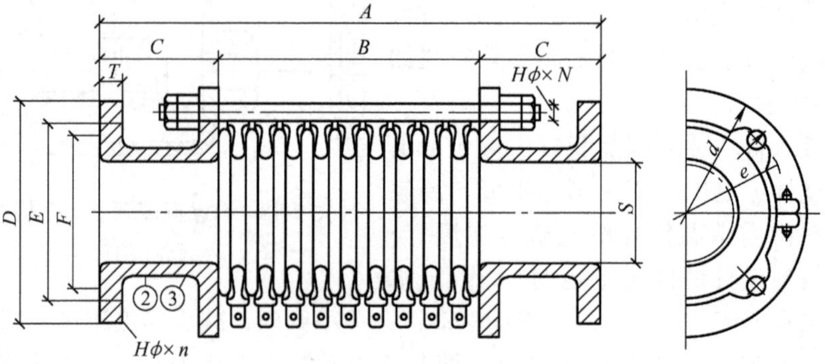

图 7-20　波型补偿器

套管式补偿器(图7-21)、球型补偿器(图7-22)等在高层建筑热水供应系统中也有应用。套管补偿器、球型补偿器占地少、美观、紧凑。选用时，应注意补偿量、材质及生产制作上的质量。安装时应按产品所要求的事项进行，以免漏汽或漏水。

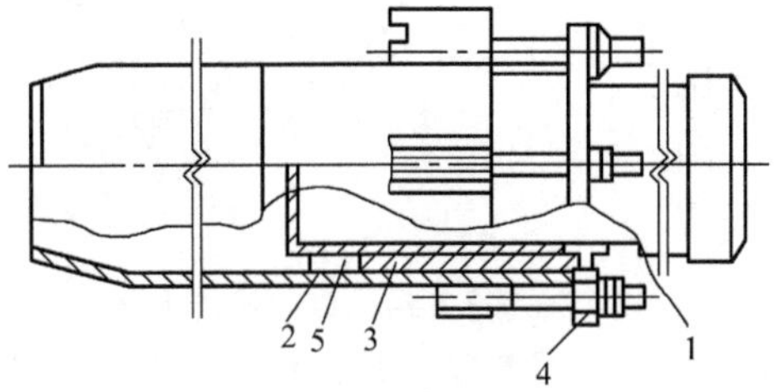

图7-21 套管式补偿器

1—芯管 2—壳体 3—填料圈

4—前压盘 5—后压盘

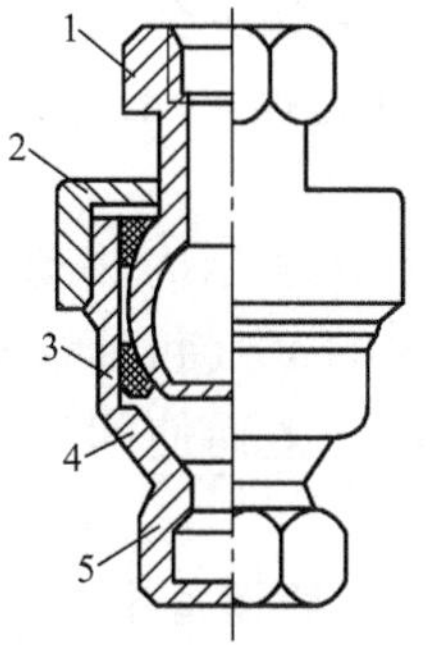

图7-22 球型补偿器

1—球型接头 2—压盖 3—密封圈

4—卡环 5—接头

热水管道系统中使用最方便、效果最佳的是波型补偿器，即由不锈钢制成的波纹管，用法兰或螺纹连接，具有安装方便、节省面积、外形美观、耐高温的特点。

另外，近年来也有在热水管道中采用可曲挠橡胶接头替代补偿器的做法，但必须注意采用耐热橡胶。

3. 疏水器

热媒为蒸汽，间接加热冷水，使蒸汽的热量传递给冷水而加热成热水，然后蒸汽变成凝结水由疏水器排出。疏水器的作用是排水不排汽，可以保证蒸汽凝结水及时排出同时又防止蒸汽漏失。

疏水器按其工作压力有低压和高压之分，但常采用高压疏水器。常见的疏水器有浮筒式、吊桶式、热动力式、脉冲式、温调式等类型。图7-23所示为吊桶式疏水器。

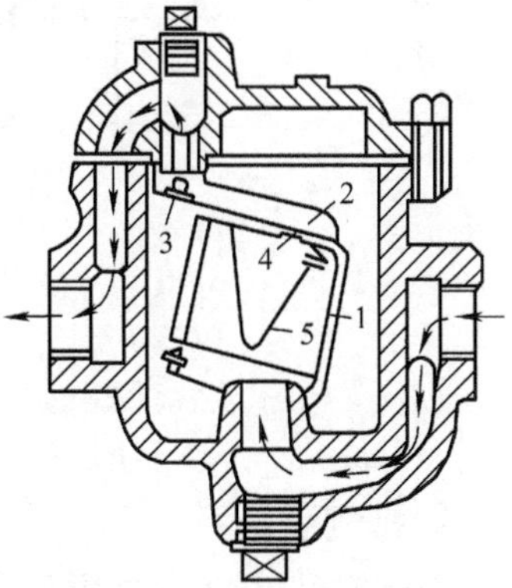

图7-23 吊桶式疏水器

1—吊桶 2—杠杆 3—珠阀

4—快速排气孔 5—双金属弹簧片

动作前吊桶下垂，阀孔开启，吊桶上的孔眼也开启。当凝结水开始进入时，吊桶内外的凝结水及冷空气都由阀孔排出。但是一旦凝结水中混有蒸汽进入疏水器，吊桶内双金属片受热膨胀而把吊桶上的双孔关闭。蒸汽进入疏水器内越多，吊桶内充气会越多，疏水器内逐渐增多的凝结水会浮起吊桶。吊桶上浮，会关闭阀孔，则又阻止蒸汽和凝结水排出。在吊桶内蒸汽因散热降温变为凝结水，吊桶内双金属片重新收缩而打开吊桶孔眼，充气被排放，浮力再一次减少会使吊桶下落而开启阀孔排水。如此循环工作，起到阻汽排水的作用。

图7-24所示为热动式疏水器。它利用进入阀体的蒸汽和凝结水，对阀片上下两边产生的压差而使阀片升落达到排水阻汽的作用。

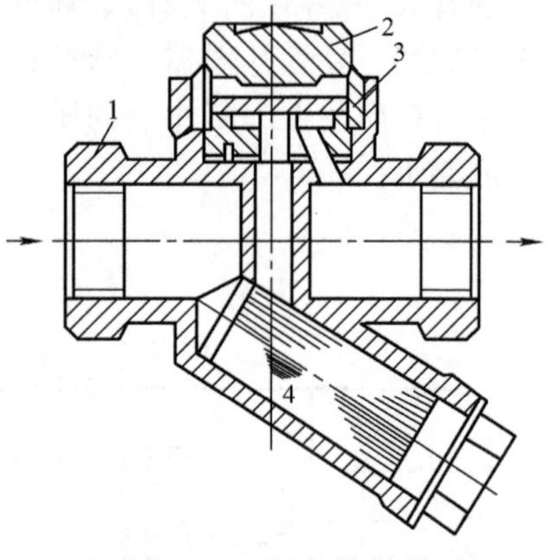

图7-24　热动式疏水器
1—阀体　2—阀盖　3—阀片　4—过滤器

按照换热设备中热媒蒸汽的工作压力，一般在压力 $p \leqslant 1.6$MPa，排水温度 $t \leqslant 100$℃时，可选用热动力式疏水器。当压力 $p \leqslant 0.6$MPa 时可选用吊桶式疏水器。具体选用时要根据安装疏水器的位置、前后压差及排水量等参数，查表或按公式计算后再参考产品样本选用。

疏水器安装有不带旁通管水平安装、带旁通管的水平安装、不带旁通管并联安装、带旁通管的并联安装四种，如图7-25所示。

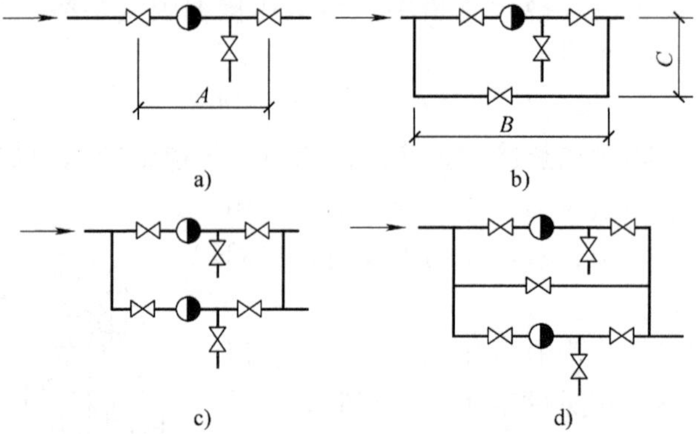

图7-25　疏水器的安装
a）水平安装（不带旁通管）　b）水平安装（带旁通管）
c）并联安装（不带旁通管）　d）并联安装（带旁通管）

4. 排气装置

为排除热水供应系统最高处积存空气或由热水释放出的空气，以保证管内热水流动，防止管道腐蚀，因此，在上行下给式系统的配水干管末端或最高处及向上抬高的管段应设排气装置；在下行上给式系统则可利用最高配水点放气，如图7-26b所示。排气装置有手动式和自动式两种。常用自动排气阀，如图

7-26a所示。自动排气阀能自动排气且能阻止热水外泄，效果较好。

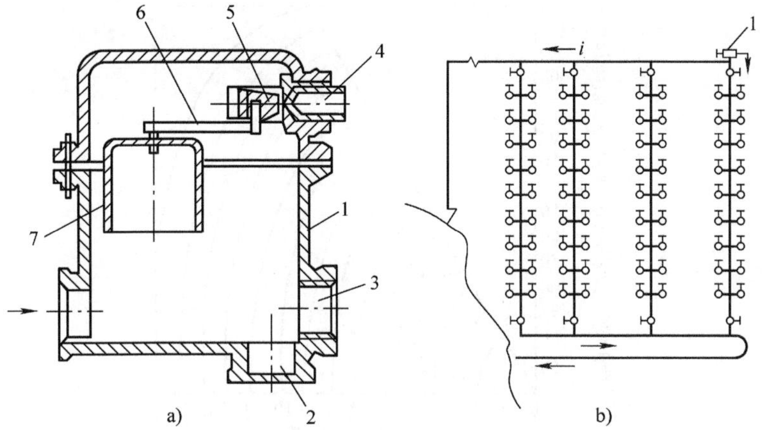

图 7-26　自动排气阀

a）结构示意图　b）安装图

1—阀体　2—直角安装出水口　3—水平安装出水口　4—阀座　5—滑阀　6—杠杆　7—浮钟

自动排气阀一般按管网系统的工作压力来选定，当系统热水温度 $t \leqslant 95℃$，工作压力 $p \leqslant 0.2\mathrm{MPa}$ 时，可选用排气孔径 $d = 2.5\mathrm{mm}$；工作压力 $p = 0.2 \sim 0.4\mathrm{MPa}$ 时，可选用孔径 $d = 1.6\mathrm{mm}$ 的阀座。

5. 减压阀

汽-水换热器的蒸汽压力一般小于 0.5MPa，若蒸汽供应压力大于换热器所需压力，必须用减压阀把蒸汽压力降到水加热器的所需压力，才能保证设备使用安全。

减压阀是利用流体通过阀瓣产生阻力而降压，并达到所要求数值的自动调节阀，其阀后压力可在一定范围内进行调整。减压阀的类型有活塞式、波纹管式和膜片式等，活塞式减压阀，如图 7-27 所示。

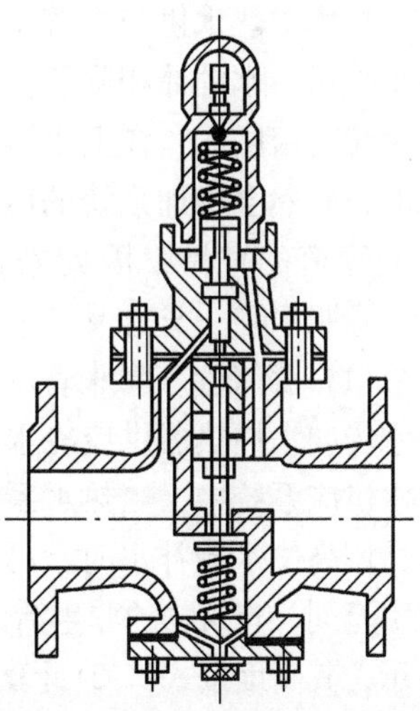

图 7-27　活塞式减压阀

减压阀选择时应求得其工作孔截面，查产品样本确定其型号，按式(7-1)计算

$$f = \frac{G_c}{\varphi q_c} \tag{7-1}$$

式中　f——所需阀孔截面积(cm^2)；

G_c——蒸汽流量(kg/h)；

q_c——通过每 cm^2 阀孔截面的蒸汽理论流量 [$\mathrm{kg/(cm^2 \cdot h)}$]，按图 7-28 选用；

φ——减压阀流量系数，一般为 0.45~0.6。

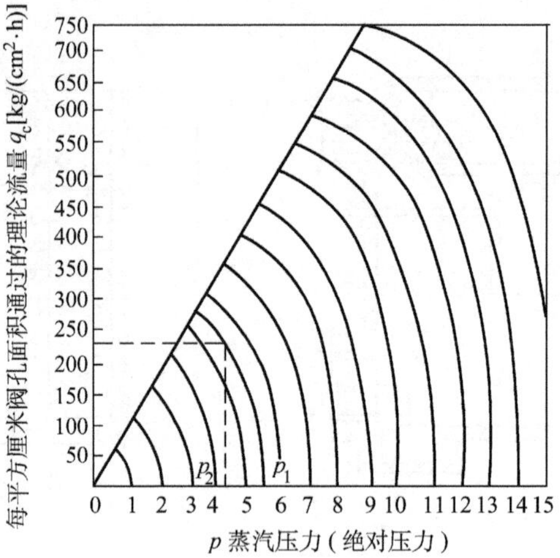

图 7-28　减压阀理论流量曲线

减压阀选择注意事项：活塞式减压阀适用于阀前后压差范围为 0.15MPa≤Δp<0.40MPa。减压阀应安装在水平管段上，阀体直立，安装节点还应设置闸门、安全阀、压力表等附件，如图 7-29 所示，波纹管式减压阀适用于阀前后压差 0.15~0.6MPa。

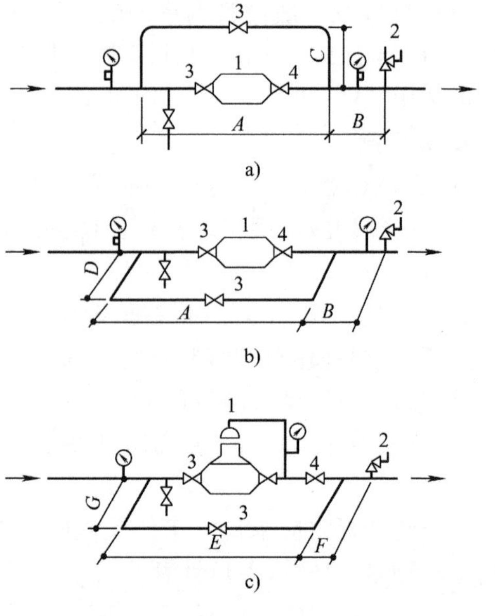

图 7-29　减压阀安装示意图

1—减压阀　2—安全阀　3—法兰截止阀　4—低压截止阀

6. 膨胀管、膨胀水罐、安全阀

在集中热水供应系统中，冷水被加热后，水的体积膨胀，如果热水系统是密闭的，在卫生器具不用水时，必然会增加系统的压力，有胀裂管道的危险，因此需设膨胀管、膨胀水罐、安全阀。

（1）膨胀管　膨胀管用于由高位水箱向水加热器供应冷水的开式热水供应系统中，当热水系统由生活饮用高位水箱补水时，可将膨胀管引至同一建筑物的非生活饮用水箱以外的其他高位水箱的上空，计算用图如图 7-30 所示，其高度按式(7-2)计算

$$h=H\left(\frac{\rho_1}{\rho_r}-1\right) \tag{7-2}$$

式中　h——膨胀管高出生活饮用高位水箱水面的垂直高度(m)；

H——锅炉、水加热器底部至生活饮用高位水箱水面的高度(m)；

ρ_1——冷水密度(kg/m^3)；

ρ_r——热水密度(kg/m^3)。

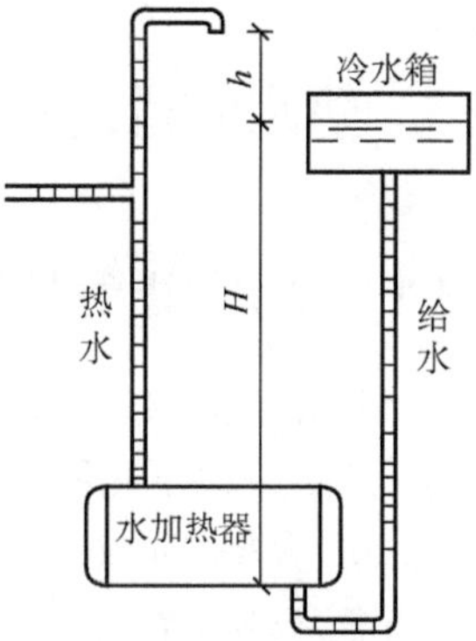

图 7-30　膨胀管安装高度计算用图

膨胀管出口离接入水箱水面的高度不少于 100mm，膨胀管上严禁装设阀门，如有冻结可能时，应采取保温措施。膨胀管的最小管径按表 7-1 所示确定。

表 7-1　膨胀管的最小管径

锅炉或水加热器的传热面积/m^2	<10	≥10 且<15	≥15 且<20	≥20
膨胀管最小管径/mm	25	32	40	50

注：对多台锅炉或水加热器，宜分设膨胀管。

（2）膨胀水罐　在闭式热水供应系统中，应设置压力式膨胀罐、泄压阀，并应符合下列要求：日用热水量小于等于 30m^3 的热水供应系统可采用安全阀等泄压的措施；日用热水量大于 30m^3 的热水供应系统应设置压力式膨胀罐。压力式膨胀水罐宜设置在水加热器和止回阀之间的冷水进水管或热水循环回水管的分支管上。图 7-31所示是隔膜式膨胀水箱(罐)的构造示意图。

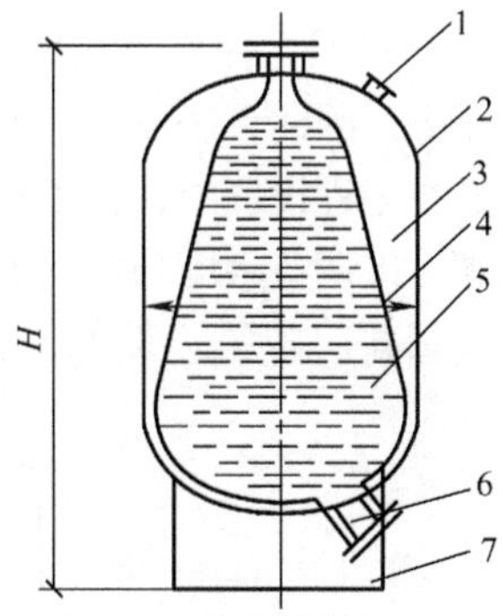

图 7-31　隔膜式膨胀水箱(罐)的构造示意图

1—充气嘴　2—外壳　3—气室　4—隔膜　5—水室　6—接管口　7—罐座

太阳能集中热水供应系统应采取可靠的防止集热器和贮热水箱(罐)贮水过热的措施。在闭式系统中，应设膨胀罐、安全阀，有冰冻可能的系统还应有可靠的集热系统防冻措施。

（3）安全阀　闭式热水供应系统的日用热水量≤30m^3 的热水供应系统，可采用安全阀泄压的措施。承压热水锅炉应设安全阀，并由制造厂配套提供。开式热水供应系统的热水锅炉和水加热器可不装安全阀(劳动部门有要求者除外)。

安全阀应直立安装在水加热器的顶部，安全阀应设防止随意调整螺钉的装置，安全阀与设备之间不得装设取水管、引气管或阀门。

7.3　热水管道的布置与敷设

7.3.1　热水管道的布置

高层建筑集中热水供应系统管网的布置，依据其配管、供回水方式、管路的循环方式大致有以下几种形式：

（1）单管式和双管式　这两种方式是按配管方式不同而分的。热水单管式系统又称无循环热水系统，适用于连续用水的高层建筑附属房间，如公共浴室、洗衣房和厨房等。而不适用于对水温要求高的系统中。热水双管系统也称有循环热水系统，由于在这种管网中热水循环流量可以得到全部或部分循环，以满足对水温的要求，因而广泛用于高层建筑集中热水供应系统中。

（2）上行下给式和下行上给式　这两种方式是按热水流向不同而分的。上述两种方式从国内外高层建筑的实际看，以应用上行下给式系统者居多，而使用下行上给者为少。

（3）同程式和异程式　这两种方式是按热水循环管路和长度不同区分的。同程式系统如图7-32所示，异程式系统如图7-33所示。在同程式热水系统中，由其本身水力特性所决定，系统节点压力基本平衡，从而基本保证各供水点所需的设计水量和水温。在异程式热水系统中，由于各供水点的流程不等，各流程水头损失很难相等，因此无法保证各用水点所需的设计水量和水温。这是异程式系统的根本弱点。在工程设计中，为了克服上述缺点，人们通常多采用在热水回水立管上设置调节阀，以调节水压和控制水量。但由于工程施工和维护管理问题，效果并不理想。随着我国高层建筑建设的日益发展，在热水供应系统中推广应用同程式系统是必要的。

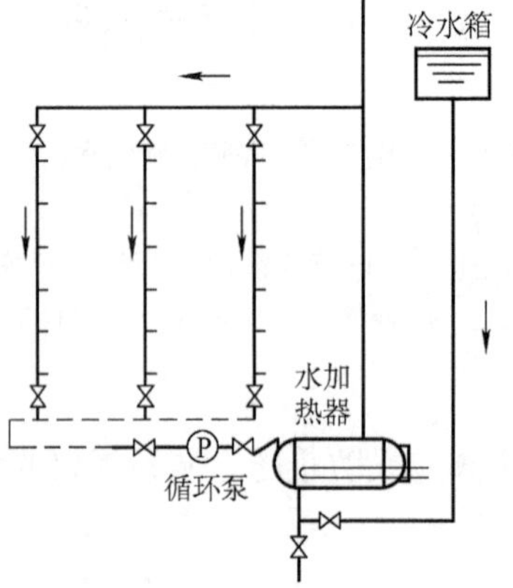

图7-32　上行式同程系统

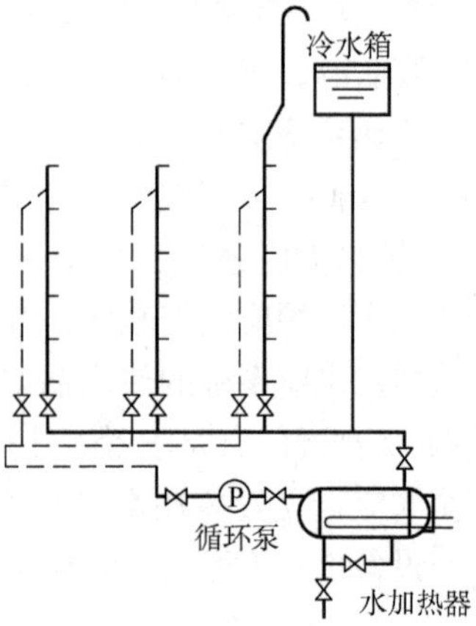

图7-33　上行式异程系统

7.3.2 管道敷设

高层建筑热水管网的敷设，除了满足给水管网敷设的要求外，还应注意由于水温高而带来的体积膨胀、管道伸缩补偿、保温、排气等问题。

对于下行上给或上行下给的热水管网，水平干管可敷设在设备层内、吊顶或地下室顶部。干管的直线段应设置足够的伸缩器，上行下给管网最高点应设自动排气装置，下行上给管网可利用最高配水点排气，故循环回水立管应在配水立管最高配水点下≥0.50m处连接。为便于排气和泄水，热水横管均应有与水流相反的坡度，其值一般≥0.003，并在管网的最低处设泄水阀门，以便检修时泄空管网存水。

明装管道尽可能布置在卫生间、厨房沿墙、柱敷设，一般与冷水管平行。暗装管道可布置在管道竖井或预留沟槽内。塑料热水管宜暗设，明设时立管宜布置在不受撞击处，当不能避免时，应在管外加保护措施。

立管与横管连接时，为避免管道伸缩应力破坏管网，立管与横管相连应采用乙字弯，如图7-34所示。

穿越建筑物墙壁、楼板、基础处应设套管，让其自由伸缩，穿越屋面及地下室外墙时应加防水套管。一般套管内径应比通过热水管的外径大2~3号，中间填不燃烧材料再用沥青油膏之类的软密封防水填料灌平。套管高出地面大于等于20mm。

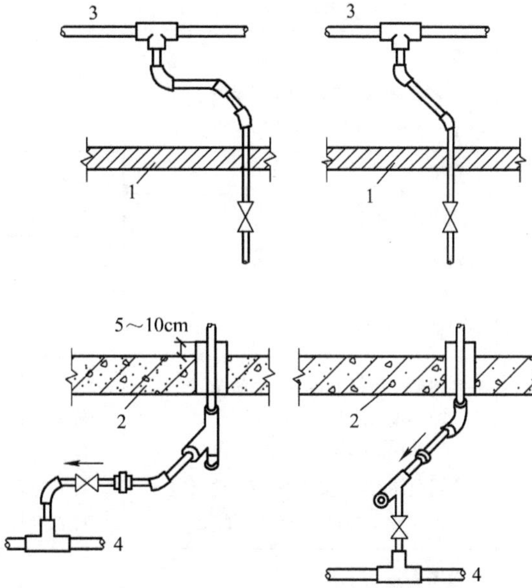

图7-34 热水立管与水平干管的连接方式

1—吊顶 2—地板或沟盖板 3—配水横管 4—回水管

水加热设备的上部、热媒进出口管上、贮热水罐和冷热水混合器应装温度计、压力表；热水循环的进水管上应装温度计及控制循环泵开停的温度传感器；热水箱应装温度计、水位计；压力容器设备应装安全阀。

热水管道系统应有补偿管道热胀冷缩的措施。

当需计量热水总用水量时，可在水加热设备的冷水供水管上装冷水表，对成组和个别用水点可在专供支管上装设热水水表。有集中供应热水的住宅应装设分户热水水表。

7.4　高层建筑热水供应系统设计计算

高层建筑热水供应系统的设计计算方法与多层建筑热水供应系统的设计计算方法相同，下面做简要介绍。

7.4.1　高层建筑热水定额、水温和水质

1. 热水用水定额

高层建筑热水用水定额根据水温、热水时间，热水用水器具完善程度、当地气候条件和生活习惯等因素确定，各类高层建筑的热水用水定额见表 7-2 和表 7-3。

表 7-2　热水用水定额

序号	建筑物名称	单位	最高日用水定额/L	使用时间/h
1	住宅			
	有自备热水供应和沐浴设备	每人每日	40~80	24
	有集中热水供应和沐浴设备	每人每日	60~100	24
2	别墅	每人每日	70~110	24
3	酒店式公寓	每人每日	80~100	24
4	宿舍			24
	Ⅰ类、Ⅱ类	每人每日	70~100	
	Ⅲ类、Ⅳ类	每人每日	40~80	
5	招待所、培训中心、普通旅馆			24 或定时供应
	设公用盥洗室	每人每日	25~40	
	设公用盥洗室、淋浴室、	每人每日	40~60	
	设公用盥洗室、淋浴室、洗衣室	每人每日	50~80	
	设单独卫生间、公用洗衣室	每人每日	60~100	
6	宾馆客房			24
	旅客	每床位每日	120~160	
	员工	每人每日	40~50	
7	医院住院部			24
	设公用盥洗室	每床位每日	60~100	
	设公用盥洗室、淋浴室	每床位每日	70~130	
	设单独卫生间	每床位每日	110~200	
	医务人员	每人每班	70~130	8
	门诊部、诊疗所	每病人每次	7~13	
	疗养院、休养所住房部	每床位每日	100~160	24

（续）

序号	建筑物名称	单位	最高日用水定额/L	使用时间/h
8	养老院	每床位每日	50~70	24
9	幼儿园、托儿所 有住宿 无住宿	 每儿童每日 每儿童每日	 20~40 10~15	 24 10
10	公共浴室 淋浴 淋浴、浴盆 桑拿浴（淋浴、按摩池）	 每顾客每次 每顾客每次 每顾客每次	 40~60 60~80 70~100	12
11	理发室、美容院	每顾客每次	10~15	12
12	洗衣房	每公斤干衣	15~30	8
13	餐饮厅 营业餐厅 快餐店、职工及学生食堂 酒吧、咖啡厅、茶座、卡拉 OK 房	 每顾客每次 每顾客每次 每顾客每次	 15~20 7~10 3~8	 10~12 12~16 8~18
14	办公楼	每人每班	5~10	8
15	健身中心	每人每次	15~25	12
16	体育场（馆）：运动员淋浴	每人每次	17~26	4
17	会议厅	每座位每次	2~3	4

注：1. 热水温度以 60℃计。

2. 表内所列用水定额均已包括在给水用水定额中。

3. 本表以 60℃热水水温为计算温度。卫生器具的使用水温见表 7-3。

表 7-3　卫生器具的一次和小时热水用水定额及水温

序号	卫生器具名称	一次用水量/L	小时用水量/L	使用水温/℃
1	住宅、旅馆、别墅、宾馆、酒店式公寓 带有淋浴器的浴盆 无淋浴器的浴盆 淋浴器 洗脸盆、盥洗槽水嘴 洗涤盆（池）	 150 125 70~100 3 —	 300 250 140~200 30 180	 40 40 37~40 30 50
2	宿舍、招待所、培训中心 淋浴器：有淋浴小间 无淋浴小间 盥洗槽水嘴	 70~100 — 3~5	 210~300 150 50~80	 37~40 37~40 30

（续）

序号	卫生器具名称	一次用水量/L	小时用水量/L	使用水温/℃
3	餐饮业			
	洗涤盆（池）	—	250	50
	洗脸盆：工作人员用	3	60	30
	顾客用	—	120	30
	淋浴器	40	400	37~40
4	幼儿园、托儿所			
	浴盆：幼儿园	100	400	35
	托儿所	30	120	35
	淋浴器：幼儿园	30	180	35
	托儿所	15	90	35
	盥洗槽水嘴	15	25	30
	洗涤盆（池）	—	180	50
5	医院、疗养院、休养所			
	洗手盆	—	15~25	35
	洗涤盆（池）	—	300	50
	淋浴器	—	200~300	37~40
	浴盆	125~150	250~300	40
6	公共浴室			
	浴盆	125	250	40
	淋浴器：有淋浴小间	100~150	200~300	37~40
	无淋浴小间	—	450~540	37~40
	洗脸盆	5	50~80	35
7	办公楼：洗手盆	—	50~100	35
8	理发室、美容院：洗脸盆	—	35	35
9	实验室			
	洗脸盆	—	60	50
	洗手盆	—	15~25	30
10	剧场			
	淋浴器	60	200~400	37~40
	演员用洗脸盆	5	80	35
11	体育场馆：淋浴器	30	300	35
12	工业企业生活间			
	淋浴器：一般车间	40	360~540	37~40
	脏车间	60	180~480	40
	洗脸盆或盥洗槽水龙头：一般车间	3	90~120	30
	脏车间	5	100~150	35
13	净身器	10~15	120~180	30

注：一般车间指现行 GBZ 1—2010《工业企业设计卫生标准》中规定的 3 级、4 级卫生特征的车间；脏车间指该标准中规定的 1 级、2 级卫生特征的车间。

2. 水温

（1）冷水的计算温度　冷水的计算温度应以当地最冷月平均水温资料确定。当无水温资料时，可按表 7-4 所示采用。

表 7-4　冷水计算温度　（单位：℃）

区域	省、市、自治区、行政区		地面水	地下水
东北	黑龙江		4	6~10
	吉林		4	6~10
	辽宁	大部	4	6~10
		南部	4	10~15
华北	北京		4	10~15
	天津		4	10~15
	河北	北部	4	6~10
		大部	4	10~15
	山西	北部	4	6~10
		大部	4	10~15
	内蒙古		4	6~10
西北	陕西	偏北	4	6~10
		大部	4	10~15
		秦岭以南	7	15~20
	甘肃	南部	4	10~15
		秦岭以南	7	15~20
	青海	偏东	4	10~15
	宁夏	偏东	4	6~10
		南部	4	10~15
	新疆	北疆	5	10~11
		南疆	—	12
		乌鲁木齐	8	12
东南	山东		4	10~15
	上海		5	15~20
	浙江		5	15~20
东南	江苏	偏北	4	10~15
		大部	5	15~20
	江西 大部		5	15~20
	安徽 大部		5	15~20
	福建	北部	5	15~20
		南部	10~15	20
	台湾		10~15	20
中南	河南	北部	4	10~15
		南部	5	15~20
	湖北	东部	5	15~20
		西部	7	15~20
	湖南	东部	5	15~20
		西部	7	15~20
	广东、港澳		10~15	20
	海南		15~20	17~22
西南	重庆		7	15~20
	贵州		7	15~20
	四川 大部		7	15~20
	云南	大部	7	15~20
		南部	10~15	20
	广西	大部	10~15	20
		偏北	7	15~20
	西藏		—	5

（2）热水供水温度和使用温度　直接供应热水的热水锅炉、热水机组或水加热器出口的最高水温和配水点的最低水温可按表 7-5 所示采用。

表 7-5 直接供应热水的热水锅炉、热水机组或水加热器出口的最高水温和配水点的最低水温 （单位：℃）

水质处理情况	热水锅炉、热水机组或水加热器出口的最高水温	配水点的最低水温
原水水质无需软化处理、原水水质需水质处理且有水质处理	75	50
原水水质需水质处理但未进行水质处理	60	50

设置集中热水供应系统的住宅，配水点的水温不应低于45℃。

(3) 冷热水比例计算　由于热水供水水温与热水使用水温不同，因此，使用时要与一部分冷水混合。若以混合水量为100%，则所需热水量占混合水量的百分数按式(7-3)计算

$$K_r = \frac{t_h - t_l}{t_r - t_l} \times 100\% \tag{7-3}$$

式中　K_r——热水混合系数；

t_h——混合后卫生器具出水温度(℃)，按表7-3所示采用；

t_l——冷水计算温度(℃)，按表7-4采用；

t_r——热水系统供水温度(℃)。

所需冷水量占混合水量的百分数 $K_L = 1 - K_r$。

3. 水质

在高层建筑热水供应系统中的热水主要满足生活用水，其水质应符合现行国家标准《生活饮用水卫生标准》的要求。

集中热水供应系统的原水的水处理应根据水质、水量、水温、水加热设备的构造、使用要求等因素经技术经济比较按下列规定确定：

1) 当洗衣房日用热水量(按60℃计)大于或等于10m³且原水总硬度(以碳酸钙计)大于300mg/L时，应进行水质软化处理；原水总硬度(以碳酸钙计)为150~300mg/L时，宜进行水质软化处理。

2) 其他生活日用热水量(按60℃计)大于或等于10m³且原水总硬度(以碳酸钙计)大于300mg/L时，宜进行水质软化或阻垢缓蚀处理。

3) 经软化处理后的水质总硬度宜为：洗衣房用水50~100mg/L，其他用水75~150mg/L。

4) 水质阻垢缓蚀处理应根据水的硬度、适用流速、温度、作用时间或有效长度及工作电压等选择合适的物理处理或化学稳定剂处理方法。

5) 当系统对溶解氧控制要求较高时，宜采取除氧措施。

水质软化处理的传统方法有药剂法和离子交换法两类。近年来，国内专业人员通过研制、引进、吸收和消化，已开发生产出聚磷酸盐水稳剂(归丽晶)、超强磁水器、静电除垢器、电子除垢器、碳铝水处理器、防腐消声处理器等多种新型水处理装置。

7.4.2　热水量、耗热量和热媒耗量的计算

1. 耗热量计算

设计小时耗热量的计算应符合下列要求：

1）设有集中热水供应系统的居住小区的设计小时耗热量应按下列规定计算：

a. 当居住小区内配套公共设施的最大用水时段与住宅的最大用水时段一致时，应按两者的设计小时耗热量叠加计算。

b. 当居住小区内配套公共设施的最大用水时段与住宅的最大用水时段不一致时，应按住宅的设计小时耗热量加配套公共设施的平均小时耗热量叠加计算。

2）全日供应热水的宿舍(Ⅰ、Ⅱ类)、住宅、别墅、酒店式公寓、招待所、培训中心、旅馆、宾馆的客房(不含员工)、医院住院部、养老院、幼儿园、托儿所(有住宿)、办公楼等建筑的集中热水供应系统的设计小时耗热量应按式(7-4)计算

$$Q_h = K_h \frac{mq_r c(t_r - t_l)\rho_r}{T} \tag{7-4}$$

式中　Q_h——设计小时耗热量(kJ/h)；

K_h——热水小时变化系数，可按表7-6采用；

m——用水计算单位数(人数或床位数)；

q_r——热水用水定额［L/(人·d)］或［L/(床·d)］，按表7-2采用；

c——水的比热容，c=4.187kJ/(kg·℃)；

t_r——热水温度(℃)，t_r=60℃；

t_l——冷水温度(℃)，按表7-4所示选用；

ρ_r——热水密度(kg/L)；

T——每日使用时间(h)，按表7-2所示采用。

表7-6　热水小时变化系数 K_h 值

类别	住宅	别墅	酒店式公寓	宿舍(Ⅰ、Ⅱ类)	招待所培训中心、普通旅馆	宾馆	医院	幼儿园托儿所	养老院
热水用水定额/[L/(人(床)·d)]	60~100	70~110	80~100	40~80	25~50 40~60 50~80 60~100	120~160	60~100 70~130 110~200 100~160	20~40	50~70
使用人(床)数	≤100~≥6000	≤100~≥6000	≤150~≥1200	≤150~≥1200	≤150~≥1200	≤150~≥1200	≤50~≥1000	≤50~≥1000	≤50~≥1000
K_h	4.8~2.75	4.21~2.47	4.00~2.58	4.80~3.20	3.84~3.00	3.33~2.60	3.63~2.56	4.80~3.20	3.20~2.74

注：1. K_h 应根据热水用水定额高低、使用人(床)数多少取值，当热水用水定额高、使用人(床)数多时取低值，反之取高值，使用人(床)数小于等于下限值及大于等于上限值的，K_h 就取下限值及上限值，中间值可用内插法求得。

2. 设有全日集中热水供应系统的办公楼、公共浴室等表中未列入的其他类建筑的 K_h 值可按给水的小时变化系数选值。

3）定时供应热水的住宅、旅馆、医院及工业企业生活间、公共浴室、宿舍（Ⅲ、Ⅳ类）、剧院化妆间、体育馆（场）运动员休息室等建筑的集中热水供应系统的设计小时耗热量应按式（7-5）计算

$$Q_h = \sum q_h c(t_r - t_l)\rho_r n_0 b \tag{7-5}$$

式中　Q_h——设计小时耗热量（kJ/h）；

q_h——卫生器具热水的小时用水定额（L/h），应按表7-3采用；

c——水的比热容，c=4.187［kJ/（kg·℃）］；

t_r——热水温度（℃），按表7-3所示采用；

t_l——冷水温度（℃），按表7-4所示选用；

ρ_r——热水密度（kg/L）；

n_0——同类型卫生器具数；

b——卫生器具的同时使用百分数，按表7-7所示采用。

表7-7　卫生器具同时使用百分数 b 值

建筑物名称	卫生洁具同时使用百分数 b 值（%）
工业企业生活间、公共浴室、学校、剧院、体育馆（场）等的浴室内的淋浴器和洗脸盆	均按100%计
住宅、旅馆，医院、疗养院病房	卫生间内浴盆或淋浴器可按70%～100%计，其他器具不计，但定时连续供水时间应大于等于2h
住宅一户带多个卫生间	可按一个卫生间计算

4）具有多个不同使用热水部门的单一建筑或具有多种使用功能的综合性建筑（如综合楼内有商业中心、餐厅、办公室、公寓等不同性质的单元，又如旅馆内除客房使用热水外，还有职工盥洗、洗衣房、厨房、游泳池、按摩浴、理发等需使用热水），当其热水由同一热水供应系统供应时，设计小时耗热量可按同一时间内出现用水高峰的主要用水部门的设计小时耗热量加其他用水部门的平均小时耗热量计算。

2. 设计小时热水量的计算

设计小时热水量按式（7-6）计算

$$q_{rh} = \frac{Q_h}{(t_r - t_l)c\rho_r} \tag{7-6}$$

式中　q_{rh}——设计小时热水量（L/h）；

Q_h——设计小时耗热量（kJ/h）；

c——水的比热容，c=4.187kJ/（kg·℃）；

t_r——设计热水温度（℃）；

t_1——设计冷水温度(℃)，按表 7-4 所示选用；

ρ_r——热水密度(kg/L)。

3. 热媒耗量的计算

热媒耗量计算的目的是确定能满足所需耗热量的蒸汽量和高温水量。热媒耗量计算与加热方式有关。

（1）蒸汽直接与被加热水混合加热的蒸汽耗量

$$G=k\frac{Q_h}{h_m-h_r} \tag{7-7}$$

式中　G——蒸汽耗量(kg/h)；

Q_h——设计小时耗热量(kJ/h)；

k——热媒管道热损失附加系数，$k=1.05\sim1.20$；

h_m——蒸汽比焓(kJ/kg)；按蒸汽压力由蒸汽表中选用，或按表 7-8 所示选用；

h_r——蒸汽与冷水混合后的热水比焓(kJ/kg)，$h_r=4.187t_r$；

t_r——蒸汽与冷水混合后的热水温度(℃)。

表 7-8　饱和水蒸气性质

绝对压力/MPa	饱和水蒸气温度/℃	比焓/(kJ/kg)		蒸汽的汽化热/(kJ/kg)
		液体	蒸汽	
0.1	100	419	2679	2260
0.2	119.6	502	2707	2205
0.3	132.9	559	2726	2167
0.4	142.9	601	2738	2137
0.5	151.1	637	2749	2112
0.6	158.1	667	2757	2090
0.7	164.2	694	2767	2073
0.8	169.6	718	2773	2055
0.9	174.5	739	2777	2038

（2）蒸汽通过传热面间接加热冷水的蒸汽耗量

$$G=k\frac{Q_h}{r} \tag{7-8}$$

式中　G——蒸汽耗量(kg/h)；

k——热媒管道热损失附加系数，$k=1.05\sim1.20$；

Q_h——设计小时耗热量(kJ/h)；

r——蒸汽的汽化热(kJ/kg)；按蒸汽压力由蒸汽表中选用或按表 7-8 所示选用。

（3）热媒为高温水通过传热面间接加热冷水的热水耗量

$$G=k\frac{Q_h}{c(t_{mc}-t_{mz})} \tag{7-9}$$

式中 G——高温水耗量(kg/h)；

k——热媒管道热损失附加系数，$k=1.05\sim1.20$；

Q_h——设计小时耗热量(kJ/h)；

t_{mc}——进换热器高温水进口温度(℃)；

t_{mz}——出换热器换热后的热媒温度(℃)；

c——水的比热容，$c=4.187$kJ/(kg·℃)。

由热水热力网供热，应采用供回水的最低温度计算，但热力网供水的初温和被加热水的终温的温差不得小于10℃。

7.4.3 集中热水供应加热设备的选择计算

1. 集中热水供应系统中，锅炉、水加热设备的设计小时供热量计算

全日集中热水供应系统中，锅炉、水加热设备的设计小时供热量(热水供应系统中加热设备最大时段内的产热量)应根据日热水用量小时变化曲线、加热方式及锅炉、水加热设备的工作制度经积分曲线计算确定。当无条件时，可按下列原则确定。

1）容积式水加热器或贮热容积与其相当的水加热器、燃油(气)热水机组应按式(7-10)计算

$$Q_g=Q_h-\frac{\eta V_r}{T}(t_r-t_l)c\rho_r \tag{7-10}$$

式中 Q_g——容积式水加热器(含导流型容积式水加热器)的设计小时供热量(kJ/h)；

Q_h——设计小时耗热量(kJ/h)；

η——有效贮热容积系数；容积式水加热器 $\eta=0.7\sim0.8$，导流型容积式水加热器 $\eta=0.8\sim0.9$；第一循环系统为自然循环时，卧式贮热水罐 $\eta=0.80\sim0.85$；立式贮热水罐 $\eta=0.85\sim0.90$；第一循环系统为机械循环时，卧、立式贮热水罐 $\eta=1.0$；

V_r——总贮热容积(L)；

T——设计小时耗热量持续时间(h)，$T=2\sim4$h；

t_r——热水温度(℃)，按设计水加热器出水温度或贮水温度计算；

t_l——冷水温度(℃)，按表7-4选用；

c——水的比热容，$c=4.187$kJ/(kg·℃)；

ρ_r——热水密度(kg/L)。

应用式(7-10)应注意，当 Q_g 计算值小于平均小时耗热量时，Q_g 应取平均小时耗热量。

2）半容积式水加热器或贮热容积与其相当的水加热器、燃油(气)热水机组的设计小时供热量应按设计小时耗热量计算。

3）半即热式、快速式水加热器及其他无贮热容积的水加热设备的设计小时供热量应按设计秒流量所需耗热量计算。

2. 热水供应系统的贮水器容积计算

集中热水供应系统贮存热水的设备有热水箱(罐)、加热水箱、容积式水加热器、半容积式水加热器等，贮存热水的容积主要是为调峰作用，应根据日用热水小时变化曲线及锅炉、水加热器的工作制度和供热能力以及自动温度控制装置等因素按积分曲线计算确定，并应符合下列规定：

1）容积式水加热器或加热水箱、半容积式水加热器的贮热量不得小于表7-9所示的要求。

表7-9 水加热器的贮热量

加热设备	以蒸汽或95℃以上的热水为热媒时		以≤95℃的热水为热媒时	
	工业企业淋浴室	其他建筑物	工业企业淋浴室	其他建筑物
容积式水加热器或加热水箱	≥30minQ_h	≥45minQ_h	≥60minQ_h	≥90minQ_h
导流型容积式水加热器	≥20minQ_h	≥30minQ_h	≥30minQ_h	≥40minQ_h
半容积式水加热器	≥15minQ_h	≥15minQ_h	≥15minQ_h	≥20minQ_h

注：1. 燃气、燃油热水机组所配贮热器，其贮热量宜根据热媒供应情况，按导流型容积式水加热器或半容积式水加热器确定。

2. 表中 Q_h 为设计小时耗热量(kJ/h)。

2）半即热式、快速式水加热器当热媒按设计秒流量供应，且有完善可靠的温度自动控制装置时，可不设贮水器。当其不具备上述条件时，应设贮水器，贮热量宜根据热媒供应情况按导流型容积式水加热器或半容积式水加热器确定。

7.5 热水管网的水力计算

建筑内热水管网水力计算是在绘制管网平面图和轴测图后进行的。计算内容有：计算热媒管道的管径及相应的压力损失；计算配水管网和循环管网的管径及压力损失；计算和选择锅炉、换热器、贮热器、循环水泵、疏水器、安全阀、调压阀、自动温度调节装置、膨胀管、补偿器等。

热水管网水力计算分热媒管网水力计算和热水配水管网、热水回水管网的水力计算。

7.5.1　热媒管网水力计算

热媒管网是指锅炉与换热器(或热水贮罐)间的循环管网，依热媒的不同分热水热媒管网和蒸汽热媒管网。

1. 热媒为蒸汽的管网计算

以图 7-35 为例，蒸汽锅炉产生的蒸汽进入到换热器内排管内，进行蒸汽—冷水换热，此为蒸汽管道；换热器出口至疏水器之间的管道内流动汽—水混合流体；疏水器后管道排出凝结水，为凝结水管道。凝结水流入凝结水箱，再由水泵送入蒸汽锅炉。

(1) 蒸汽管道　蒸汽热媒量按式(7-5)和式(7-6)确定，根据热媒量和流速再根据允许比压降得管径、单位管长压力损失。

蒸汽热媒管径一般不大，常按允许流速法计算，高压蒸汽管道的常用流速见表 7-10，高压蒸汽管道计算见表 7-11。

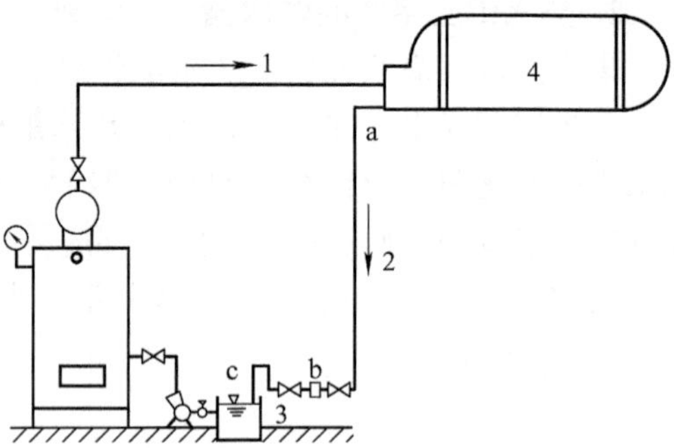

图 7-35　余压凝结水系统图示

1—蒸汽　2—凝结水　3—凝结水池　4—水加热器

a—凝水管　b—疏水器　c—凝水管出口

表 7-10　高压蒸汽管道的常用流速

管径/mm	15~20	25~32	40	50~80	100~150	≥200
流速/(m/s)	10~15	15~20	20~25	25~35	30~40	40~60

表 7-11　高压蒸汽管道计算

DN /mm	v /(m/s)	P(表压)/kPa													
		6.9		9.8		19.6		29.4		39.2		49		59	
		G/(kg/h)、R/Pa													
		G	R	G	R	G	R	G	R	G	R	G	R	G	R
15	10	6.7	114	7.8	134	11.3	193	14.9	256	18.4	317	21.8	374	25.3	435
	15	10.0	256	11.7	200	17.0	437	22.4	577	27.6	663	32.4	825	37.6	958
	20	13.4	446	15.0	535	22.7	780	29.8	1020	30.8	1260	43.7	1500	50.5	1730
20	10	12.2	78	14.1	80	20.7	184	27.1	174	33.5	216	39.8	256	46.0	295
	15	18.2	175	21.1	202	31.1	302	38.6	353	50.3	486	57.7	538	69.0	665
	20	24.3	310	28.2	369	41.4	535	54.2	695	67.0	862	79.6	1024	92.0	1180
25	15	29.4	131	34.4	154	50.2	325	65.8	294	81.2	362	96.2	439	111.0	497
	20	39.2	230	45.8	274	66.7	401	87.8	523	108.0	655	128.0	762	149.0	882
	25	49.0	356	57.3	426	83.3	618	110.0	817	136.0	1020	161.0	1190	186.0	1380

（续）

DN /mm	v /(m/s)	P(表压)/kPa													
		6.9		9.8		19.6		29.4		39.2		49		59	
		G/(kg/h)、R/Pa													
		G	R	G	R	G	R	G	R	G	R	G	R	G	R
32	15	51.6	92	60.2	108	88.0	158	115.0	206	142.0	248	169.0	270	195.0	357
	20	67.7	158	80.2	191	117.0	271	154.0	367	190.0	447	226.0	540	260.0	617
	25	85.6	250	100.0	296	147.0	443	193.0	374	238.0	697	282.0	832	325.0	964
	30	103.0	356	120.0	430	176.0	653	230.0	823	284.0	1090	338.0	1210	390.0	1380
40	20	90.6	138	105.0	160	154.0	530	202.0	398	249.0	359	283.0	415	343.0	524
	25	113.0	214	132.0	252	194.0	715	258.0	484	311.0	592	354.0	647	428.0	816
	30	136.0	312	158.0	361	232.0	185	306.0	680	374.0	855	444.0	1020	514.0	1180
	35	157.0	415	185.0	495	268.0	287	354.0	947	437.0	1170	521.0	1400	594.0	1570
50	20	134.0	107	157.0	128	229.0	414	301.0	242	371.0	300	443.0	358	508.0	405
	25	168.0	169	197.0	197	287.0	565	377.0	370	465.0	470	554.0	561	636.0	637
	30	202.0	241	236.0	286	344.0	123	452.0	538	558.0	676	664.0	805	764.0	920
	35	234.0	327	270.0	390	400.0	169	530.0	939	650.0	930	776.0	1100	885.0	1240
70	20	257.0	71	299.0	65	437.0	274	572.0	162	706.0	196	838.0	236	970.0	271
	25	317.0	110	374.0	131	542.0	374	715.0	251	880.0	306	1052.0	370	1200.0	415
	30	380.0	157	448.0	188	650.0	155	858.0	380	1060.0	446	1262.0	532	1440.0	547
	35	445.0	276	525.0	268	762.0	223	1005.0	405	1240.0	607	1478.0	730	1685.0	816
80	25	454	91	528	106	773	304	1012	204	1297	270	1480	296	1713	342
	30	556	135	630	163	926	398	1213	291	1498	360	1776	425	2053	484
	35	634	177	738	206	1082	121	1415	396	1749	490	2074	580	2400	671
	40	726	232	844	270	1237	174	1620	520	1978	640	2370	787	2740	865
100	25	673	70	784	82	1149	237	1502	157	1856	185	2201	231	2547	267
	30	808	102	940	118	1377	174	18.1	326	2220	280	2640	331	3058	384
	35	944	139	1099	169	1608	237	2108	310	2600	382	3083	452	3568	324
	40	1034	166	1250	208	1832	307	2396	400	2980	500	3514	587	4030	667

在表7-11中有管径 DN、流速 v、蒸汽量 G，单位管长压力损失 R。若在蒸汽压力已知情况下，这个参数只要知道其中任一两个参数，就可查出另外两个相对应的参数。

（2）蒸汽凝结水管　换热器中排出的凝结水回收方式常采用余压凝结水系统，它利用疏水器后的剩余压力（背压）把凝结水输送到凝结水箱（池）。

由换热器出口到疏水器管道内为汽—水混合非满流状态，这两种流体的两相流动可在管中形成汽—水充塞流动，采用经验计算法，根据设计小时耗热量查表 7-12 而得其管径。

表 7-12　由换热器至疏水器间不同管径通过的小时耗热量(单位:kJ/h)

DN/mm	15	20	25	32	40	50	70	80	100	125	150
热量/(kJ/h)	33494	108857	167472	355300	460548	887602	2101774	3089232	4814820	78711841	7835768

疏水器出口到凝结水箱之间的管段内为凝结水，当凝结水箱为常压时(即通大气)，由于凝结水流动为瞬时压力流，所以，可以采用式(7-11)计算出该管段中的计算热量，再查表 7-13，确定管径。

$$Q_j = 1.25Q \tag{7-11}$$

式中　Q_j——余压凝结水管中的计算热量(kJ/h)；

Q——设计小时耗热量(kJ/h)；

1.25——考虑系统起动时凝结水量的增大系数。

表 7-13　余压凝结水管管段管径选择

P/kPa 绝对大气压	管　径　DN/mm											
17.7	15	20	25	32	40	50	70	125	150	159×5	219×6	219×6
19.6	15	20	25	32	50	70	100	125	159×5	219×6	219×6	219×6
24.5~29.4	20	25	32	40	50	70	100	150	159×5	219×6	219×6	219×6
>29	20	25	32	40	50	70	100	150	219×6	219×6	219×6	219×6
R/(Pa/m)	按上述管通过热量/(kJ/h)											
50	39147	87.90	174171	253301	571498	1084381	2369728	3307572	6615144	12895344	13774572	21436416
100	43543	131047	283028	357971	803866	1532369	3257330	4689216	9294696	18212580	19468620	30228696
200	65314	185057	370532	506603	1138810	2168762	4605480	6615144	13146552	25748820	31526604	42705306
300	82899	217714	477295	609640	1394204	2553948	5652180	8122392	16077312	10467000	33703740	52335000
400	108852	251208	544284	715943	1607731	3077298	6531408	9378432	18599392	36425160	39146580	60289920
500	152400	283865	611273	799679	1800324	3416429	7285032	10467000	20766528	39565260	43542720	67826160

2. 热媒为高温热水

以热水为热媒时，热媒量按式(7-7)确定，根据热媒量和流速查热水管道水力计算表确定配、回水管管径，并计算出管路的水头损失。热水管道内的水流速度按表 7-14 选用。

当锅炉与水加热器或贮水器连接时，如图 7-36 所示，热媒管网的自然循环压力值应按式(7-12)计算

$$p_{zr} = 10\Delta h(\rho_1 - \rho_2) \tag{7-12}$$

式中　p_{zr}——第一循环管的自然压力值(Pa)；

Δh——锅炉或水加热器中心与贮水器中心的标高差(m)；

ρ_1——贮水器回水的密度(kg/m^3)；

ρ_2——锅炉或水加热器出水的热水密度(kg/m^3)。

按照上述计算结果，对 p_{zr} 和 p_h 进行比较；当 $p_{zr}>p_h$ 时，则能自然循环，为保证安全可靠的自然循环，要求 $p_{zr}\geqslant(1.10\sim1.15)p_h$。反之则不能自然循环，应选择循环水泵进行机械循环。

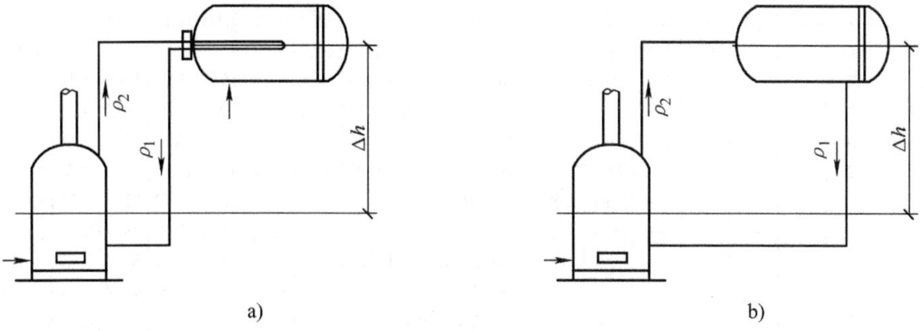

图7-36　热媒管网自然循环压力

a）热水锅炉与水加热器连接(间接连接)　b）热水锅炉与贮水器连接(直接连接)

7.5.2　热水配水管网和回水管网的水力计算

1. 热水配水管网水力计算

从换热器或热水贮罐出来的热水进入到各用热水器具之间的管网称为配水管网，高层建筑和多层建筑热水供应配水管网的水力计算方法相同，与冷水管网的水力计算方法相类似，如设计秒流量公式、卫生器具热水给水额定流量、当量、支管管径和最低工作压力等。主要区别如下：

1）热水管道内的水流速度较小，按表7-14所示选用。

表7-14　热水管道的流速

公称直径/mm	15~20	25~40	≥50
流速/(m/s)	≤0.8	≤1.0	≤1.2

2）管道水力计算按“热水管道水力计算表”来查用，见表7-15。

3）热水管网的局部水头损失一般可按沿程水头损失的25%~30%进行估算，也可按照局部水头损失的计算公式逐一计算后累加。

4）热水管网的管径不宜小于20mm。

表7-15　热水管道水力计算表（$t=60℃$，$\delta=1.0mm$）

流量		DN15		DN20		DN25		DN32		DN40		DN50		DN70		DN80		DN100	
/(L/h)	/(L/s)	R	v	R	v	R	v	R	v	R	v	R	v	R	v	R	v	R	v
360	0.10	1690	0.75	224	0.35	51.6	0.20	11.8	0.12	4.86	0.084	1.29	0.051	0.32	0.03	0.11	0.02	0.03	0.012
540	0.15	3810	1.13	504	0.53	117	0.31	26.5	0.17	10.0	0.125	2.90	0.076	0.72	0.045	0.25	0.031	0.06	0.018
720	0.20	6780	1.51	897	0.70	207	0.41	49.2	0.23	19.4	0.17	5.15	0.10	1.27	0.06	0.45	0.041	0.11	0.024
1080	0.30	15260	2.26	2020	1.06	496	0.61	105	0.35	42.6	0.25	11.6	0.15	2.87	0.09	1.01	0.061	0.25	0.036
1440	0.40	27130	3.01	3590	1.41	829	0.81	189	0.47	77.4	0.33	20.6	0.20	5.10	0.12	1.79	0.082	0.45	0.048
1800	0.50	42390	3.77	5600	1.76	1290	1.02	295	0.53	121	0.42	32.2	0.25	7.96	0.15	1.28	0.1	0.58	0.06
2160	0.60	—	—	8070	2.21	1860	1.22	425	0.70	174	0.50	46.4	0.31	11.5	0.18	4.03	0.12	0.98	0.072
2520	0.70	—	—	10990	2.47	2540	1.43	578	0.82	237	0.59	63.1	0.36	15.6	0.21	5.49	0.14	1.33	0.084
2880	0.80	—	—	14350	2.82	3320	1.63	755	0.93	310	0.67	62.4	0.41	20.4	0.24	7.17	0.16	1.74	0.096
3600	1.0	—	—	22420	2.53	5180	2.04	118	1.17	484	0.84	12.9	0.51	31.8	0.3	11.2	0.2	2.72	0.12
4320	1.2	—	—	—	—	7460	2.44	1700	1.40	697	1.00	185	0.61	45.9	0.36	16.1	0.24	3.93	0.14
5040	104	—	—	—	—	10160	2.85	2310	164	949	1.17	252	0.71	62.4	0.42	21.9	0.29	5.34	0.17
5760	1.6	—	—	—	—	13260	3.26	3020	1.87	1240	1.34	329	0.81	81.5	0.48	28.7	0.33	6.98	0.19
6480	1.8	—	—	—	—	—	—	3800	2.10	1570	1.51	417	0.92	103	0.54	36.3	0.37	8.83	0.22
7200	2.0	—	—	—	—	—	—	4720	2.34	1940	1.67	515	1.02	127	0.6	44.8	0.41	10.9	0.24
7920	2.2	—	—	—	—	—	—	5200	2.45	2130	1.71	568	1.07	140	0.63	49.4	0.43	12	0.25
8280	2.4	—	—	—	—	—	—	6800	2.81	2790	2.01	742	1.22	183	0.72	64.5	0.49	15.7	0.29
9360	2.6	—	—	—	—	—	—	7980	3.04	3270	2.18	870	1.32	215	0.78	75.7	0.53	18.4	0.31
10080	2.8	—	—	—	—	—	—	9250	3.27	3790	2.34	1010	1.43	250	0.84	87.8	0.57	21.4	0.34
10800	3.0	—	—	—	—	—	—	—	—	4360	2.51	1160	1.53	287	0.90	101	0.61	24.5	0.36
11520	3.2	—	—	—	—	—	—	—	—	4960	2.68	1320	1.63	326	0.96	115	0.65	27.9	0.38
12240	3.4	—	—	—	—	—	—	—	—	5590	2.85	1490	1.73	368	1.02	130	0.69	31.5	0.41
12960	3.6	—	—	—	—	—	—	—	—	6270	3.01	1670	1.83	413	1.08	145	0.73	35.3	0.43
13680	3.8	—	—	—	—	—	—	—	—	7360	3.26	1960	1.99	484	1.17	170	0.8	41.5	0.47
14400	4.0 4.2	—	—	—	—	—	—	—	—	7740	3.35	2060	2.04	509	1.2	179	0.82	43.6	0.48
15120	4.4	—	—	—	—	—	—	—	—	—	—	2270	2.14	562	1.26	198	0.81	48.1	0.5
15840	4.6	—	—	—	—	—	—	—	—	—	—	2500	2.24	617	1.33	217	0.9	52.8	0.53
16560	4.8	—	—	—	—	—	—	—	—	—	—	2730	2.34	674	1.38	237	0.94	59.7	0.55
17280	5.0	—	—	—	—	—	—	—	—	—	—	2970	2.44	734	1.44	258	0.98	62.8	0.58
18000	5.2	—	—	—	—	—	—	—	—	—	—	3220	2.55	796	1.51	280	1.02	68.1	0.6
18720	5.4	—	—	—	—	—	—	—	—	—	—	3480	2.65	861	1.57	303	1.06	73.7	0.62
19440	5.6	—	—	—	—	—	—	—	—	—	—	3760	2.75	929	1.63	327	1.10	79.5	0.65
20160	5.8	—	—	—	—	—	—	—	—	—	—	4040	2.85	999	1.69	351	1.14	85.5	0.67
20880	6.0	—	—	—	—	—	—	—	—	—	—	4340	2.95	1070	1.75	377	1.18	91.7	0.70
21600	6.2	—	—	—	—	—	—	—	—	—	—	4640	3.06	1150	1.81	403	1.22	98.1	0.72
22320	6.4	—	—	—	—	—	—	—	—	—	—	4950	3.16	1220	1.87	430	1.26	105	0.74
23040	6.6	—	—	—	—	—	—	—	—	—	—	5280	3.26	1330	1.93	459	1.3	112	0.77
24480	6.8	—	—	—	—	—	—	—	—	—	—	5960	3.46	1470	2.05	518	1.39	126	0.82
25200	7.0	—	—	—	—	—	—	—	—	—	—	6320	3.56	1560	2.11	549	1.43	134	0.84
25920	7.2	—	—	—	—	—	—	—	—	—	—	—		1650	2.17	581	1.47	141	0.86
26640	7.4	—	—	—	—	—	—	—	—	—	—	—		1740	2.23	613	1.51	149	0.89
27360	7.6	—	—	—	—	—	—	—	—	—	—	—		1840	2.29	647	1.55	157	0.91
28080	7.8	—	—	—	—	—	—	—	—	—	—	—		1940	2.35	681	1.59	166	0.94
28800	8.0	—	—	—	—	—	—	—	—	—	—	—		2040	2.41	717	1.63	175	0.96
29520	8.2	—	—	—	—	—	—	—	—	—	—	—		2140	2.47	753	1.67	183	0.98

注：R—单位管长压力损失（Pa/m），v—流速（m/s）。

2. 热水回水管网水力计算

回水管是在热水循环管系中仅通过循环流量的管段，即从各配水管网出来的部分热水回至换热器或热水贮罐之间的管网。回水管网由于流程长，管网较大，为保证循环效果，一般多采用机械循环方式。对于全日热水供应系统和定时热水供应系统应采取不同的计算方法。

3. 全日热水供应系统机械循环管网计算

（1）确定回水管管径　回水管管径应按循环流量经计算确定，初步设计时，高层建筑热水供应中的回水管管径可以与其对应的热水供水管管径相同，或按表 7-16 所示确定。

表 7-16　热水回水管管径选用表　（单位：mm）

配水管管径	20~25	32	40	50	65	80	100	125	150	200
回水管管径	20	20	25	32	40	40	50	65	80	100

（2）计算配水管网各管段的热损失

$$Q_s = \pi DLK(1-\eta)\left(\frac{t_c+t_z}{2}-t_j\right) \tag{7-13}$$

式中　Q_s——计算管段的热损失(kJ/h)；

D——计算管段外径(m)；

L——计算管段长度(m)；

K——无保温时管道的传热系数；

η——保温系数，无保温时 $\eta=0$；简单保温时 $\eta=0.6$；较好的保温时 $\eta=0.7\sim0.8$；

t_j——计算管段周围空气温度(℃)，可按表 7-17 所示确定；

t_c——计算管段的起点水温(℃)；

t_z——计算管段的终点水温(℃)。t_z 可按式(7-14)、式(7-15)计算

$$\Delta t = \frac{\Delta T}{F} \tag{7-14}$$

$$t_z = t_c - \Delta t \sum f \tag{7-15}$$

式中　Δt——配水管网中的面积比温降(℃/m²)；

ΔT——配水管网起点和终点的温差，按系统大小确定。单体建筑 $\Delta T=5\sim10$℃；小区 $\Delta T=6\sim12$℃；

F——计算管路配水管网的总外表面积(m²)；

t_z、t_c 含义同式(7-13)；

$\sum f$——计算管段的散热面积(m²)，可按表 7-18 所示计算。

表 7-17 管道周围空气温度

管道敷设情况	管道周围空气温度 t_j/℃
有采暖房间内明装	18~20
有采暖房间内暗装	30
敷设在不采暖房间顶棚内	采用1月份室外平均温度
敷设在不采暖的地下室	5~10
敷设在室内地沟内	35

表 7-18 每米长普压钢管在不同绝热层厚度时的展开面积 （单位：m^2）

绝热层厚度	*DN*/mm								
/mm	20	25	32	40	50	70	80	90	100
0	0.0840	0.1052	0.1327	0.1508	0.1885	0.2372	0.2780	0.3130	0.35781
25	0.2411	0.2623	0.2898	0.3079	0.3456	0.3943	0.4351	0.4750	0.5152
30	0.2725	0.2937	0.3212	0.3393	0.3769	0.4257	0.4665	0.5064	0.5466
40	0.3354	0.3566	0.3841	0.4021	0.4398	0.4885	0.5295	0.5693	0.6095

（3）计算配水管网总的热损失 将各管段的热损失相加便得到配水管网总的热损失 Q_s。

$$Q_s = \sum_{i=1}^{n} q_s \tag{7-16}$$

式中 q_s——各管段的热损失(kJ/h)；

Q_s——配水管网总的热损失(kJ/h)。

初步设计时，Q_s 也可按设计小时耗热量来估算，单体建筑(3%~5%)Q_h；小区(4%~6%)Q_h。其上下限可视系统的大小而定：系统服务范围大，配水管线长，可取上限；反之，取下限。

（4）计算总循环流量 求解热损失 Q_s 的目的在于计算管网的循环流量。循环流量是为了补偿配水管网在用水低峰时管道向周围散失的热量。保持循环流量在管网中循环流动，不断向管网补充热量，从而保证各配水点的水温。管网的热损失只计算配水管网散失的热量。

将 Q_s 代入式(7-17)求解全日供应热水系统的总循环流量 q_x

$$q_x = \frac{Q_s}{c\rho_r \Delta T} \tag{7-17}$$

式中 q_x——全日供应热水系统的总循环流量(L/h)；

Q_s——配水管网总的热损失(kJ/h)；

c——水的比热容，c=4.187 [(kJ/(kg·℃)]；

ρ_r——热水密度(kg/L)；

ΔT——同式(7-15)，其取值根据系统的大小而定。

（5）计算循环管路各管段通过的循环流量　在确定 q_x 后，可从水加热器后第一个节点起依次进行循环流量分配，以图 7-37 为例，通过管段 I 的循环流量 $q_{\text{I}x}$即为 q_x，用以补偿整个配水管网的热损失；流入节点 1 的流量 $q_{\text{I}x}$用以补偿 1 点之后各管段的热损失，即 $q_{AS}+q_{BS}+q_{CS}+q_{\text{II}S}+q_{\text{III}S}$，$q_{\text{I}x}$又分流入 A 管段和 II 管段，其循环流量分别为 $q_{Ax}+q_{\text{II}x}$。根据节点流量守恒原理：$q_{\text{I}x}=q_{1x}$，$q_{\text{II}x}=q_{\text{I}x}-q_{Ax}$。$q_{\text{II}x}$补偿管段 II、III、$B$、$C$ 热损失，即 $q_{\text{II}S}+q_{\text{III}S}+q_{BS}+q_{CS}$，$q_{Ax}$补偿管段 A 的热损失 q_{AS}。

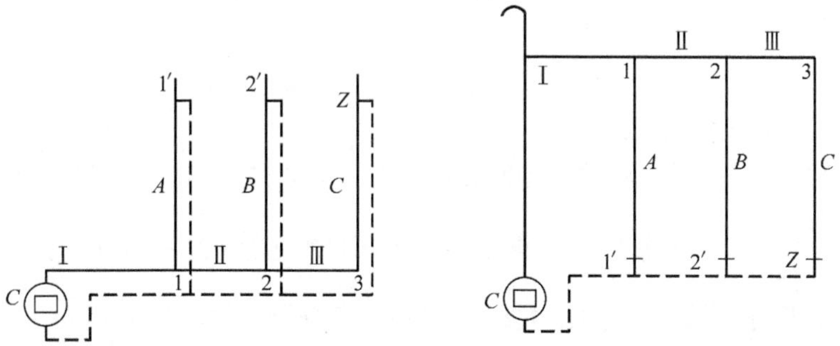

图 7-37　计算用图

按照循环流量与热损失成正比及热平衡关系，$q_{\text{II}x}$可按式(7-18)确定

$$q_{\text{II}x}=q_{\text{I}x}\frac{q_{BS}+q_{CS}+q_{\text{II}S}+q_{\text{III}S}}{q_{AS}+q_{BS}+q_{CS}+q_{\text{II}S}+q_{\text{III}S}} \tag{7-18}$$

流入节点 2 的流量 q_{2x}用以补偿 2 点之后各管段的热损失，即 $q_{\text{III}S}+q_{BS}+q_{CS}$，$q_{2x}$又分流入 B 管段和 III 管段，其循环流量分别为 $q_{\text{III}x}$和 q_{Bx}。根据节点流量守恒原理：$q_{2x}=q_{\text{II}x}$，$q_{\text{III}x}=q_{\text{II}x}-q_{Bx}$。$q_{\text{III}x}$补偿管段 III 和 C 的热损失，即 $q_{\text{III}S}+q_{CS}$，q_{Bx}补偿管段 B 的热损失 q_{BS}。同理可得

$$q_{\text{III}x}=q_{\text{II}x}\frac{q_{CS}+q_{\text{III}S}}{q_{BS}+q_{CS}+q_{\text{III}S}} \tag{7-19}$$

流入节点 3 的流量 q_{3x}用以补偿 3 点之后管段 C 的热损失 q_{CS}。根据节点流量守恒原理：$q_{3x}=q_{\text{III}x}$，$q_{\text{III}x}=q_{Cx}$。管段 III 的循环流量即为管段 C 的循环流量。

将式(7-18)和式(7-19)简化为通用计算式，即为

$$q_{(n+1)x}=q_{nx}\frac{\sum q_{(n+1)_S}}{\sum q_{n_S}} \tag{7-20}$$

式中　q_{nx}、$q_{(n+1)x}$——n、$n+1$ 段所通过的循环流量(L/h)；

$\sum q_{(n+1)_S}$——$n+1$ 段本段及其后各管段的热损失之和(kJ/h)；

$\sum q_{nS}$——n 段本段及其后各管段热损失之和(kJ/h)。

n 和 $n+1$ 管段如图 7-38 所示。

(6) 复核各管段的终点水温

$$t'_z = t_c - \frac{q_s}{cq'_x\rho_r} \qquad (7\text{-}21)$$

式中　t'_z——各管段终点水温(℃);

t_c——各管段起点水温(℃);

q_s——各管段的热损失(kJ/h);

q'_x——各管段的循环流量(L/h);

c——水的比热容，c = 4.187kJ/(kg·℃);

ρ_r——热水密度(kg/L)。

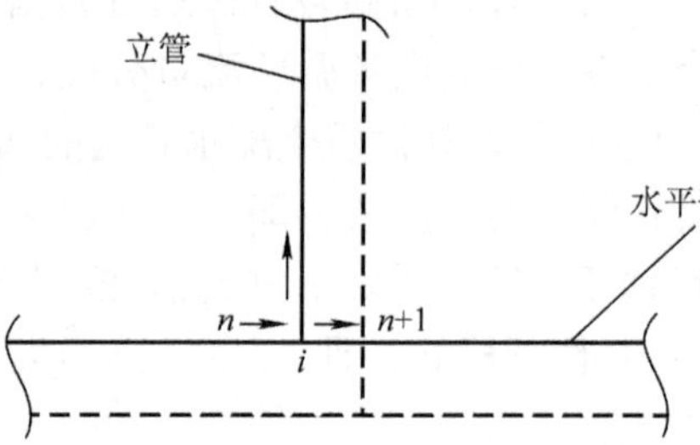

图 7-38　计算用图

计算结果如与原来确定的温度相差较大，应以式(7-15)和式(7-21)的计算结果，$t''_z = \frac{t_z + t'_z}{2}$作为各管段的终点水温，重新进行上述(2)~(6)的运算。

(7) 计算循环管网的总压力损失(以最不利环路的循环压力损失)

$$\sum p = p_p + p_x + p_j \qquad (7\text{-}22)$$

式中　$\sum p$——循环管网的总压力损失(kPa);

p_p——循环流量通过配水计算管路的沿程和局部压力损失(kPa);

p_x——循环流量通过回水计算管路的沿程和局部压力损失(kPa);

p_j——循环流量通过水加热器的压力损失(kPa)。

容积式水加热器和加热水箱，因容器内被加热水的流速一般均缓慢($v \leq$ 0.1m/s)，其流程短，故压力损失很小，在热水系统中可忽略不计。

对于快速式水加热器，被加热水在其中流速较大，流程也长，压力损失应以沿程和局部水头损失之和计算，即

$$\Delta p = 10 \times \left(\lambda \frac{L}{d_j} + \sum \xi\right) \frac{v^2}{2g} \qquad (7\text{-}23)$$

式中　Δp——快速式水加热器中热水的压力损失(kPa);

λ——管道沿程阻力系数;

L——被加热水的流程长度(m);

d_j——传热管计算管径(m);

ξ——局部阻力系数;

v——被加热水的流速(m/s);

g——重力加速度(m/s^2)，一般取 9.8m/s^2。

计算循环管网配水管及回水管的局部压力损失可按沿程压力损失的 20%~

30%估算。

（8）选择循环水泵　热水循环水泵应选用热水泵，水泵壳体承受的工作压力不得小于其所承受的静水压力加水泵扬程。循环水泵宜储备备用泵，交替运行。由泵前回水管的温度控制起动或关停。

热水循环水泵通常安装在回水干管的末端，水泵的出水量应为

$$Q_b \geqslant q_x \tag{7-24}$$

式中　Q_b——循环水泵的出水量(L/h)；

q_x——全日供应热水系统的总循环流量(L/h)。

循环水泵的扬程相应的压力

$$p_b \geqslant p_p + p_x + p_j \tag{7-25}$$

式中　p_b——循环水泵的扬程相应的压力(kPa)；

p_p、p_x、p_j 含义同式(7-22)。

4. 定时热水供应系统机械循环管网计算

一般定时循环热水供应系统的循环泵大都在供应热水前半小时开始运转，直到把水加热至规定温度，循环泵即停止工作，因定时供应热水的情况下，用水较集中，故在供应热水时，不考虑热水循环，循环泵的选择是按1h内循环管网中的水循环次数而定的，一般为2~4次，其上、下限的选择可依系统的大小和水泵产品情况等确定。循环水泵的扬程与全日热水供应系统的计算相同。

思考题与习题

1. 高层建筑热水供应系统的分区应遵循什么原则？
2. 高层建筑热水供应系统的供水方式有哪几种？
3. 画出分散设置水加热器、分区设置热水管网的供水方式的图示，并说明其优缺点。
4. 什么是直接加热方式、间接加热方式？各自适用条件是什么？
5. 热水供应系统的加热设备有哪些？各有什么特点？
6. 在集中热水供应系统中，设置膨胀管、膨胀水罐、安全阀的作用是什么？说明其各自的适用条件。
7. 画图说明同程式和异程式热水供应系统各有什么优缺点？
8. 什么是循环流量？它有什么作用？

第 8 章

高层建筑给水排水设计实例

8.1 设计任务及设计资料

8.1.1 设计任务

根据有关部门批准的设计任务书，拟在东北某市建一幢 11 层的综合宾馆，总建筑面积为 3620m^2，建筑高度 40.4m，总建筑体积为 13320m^3。地下一层为泵房及蓄水池、1 层为前台接待、快餐厅和商场；2 层为餐厅和包间；3 层为 KTV 包房；4~8 层为客房；9 层为客房和会议室；10~11 层为办公室和会议室，12 层为屋顶水箱间及电梯间，如图 8-1 所示为宾馆建筑剖面示意图。要求给水排水工程设计人员完成建筑生活给水系统(包括冷水和热水系统)、建筑消防系统(包括消火栓给水系统、自动喷水灭火系统)、建筑排水系统、雨水系统的设计。

8.1.2 设计的基础资料

（1）给水水源　该建筑楼东面有一条 *DN*400 的市政给水干管，接管点比该处室外地坪面低 1.5m，常年资用压力为 0.20MPa；楼南面有一条 *DN*300 的市政给水干管，常年资用压力为 0.18MPa，城市给水管网不允许直接抽水。该建筑以室外的两条市政给水管道作为水源。室外消火栓可以满足室外消防水量的供给。

（2）排水条件　该地区有污水处理厂，城市排水体制为分流制，无中水回用规划。室内污水排入市政下水道后进入污水处理厂处理，

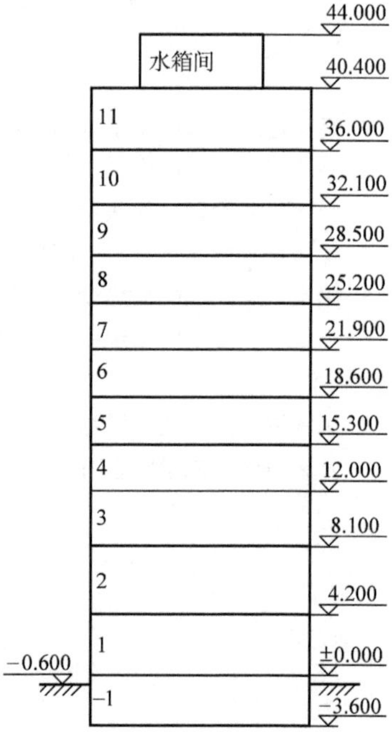

图 8-1　宾馆建筑剖面示意图

屋面雨水排入城市雨水管道。该建筑北侧有一条 *DN*1000 的市政排水管，检查井底比地面低 3.0m，管材为钢筋混凝土管。该建筑室内外标高差为 0.6m。该城市的冰冻深度为 1.4m。

（3）热源条件 该综合宾馆的热源由设在地下室的导流型容积式水加热器通过蒸汽换热获取热量，将冷水加热供给 4~9 层的热水管网使用。

（4）建筑设计资料 建筑物各层平面图、立面图、剖面图以及卫生间大样。客房共有床位 160 张，每套客房均带有卫生间。公共服务用房有快餐厅、KTV、商场、会议室、普通办公室等。

根据建筑物性质、用途及建设单位要求，室内设有完善的给水排水卫生设备及集中热水供应系统，要求全日制供给热水，该大楼要求消防给水安全可靠，需设置独立的消火栓给水系统及自动喷水灭火系统，生活水泵要求自动起动。

8.2 设计说明

8.2.1 室内给水工程

由于室外给水管网提供的压力无法满足该建筑物的需求，市政给水部门又不允许直接从市政管网抽水，故在该建筑地下室设贮水池，外网水首先进入贮水池，然后由变频泵加压供给建筑物的使用需求。由于该建筑物总高度为 40.4m，经计算可以满足最底层卫生器具配水点的静水压力不大于 0.45MPa 的要求，所以给水系统不必分区。

该建筑物最高日用水量为 53.4m^3/d，最大小时用水量为 5.42m^3/h（见表 8-1 用水量计算表）。

生活泵的型号为 80D-12 两套，一用一备（Q=31.36m^3/h、H=49.3m）。

生活给水管采用给水塑料管。

8.2.2 室内热水工程

该建筑热水只供给 4~9 层的客房部分使用，热水系统采用全日制机械立管循环同程式的热水供应系统，管路图示为上行下给，热水系统如图 8-3 所示。供水流程为：

变频调速供水设备→水处理仪→冷水膨胀罐→导流型容积式加热器→热水管网→热水回水→热水循环泵→导流型容积式加热器。

原水水质需进行除垢处理，热水机组的热水出水水温采用 70℃，配水点的最低水温为 60℃，冷水计算水温为 8℃。

热水管材采用薄壁铜管，暗装，环压连接。立管无保温层，干管保温，厚度均采用25mm厚。

选用两台热水循环水泵，型号为BG25-8($Q=2.5m^3/s, H=8m$)，一用一备。

8.2.3 消火栓给水系统

根据GB 50016—2014《建筑设计防火规范》，该宾馆属于二类公共建筑。GB 50974—2014《消防给水及消火栓系统技术规范》规定二类公共建筑室内消火栓系统的设计流量为20L/s。由于总建筑体积小于20000m^3，大于5000m^3，查GB 50974—2014《消防给水及消火栓系统技术规范》得室外消防用水量为25L/s。

该建筑物消防水箱最高水位为65.8m，最低的消火栓(即地下一层的消火栓)栓口的标高为-2.5m，所以地下一层消火栓栓口的静水压力为[65.8-(-2.5)]m=68.3m，根据GB 50016—2014《建筑设计防火规范》规定，室内消火栓系统消火栓栓口的静水压力不应大于1.20MPa，当大于1.20MPa时，应采取分区给水系统，该建筑物消火栓系统消火栓栓口的静水压力均小于1.20MPa，所以不分区。

消防防水枪充实水柱按不小于10m计算。该建筑屋顶水箱直接设在11层楼板顶上，10~11层水枪的充实水柱均小于10m，其中11层消火栓的静水压力仅为[0.404-(0.36+0.011)]MPa=0.033MPa，显然无法满足10m充实水柱的要求，需采用有稳压泵的临时高压消防给水系统：由贮水池、稳压泵、气压罐、屋顶水箱和管道系统组成。

由高位水箱保证消防水压和储存火灾初期的水量，发生火灾时由消火栓按钮及时向消防中心报警，起动消防主泵供水灭火。

室内消防给水管道布置成环状，保证供水干管和消防竖管都能做到双向供水。消火栓系统的管材采用焊接钢管，焊接连接。

室内消火栓都采用单出口室内消火栓SN65，水龙带采用长度为25m的衬胶水龙带，水枪口径19mm，选择消火栓水枪充实水柱长度为11.45m，且消火栓间距应保证两支水枪同时到达任一着火点。

根据消火栓系统流量为20L/s。每个水泵接合器的流量为10~15L/s，又由于该设计在东北，冬季寒冷，所以选用两个SQX100型地下式水泵接合器。

选用消防泵型号XBD(HL)9/10，两套，一用一备($Q=76.9m^3/h$、$H=70m$)；稳压泵型号为Ⅰ×165-50-125B，两套，一用一备($Q=18m^3/h$、$H=15.34m$)。

8.2.4 自动喷水灭火系统

屋顶水箱的最低水位的标高为40.4m，最不利喷头处的标高为38.5m，其设置高度为(40.4−38.5)m=1.9m，显然无法满足最不利喷头处最小 0.05MPa 的水压需要，设计灭火系统采取的供水方式是贮水池、喷淋泵、隔膜式气压罐加稳压泵的临时高压供水系统，以满足自动喷洒系统的需求。自动喷洒气压罐的消防储水容积为 150L。

自动喷水灭火系统为一个独立系统，在一层距地面 1.2m 处设一个湿式报警阀。

建筑物属中危险级 I 级，喷水强度为 6L/(min · m^2)，系统作用面积均为 160m^2，喷头的工作压力为 0.10MPa，喷头布置采用长方形。办公室等部分采用下垂型玻璃球喷头，客房采用下垂型和大流量边墙型玻璃球喷头。

管材采用内外热镀锌钢管，且水泵的吸水管上装设滤网，小于 *DN*70 的管道采用螺纹连接，其余采用沟槽式连接。

每楼层均需安装水流指示器。每个报警阀组控制的最不利喷头处均应设置末端试水装置，其余防火分区、楼层的最不利喷头处，均应安装直径为 25mm 的末端试水阀，试水排水排入专设的试水排水管。

防超压措施：火灾初期，有可能出现只有少量消火栓或喷头投入灭火，在水泵出水管和水池之间设置带有泄压阀的回流管。

选用喷淋泵型号为 XBD(HL)10/20(Q_b=22.6L/s，H_b=1000kPa)两台，一用一备；选用增压泵 25MS×2−0.75 多级立式泵(Q_b=1L/s，H_b=14.7kPa)两台，一用一备。气压罐的消防储水容积为 150L。

消防贮水池容积计算：自动喷洒储水容积按 1h 计算，消火栓储水容积按 2h 计算，在地下室设置钢筋混凝土水池两座，消防水与生活饮用水分别储存。

8.2.5　排水工程

由于不采用中水回用系统，室内排水采用污废合流制。通气系统采用单立管的伸顶通气管。

排水管采用优质 PVC 管，排水管道的坡度除棚顶水平横干管外均采用通用坡度。排水立管采用防噪声排水塑料管，立管与横支管连接配件采用 45°斜三通。排水立管每层设一个伸缩节，穿楼板处设阻火圈，立管在顶层楼板下 0.3m 处改成铸铁管且放大一号伸出屋顶，伸顶通气管的高度为 0.7m。

该建筑污废水首先进入化粪池，然后排入市政污水管道。餐厅废水经隔油池处理后，排入城市污水管道。

该建筑地下室需要抽升废水，设计一个集水池，尺寸(单位为 mm)为800×800×800，采用潜水排污泵排水，泵型号为：40WQ20−7−1.1(Q=20m^3/h，H=7m)。消防电梯井底排水井容量为 3m^3，排水泵型号为 65WQ37−13−3(Q=

$37m^3/h, H=13m$）。

8.2.6　雨水排水工程

屋面雨水排水采用内排水的方式，排水管采用UPVC排水管，雨水斗采用87式，单斗布置。立管管径为110mm，埋地横管管径为160mm。从地下室排至室外，接入市政雨水管道。

8.3　设计计算

8.3.1　室内给水系统

（1）用水量计算　根据原始资料，建筑物性质和卫生设备完善程度依据GB 50015—2003《建筑给水排水设计规范》(2009年版)编制表8-1。

蓄水池位于地下室。储水池生活用水容积根据《建筑给水排水设计规范》按最高日用水量的25%确定，即

$$V=Q_d\times25\%=53.4m^3\times25\%=13.35m^3$$

表8-1　用水量计算表

序号	用水类别	用水定额 q_0	用水单位 /m	用水时间 T/h	小时变化系数 K_h	最高日用水量 $Q_d/(m^3/d)$	最大时用水量 $Q_h/(m^3/h)$
1	商场(1F)	6L/(m^2·d)	392m^2	12	1.2	2.35	0.24
2	快餐厅(1F~2F)	25L/(每人·每次)	300人	12	1.2	7.50	0.75
3	KTV(3F)	15L/(每人·每次)	190人	15	1.3	2.85	0.247
4	宾馆(4F~9F)	350L/(每床·每日)	160床	24	2.4	56.00	5.60
5	普通办公(9F~11F)	40L/(每人·每班)	55人	8	1.2	2.2	0.33
6	合　计					70.9	7.17

（2）给水管网的水力计算　图8-2所示为冷水系统计算草图，最不利计算管路的水力计算见表8-4、表8-5，非计算管路的水力计算部分从略。

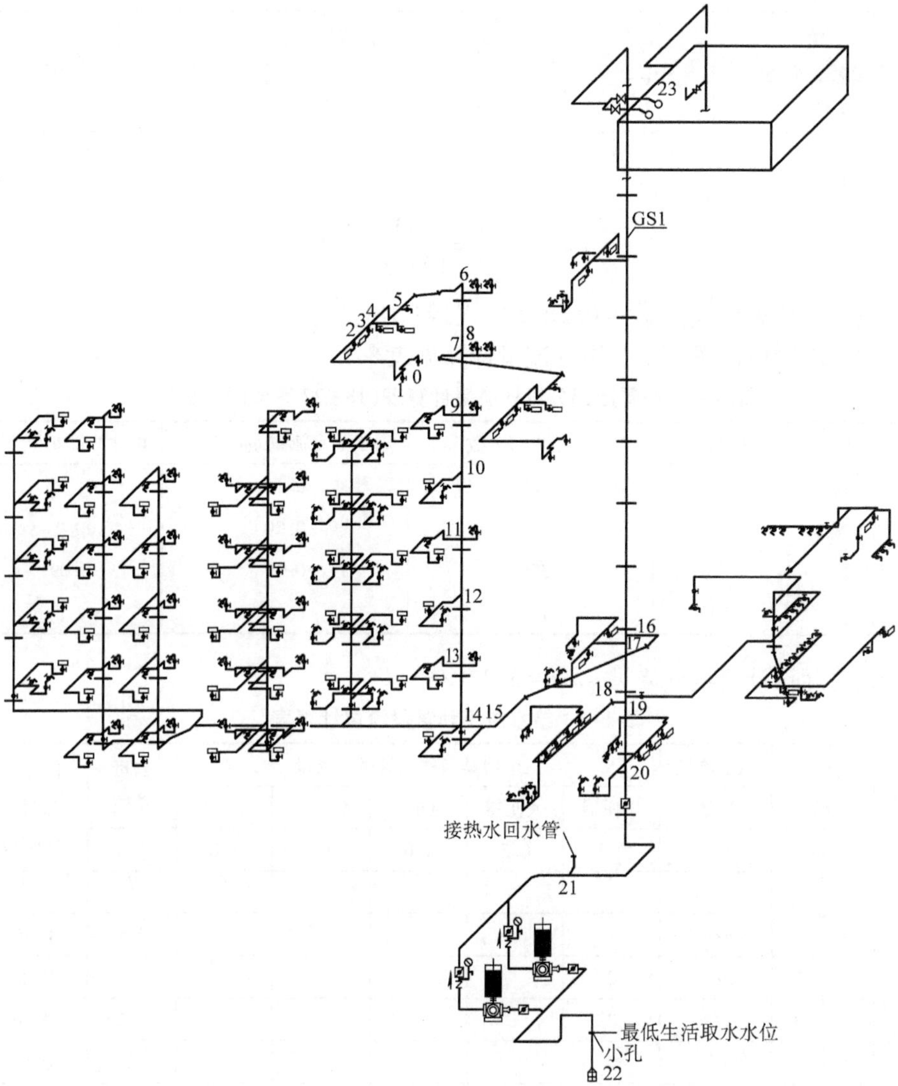

图 8-2　冷水系统计算草图

根据规范，宾馆、办公楼、商场、KTV 部分采用式 $q_{1g}=0.2\alpha\sqrt{N_g}$ 计算，快餐厅采用式 $q_g=\sum q_0 n_0 b$ 计算。由于该建筑各部分功能的最大流量可能在同一时间内出现，故取设计流量之和作为总设计流量。

宾馆、办公楼、商场、KTV α 值、N 值计算见表 8-2。

表8-2　宾馆、办公楼、商场、KTV α 值、N 值计算表

功能	α 值	N_{gi}	$\alpha_i N_{gi}$	$\sum \alpha_i N_{gi}$	$\sum N_{gi}$
宾馆	2.5	83	207.5	260	109.5
办公楼、商场	1.5	18	27		
KTV	3.0	8.5	25.5		

总的 α 值

$$\alpha=\frac{\sum \alpha_i N_{gi}}{\sum N_{gi}}=\frac{260}{109.5}=2.4$$

故水力计算公式为 $q_{1g}=0.2\times2.4\sqrt{N_g}=0.48\sqrt{N_g}$。

18~22管段快餐厅部分设计流量计算见表8-3。

表8-3　快餐厅部分设计流量计算表(18~22管段间流量)

卫生器具	个数 n_0/个	同时给水百分数 b	给水额定流量 q_0/(L/s)	设计流量 q_g(L/s)
洗脸盆	3	50%	0.15	0.225
拖布盆	2	50%	0.20	0.2
大便器	3	30%	0.10	0.09
洗涤盆	20	70%	0.20	2.8

快餐厅设计流量 $q_g=\sum q_0 n_0 b=3.32\text{L/s}$。

表8-4　给水最不利管段流量计算表

顺序编号	管段编号		卫生器具	卫生器具名称、数量、当量					当量总数	设计秒流量 q/(L/s)
			当量	小便器	大便器	拖布盆	洗脸盆	浴盆		
	自	至	n/N	0.5	0.5	1.0	0.5	1.0	$\sum N$	
1	2		3	4	5	6	7	8	9	10
1	0	1	n/N	1					0.5	0.10
2	1	2	n/N	2					1	0.20
3	2	3	n/N	2	1				1.5	0.30
4	3	4	n/N	2	2				2	0.40
5	4	5	n/N	2	4				3	0.60
6	5	6	n/N	2	4	1			4	0.80
7	6	7	n/N	2	4	1	2		5	1.00
8	7	8	n/N	4	8	2	2		9	1.44
9	8	9	n/N	4	8	2	4		10	1.52
10	9	10	n/N	4	9	2	5	1	12	1.66

（续）

顺序编号	管段编号		卫生器具当量	卫生器具名称、数量、当量					当量总数	设计秒流量 q /(L/s)
				小便器	大便器	拖布盆	洗脸盆	浴盆		
	自	至	n/N	0.5	0.5	1.0	0.5	1.0	∑N	
11	10	11	n/N	4	10	2	6	1	13	1.73
12	11	12	n/N	4	11	2	7	2	15	1.86
13	12	13	n/N	4	12	2	8	2	16	1.92
14	13	14	n/N	4	13	2	9	3	18	2.04
15	14	15	n/N	4	14	2	10	3	19	2.09
16	15	16	n/N	4	51	2	47	40	93	4.63
17	16	17	n/N	6	53	3	48	40	96.5	4.72
18	17	18	n/N	7	55	4	50	40	100	4.80
19	18	19	n/N	7	55	4	50	40	100	8.12
20	19	20	n/N	9	59	5	52	40	105	8.24
21	20	21	n/N	11	62	6	54	40	109.5	8.34
22	21	22	n/N	11	62	6	54	40	126.1	8.71

注：18~19 管段加入了快餐厅 18~23 管段间流量 3.32L/s。21~22 管段为冷、热水混合水量，有热水供应的洗脸盆有 43 套，浴盆 40 套。

表 8-5　给水最不利管段水力计算表

前编号	后编号	当量 N	流量 /(L/s)	管径 DN/mm	流速 /(m/s)	坡度 /(MPa/m)	管长 /m	α 值	压力损失 /MPa	前压 /MPa	后压 /MPa
0	1	0.50	0.10	15	0.50	0.00025	2.00	2.4	0.0005	0.0500	0.0505
1	2	1.00	0.20	15	0.99	0.00090	6.00	2.4	0.0054	0.0505	0.0559
2	3	1.50	0.30	20	0.79	0.00040	1.10	2.4	0.0004	0.0559	0.0563
3	4	2.00	0.40	25	0.61	0.00018	1.10	2.4	0.0002	0.0563	0.0565
4	5	3.00	0.60	25	0.91	0.00038	3.10	2.4	0.0012	0.0565	0.0577
5	6	4.00	0.80	32	0.79	0.00023	3.10	2.4	0.0007	0.0577	0.0584
6	7	5.00	1.00	32	0.98	0.00034	3.90	2.4	0.0013	0.0584	0.0597
7	8	9.00	1.44	40	0.87	0.00020	0.70	2.4	0.0001	0.0597	0.0599
8	9	10.00	1.52	40	0.91	0.00022	3.60	2.4	0.0008	0.0599	0.0607
9	10	12.00	1.66	40	1.00	0.00026	3.30	2.4	0.0009	0.0607	0.0615
10	11	13.00	1.73	40	1.04	0.00028	3.30	2.4	0.0009	0.0615	0.0625
11	12	15.00	1.86	40	1.12	0.00032	3.30	2.4	0.0011	0.0625	0.0636

（续）

前编号	后编号	当量 N	流量 /(L/s)	管径 DN/mm	流速 /(m/s)	坡度 /(MPa/m)	管长 /m	α 值	压力损失 /MPa	前压 /MPa	后压 /MPa
12	13	16.00	1.92	40	1.16	0.00034	3.30	2.4	0.0011	0.0636	0.0647
13	14	18.00	2.04	50	0.77	0.00012	3.30	2.4	0.0004	0.0647	0.0651
14	15	19.00	2.09	50	0.79	0.00013	6.70	2.4	0.0009	0.0651	0.0660
15	16	93.00	4.63	70	1.20	0.00023	0.30	2.4	0.0001	0.0660	0.0660
16	17	96.50	4.72	70	1.23	0.00024	2.50	2.4	0.0006	0.0660	0.0666
17	18	100.00	4.80	70	1.25	0.00024	4.20	2.4	0.0010	0.0666	0.0677
18	19	286.17	8.12	80	1.47	0.00026	0.30	2.4	0.0001	0.0677	0.0677
19	20	294.69	8.24	80	1.49	0.00027	5.50	2.4	0.0015	0.0677	0.0692
20	21	301.89	8.34	80	1.50	0.00028	12.6	2.4	0.0088	0.0692	0.0780
21	22	318.49	8.71	100	1.05	0.00010	18.9	2.4	0.0019	0.0780	0.0799

注：控制流速 DN15～DN20≤1.0m/s；DN25～DN40≤1.2m/s；DN50～DN70≤1.5m/s；DN80～DN100≤1.8m/s；管段 18～19、19～20、20～21、21～22 中的当量为换算值，即将快餐厅 18～22 管段间流量 3.32L/s 换算为当量，后加入表格计算流量。管道沿程压力损失为 0.299MPa。向屋顶消防水箱供水的管道，采用管径为 DN50。

蓄水池最低水位与最不利配水点的高程差 $p_1=(37+1.5)\mathrm{mH_2O}=385\mathrm{kPa}$；

计算管路的压力损失 $p_2=1.3\times29.9\mathrm{kPa}=38.87\mathrm{kPa}$（取局部压力损失为沿程压力损失的 30%）；

水表的压力损失为 $p_3=0\mathrm{kPa}$，水表设在蓄水池引入管上；

最不利配水点的流出水头 $p_4=50\mathrm{kPa}$。

给水系统需要的水压 $p=p_1+p_2+p_3+p_4=473.87\mathrm{kPa}$。

（3）向屋顶消防水箱供水管道压力的验算　当向屋顶水箱供水时建筑物中没有用水设备在使用。

如表 8-6 所示，选用向屋顶消防水箱供水管道管径为 DN50，取进水流速为 1.33m/s，则进水流量为 3.5L/s，压降为 0.322kPa/m。设此时所有用水设备均未工作。

表 8-6　向屋顶消防水箱供水时段水力计算表

管段	管长/m	秒流量/(L/s)	管径/mm	流速/(m/s)	坡度/(kPa/m)	压力损失/kPa
22～21	18.9	3.5	DN100	0.42	0.02	0.278
21～18	12.6	3.5	DN80	0.63	0.055	0.693
18～16	6.7	3.5	DN70	0.91	0.131	0.878
16～23	32.3	3.5	DN50	1.33	0.322	10.400
沿程压力损失总和						12.249

蓄水池最低水位与屋顶水箱上浮球阀间的高程差相应的压力 $p_1=448\text{kPa}$；

计算管路的压力损失 $p_2=1.3\times12.249\text{kPa}=16\text{kPa}$（取局部压力损失为沿程压力损失的 30%）；

浮球阀的流出水头 $p_4=50\text{kPa}$；

生活水泵向屋顶消防水箱供水时需要的水压值 $p=p_1+p_2+p_4=514\text{kPa}$。

（4）生活泵的选择　生活泵的选择应满足以下两种工况：

$Q_b=8.71\text{L/s}=31.36\text{m}^3/\text{h}$，$p_b=473.87\text{kPa}$；

$Q_b=3.5\text{L/s}=12.6\text{m}^3/\text{h}$，$p_b=514\text{kPa}$；

生活泵选泵结果：型号为 80D－12，两套，一用一备（$Q=31.36\text{m}^3/\text{h}$、$H_b=49.3\text{m}$）。

8.3.2　室内热水系统

容积式水加热器的热水出水水温采用 70℃（密度为 0.983kg/L），配水点的最低水温为 60℃（由于采用立管循环方式，本设计取“最低水温点”为最不利支管与立管的连接处），冷水计算水温为 8℃。热水系统供应卫生器具情况如下：每间客房供应洗脸盆（$N=0.50$）、浴盆（$N=1.00$）各一套，四、六、八层的服务员室仅洗脸盆一套。

（1）设计小时耗热量计算　客房的热水用水定额为 140L/（床 · d），床位数为 160 床，客房的工作人员数为 18 人，每日使用时间为 24h。员工用热水量相对较少，忽略不计。

$$K_h=3.33-\left(\frac{160-150}{1200-150}\right)\times\left(\frac{140-120}{160-120}\right)\times(3.33-2.60)=3.33$$

$$Q_h=\frac{3.33\times140\times160\times(60-8)\times0.983\times4.187}{24}\text{kJ/h}=6.65\times10^5\text{kJ/h}$$

（2）设计小时热水量

$$q_{rh}=\frac{6.65\times10^5}{4.187\times(60-8)\times0.983}\text{L/h}=3108\text{L/h}$$

（3）换热设备的选用　本设计选用导流型容积式加热器，查 GB 50015—2003《建筑给水排水设计规范》（2009 年版）中的表 5.4.10，由于热媒为蒸汽，得水加热器的贮热量大于等于 $30\text{min}Q_h$，得

$$V=\frac{30\times6.65\times10^5}{1000\times60\times4.187\times(60-8)}\text{m}^3=1.53\text{m}^3$$

该计算容积应附加 10%～20%。

$$V=1.15\times1.53\text{m}^3=1.76\text{m}^3$$

(4)热水配水管网计算

1) 热水配水管网水力计算。设计秒流量公式(取 α=2.5)

$$q_g = 0.2\times2.5\sqrt{N_g} = 0.5\sqrt{N_g}$$

热水管道的控制流速见表 8-7。

表 8-7 热水管道的控制流速

公称直径/mm	15~20	25~40	≥50
流速/(m/s)	≤0.8	≤1.0	≤1.2

末端压力为 0.050MPa，以最不利管线为例，进行热水系统水力计算，如图 8-3 所示为热水系统水力计算草图。计算结果见表 8-8。

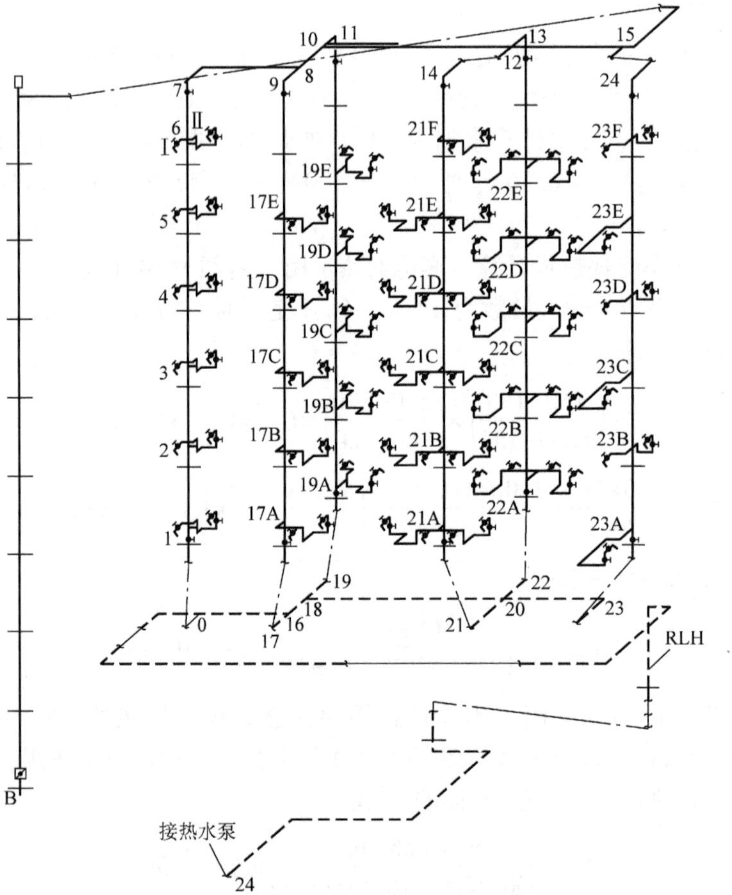

图 8-3 热水系统水力计算草图

表 8-8　热水配水管网水力计算

前编号	后编号	当量 N	流量 /(L/s)	管径 DN/mm	流速 /(m/s)	坡度 /(MPa/m)	管长 /m	α 值	压力损失 /MPa	前压 /MPa	后压 /MPa
1	2	1.50	0.30	25	0.56	0.00020	3.30	2.5	0.0007	0.0500	0.0507
2	3	3.00	0.60	32	0.72	0.00025	3.30	2.5	0.0008	0.0507	0.0515
3	4	4.50	0.90	40	0.72	0.00019	3.30	2.5	0.0006	0.0515	0.0521
4	5	6.00	1.20	40	0.95	0.00033	3.30	2.5	0.0011	0.0521	0.0532
5	6	7.50	1.37	50	0.67	0.00013	3.30	2.5	0.0004	0.0532	0.0536
6	7	9.00	1.50	50	0.73	0.00015	1.90	2.5	0.0003	0.0536	0.0539
7	8	9.00	1.50	50	0.73	0.00015	4.70	2.5	0.0007	0.0539	0.0546
8	10	16.50	2.03	50	0.99	0.00027	1.30	2.5	0.0003	0.0546	0.0549
10	12	24.00	2.45	50	1.20	0.00038	7.30	2.5	0.0027	0.0549	0.0577
12	15	55.50	3.72	65	1.12	0.00025	4.40	2.5	0.0011	0.0577	0.0588
15	B	61.50	3.92	65	1.18	0.00027	39.20	2.5	0.0108	0.0588	0.0696
17A	17B	1.50	0.30	25	0.56	0.00020	3.30	2.5	0.0007	0.0500	0.0507
17B	17C	3.00	0.60	32	0.72	0.00025	3.30	2.5	0.0008	0.0507	0.0515
17C	17D	4.50	0.90	40	0.72	0.00019	3.30	2.5	0.0006	0.0515	0.0521
17D	17E	6.00	1.20	40	0.95	0.00033	3.30	2.5	0.0011	0.0521	0.0532
17E	9	7.50	1.37	50	0.67	0.00013	5.20	2.5	0.0007	0.0532	0.0538
9	8	7.50	1.37	50	0.67	0.00013	0.80	2.5	0.0001	0.0538	0.0539
19A	19B	1.50	0.30	25	0.56	0.00020	3.30	2.5	0.0007	0.0500	0.0507
19B	19C	3.00	0.60	32	0.72	0.00025	3.30	2.5	0.0008	0.0507	0.0515
19C	19D	4.50	0.90	40	0.72	0.00019	3.30	2.5	0.0006	0.0515	0.0521
19D	19E	6.00	1.20	40	0.95	0.00033	3.30	2.5	0.0011	0.0521	0.0532
19E	11	7.50	1.37	50	0.67	0.00013	5.20	2.5	0.0007	0.0532	0.0538
11	10	7.50	1.37	50	0.67	0.00013	0.70	2.5	0.0001	0.0538	0.0539
21A	21B	3.00	0.60	32	0.72	0.00025	3.30	2.5	0.0008	0.0500	0.0508
21B	21C	6.00	1.20	40	0.95	0.00033	3.30	2.5	0.0011	0.0508	0.0519
21C	21D	9.00	1.50	50	0.73	0.00015	3.30	2.5	0.0005	0.0519	0.0524
21D	21E	12.00	1.73	50	0.85	0.00020	3.30	2.5	0.0007	0.0524	0.0530
21E	21F	15.00	1.94	50	0.95	0.00024	3.30	2.5	0.0008	0.0530	0.0538

（续）

前编号	后编号	当量 N	流量 /(L/s)	管径 DN/mm	流速 /(m/s)	坡度 /(MPa/m)	管长 /m	α 值	压力损失 /MPa	前压 /MPa	后压 /MPa
21F	14	16.50	2.03	50	0.99	0.00027	1.90	2.5	0.0005	0.0538	0.0543
14	12	16.50	2.03	50	0.99	0.00027	2.00	2.5	0.0005	0.0543	0.0549
22A	22B	3.00	0.60	32	0.72	0.00025	3.30	2.5	0.0008	0.0500	0.0508
22B	22C	6.00	1.20	40	0.95	0.00033	3.30	2.5	0.0011	0.0508	0.0519
22C	22D	9.00	1.50	50	0.73	0.00015	3.30	2.5	0.0005	0.0519	0.0524
22D	22E	12.00	1.73	50	0.85	0.00020	3.30	2.5	0.0007	0.0524	0.0530
22E	13	15.00	1.94	50	0.95	0.00024	5.20	2.5	0.0013	0.0530	0.0543
13	12	15.00	1.94	50	0.95	0.00024	0.80	2.5	0.0002	0.0543	0.0545
23A	23B	0.50	0.10	20	0.31	0.00009	3.30	2.5	0.0003	0.0500	0.0503
23B	23C	2.00	0.40	25	0.74	0.00034	3.30	2.5	0.0011	0.0503	0.0514
23C	23D	2.50	0.50	25	0.93	0.00051	3.30	2.5	0.0017	0.0514	0.0531
23D	23E	4.00	0.80	32	0.96	0.00042	3.30	2.5	0.0014	0.0531	0.0545
23E	23F	4.50	0.90	40	0.72	0.00019	3.30	2.5	0.0006	0.0545	0.0551
23F	24	6.00	1.20	40	0.95	0.00033	1.90	2.5	0.0006	0.0551	0.0557
24	15	6.00	1.20	40	0.95	0.00033	2.10	2.5	0.0007	0.0557	0.0564

B—15—24—23F—23E—23D—23C—23B—23A 管路所产生的总压力损失为 1.3×0.0172MPa = 0.02236MPa = 22.36kPa（取局部压力损失为沿程压力损失的 30%）。

热水配水最不利支管路的计算结果见表 8-9。

表 8-9　热水配水最不利支管路计算

前编号	后编号	当量 N	流量 /(L/s)	管径 DN/mm	流速 /(m/s)	坡度 /(MPa/m)	管长 /m	α 值	压力损失 /MPa	前压 /MPa	后压 /MPa
Ⅰ	Ⅱ	0.50	0.10	15	0.69	0.00063	1.70	2.5	0.0011	0.0500	0.0511
Ⅱ	1	1.50	0.30	25	0.56	0.00020	0.30	2.5	0.0001	0.0511	0.0511

注：1. 本表采用水之窗辅助计算软件 1.20 版计算。

2. 热水配水最不利计算管路为 Ⅰ—Ⅱ—6—7—8—10—12—15—B，相应的沿程压力损失为 (0.0159+0.0012)MPa=0.0171MPa=17.1kPa

2）热水配水系统压力计算。水力计算表中的沿程压力损失值按冷水计算，所以表 8-8 中的压力损失应乘以 0.76，压力损失温度修正系数（按 55℃水温）为

0.805，局部压力损失按沿程的 30%计，所以

$$p_2 = 1.3\times17.1\times0.76\times0.805\text{kPa} = 13.6\text{kPa}$$

热水配水管网所需水压=最不利配水点与生活贮水池的最低水位的标高差+热水配水管网的压力损失+最不利配水点的流出压力+水泵站内的压力损失(为 20kPa)，所以

$$\begin{aligned} p &= [(29.5+1.5)\times10+13.6+50+20]\text{kPa} \\ &= 393.6\text{kPa} = 39.4\text{mH}_2\text{O} < 50\text{mH}_2\text{O} \end{aligned}$$

故生活泵满足要求，多余压力设减压阀减压，使冷水、热水系统压力平衡。

（5）热水循环管道的计算

1）计算各管路的温降。ΔT = 水加热器出口温度－最不利点水温 = (70－60)℃ = 10℃

2）计算各管段终点水温，计算配水管网热损失。热水配水管路热损失及循环流量计算过程见表 8-10。侧立管热损失计算见表 8-11。

最不利点 6 水温为 60℃(图 8-3)。

配水管网总展开面积为 42.1m^2。

$$\Delta t = \frac{10}{\sum f} = \frac{10}{42.1} = 0.2375$$

管段的终点水温 $t_z = t_c + \Delta t \sum f = t_c + 0.2375 \sum f$

计算管段的热损失 $Q_s = \sum_{i=1}^{n} q_s = 32438.1\text{kJ/h}$

表 8-10　热水配水管路热损失及循环流量计算

节点	管段编号	管长/m	管径 DN/mm	外径/mm	展开表面积/m^2	保温系数	节点水温/℃	平均水温/℃	空气温度/℃	温差 Δt/℃	热损失/(kJ/h)	循环流量/(L/h)
1	2	3	4	5	6	7	8	9	10	11	12	13
1							60					
	1~2	3.6	25	33.5	0.379	0		60.04	30	30.04	555.4	146.0
2							60.09					
	2~3	3.6	32	42.25	0.478	0		60.15	30	30.15	700.4	146.0
3							60.2					
	3~4	3.6	40	48	0.543	0		60.27	30	30.27	795.7	146.0
4							60.33					
	4~5	3.6	40	48	0.543	0		60.4	30	30.40	795.7	146.0

（续）

节点	管段编号	管长/m	管径DN/mm	外径/mm	展开表面积/m²	保温系数	节点水温/℃	平均水温/℃	空气温度/℃	温差Δt/℃	热损失/(kJ/h)	循环流量/(L/h)
5							60.46					
	5~6	3.6	50	60	0.679	0		60.54	30	30.54	994.7	146.0
6							60.62					
	6~7	3.3	50	60	0.622	0		60.7	30	30.70	911.8	146.0
7							60.77					
	7~8	4	50	60	1.382	0.7		60.93	30	30.93	331.6	146.0
8							61.1					
	8~10	1.3	50	60	0.449	0.7		61.5	30	31.50	107.8	258.2
10							61.89					
	10~12	7.3	50	60	2.523	0.7		62.53	30	32.53	605.1	368.9
12							63.17					
	12~15	4.5	70	75.5	1.774	0.7		64.29	30	34.29	469.4	644.4
15							65.41					
	15~B	39.2	70	75.5	15.457	0.7		67.71	30	37.71	4088.7	774.7
B							70					

表8-11　侧立管热损失计算表

节点	管段编号	管长/m	管径DN/mm	外径/mm	展开表面积/m²	保温系数	节点水温/℃	平均水温/℃	空气温度/℃	温差Δt/℃	热损失/(kJ/h)
1	2	3	4	5	7	8	9	10	11	12	13
17A							60.41				
	17A~17B	3.6	25	33.5	0.379	0		60.46	30	30.46	555.4
17B							60.5				
	17B~17C	3.6	32	42.25	0.478	0		60.56	30	30.56	700.4
17C							60.62				
	17C~17D	3.6	40	48	0.543	0		60.68	30	30.68	795.7
17D							60.74				
	17D~17E	3.6	40	48	0.543	0		60.81	30	30.81	795.7
17E							60.87				
	17E~9	3.6	50	60	0.679	0		60.95	30	30.95	994.7

（续）

节点	管段编号	管长/m	管径 DN/mm	外径/mm	展开表面积/m^2	保温系数	节点水温/℃	平均水温/℃	空气温度/℃	温差 Δt/℃	热损失/(kJ/h)
9							61.03				
	9～8	0.8	50	60	0.276	0.7		61.07	30	31.07	66.3
8							61.1				
19A							61.21				
	19A～19B	3.6	25	33.5	0.379	0		61.26	30	31.26	555.4
19B							61.3				
	19B～19C	3.6	32	42.25	0.478	0		61.36	30	31.36	700.4
19C							61.41				
	19C～19D	3.6	40	48	0.543	0		61.48	30	31.48	795.7
19D							61.54				
	19D～19E	3.6	40	48	0.543	0		61.61	30	31.61	795.7
19E							61.67				
	19E～11	3.6	50	60	0.679	0		61.75	30	31.75	994.7
11							61.83				
	11～10	0.7	50	60	0.242	0.7		61.86	30	31.86	58.0
10							61.89				
21A							61.98				
	21A～21B	3.6	32	42.25	0.478	0		62.04	30	32.04	700.4
21B							62.1				
	21B～21C	3.6	40	48	0.543	0		62.16	30	32.16	795.7
21C							62.22				
	21C～21D	3.6	50	60	0.679	0		62.39	30	32.39	994.7
21D							62.55				
	21D～21E	3.6	50	60	0.679	0		62.63	30	32.63	994.7
21E							62.71				
	21E～21F	3.6	50	60	0.679	0		62.79	30	32.79	994.7
21F							62.87				
	21F～14	3.6	50	60	0.679	0		62.95	30	32.95	994.7
14							63.03				

（续）

节点	管段编号	管长/m	管径 DN/mm	外径/mm	展开表面积/m²	保温系数	节点水温/℃	平均水温/℃	空气温度/℃	温差 Δt/℃	热损失/(kJ/h)
	14~12	1.7	50	60	0.588	0.7		63.1	30	33.10	140.9
12							63.17				
22A							62.38				
	22A~22B	3.6	32	42.25	0.478	0		62.44	30	32.44	700.4
22B							62.49				
	22B~22C	3.6	40	48	0.543	0		62.56	30	32.56	795.7
22C							62.62				
	22C~22D	3.6	50	60	0.679	0		62.7	30	32.70	994.7
22D							62.78				
	22D~22E	3.6	50	60	0.679	0		62.86	30	32.86	994.7
22E							62.94				
	22E~13	3.6	50	60	0.679	0		63.02	30	33.02	994.7
13							63.1				
	13~12	0.8	50	60	0.276	0.7		63.14	30	33.14	66.3
12							63.17				
23A							64.49				
	23A~23B	3.6	20	26.75	0.302	0		64.53	30	34.53	443.5
23B							64.57				
	23B~23C	3.6	25	33.5	0.379	0		64.61	30	34.61	555.4
23C							64.66				
	23C~23D	3.6	25	33.5	0.379	0		64.7	30	34.70	555.4
23D							64.75				
	23D~23E	3.6	32	42.25	0.478	0		64.8	30	34.80	700.4
23E							64.86				
	23E~23F	3.6	40	48	0.543	0		64.92	30	34.92	795.7
23F							64.99				
	23F~24	3.6	40	48	0.543	0		65.05	30	35.05	795.7
24							65.12				
	24~15	4	40	48	1.231	0.7		65.26	30	35.26	265.2
15							65.41				

3）循环流量的计算。计算结果见表8-12和表8-13。

系统总循环流量 $q_x=\dfrac{Q_s}{C\rho_r\Delta T}=\dfrac{32438.1}{4.187\times10\times1}\text{L/h}=774.7\text{L/h}$

4）确定回水管管径（表8-14）。

表8-12　热水供水管路循环流量计算

前编号	后编号	管长/m	循环流量/(L/h)	循环流量/(L/s)	管径 *DN*/mm	流速/(m/s)	坡度/(Pa/m)	压力损失/Pa
B	15	39.2	774.7	0.21519	70	0.07	0.023	0.90
15	24	4.0	130.3	0.03619	40	0.03	0.013	0.05
24	23F	3.6	130.3	0.03619	40	0.03	0.013	0.05
23F	23E	3.6	130.3	0.03619	40	0.03	0.013	0.05
23E	23D	3.6	130.3	0.03619	32	0.04	0.025	0.09
23D	23C	3.6	130.3	0.03619	25	0.07	0.107	0.39
23C	23B	3.6	130.3	0.03619	25	0.07	0.107	0.39
23B	23A	3.6	130.3	0.03619	20	0.13	0.393	1.41
沿程压力损失总和								3.33

表8-13　热水回水管路循环流量计算

前编号	后编号	管长/m	循环流量/(L/h)	循环流量/(L/s)	管径 *DN*/mm	流速/(m/s)	坡度/(Pa/m)	压力损失/Pa
23A	23	2.5	130.3	0.03619	25	0.07	0.107	0.39
23	20	3.85	130.3	0.03619	25	0.07	0.107	0.39
20	18	7.77	405.8	0.11272	32	0.13	0.183	1.42
18	16	1.55	516.5	0.14347	32	0.16	0.280	0.43
16	0	3.66	628.7	0.17464	40	0.15	0.200	0.73
0	24	61.85	774.7	0.21519	40	0.18	0.288	17.81
沿程压力损失总和								21.17

表8-14　热水管网回水管管径选用表　　（单位:mm）

配水管管径	20~25	32	40	50	65	80	100	125	150	200
回水管管径	20	20	25	32	40	40	50	65	80	100

总压力损失 = 1.3×(3.33+21.17) Pa = 31.85Pa（局部压力损失按沿程的30%计算）。

（6）循环水泵的选用　水泵流量即为循环流量774.7L/h=0.22L/s。

水泵扬程相应的压力为 $p_b=p_p+p_x=(22.36+0.031)\text{kPa}=22.39\text{kPa}$

所以选用两台热水循环水泵的型号为BG25-8（$Q=2.5\text{m}^3/\text{s}$，$H=8\text{m}$），一用一备。

（7）膨胀罐的选用　由于该建筑物日热水用量大于 10m^3，应设膨胀罐以吸收水加热器及热水管道中水升温所产生的膨胀水量。膨胀罐选用隔膜式气压罐，设于水加热器的冷水进水管上。

膨胀罐总容积

$$V_c=\frac{(0.990-0.983)\times0.519}{(0.519-0.494)\times0.983}\times3.53\text{m}^3=0.522\text{m}^3$$

8.3.3　消防灭火系统

1. 消火栓灭火系统

（1）消火栓的布置　该建筑总长为29m，宽度为26m，高度为40.4m。按GB 50974—2014《消防给水及消火栓系统技术规范》要求，消火栓的间距应保证同层任何部位有两个消火栓的水枪充实水柱同时到达。水带长度取25m，展开时的弯曲折减系数 C 取0.8，消火栓的保护半径 R 为

由于两楼板间的限制，一般取 $h=3.0\text{m}$。

$$R=(0.8\times25+3)\text{m}=23\text{m}$$

据此，应在走道上布置两个消火栓（二层以上部分），即可满足要求。另外，消防电梯前室也应设消火栓。图8-4所示为消火栓系统最不利管路水力计算草图。

（2）水枪喷嘴处所需的水压　查表得喷口直径19mm的水枪水流特征系数 B 为1.577，水枪的射流量为5L/s，则水枪喷嘴处所需的水压

$$q_{xh}=\sqrt{BH_q}$$

$$H_q=\frac{5^2}{1.577}\text{m}=15.85\text{m}，\ p_q=158.5\text{kPa}$$

（3）充实水柱长度 H_m　查表得水枪喷嘴直径选19mm，水枪系数取0.0097，充实水柱要求不小于10m，水枪实验系数取1.21。

$$H_m=\frac{15.85}{1.21\times(1+0.0097\times15.85)}\text{m}=11.45\text{m}>10\text{m}$$

（4）水带阻力　19mm水枪配65mm水带，衬胶水带阻力较小，本设计室内消火栓水带采用衬胶水带。65mm衬胶水带阻力系数为0.00172。水带阻力损失

$h_d=0.00172\times25\times5^2\text{m}=1.075\text{m}$，$p_d=10.75\text{kPa}$

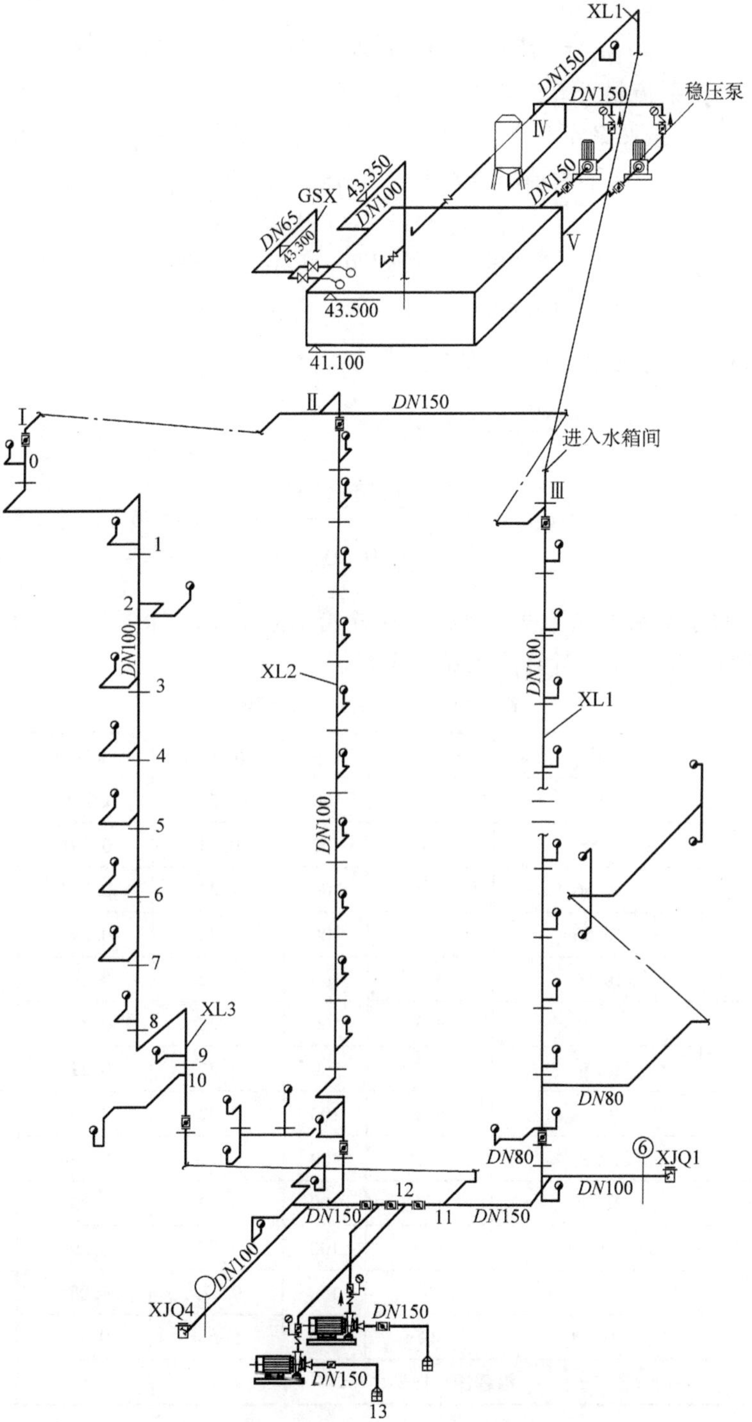

图 8-4　消火栓系统最不利管路水力计算草图

（5）消火栓口所需的水压

$$p_{xh}=(158.5+10.75+20)\text{kPa}=189.25\text{kPa}$$

（6）水枪射流量计算　该综合宾馆属于二类建筑，消火栓系统的室内消防流量为20L/s，按照最不利点消防竖管和消火栓流量分配原则，最不利消防竖管出水枪数为两支，次不利消防竖管出水枪数也为两支。

$$p_{xh0}=p_q+p_d+p_k=189.25\text{kPa}$$

$$H_{xh1}=H_{xh0}+\Delta H(0\text{和}1\text{点的消火栓间距})+h(0\sim1\text{管段的水头损失})$$

$$=(18.93+3.9+0.0996)\text{m}=22.929\text{m},\ p_{xh1}=229.29\text{kPa}$$

1点的水枪射流量：$q_{xh1}=\sqrt{BH_{q1}}$

$$H_{xh1}=\frac{q_{xh1}^2}{B}+A_zL_dq_{xh1}^2+2$$

$$q_{xh1}=\sqrt{\frac{22.929-2}{\frac{1}{1.577}+0.00172\times25}}\text{L/s}=5.56\text{L/s}$$

（7）水泵供水工况计算　进行消火栓给水系统水力计算时，按图8-4以枝状管路计算，配管水力计算成果见表8-15。

表8-15　水泵供水工况计算表

计算管段	设计秒流量 q/(L/s)	管长 L/m	DN/mm	v/(m/s)	i/(kPa/m)	iL/kPa
0~1	5	13.3	100	0.58	0.0749	0.996
1~2	5.56	3.6	100	0.64	0.091	0.328
2~3	10.56	3.3	100	1.22	0.298	0.983
3~4	10.56	3.3	100	1.22	0.298	0.983
4~5	10.56	3.3	100	1.22	0.298	0.983
5~6	10.56	3.3	100	1.22	0.298	0.983
6~7	10.56	3.3	100	1.22	0.298	0.983
7~8	10.56	3.9	100	1.22	0.298	1.162
8~9	10.56	6.5	100	1.22	0.298	1.937
9~10	10.56	1.6	100	1.22	0.298	0.477
10~11	10.56	4.2	100	1.22	0.298	1.252
11~12	10.56	5	150	0.622	0.055	0.277
12~13	21.12	12	150	1.244	0.200	2.404
沿程压力损失之和						13.748

管路总压力损失为 1. 1×13. 748kPa = 15. 12kPa(取局部压力损失为沿程压力损失的 10%)

消火栓给水系统所需总水压为 $p_b = p_0 + \sum p + p_x$

$$p_b \geqslant (15.12+189.25+411)\text{kPa} = 615.37\text{kPa}$$

按消火栓灭火总用水量 21. 36L/s = 76. 9m³/s。

消防泵型号为 XBD(HL)9/10，两套，一用一备(Q = 76. 9m³/h、H = 70m)。

(8) 水箱供水工况计算　进行消火栓给水系统水力计算时，按图 8-4 以枝状管路计算，配管水力计算成果见表 8-16。

表 8-16　水箱供水工况计算表

计算管段	设计秒流量 q/(L/s)	管长 L/m	DN/mm	v /(m/s)	i /(kPa/m)	iL /kPa
0～Ⅰ	5	2. 8	100	0. 577	0. 075	0. 21
Ⅰ～Ⅱ	5	2. 4	150	0. 295	0. 014	0. 035
Ⅱ～Ⅲ	5	15. 1	150	0. 295	0. 014	0. 218
Ⅲ～Ⅳ	5	7. 2	150	0. 295	0. 014	0. 104
Ⅳ～Ⅴ	5	5. 6	150	0. 295	0. 014	0. 081
沿程压力损失之和						0. 648

管路总压力损失为 1. 1×0. 648kPa = 0. 713kPa(取局部压力损失为沿程压力损失的 10%)

稳压泵设在水箱间，补充系统渗漏水量，保持系统所需压力。

稳压泵的扬程相应的压力按下式计算

$p_b \geqslant$ 顶层消火栓口压力+压力损失-水箱底与顶层消火栓间高差相应的压力

$p_b \geqslant (189.25+0.713-40)\text{kPa} = 150\text{kPa}$

$Q_b = 5\text{L/s} = 18\text{m}^3/\text{h}$

稳压泵型号为I×165-50-125B，两套，一用一备(Q = 18m³/h、H = 15. 34m)。

气压罐的消防储水容积为两支水枪水柱、30s 的用水量，为 2×5L/s×30s = 300L。

(9) 减压孔板的计算　消防水泵工作时，消火栓的动水压力和过剩水压计算结果见表 8-17。

按照 GB 50045—1995《高层民用建筑设计防火规范》(2005 年版) 7. 4. 6. 5 "消火栓栓口的出水压力大于 0. 50MPa 时，应采取减压措施" 的规定，消火栓出口大于 0. 50MPa 时，应设减压设施。减压设施选用减压孔板(不锈钢材质)，在消火栓的连接管上设置减压孔板，将表 8-17 中消火栓压力大于 0. 50MPa 的减至不小于 0. 25MPa。消火栓连接管径为 DN65，设置孔板孔径见表 8-17。

表 8-17　消火栓的动水压力和过剩水压计算

消火栓编号	10层	9层	8层	7层	6层	5层	4层	3层	2层	1层	-1层
动水压/kPa	229.29	265.62	299.60	333.58	367.57	401.55	435.53	475.70	516.64	559.12	585.37
过剩水压/kPa									266.64	309.12	335.37
孔板孔径/mm									19	19	19
减压后消火栓出口压力									288.84	331.32	357.57

2. 自动喷水灭火系统

（1）设计参数的选择　建筑物按中危险级Ⅰ级设计，喷水强度为 $6L/(min \cdot m^2)$，最不利喷头工作压力为0.1MPa。系统作用面积为 $160m^2$，喷头布置采用长方形。

（2）水力计算　由于该建筑物属于中危险级，水力计算可以采用作用面积法。图8-5所示为喷淋系统最不利管路水力计算草图。

作用面积内流量：十一层喷洒平面最不利区域的长边 $L=16.4m$；短边 $B=12.5m$。实际作用面积为 $175.31m^2$，大于 $160m^2$。作用面积内的喷头数共17只。

每个喷头的喷水量 $q=80\sqrt{10\times0.1}L/min=80L/min=1.33L/s$

作用面积内的设计流量：$Q_s=17\times1.33L/s=22.61L/s$

理论设计流量：$Q_i=175.31\times6L/min=1051.9L/min=17.53L/s$

$\frac{Q_s}{Q_i}=\frac{22.61}{17.53}=1.29$，介于1.15~1.30之间，符合要求。

作用面积内平均喷水强度

$$q_F=\frac{17\times80}{175.31}L/(min \cdot m^2)=7.76L/(min \cdot m^2)>6L/(min \cdot m^2)$$

最不利喷头所在保护面积四个喷头围合面积为 $6.6\times6.6m^2=43.56m^2$

每个喷头的保护面积为 $F_1=\frac{43.56}{4}m^2=10.89m^2$

每个喷头的平均喷水强度

$$q=\frac{80}{10.89}L/(min \cdot m^2)=7.35L/(min \cdot m^2)>6L/(min \cdot m^2)$$

满足规范规定要求。

系统有两条最不利管路，一条是喷淋泵以22.61L/s的设计流量 Q_s 供水时所形成的，另一条是增压设施以不大于1.0L/s的初期灭火流量供水所形成的，两种供水不应同时进行。

管道内水流速度宜采用经济流速，必要时可超过5m/s，但不应大于10m/s。

表8-18所示为喷淋系统最不利管路水力计算结果。

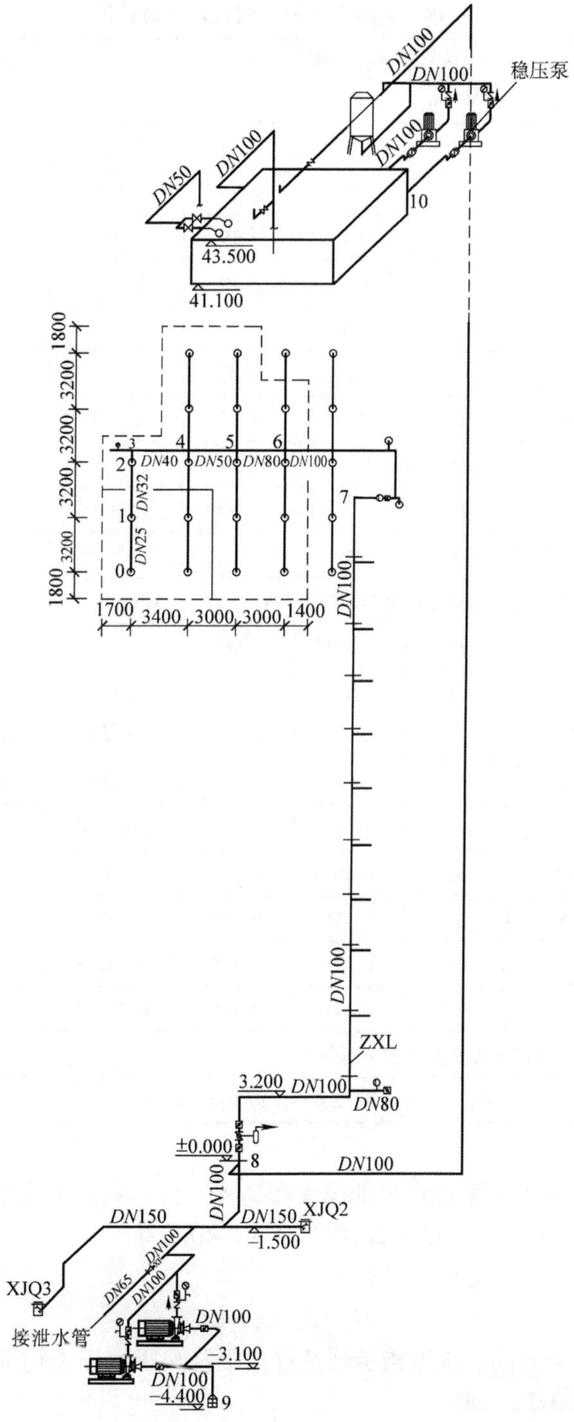

图 8-5　喷淋系统最不利管路水力计算草图

表 8-18　喷淋系统最不利管路水力计算

管段编号		设计流量	管径	流速系数	流速	坡度 i	管长 L	$p_y=iL$
自	至	Q(L/s)	DN/mm	K_o	v/(m/s)	/(kPa/m)	/m	/kPa
0	1	1. 33	25	1. 883	2. 50	7. 688	3. 2	24. 6
1	2	2. 66	32	1. 05	2. 79	6. 567	3. 2	21. 0
2	3	3. 99	40	0. 8	3. 19	7. 150	0. 75	5. 4
3	4	3. 99	40	0. 8	3. 19	7. 150	3. 4	24. 3
4	5	10. 64	50	0. 47	5. 00	12. 489	3	37. 5
5	6	17. 29	80	0. 204	3. 53	3. 585	3	10. 8
6	7	22. 61	100	0. 115	2. 60	1. 355	11. 84	16. 0
7	8	22. 61	100	0. 115	2. 60	1. 355	43. 1	58. 4
8	9	22. 61	100	0. 115	2. 60	1. 355	13. 4	18. 2
喷淋泵供水的最不利管路沿程压力损失总和								216. 2
喷淋泵供水的最不利管路压力损失总和 216. 2×1. 20kPa＝259. 44kPa								
0	1	1. 0	25	1. 883	1. 883	4. 361331	3. 2	13. 96
1	2	1. 0	32	1. 05	1. 05	0. 930082	3. 2	2. 98
2	3	1. 0	40	0. 8	0. 8	0. 449662	0. 75	0. 34
3	4	1. 0	40	0. 8	0. 8	0. 449662	3. 4	1. 53
4	5	1. 0	50	0. 47	0. 47	0. 110351	3	0. 33
5	6	1. 0	80	0. 204	0. 204	0. 011972	3	0. 04
6	7	1. 0	100	0. 115	0. 115	0. 00265	11. 84	0. 03
7	8	1. 0	100	0. 115	0. 115	0. 00265	43. 1	0. 11
8	10	1. 0	100	0. 115	0. 115	0. 00265	54. 8	0. 15
增压设施供水的最不利管路沿程压力损失总和								19. 47
增压设施供水的最不利管路压力损失总和 19. 47×1. 20kPa＝23. 36kPa								

（3）自动喷水灭火系统水泵的流量和扬程　自动喷水灭火系统设计流量

$$Q_b = 22.61\text{L/s} = 81.40\text{m}^3/\text{h}$$

自动喷水灭火系统的设计扬程 H_b

$$H_b = H_0 + \sum h + Z$$

设计高程差为45m，水流指示器及湿式报警阀压力损失均为20kPa，最不利点工作压力为100kPa，则

$$p_b \geqslant (450+20+20+100+259.44)\text{kPa} = 849.44\text{kPa}$$

所以选用水泵的型号为XBD(HL)10/20($Q_b=22.6L/s, p_b=1000kPa$)，一用一备。

（4）增压稳压设施的选取　消火栓箱最低水位为41.1m，最不利点处喷头的标高为38.5m。

增压设施的最小工作压力：

$p_1 \geqslant$最不利点喷头工作压力+压力损失-水箱底与顶层最不利喷头间高差相应的压力

$$p_1=[100+23.36+20+20-(41.1-38.5)\times10]\ kPa$$
$$=137.36kPa(\text{相对压力})$$

取气压罐的$\alpha_b=0.85$，则

增压设施的最大压力$p_2=\dfrac{p_1+100}{0.85}-100=179.24kPa$(相对压力)

增压泵的设计工况点应满足：流量为1.0L/s，扬程不小于137.36kPa；流量小于1.0L/s，扬程能达到179.24kPa。

增压泵选用两台25MS×2-0.75多级立式泵($Q_b=1L/s, p_b=14.7kPa$)，一用一备。设计采用一套增压稳压设备，该设备为隔膜式气压罐，气压罐的消防储水容积为五个喷头、30s的用水量，为5×1L/s×30s=150L。

（5）低层减压孔板计算从略。

（6）水泵接合器选取　根据消火栓系统流量为20L/s，每个水泵接合器的流量为10~15L/s，又由于本设计在东北，冬季寒冷，所以选用两个SQX100型地下式水泵接合器；自动喷洒系统流量为22.61L/s，选用两个SQX150型地下式水泵接合器。

（7）屋顶水箱容积计算　由高位水箱保证消防水压和储存火灾初期的前10min水量，发生火灾时由消火栓按钮及时向消防中心报警，起动消防泵迅速供水灭火。消防水箱内的蓄水量由生活用水提升泵从生活用水蓄水池提升充满备用。消防水箱储水量体积包括消火栓和自动喷洒两部分水量之和。

屋顶水箱容积为

$$V_1=\frac{(20+16)\times10\times60}{1000}m^3=21.6m^3$$

容积偏大，根据“二类公共建筑不应小于12m^3”的规范要求，取屋顶水箱容积为12m^3。

（8）消防蓄水量　由于室外为双水源且可以满足室外消防设计水量，故消防蓄水池按满足火灾延续时间内的室内消防水量来计算，消火栓火灾延续时间

为 2h，室内总消防储水量为

$$V_1=\frac{20\times2\times3600}{1000}\text{m}^3=144\text{m}^3$$

自动喷洒系统火灾延续时间为 1h，喷淋消防储水量为

$$V_2=\frac{16\times1\times3600}{1000}\text{m}^3=57.6\text{m}^3$$

由于火灾延续时间内市政管道能保证连续供水，市政进水管为两根 $DN100$ 管道，为安全计，按照一根补水，进水流速取 1m/s，则 2h 内的补水量为

$$V_3=1.1\times\frac{\pi}{4}\times0.10^2\times2\times3600\text{m}^3=56.52\text{m}^3$$

消防水池的有效容积为

$$\begin{aligned}V_4&=V_1+V_2-V_3\\&=(144+57.6-56.52)\text{m}^3=145\text{m}^3\end{aligned}$$

一旦消防水量被动用，两条进水管(管径均为 $DN100$)可同时进水(按一条管道补水工况计算)，进水流速为 1.0m/s，则补充水量为

$$Q=\frac{\pi}{4}d^2v=7.85\times10^{-3}\text{m}^3/\text{s}$$

其补水时间为 $t=\dfrac{145}{7.85\times10^{-3}\times3600}h=5.1h<48h$，满足要求。

(9) 防超压措施 火灾初期，有可能出现只有少量消火栓或喷头投入灭火，在水泵出水管和水池之间设置带有稳压泄压阀的回流管。

8.3.4 室内排水系统

(1) 排水管径确定

1) 按经验确定某些排水管的最小管径。

2) 按临界流量确定管径。

3) 按排水管道卫生器具当量确定管径。

4) 按水力计算确定管径。

(2) 排水设计秒流量

$$q_p=0.12\times1.5\sqrt{N_p}+q_{max}=0.18\sqrt{N_p}+q_{max}$$

(3) 排水立管水力计算 排水系统如图 8-6 所示，排水立管水力计算结果见表 8-19。

(4) 排水横管水力计算 排水系统如图 8-6 所示，排水横管水力计算结果见表 8-20。

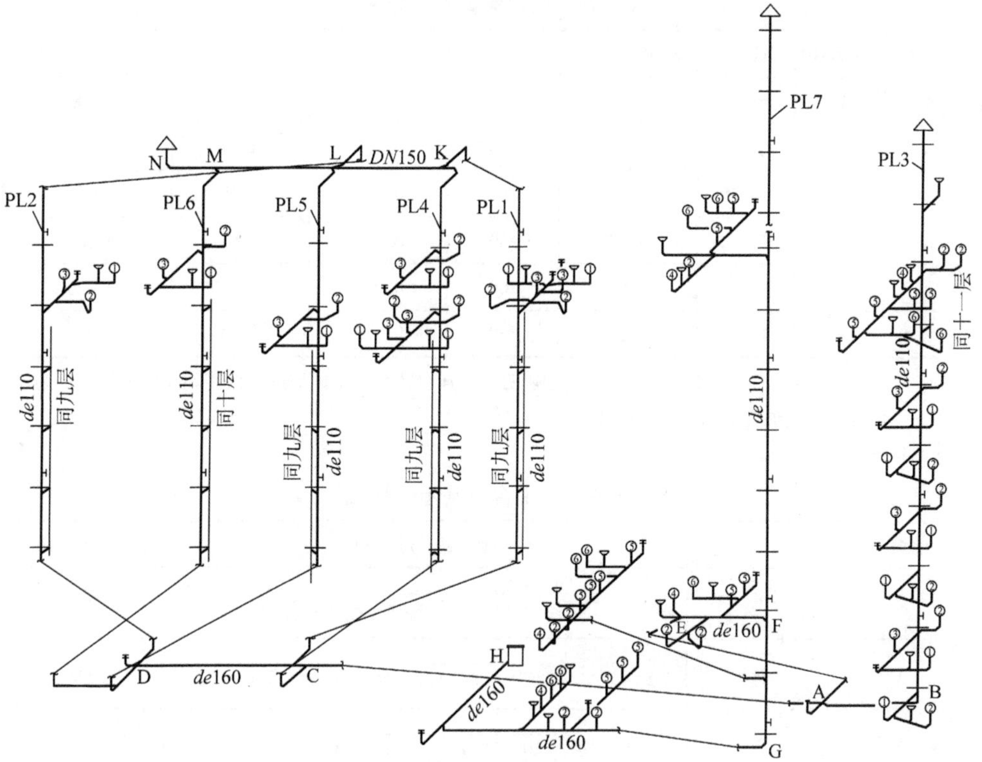

图 8-6　排水系统图

注：图中标注的①为大便器；②为洗脸盆；③为浴盆；④为污水池；⑤为蹲式大便器；⑥为小便器。

表 8-19　排水立管水力计算表

立管编号	总当量数 *N*g	设计秒流量/(L/s)	管径 *de*/mm
PL1	82. 50	3. 13	110
PL2	41. 25	2. 66	110
PL3	50. 30	2. 78	110
PL4	90. 75	3. 21	110
PL5	41. 25	2. 66	110
PL6	49. 50	2. 77	110
PL7	405. 2	5. 12	160

（5）通气管　由于顶层为大会议室，伸顶通气管无法穿过，所以形成汇合通气管系，其计算结果见表 8-21。

表 8-20　排水横管水力计算表

前编号	后编号	当量 Ng	流量/(L/s)	管径 de/mm	充满度 h/D	流速/(m/s)	坡度/(m/m)
A	B	50.30	2.78	160	0.321	0.55	0.003
A	C	305.25	4.64	160	0.423	0.64	0.003
C	D	90.75	3.21	160	0.347	0.58	0.003
A	E	355.55	4.89	160	0.435	0.65	0.003
E	F	367.35	4.95	160	0.248	1.41	0.026
G	H	421.8	5.20	160	0.255	1.44	0.026

注：由于 A—B、A—C、C—D、A—E 管段敷设在三层吊顶中，所以坡度均取用相应管道管径的最小坡度值，其他管道仍选用通用坡度。

表 8-21　汇合通气管计算表

前编号	后编号	计算过程	管径 de/mm
K	L	$DN \geqslant \sqrt{100^2+0.25\times100^2}\text{mm}=112\text{mm}$	160
L	M	$DN \geqslant \sqrt{100^2+0.25\times(3\times100^2)}\text{mm}=132\text{mm}$	160
M	N	$DN \geqslant \sqrt{100^2+0.25\times(4\times100^2)}\text{mm}=141\text{mm}$	160

8.3.5　雨水排水系统

（1）系统组成　屋面雨水排水采用雨水斗内排水的方式，排水管采用 UPVC 排水管，雨水斗采用 87 式，单斗布置。雨水通过雨水斗、雨水斗连接管、立管及埋地横管等，在地下室排除室外，接入市政雨水排水管。

（2）降雨强度　设计重现期 P 取 5 年，降雨历时 t 采用 5min，查《建筑给水排水设计手册》得

$$q_5=4.48\text{L/s}\cdot100\text{m}^2$$

$$h_5=161\text{mm/h}$$

（3）屋面雨水汇水面积 F 划分原则　屋面汇水面积应按屋面的水平投影面积计算。

高出屋面的侧墙的汇水面积计算按侧墙面积以及侧墙之间的平面位置与高度差，作调整系数为 50% 的汇水面积的折算。

（4）雨水立管的布置　该建筑屋顶共划分为两个汇水区，布置两个雨水斗，雨水立管分别为 YL1、YL2。经计算 YL1 的汇水面积为 136m²；YL2 的汇水面积

为 $198m^2$。雨水排水系统图如图 8-7 所示。

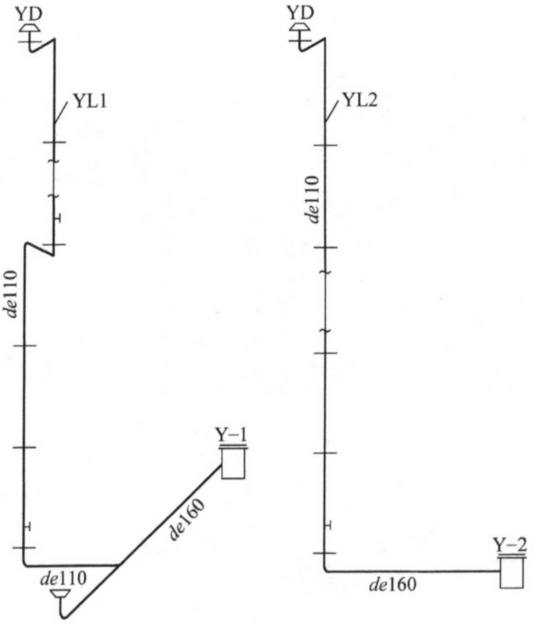

图 8-7　雨水排水系统图

（5）水力计算(表 8-22)

雨水量(L/s)　$Q=\dfrac{\varphi F h_5}{3600}$

屋面的径流系数 Ψ 取 0.9，$h_5=161\text{mm/h}$

$F_1=136m^2$，则 $Q=\dfrac{0.9\times136\times161}{3600}\text{L/s}=5.47\text{L/s}$

$F_2=198m^2$，则 $Q=\dfrac{0.9\times198\times161}{3600}\text{L/s}=7.97\text{L/s}$

表 8-22　雨水排水系统水力计算

雨水立管编号	汇水面积 F /m^2	雨水量 Q /(L/s)	雨水斗		雨水连接管管径 de /mm	雨水立管		雨水排出管		
			管径 DN /mm	最大泄流量 /(L/s)		管径 de /mm	最大泄流量 /(L/s)	管径 de/mm	坡度 i	最大泄流量 /(L/s)
YL1	136	5.47	100	16	110	110	15.98	160	0.02	18.74
YL2	198	7.97	100	16	110	110	15.98	160	0.02	18.74

8.3.6 宾馆客房平面图及给水排水系统图(图8-8、图8-9)

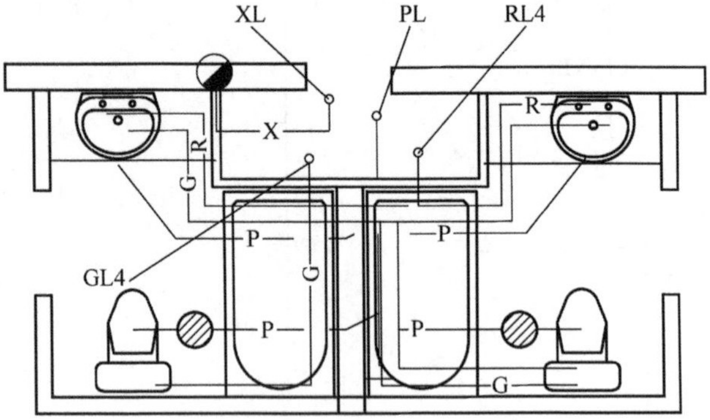

图8-8 宾馆客房给水排水平面图

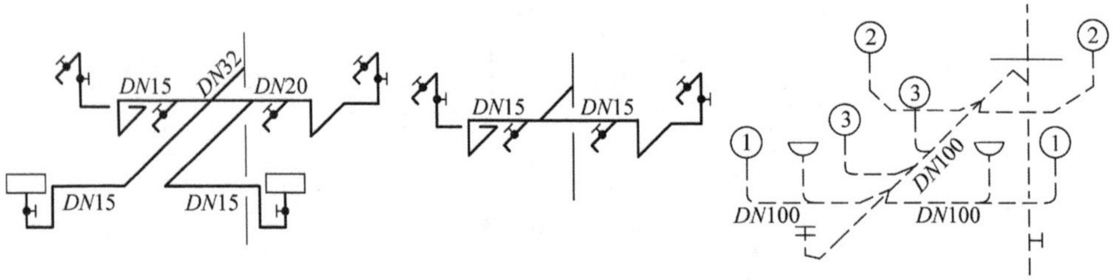

图8-9 宾馆客房给水排水系统图

参考文献

[1] 王增长．建筑给水排水工程[M].5版．北京：中国建筑工业出版社，2005.

[2] 李亚峰，等．建筑给水排水工程[M].2版．北京：机械工业出版社，2011.

[3] 李亚峰，马学文．余海静，等．建筑消防工程[M]. 北京：机械工业出版社，2013.

[4] 李亚峰，蒋白懿，等．高层建筑给水排水工程[M]. 北京：化学工业出版社，2004.

[5] 高明远，岳秀萍．建筑给水排水工程学[M]. 北京：中国建筑工业出版社，2002.

[6] 李亚峰，张吉库．建筑给水排水施工图识读[M].2版．北京：化学工业出版社，2012.

[7] GB 50016—2014　建筑设计防火规范[S]. 北京：中国计划出版社，2014.

[8] GB 50015—2003　建筑给水排水设计规范(2009年版)[S]. 北京：中国计划出版社，2009 .

[9] GB 50084—2001　自动喷水灭火系统设计规范(2005年版)[S]. 北京：中国计划出版社，2005.

[10] GB 50974—2014　消防给水及消火栓系统技术规范[S]. 北京：中国计划出版社，2014.

[11] 2003全国民用建筑工程设计技术措施——给水排水[S]. 北京：中国计划出版社，2003.

[12] 北京市城市节约用水办公室．中水工程实例及评析[M]. 北京：中国建筑工业出版社，2003.

[13] 李亚峰，马学文，张恒．建筑消防技术与设计[M]. 北京：化学工业出版社，2005.

[14] 李亚峰，蒋白懿，刘强．建筑消防工程实用手册[M]. 北京：化学工业出版社，2008.

[15] GB 50336—2002　建筑中水设计规范[S]. 北京：中国计划出版社，2002 .

[16] 马金，等．建筑给水排水工程[M]. 北京：清华大学出版社，2003 .

[17] 李亚峰，邵宗义，李英姿．建筑设备工程[M]. 北京：机械工业出版社，2009.

[18] 刘德明．快速识读建筑给水施工图[M]. 福州：福建科学技术出版社 ，2006.

[19] 张英，等．新编建筑给水排水工程[M]. 北京：中国建筑工业出版社，2004.

[20] 游映玖．建筑给水排水工程设计[M]. 北京：机械工业出版社，2009.

[21] 郃生霞，乔庆云．给水排水工程设计实践教程[M]. 北京：机械工业出版社，2007.

[22] 李玉华，苏德俭．建筑给水排水工程设计[M]. 北京：中国建筑工业出版社，2006.

[23] 朴芬淑，吴昊．建筑给排水[M]. 北京：机械工业出版社，2007.

信息反馈表

尊敬的老师：您好！

感谢您多年来对机械工业出版社的支持和厚爱！为了进一步提高我社教材的出版质量，更好地为我国高等教育发展服务，欢迎您对我社的教材多提宝贵意见和建议。另外，如果您在教学中选用了《高层建筑给水排水工程》第2版(李亚峰 张胜 吴昊 主编)，欢迎您提出修改建议和意见。索取课件的授课教师，请填写下面的信息，发送邮件即可。

一、基本信息

姓名：__________性别：__________职称：__________职务：__________

邮编：__________地址：____

学校：____________________院系：________________________________

任教课程：__________电话：________________手机：________________

电子邮件：______________________________QQ：____________________

二、您对本书的意见和建议

(欢迎您指出本书的疏误之处)

三、您对我们的其他意见和建议

请与我们联系：

100037　机械工业出版社·高等教育分社　刘涛 收

Tel：010-8837 9542(O)

E-mail：Ltao929@163.com

http：//www.cmpedu.com(机械工业出版社·教育服务网)

http：//www.cmpbook.com(机械工业出版社·门户网)